华东师范大学精品教材建设专项基金资助项目

Advanced Mathematics

高等数学（第二版）

上册

华东师范大学数学科学学院◎组编

柴俊◎主编

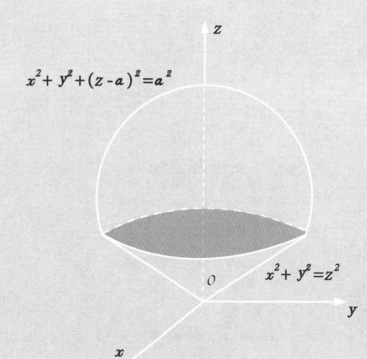

$$x^2 + y^2 + (z-a)^2 = a^2$$

$$x^2 + y^2 = z^2$$

华东师范大学出版社
·上海·

图书在版编目(CIP)数据

高等数学:适用于电子信息类、计算机类、物理学类各专业.上/华东师范大学数学科学学院组编;柴俊主编.—2版.—上海:华东师范大学出版社,2022

ISBN 978-7-5760-3022-8

Ⅰ.①高… Ⅱ.①华…②柴… Ⅲ.①高等数学—高等学校—教材 Ⅳ.①O13

中国版本图书馆 CIP 数据核字(2022)第 121930 号

华东师范大学精品教材建设专项基金资助项目

高等数学(上)(第二版)

组　　编	华东师范大学数学科学学院
主　　编	柴　俊
责任编辑	李　琴
审读编辑	胡结梅
责任校对	时东明
装帧设计	俞　越

出版发行　华东师范大学出版社
社　　址　上海市中山北路 3663 号　邮编 200062
网　　址　www.ecnupress.com.cn
电　　话　021-60821666　行政传真 021-62572105
客服电话　021-62865537　门市(邮购)电话 021-62869887
地　　址　上海市中山北路 3663 号华东师范大学校内先锋路口
网　　店　http://hdsdcbs.tmall.com

印 刷 者　上海商务联西印刷有限公司
开　　本　787 毫米×1092 毫米　1/16
印　　张　19.5
字　　数　442 千字
版　　次　2022 年 9 月第 1 版
印　　次　2023 年 9 月第 2 次
书　　号　ISBN 978-7-5760-3022-8
定　　价　49.00 元

出 版 人　王　焰

目 录

第二版前言

《高等数学》(第一版)是普通高等教育"十一五"国家级规划教材,已出版近20年了.这段时间以来,计算机、电子学科的诸多方向有了新的质的跃升,如人工智能、机器学习、大数据等领域飞速发展,国内外大环境也有了重大变化.为了更好地适应当今的新时代、新形势、新发展,本着保持特色、打造精品的原则,我们对教材作了修订.

第二版以党的二十大精神为指导,在确保正确的政治方向和价值导向的前提下,本着体现人类知识积累和创新成果、体现中华民族风格的理念,进一步强化理论联系实际.此次修订主要涉及以下几个方面:

1. 对内容进行了梳理和调整,增加了一些例题和习题,使得知识体系更符合理工科专业的要求,内容的衔接在逻辑上更严密;

2. 在数列极限部分增加了子列的概念及相关定理,有利于后续内容的学习;

3. 幂指函数的引入提前到函数极限部分,有利于了函数极限的运算;

4. 在第4章有关拉格朗日中值定理的内容中,引入了导数极限定理;

5. 在第5章广义积分这一节中增加了简单的审敛定理以及 Γ 函数;

6. 将部分内容加了"＊"号作为选讲内容,供教师根据不同的教学课时进行取舍.

本书的修订得到了华东师范大学数学科学学院大力支持和华东师范大学精品教材建设专项基金的资助,由柴俊单独完成.

在此,作者对科学出版社为《高等数学》(第一版)的辛劳付出表示衷心的感谢,对华东师范大学出版社为本书的辛勤劳动深表谢意.

对于书中的疏漏之处,恳请读者批评指正.

编者

2023 年 8 月于上海

第一版前言

高等数学是非数学理工科各专业重要的数学基础课程,对培养学生的思维能力、数学应用能力和分析判断能力有着非常重要的作用. 随着数学在各个学科专业中的应用越来越多,高等数学教学受到的重视也在日益增加.

华东师范大学数学系在 20 世纪 80 年代编写出版过一系列的《高等数学》教材. 为了适应高等教育的迅速发展,从 2001 年开始,我们开始着手编写这本教材,除了保持华东师范大学数学系在教材编写上"体系严密、有利教学"的优良传统外,还积极吸取国内各类教材和国外教材的优点. 下面是本书的几个主要特点:

(1)在内容处理上尽量符合学生思维的发展规律,将定积分与不定积分统一处理,尽可能反映人类认识数学的思维发展规律;

(2)在概念处理上尽可能用直观的例子加深理解,针对高等教育"大众化",各学科不断融合的趋势,加入了数学在经济、化学中应用等例子;

(3)增加了"差分方程"等内容;

(4)习题配置由浅入深,并为每章配置了总练习题,帮助学生检查学习效果;

(5)为方便教学,随书提供一个基于 Maple 软件的数学实验例子和基于 Flash 软件的动态演示课件光盘.

本书共分上、下两册,上册内容包括极限,一元微分和积分,空间解析几何;下册内容包括多元微分,重积分,线、面积分,微分方程,以及差分方程初步. 建议教学时数为 160~200.

本书的编写工作由柴俊主持,并写了主要章节的前言. 第 1、2、11 章由柴俊编写;第 3~6、10 章由丁大公编写;第 7 章由陈咸平编写;第 8 章由闻人凯编写;第 9 章由夏小张编写;第 12、13 章由汪元培编写;赵书钦为本书绘制了插图,编写了 Maple 实验. 最后由柴俊对全书进行了修改,并对全书的文字做了必要的加工.

本书的出版得到了华东师范大学教材建设基金的资助. 华东师范大学数学系对本书的编写和出版给予了大力支持,科学出版社的编辑也付出了辛勤的劳动,华东师范大学数学系韩士安、汪晓勤、王一令对本书的修改提出了宝贵的意见,在此表示衷心的感谢. 同时还要感谢在本书编写和出版过程中提供过帮助的所有朋友.

尽管我们在出版前试用、修改了多次,但难免还有缺点和疏漏之处,恳请使用本书的教师和读者批评指正.

编 者

2006 年 10 月于华东师范大学

第1章　基本知识

本章复习集合、实数和函数等基本概念,介绍一些常用的逻辑符号.这些概念及相关知识大多数已在中学学过,作为学习高等数学的基本知识归纳整理如下.

1.1　实数与实数集

一、集合

集合是数学的一个基本概念,是学习现代数学的基础.

集合是具有某种特征的事物或对象的全体,构成集合的事物或对象称为集合的**元素**.

世界上事物有各种各样,在数学中,并不需要知道这些事物的具体内容,只要抽象出其特征加以研究,这就是产生集合这一概念的缘由.

通常用大写字母 A、B、C 等表示集合,用小写字母 a、b、c 等表示集合的元素.如果 a 是集合 A 的元素,称 a 属于 A,记为 $a \in A$;否则就称 a 不属于 A,记为 $a \notin A$.对于自然数集 $\mathbf{N}$,1 是 $\mathbf{N}$ 的元素,所以 $1 \in \mathbf{N}$,而 -1 不是 $\mathbf{N}$ 的元素,所以 $-1 \notin \mathbf{N}$.

集合常用列举法和描述法来表示.

列举法是将集合的元素一一列出,例如自然数集就可以用列举法表示为

$$\mathbf{N} = \{0,\ 1,\ 2,\ 3,\ \cdots\}.$$

描述法是通过描述集合中元素所具有的性质来表示集合,一般表示为

$$A = \{a \mid a\ \text{具有性质}\ P\},$$

如大于根号2的全体实数可以用描述法表示为

$$A = \{x \mid x > \sqrt{2},\ x\ \text{为实数}\}.$$

有时一个集合可以用两种表示法表示,不管用哪种表示法表示的集合,只要集合中的元素是一样的,就表示同一个集合.如集合 $\{x \mid x^2 - 1 = 0,\ x\ \text{为实数}\}$ 与集合 $\{-1,\ 1\}$ 是同一个集合.

只有有限个元素的集合称为**有限集**;不含任何元素的集合称为**空集**,记为 $\varnothing$;既不是有限集,

又不是空集的集合称为**无限集**.

如果集合 A 的元素都是集合 B 的元素,就称集合 A 是集合 B 的一个**子集**,记为 $A \subset B$. 例如一个班级中的女生组成的集合是这个班级的学生组成的集合的子集.

当集合 A 是集合 B 的子集,且集合 B 又是集合 A 的子集时,称集合 A 与集合 B **相等**,记为 $A = B$.

二、集合的运算

设有集合 A 与集合 B,A 与 B 的并集记为 $A \cup B$,A 与 B 的并集中的元素是集合 A 和集合 B 的元素放在一起所成的集合,即

$$A \cup B = \{x \mid x \in A \text{ 或 } x \in B\};$$

集合 A 与集合 B 的交集记为 $A \cap B$,即

$$A \cap B = \{x \mid x \in A \text{ 且 } x \in B\};$$

集合 A 与集合 B 的差集记为 $A \backslash B$,即

$$A \backslash B = \{x \mid x \in A \text{ 且 } x \notin B\}.$$

显然有

$$A \backslash B \subset A \subset A \cup B, A \cap B \subset A, A \cap B \subset B.$$

集合的运算有下面的规律:

1. $A \cup B = B \cup A, A \cap B = B \cap A$;
2. $(A \cup B) \cup C = A \cup (B \cup C), (A \cap B) \cap C = A \cap (B \cap C)$;
3. $A \cap (B \cup C) = (A \cap B) \cup (A \cap C), A \cup (B \cap C) = (A \cup B) \cap (A \cup C)$;
4. $A \cup A = A, A \cap A = A, A \cup \varnothing = A, A \cap \varnothing = \varnothing$.

三、数集的演进

在人类的进化初期,最早认识到的是自然数,它是一个一个数出来的. 要知道,即便是最简单的自然数,也是一个高度抽象的概念. 如 1 可以指一个人,也可以指一把椅子,是实物的抽象. 自然数集记为 **N**,即

$$\mathbf{N} = \{0, 1, 2, 3, \cdots\}.$$

在自然数集中可以进行加法运算(自然也能进行乘法运算),但是要进行减法运算就会出问题,这是由于自然数集本身的原因造成的. 为了使减法能够进行,人们将自然数集发展成了整数集. 整数集用 **Z** 表示,即

$$\mathbf{Z} = \{0, \ \pm 1, \ \pm 2, \ \cdots\}.$$

自然数集有一个性质,就是它的任何一个非空子集都一定有最小数,整数集就没有这个性质了,这是数系扩大的必然结果.

在整数集中,加、减、乘法都能进行运算,但除法运算还是不行. 一个整数除另一个整数不一定是整数(除不尽),这样就出现了有理数. 有理数就是分数,也可以表示成有限小数,或者无限循环小数. 特别注意,分数和小数有着完全不同的数学含义,人们最早认识的是分数,就是几分之几,意义很明确. 有理数的全体称为有理数集,记为 **Q**,即

$$\mathbf{Q} = \left\{ \frac{p}{q} \ \middle| \ p, q \in \mathbf{Z}; \ p \ \text{与} \ q \ \text{互质且} \ q \neq 0 \right\}.$$

有理数具有稠密性,即在任何两个有理数之间一定还有有理数. 理由很简单:设 $a, b \in \mathbf{Q}$,则 $c = (a + b)/2$ 在 a 与 b 之间,且仍然是有理数. 从代数学的角度看,有理数集已经是一个数域(对加减乘除运算都封闭),尽管如此,人们还是发现了问题,就是在有理数集中进行开方运算仍然不行,一些非常简单的方程,如 $x^2 = 2$ 在有理数集中就没有解. 因此有理数还有"缝隙",应该还存在"无理数". 有理数与无理数的全体组成的集合称为实数,记为 **R**.

有理数可以表示成有限小数或无限循环小数,而无理数则是无限不循环小数,如 $\sqrt{2}$、π、e 等都是无理数.

在引进了数轴后,实数集就与数轴上的点一一对应了. 这样实数全体就不存在"缝隙"了,实数集不仅对加减乘除运算封闭,对开方运算封闭,而且以后会看到实数对极限运算也封闭. 实数的这个性质称为"**完备性**".

下面的讨论都在实数集中进行. 实数中的集合通常称为**数集**.

四、区间和邻域

区间是微积分中最常见的数集. 设 a、b 是两个实数,且 $a < b$. 如图 1-1 所示,各类区间定义如下:

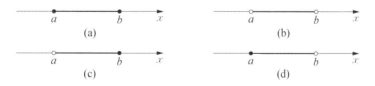

图 1-1

闭区间如图 1-1(a)所示,$[a, b] = \{x \mid a \leqslant x \leqslant b\}$;

开区间如图 1-1(b)所示,$(a, b) = \{x \mid a < x < b\}$;

左开右闭区间如图 1-1(c)所示,$(a, b] = \{x \mid a < x \leqslant b\}$;

左闭右开区间如图 1-1(d) 所示，$[a, b) = \{x \mid a \leqslant x < b\}$.

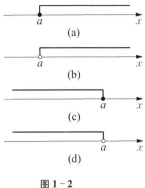

图 1-2

上面这四类区间统称为有限区间，其中 a、b 称为这四类区间的端点，$b - a$ 是这四类区间的长度. 除了这四类有限区间，还有无限区间，如图 1-2 所示，无限区间的定义如下：

如图 1-2(a) 所示，$[a, +\infty) = \{x \mid a \leqslant x < +\infty\}$；

如图 1-2(b) 所示，$(a, +\infty) = \{x \mid a < x < +\infty\}$；

如图 1-2(c) 所示，$(-\infty, a] = \{x \mid -\infty < x \leqslant a\}$；

如图 1-2(d) 所示，$(-\infty, a) = \{x \mid -\infty < x < a\}$；

$(-\infty, +\infty) = \{x \mid -\infty < x < +\infty\} = \mathbf{R}$.

通常用 I 表示上述区间中的任何一种.

邻域是一种特殊的区间. 设 $a, \delta \in \mathbf{R}$，$\delta > 0$，称数集 $\{x \mid |x - a| < \delta\}$ 为点 a 的 δ 邻域，记作 $U(a; \delta)$（见图 1-3(a)），称 a 是邻域 $U(a; \delta)$ 的中心，称 δ 是邻域 $U(a; \delta)$ 的半径. 不难得到

$$U(a; \delta) = (a - \delta, a + \delta).$$

称 $\{x \mid 0 < |x - a| < \delta\}$ 为点 a 的 δ **去心邻域**，记作 $\overset{\circ}{U}(a; \delta)$（见图 1-3(b)）.

$$\overset{\circ}{U}(a; \delta) = (a - \delta, a) \cup (a, a + \delta)$$

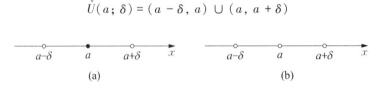

图 1-3

*五、实数的完备性

实数没有"缝隙"，也就是实数是"完备"的. 实数的这个完备性是建立微积分理论的基础.

但需要指出，实数的完备性意味着实数集的任何一个有上界或下界的子集 E，一定有最小的上界或最大的下界. 下面给出数集的上界与下界的定义.

定义 1 设 E 是一个非空数集，如果存在常数 K（或 k），使得对一切 $x \in E$，有

$$x \leqslant K \, (\text{或} \, k \leqslant x),$$

则称数集 E 有上界（或下界），称实数 K（或 k）为数集 E 的一个**上界**（或**下界**）. 否则就称 E 没有上界（或下界）.

当数集 E 既有上界，又有下界时，称 E **有界**. 否则就称 E **无界**.

这样，数集 E 有界等价于存在常数 $k, K \in \mathbf{R}$，使得对一切 $x \in E$，有

$$k \leqslant x \leqslant K.$$

还有,数集 E 有界等价于存在常数 $M > 0$,使得对一切 $x \in E$,有

$$| x | \leqslant M.$$

数集 E 有界与 $E \subset [-M, M]$ 是等价的.

因此,有界数集就是可以包含于一个有限闭区间中的实数集 **R** 的子集.

如果一个数集 E 有上界 K,由于任何比上界 K 大的实数都是 E 的上界,那么它有无限多个上界.下界也是如此.这无限多个上界中是否会有一个最小的上界?虽然有限个实数可以从中挑出其中的最大数(或最小数),但无限多个数很难这样做,例如从比 $\sqrt{2}$ 大的有理数中找一个最小的有理数就不能找到.这就需要给出数集的上(下)确界的定义.

定义 2 设 E 是非空数集,如果存在常数 $\beta \in \mathbf{R}$,满足

(1) β 是 E 的上界,即对一切 $x \in E$,有 $x \leqslant \beta$,

(2) 一切小于 β 的实数都不是 E 的上界,即若 $\beta' < \beta$,一定存在 $x' \in E$,使得 $x' > \beta'$,则称 β 是数集 E 的上确界(即最小的上界),记为

$$\beta = \sup E.$$

类似地,可以定义数集 E 的下确界,E 的下确界记为 $\eta = \inf E$.

思考 如何定义下确界并给出下确界的定义.

请看几个例子.

数集 $\left\{1, \dfrac{1}{2}, \dfrac{1}{3}, \cdots, \dfrac{1}{n}, \cdots\right\}$ 最小的上界(即上确界)是 1,比 1 小的任何实数都不是数集的上界,而数集最大的下界(即下确界)是 0,比 0 大的任何实数都不可能是数集的下界.

闭区间 $[0, 1]$ 和开区间 $(0, 1)$ 有相同的上确界 1 和下确界 0.

数集 $\{x \mid x^2 < 2, x \in \mathbf{Q}\}$ 在实数集 **R** 中上确界是 $\sqrt{2}$,下确界是 $-\sqrt{2}$,而在有理数集 **Q** 中却没有上确界和下确界,因为 $\sqrt{2}$ 与 $-\sqrt{2}$ 都不是有理数.实数的这个性质称为实数的完备性.这个性质可以叙述成下面的定理.

确界原理 非空且有上界的数集一定有上确界,非空且有下界的数集一定有下确界.

习题 1.1

1. 给出下列集合的表示式:

(1) 方程 $x^2 - x - 6 = 0$ 的根; (2) 圆 $x^2 + y^2 = 2$ 的内部所有点.

2. 用区间表示下列数集:

(1) $\{x \mid x^2 > 3\}$; (2) $\{x \mid 0 < | x - 3 | \leqslant 2\}$;

(3) $\{x \mid 2 < \mid x - 2 \mid < 5\}$.

3. 用邻域表示下列区间或数集:

(1) $(1, 4)$;

(2) (a, b),其中 $a < b$;

(3) $\left| x - \dfrac{3}{2} \right| < \dfrac{1}{2}$;

(4) $0 < \mid x - 9 \mid < 2$.

*4. 观察下列数集,如果数集有上界或下界,请指出其上确界或下确界:

(1) $\left\{ x \,\middle|\, x = \sin t, \ -\dfrac{\pi}{2} < t < \dfrac{\pi}{2} \right\}$;

(2) $\left\{ 0, \ \pm 1, \ \pm \dfrac{1}{2}, \ \pm \dfrac{1}{3}, \ \cdots \right\}$;

(3) $\{x \mid x = \mathrm{e}^t, \ t \geqslant 0\}$;

(4) $\left\{ x \,\middle|\, x = \dfrac{1}{t}, \ 0 < t < 2 \right\}$.

1.2 函　数

一、函数的概念

函数是研究变量之间关系的结果. 在自然界中有很多量,有些量是随着时间或其他过程的变化而变化的,称为**变量**,变量通常用字母 x、y、z 表示;有些量是不发生变化的,称为**常量**,常量通常用字母 a、b、c 表示.

定义 1　设有两个变量 x 与 y,其中变量 x 在数集 D 中取值,如果对于每个 $x \in D$,按照某个确定的对应法则 f,变量 y 总有唯一的值与 x 对应,则称对应法则 f 是定义在数集 D 上的函数,记作

$$f : D \to (-\infty, +\infty);$$

或

$$f : x \mapsto y, \ x \in D;$$

或

$$y = f(x), \ x \in D.$$

其中 x 称为函数 f 的**自变量**,y 称为函数 f 的**因变量**,D 称为函数 f 的**定义域**. 与 $x_0 \in D$ 对应的值 $y_0 = f(x_0)$ 称为函数 f 在点 x_0 处的函数值,函数值的全体是集合

$$W = \{y \mid y = f(x), \ x \in D\}.$$

称集合 W 为函数 f 的**值域**.

当不特别指出函数 $f(x)$ 的定义域时,则默认使函数 $f(x)$ 有意义的一切实数 x 为其定义域. 如 $y = \sqrt{x}$ 的定义域就是 $\{x \mid x \geq 0\}$.

注1 对定义域中每一个 x,只有唯一的值 y 与 x 对应,这样定义的函数称为**单值函数**. 如果可以有不止一个 y 值与 x 对应,就是**多值函数**. 除非有特殊说明,本书中涉及的都是单值函数.

注2 如果对于定义域中不同的 x,其对应的 y 值也不同,即当 $x_1, x_2 \in D$ 且 $x_1 \neq x_2$ 时,有 $f(x_1) \neq f(x_2)$,这类函数称为**一一对应函数**,简称一一对应.

注3 有一种特殊的函数,就是无论自变量如何变化,其函数值始终取同一个常数,这类函数称为**常量函数**,如

$$y = C, \quad x \in D.$$

定义域与对应法则是函数的两个要素,因为只要确定了定义域和对应法则,函数就确定了. 例如,由于函数 $y = \sin^2 x + \cos^2 x$ 与函数 $y = 1$ 的定义域、对应法则都相同,因此它们是相同的函数;而函数 $y = \dfrac{|x|}{x}$ 与函数 $y = \begin{cases} 1, & x \geq 0, \\ -1, & x < 0 \end{cases}$ 的定义域不同,因此它们是两个不同的函数.

讨论函数的定义域时,有时除了考虑数学表达式本身的意义外,还应考虑函数的实际意义. 例如,圆的面积 S 是圆的半径 r 的函数:$S = \pi r^2$,由于圆的半径应该大于0,所以定义域是 $(0, +\infty)$;一天中的气温 T 是时间 t(小时)的函数:$T = T(t)$,一天只有 24 小时,所以定义域是 $[0, 24]$.

例1 试确定下列函数的定义域:

(1) $f(x) = \dfrac{4x^2 - 1}{2x - 1}$;　　　　　　(2) $f(x) = \ln(1 + x) + \dfrac{1}{\sqrt{x^2 - 4}}$.

解 (1) 要使 $f(x) = \dfrac{4x^2 - 1}{2x - 1}$ 有意义,需使分母不为零,即 $2x - 1 \neq 0$ 或 $x \neq \dfrac{1}{2}$. 所以函数 $f(x) = \dfrac{4x^2 - 1}{2x - 1}$ 的定义域是 $\left(-\infty, \dfrac{1}{2}\right) \cup \left(\dfrac{1}{2}, +\infty\right)$.

(2) 要使 $f(x) = \ln(1 + x) + \dfrac{1}{\sqrt{x^2 - 4}}$ 有意义,需使

$$\begin{cases} 1 + x > 0, \\ x^2 - 4 > 0. \end{cases}$$

由 $1 + x > 0$,得 $x > -1$;又由 $x^2 - 4 > 0$,得 $x > 2$ 或 $x < -2$. 所以函数 $f(x) = \ln(1 + x) + \dfrac{1}{\sqrt{x^2 - 4}}$ 的定义域是 $x > 2$,即 $(2, +\infty)$.

函数除了可以用解析式表示外,还可以用数值或图形来表示. **解析法**(或称公式法)、**图形法**(或称图像法)、**数值法**(或称列表法)是常用的三种表示函数的方法.

数值法是将两个变量之间的对应关系通过数值对应的形式一一列出,其特点是自变量与函数值对应关系非常清楚,便于查找. 在科学实验中,两个变量之间的函数关系,通常只能通过数值法来表示. 通过具体数值的研究,有利于从特殊到一般,总结出问题的规律.

如气象站每隔一小时测量一次气温,列表1.1所示. 依据函数的定义,从这个表格就很容易看出气温与时间的函数关系.

表1.1 气温与时间的函数关系

时间	8:00	9:00	10:00	11:00	12:00	13:00	14:00	15:00	16:00	17:00
气温(℃)	19.5	21.2	23.8	25.2	26.0	27.5	27.8	26.6	25.3	22.4

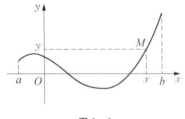

图1-4

图形法是通过图形来描述函数. 一般来说,在一个直角坐标系中的一条曲线,当任何垂直于x轴的直线与该曲线最多只有一个交点时,这条曲线就表示一个函数. 而且,这个函数的定义域D是曲线在x轴上的投影,对应法则是这样的:在定义域D中任取一点$x \in D$,过点x作与x轴垂直的直线,该直线与曲线交于唯一的一点M,过M作垂直于y轴的直线,该直线与y轴的交点的坐标就是点x的对应值. 如图1-4所示,图中的曲线表示一个函数$y = f(x)$.

图形法虽然难以得到自变量对应点(函数值)的精确值,但是能直观反映变量之间的关系,以及函数值随自变量变化的变化趋势. 这是图形法的优点.

解析法是用解析表达函数关系的一种方法,这是数学学习中用得最多的一种表示函数的方法,它通过解析式将变量联系起来,使对应关系明确,在数学推导中非常有用. 如,$S = \pi r^2$,$x = \sin t$等.

应该指出,以上三种函数的表示方法都非常有用,随着计算机技术的发展,数值计算越来越受到重视,因而用数值法表示函数会越来越普遍.

称在自变量不同的取值范围用不同的解析式来表示的函数为**分段函数**.

例2 (1) $y = \begin{cases} -1, & x < 0, \\ 0, & x = 0, \\ 1, & x > 0 \end{cases}$ 是分段函数,通常将其称为符号函

数,用$y = \operatorname{sgn} x$表示(见图1-5).

(2) $y = \begin{cases} x + 1, & x < 0, \\ e^x, & x \geqslant 0 \end{cases}$ 是分段函数.

(3) $y = D(x) = \begin{cases} 1, & x \text{ 是有理数}, \\ 0, & x \text{ 是无理数} \end{cases}$ 是分段函数,称为狄利克雷

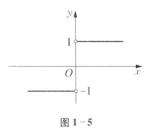

图1-5

（Diriclet）函数.

除了以上三种表示法，还可以用文字来描述函数关系. 如，"y 是不超过 x 的最大整数"就表示了**取整函数**，这个函数用 $y = [x]$，它的定义域是 $(-\infty, \infty)$，当 $x \in [z, z+1)$（其中 $z \in \mathbf{Z}$）时，有 $y = z$，其图像如图 1-6 所示. 除了要掌握用解析式描述函数关系，也应该学会用数值、图形和文字描述函数关系，这四种方法各有优点.

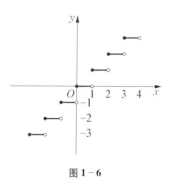

图 1-6

还有一个特殊的函数，就是**取最值函数**. 设函数 $f(x)$ 和 $g(x)$ 在 D 上有定义，分别称

$$y = \max_{x \in D}\{f(x), g(x)\} \text{ 和 } y = \min_{x \in D}\{f(x), g(x)\}$$

为取最大值函数和取最小值函数.

二、函数的一些特性

这里介绍函数的四个特性：有界性、单调性、奇偶性和周期性.

1. 有界性

函数 $y = f(x)$ 在数集 D 上有定义，如果函数的值域 $\{y \mid y = f(x), x \in D\}$ 是一个有界集，则称函数 $f(x)$ 是数集 D 上的**有界函数**，或称 $f(x)$ 在 D 上**有界**. 否则称 $f(x)$ 在 D 上**无界**.

函数 $f(x)$ 在 D 上无界是指对任何的正数 M，存在 $x_M \in D$，使得

$$|f(x_M)| > M,$$

即任何有限区间都不能将函数 $f(x)$ 的值域包含在区间内.

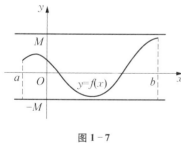

图 1-7

函数 $f(x)$ 在区间 $[a, b]$ 上有界的几何解释是：函数 $y = f(x)$ 在 $[a, b]$ 上的图形位于两条直线 $y = -M$ 与 $y = M$ 之间（见图 1-7）.

宋朝诗人叶绍翁《游园不值》中的诗句"春色满园关不住，一枝红杏出墙来"非常形象地描述了无界这个数学概念：再大的园子（闭区间）也无法将所有的春色（函数值）关住，总有一枝红杏（某个函数值）伸展到园子之外！

注 函数的有界性与自变量的取值范围有关，如 $y = x^3$ 在 $[-1, 3]$ 上有界，因为当 $x \in [-1, 3]$ 时，$|x^3| \leqslant 27$. 而在 $(-\infty, +\infty)$ 上无界，因为对任何正数 $M(>1)$，只要取 $x_M = M \in (-\infty, +\infty)$，就有 $|x_M^3| = M^3 > M$. 一般来说，幂函数 $y = x^n (n > 0)$ 在任何有限区间 $I \subset (0, +\infty)$ 上有界，在其定义域上无界. 由有界性定义知 $y = \sin x$，$y = \cos x$ 在其定义域 $(-\infty, +\infty)$ 上有界.

2. 单调性

单调性是单调增和单调减的总称. 函数单调增(或单调减)是指当自变量增加时, 函数值也增加(或减少). 用数学语言表述如下:

设函数 $f(x)$ 在数集 D 上有定义, 如果对于任意两点 x_1, $x_2 \in D$, 当 $x_1 < x_2$ 时, 有 $f(x_1) \leqslant f(x_2)$(或 $f(x_1) \geqslant f(x_2)$), 则称函数 $f(x)$ 在 D 上**单调增**(或**单调减**).

如果对于任意两点 x_1, $x_2 \in D$, 当 $x_1 < x_2$ 时, 有 $f(x_1) < f(x_2)$(或 $f(x_1) > f(x_2)$), 则称函数 $f(x)$ 在 D 上**严格单调增**(或**严格单调减**).

与函数的有界性相同, 函数的单调性与自变量的取值范围也是有关的. 如二次函数 $y = x^2$, 在 $[0, +\infty)$ 上严格单调增, 在 $(-\infty, 0]$ 上严格单调减, 而在定义域 $(-\infty, +\infty)$ 上没有单调性.

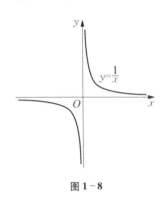

图 1-8

单调性是一个很广泛的性质, 一些分段函数(如符号函数, 取整函数)具有单调性, 指数函数与对数函数在其定义域上也具有单调性. 有些函数在整个定义域上没有单调性, 但在其定义域中的部分区间上却有单调性, 称这些部分区间为该函数的**单调区间**, 如 $[0, +\infty)$ 是 $y = x^2$ 的单调增区间. $\left(-\dfrac{\pi}{2}, \dfrac{\pi}{2}\right)$ 是 $y = \sin x$ 与 $y = \tan x$ 单调增区间, $(0, \pi)$ 是 $y = \cos x$ 的单调减区间. $(-\infty, 0)$ 与 $(0, +\infty)$ 都是倒数函数 $y = \dfrac{1}{x}$ 的单调减区间(见图 1-8).

3. 奇偶性

设函数 $f(x)$ 在对称于原点的数集 D 上有定义, 如果对任何 $x \in D$, 有

$$f(-x) = -f(x)(\text{或} f(-x) = f(x)),$$

则称函数 $f(x)$ 在数集 D 上是**奇函数**(或**偶函数**).

从图形上看, 当函数 $y = f(x)$ 的图形关于原点对称时, 该函数为奇函数, 当 $y = f(x)$ 的图形关于 y 轴对称时, 该函数为偶函数.

如 $y = \dfrac{1}{x}$ 在 $(-\infty, 0) \cup (0, +\infty)$ 上是奇函数; $y = x^2$ 在 $(-\infty, +\infty)$ 上是偶函数. 符号函数 $y = \operatorname{sgn} x$ 在 $(-\infty, +\infty)$ 上是奇函数, 狄利克雷函数 $y = D(x)$ 在 $(-\infty, +\infty)$ 上是偶函数.

当没有指出自变量的取值范围时, 奇偶性是指在函数的定义域上讨论.

例 3　判断函数 $f(x) = \ln(x + \sqrt{1 + x^2})$ 的奇偶性.

解　因为 $x + \sqrt{1 + x^2} > x + |x| \geqslant 0$, 所以 $\ln(x + \sqrt{1 + x^2})$ 的定义域是 $(-\infty, +\infty)$. 对任何 $x \in (-\infty, +\infty)$, 有

$$f(-x) = \ln\left[-x + \sqrt{1 + (-x)^2}\right] = \ln\frac{1}{x + \sqrt{1 + x^2}}$$

$$= -\ln(x + \sqrt{1 + x^2}) = -f(x).$$

因此,函数 $f(x) = \ln(x + \sqrt{1 + x^2})$ 是奇函数.

例 4　设函数 $f(x)$ 在对称区间 $(-l, l)$(其中 $l > 0$) 上有定义,则

$$\varphi(x) = f(x) - f(-x)$$

在 $(-l, l)$ 上是奇函数,而

$$\psi(x) = f(x) + f(-x)$$

在 $(-l, l)$ 上是偶函数.

证　因为对任何 $x \in (-l, l)$,有 $\varphi(-x) = f(-x) - f(x) = -[f(x) - f(-x)] = -\varphi(x)$,所以 $\varphi(x) = f(x) - f(-x)$ 在 $(-l, l)$ 上是奇函数.

第二式留作练习.

思考　在对称区间 $(-a, a)$(其中 $a > 0$) 上定义的函数 $f(x)$ 是否一定可以表示成一个奇函数和一个偶函数的和?

4. 周期性

设函数 $f(x)$ 的定义域是 D,如果存在常数 $k > 0$,使对任何 $x \in D$,有 $x \pm k \in D$,且

$$f(x + k) = f(x),$$

则称函数 $f(x)$ 为**周期函数**,称 k 为该函数的一个周期. 显然,如果 k 是 $f(x)$ 的一个周期,则 $2k$,$3k$,$\cdots$ 也是 $f(x)$ 的周期. 如果在周期函数 $f(x)$ 的所有周期中存在一个最小的正周期,则称这个周期为 $f(x)$ 的**基本周期**.

常见的三角函数是周期函数,如 $y = \sin x$ 与 $y = \cos x$ 的基本周期都是 2π,$y = \tan x$ 的基本周期是 π. 通常所说函数的周期都是指基本周期.

周期函数图形的特点是呈周期变化,周而复始,当自变量增加一个周期 k 后,函数值将重复出现.

常量函数 $y = C$ 是周期函数,但没有基本周期.

三、反函数与复合函数

1. 反函数

自变量与因变量之间的关系是相对而言的,如圆的面积公式中 $S = \pi r^2$,这是将半径 r 作为自

变量时,面积 S 是因变量,而将面积 S 作为自变量时,半径 $r\left(=\sqrt{\dfrac{S}{\pi}}\right)$ 是因变量.

定义 2 设函数 $y=f(x)$ 在数集 D 上有定义,值域是 $W(=f(D))$.如果对任何 $y\in W$,在 D 中有唯一的数 x,使得 $f(x)=y$,则这个对应法则定义了在数集 W 上的一个函数,称为 $y=f(x)$ 在 D 上的**反函数**,记作

$$x=f^{-1}(y),\ y\in W.$$

习惯上,一般用 x 表示自变量,y 表示因变量,因此,将反函数中两个变量位置互换一下,得到 $y=f^{-1}(x)$.因此,函数 $y=f(x)$ 的反函数也记为 $y=f^{-1}(x)$,定义域是 $W(=f(D))$,值域是 D.

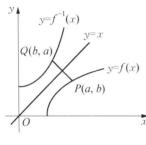

图 1-9

与反函数 $y=f^{-1}(x)$ 相对应,称函数 $y=f(x)$ 为**直接函数**.反函数 $y=f^{-1}(x)$ 的图形与直接函数 $y=f(x)$ 的图形是关于直线 $y=x$ 对称的.这是因为若点 $P(a,b)$ 在曲线 $y=f(x)$ 上,则 $f(a)=b$,于是有 $f^{-1}(b)=a$,即点 $Q(b,a)$ 在曲线 $y=f^{-1}(x)$ 上,反之亦然(见图 1-9).

并不是每个函数都有反函数.对于单值函数,只有当函数 $y=f(x)$ 是一一对应时,才有反函数.如,二次函数 $y=x^2$ 在其定义域 $(-\infty,+\infty)$ 上没有反函数,因为对于任何 $y\in[0,+\infty)$,有两个值 $x_1=\sqrt{y}$、$x_2=-\sqrt{y}$ 与之对应.但在 $[0,+\infty)$ 上,是一一对应的,因此有反函数 $y=\sqrt{x}$.由于严格单调函数是一一对应的,所以可以得到下面的定理.

反函数存在定理 严格单调的函数存在反函数.

例 5 求下列函数的反函数:

(1) $y=-\sqrt{x-1}$;   (2) $y=\mathrm{e}^x+1$.

解 (1) 这是单调函数,定义域是 $[1,+\infty)$,值域是 $(-\infty,0]$.从 $y=-\sqrt{x-1}$ 解出 x,得

$$x=y^2+1,\ y\in(-\infty,0],$$

交换变量的位置,得反函数

$$y=x^2+1,\ x\in(-\infty,0].$$

(2) 从 $y=\mathrm{e}^x+1$ 中解出 x,得

$$x=\ln(y-1),\ y\in(1,+\infty),$$

$$x = \ln(y - 1), y \in (1, +\infty),$$

交换变量的位置,得反函数

$$y = \ln(x - 1), x \in (1, +\infty).$$

2. 复合函数

在很多情况下,一个变量与另一个变量的联系不是那么直接,而是要通过第三个变量(中间变量). 如在物体的自由落体中,动能 E 与时间 t 之间的联系就是要通过速度 v 获得:设物体的质量是 m,动能与速度的函数关系是 $E = \dfrac{1}{2} mv^2$,速度又是时间的函数 $v = gt$,所以动能 E 就成了时间 t 的函数 $E = \dfrac{1}{2} mv^2 = \dfrac{1}{2} mg^2 t^2$. 称这个过程为函数的复合,复合函数的表述如下:

设有两个函数 $y = f(u), u \in D$ 及 $u = \varphi(x), x \in D'$,记函数 $u = \varphi(x)$ 的值域是 W. 如果 $D \cap W \neq \varnothing$,记 $\Omega = \{x \mid x \in D', u = \varphi(x) \in D\}$,则对任何 $x \in \Omega$,通过函数 $u = \varphi(x)$ 有唯一的值 u 与 x 对应,再通过函数 $y = f(u)$ 又有唯一的值 y 与 x 对应. 因此对于每一个 $x \in \Omega$,都有唯一的值 y 与 x 对应,这样就得到了定义在 Ω 上的一个函数,记作

$$y = f[\varphi(x)], x \in \Omega.$$

称函数 $y = f[\varphi(x)], x \in \Omega$ 为由函数 $y = f(u)$ 与函数 $u = \varphi(x)$ 经复合而成的**复合函数**,称 u 为**中间变量**,称 $y = f(u)$ 为**外函数**,称 $u = \varphi(x)$ 为**内函数**.

注 条件 $D \cap W \neq \varnothing$(内函数的值域与外函数的定义域的交集不是空集)很重要,这能保证 $\Omega = \{x \mid x \in D', u = \varphi(x) \in D\} \neq \varnothing$,使得复合运算能够进行. 例如,$y = \ln u, u = -\sqrt{x-1}$ 就不能复合. 因为 $u = -\sqrt{x-1}$ 的值域是 $(-\infty, 0]$,而 $y = \ln u$ 的定义域则是 $(0, +\infty)$,两者的交集是空集.

若复合运算需要进行多次,这时可以引入多个中间变量. 如 $y = \mathrm{e}^{\sin\frac{1}{x}}$ 就是由三个函数 $y = \mathrm{e}^u$,$u = \sin v$ 与 $v = \dfrac{1}{x}$ 复合而成.

四、初等函数

1. 基本初等函数

基本初等函数是指常值函数、幂函数、指数函数、对数函数、三角函数、反三角函数这六类函数. 这些函数的基本图形和简单性质列表于表 1.2.

表 1.2

名称	表达式		图形	简单性质
常量函数	$y = C$ （C 为确定的常数）			1. 定义域为$(-\infty,+\infty)$. 2. 偶函数.
幂函数 $y = x^{\alpha}$ $(\alpha \neq 0)$	$\alpha = \dfrac{p}{q}$ （p、q 都是奇数）		1. 当 $\alpha > 0$ 时,定义域为$(-\infty,+\infty)$; 当 $\alpha < 0$ 时,定义域为 $x \neq 0$. 2. 奇函数.	1. 当 $\alpha > 0$ 时,函数在$(0,+\infty)$上严格单调增;当 $\alpha < 0$ 时,函数在$(0,+\infty)$上严格单调减. 2. $y = x^{\alpha}(x>0)$ 与 $y = x^{\frac{1}{\alpha}}(x>0)$ 互为反函数.
	$\alpha = \dfrac{p}{q}$ （p 是偶数,q 是奇数）		1. 当 $\alpha>0$ 时,定义域为$(-\infty,+\infty)$; 当 $\alpha<0$ 时,定义域为 $x \neq 0$. 2. 偶函数.	
	α 为其他实数		当 $\alpha > 0$ 时,定义域为$[0,+\infty)$; 当 $\alpha < 0$ 时,定义域为$(0,+\infty)$.	
指数函数	$y = a^{x}$ $(a > 0, a \neq 1)$			1. 定义域为$(-\infty,+\infty)$. 2. 当 $a>1$ 时,函数严格单调增;当 $a<1$ 时,函数严格单调减. 3. $y = a^{x}$ 与 $y = \left(\dfrac{1}{a}\right)^{x}$ 的图形关于 y 轴对称.
对数函数	$y = \log_{a} x$ $(a > 0, a \neq 1)$			1. 定义域为$(0,+\infty)$. 2. 当 $a > 1$ 时,函数严格单调增;当 $a < 1$ 时,函数严格单调减. 3. $y = \log_{a}x$ 与 $y = \log_{\frac{1}{a}}x$ 的图形关于 x 轴对称. 4. $y = \log_{a}x(x>0)$ 与 $y = a^{x}(-\infty < x < +\infty)$ 互为反函数.
三角函数	$y = \sin x$			1. 定义域为$(-\infty,+\infty)$.　2. 奇函数. 3. 有界函数.　　　　4. 周期为 2π. 5. 函数在$\left[2k\pi-\dfrac{\pi}{2}, 2k\pi+\dfrac{\pi}{2}\right]$ $(k=0,\pm1,\pm2,\cdots)$ 上严格单调增;在$\left[2k\pi+\dfrac{\pi}{2}, 2k\pi+\dfrac{3\pi}{2}\right]$ $(k=0,\pm1,\pm2,\cdots)$ 上严格单调减.

名称	表 达 式	图 形	简 单 性 质
三角函数	$y = \cos x$		1. 定义域为$(-\infty, +\infty)$.　2. 偶函数. 3. 有界函数.　　　　4. 周期为2π. 5. 函数在$[(2k-1)\pi, 2k\pi]$ $(k=0, \pm1, \pm2, \cdots)$上严格单调增;在$[2k\pi, (2k+1)\pi]$ $(k=0, \pm1, \pm2, \cdots)$上严格单调减.
	$y = \tan x$		1. 定义域为$x \neq k\pi + \dfrac{\pi}{2}$ $(k=0, \pm1, \pm2, \cdots)$. 2. 奇函数. 3. 周期为$\pi$. 4. 函数在$\left(k\pi - \dfrac{\pi}{2}, k\pi + \dfrac{\pi}{2}\right)$ $(k=0, \pm1, \pm2, \cdots)$内严格单调增.
	$y = \cot x$		1. 定义域为$x \neq k\pi$ $(k=0, \pm1, \pm2, \cdots)$. 2. 奇函数. 3. 周期为$\pi$. 4. 函数在$(k\pi, (k+1)\pi)$ $(k=0, \pm1, \pm2, \cdots)$内严格单调减.
反三角函数	$y = \arcsin x$		1. 定义域为$[-1, 1]$.　2. 奇函数. 3. 有界函数.　　　　4. 在$[-1, 1]$上严格单调增. 5. 与$y = \sin x$ $\left(-\dfrac{\pi}{2} \leqslant x \leqslant \dfrac{\pi}{2}\right)$互为反函数.
	$y = \arccos x$		1. 定义域为$[-1, 1]$.　2. 有界函数. 3. 在$[-1, 1]$上严格单调减. 4. 与$y = \cos x$ $(0 \leqslant x \leqslant \pi)$互为反函数.
	$y = \arctan x$		1. 定义域为$(-\infty, +\infty)$.　2. 奇函数. 3. 有界函数. 4. 在$(-\infty, +\infty)$上严格单调增. 5. 与$y = \tan x$ $\left(-\dfrac{\pi}{2} < x < \dfrac{\pi}{2}\right)$互为反函数.
	$y = \text{arccot} \, x$		1. 定义域为$(-\infty, +\infty)$.　2. 有界函数. 3. 在$(-\infty, +\infty)$上严格单调减. 4. 与$y = \cot x$ $(0 < x < \pi)$互为反函数.

2. 初等函数

称由基本初等函数经过有限次加减乘除四则运算和有限次复合运算所得到的并能用一个解析式表示的函数为**初等函数**. 如 $y = \sqrt{1 + \sin x^2}$, $y = \ln(\sin e^{x^3+1})$ 都是初等函数.

多项式 $P(x) = a_0 x^n + a_1 x^{n-1} + \cdots + a_n$ 是初等函数, 有理分式函数

$$y = \frac{P(x)}{Q(x)} = \frac{a_0 x^n + a_1 x^{n-1} + \cdots + a_n}{b_0 x^m + b_1 x^{m-1} + \cdots + b_m},$$

（其中 $a_0, a_1, \cdots, a_n$ 与 $b_0, b_1, \cdots, b_m$ 为常数, $b_0 \neq 0$; n 与 m 为非负整数）

也是初等函数.

还有一类常见的初等函数, 称为**双曲函数**.

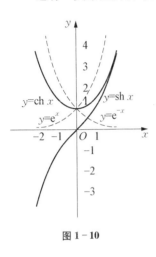

双曲正弦函数　$y = \operatorname{sh} x = \dfrac{e^x - e^{-x}}{2}$; (见图 1-10)

双曲余弦函数　$y = \operatorname{ch} x = \dfrac{e^x + e^{-x}}{2}$; (见图 1-10)

双曲正切函数　$y = \operatorname{th} x = \dfrac{\operatorname{sh} x}{\operatorname{ch} x} = \dfrac{e^x - e^{-x}}{e^x + e^{-x}}$. (见图 1-11)

双曲函数有与三角公式类似的一些恒等式:

$$\operatorname{ch}^2 x - \operatorname{sh}^2 x = 1, \quad \operatorname{sh} 2x = 2\operatorname{sh} x \operatorname{ch} x, \quad \operatorname{ch} 2x = \operatorname{ch}^2 x + \operatorname{sh}^2 x.$$

这些双曲函数都有反函数.

反双曲正弦函数　$y = \operatorname{arsh} x = \ln(x + \sqrt{x^2 + 1})$, $x \in (-\infty, +\infty)$; (见图 1-12)

图 1-10

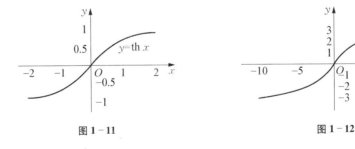

图 1-11　　　　　　　　　　　图 1-12

反双曲余弦函数　$y = \operatorname{arch} x = \ln(x + \sqrt{x^2 - 1})$, $x \in [1, +\infty)$; (见图 1-13)

反双曲正切　$y = \operatorname{arth} x = \dfrac{1}{2}\ln\dfrac{1 + x}{1 - x}$, $x \in (-1, 1)$. (见图 1-14)

反双曲余弦函数应该有两支, 上面列出的是严格单调增加取正值的那一支.

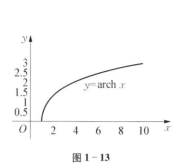

图 1 - 13

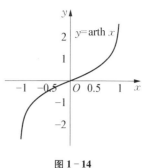

图 1 - 14

函数的四则运算与复合运算是产生新函数的途径,大量的新函数来自函数的运算,如上面的双曲函数就是指数函数经过运算得到的.

例 6 指出下列复合函数是由哪些简单函数复合而成的(简单函数是指由基本初等函数经过有限次的加减乘除四则运算得到的函数):

(1) $y = \sqrt{1 + \sin x^2}$;   (2) $y = \ln(\sin e^{x^3+1})$.

解 (1) 如果将根号中的函数看成 u , x^2 看成 v , 于是 $y = \sqrt{1 + \sin x^2}$ 是由 $y = \sqrt{u}$, $u = 1 + \sin v$, $v = x^2$ 复合而成.

(2) $y = \ln(\sin e^{x^3+1})$ 是由 $y = \ln u$, $u = \sin v$, $v = e^w$, $w = x^3 + 1$ 复合而成.

例 7 已知 $f\left(x + \dfrac{1}{x}\right) = x^2 + \dfrac{1}{x^2}$, 求 $f(x)$.

解 将 $x + \dfrac{1}{x}$ 看成变量 u , 希望能将右端 $x^2 + \dfrac{1}{x^2}$ 化为 u 的函数. 因为

$$x^2 + \frac{1}{x^2} + 2 - 2 = \left(x + \frac{1}{x}\right)^2 - 2 = u^2 - 2,$$

所以

$$f(x) = x^2 - 2.$$

例 8 设在一定时期内,某国的年人口增长率(即出生率减去死亡率)是一个常数 r , 即如果第一年的人口为 P_0 , 则第二年的人口就是 $P_1 = P_0(1 + r)$, 以此类推, n 年后(即第 $n + 1$ 年)的人口为 $P_n = P_0(1 + r)^n$. 如果该国现有人口 1 亿, $r = 2\%$, 问多少年后,该国人口将达到 2 亿.

解 设 n 年后该国人口达到 2 亿,将 $P_0 = 1$, $r = 2\%$, $P_n = 2$ 代入 $P_n = P_0(1 + r)^n$ 中,得 $2 = 1 \times (1 + 2\%)^n$. 两边同时取对数,有

$$\ln 2 = n\ln 1.02 \text{ 即 } n = \frac{\ln 2}{\ln 1.02} \approx 35.003.$$

因此，约 35 年后，该国人口将达到 2 亿.

在后续学习中，大家还会了解到：当 r 很小时，有 $e^r - 1 \approx r$. 因此，上述人口函数模型还可以写成 $P_n = P_0(1 + r)^n \approx P_0 e^{rn}$. 著名的马尔萨斯（Malthus，英国，1766—1834）人口理论就是依托该函数模型提出的. 需要说明的是，该模型仅适用于生物种群（如鱼类、细菌类）生存环境宽松的情况，当生存环境恶化（如食物短缺）时，此模型就不适用了.

最后，给出一些基本运算对函数图形的影响.

（1）平移　设有函数 $y = f(x)$，则函数 $y = f(x + a)$（其中 a 是常数）的图形可由 $y = f(x)$ 的图形沿 x 轴平移 $|a|$ 个单位得到，其中 $a > 0$ 时向左平移，$a < 0$ 时向右平移. 且 $y = f(x) + a$ 的图形可由 $y = f(x)$ 的图形沿 y 轴平移 $|a|$ 个单位得到，其中 $a > 0$ 时向上平移，$a < 0$ 时向下平移.

（2）缩放　函数 $y = f(ax)$（其中常数 $a > 0$）的图形可由函数 $y = f(x)$ 的图形以 y 轴为中心线沿 x 轴压缩（$a > 1$）或伸长（$a < 1$）a 倍得到. 函数 $y = af(x)$ 的图形可由函数 $y = f(x)$ 的图形以 x 轴为中心线沿 y 轴压缩（$a < 1$）或伸长（$a > 1$）a 倍得到.

1.2 学习要点

（3）对称　函数 $y = f(-x)$ 的图形与函数 $y = f(x)$ 的图形是关于 y 轴对称的，函数 $y = -f(x)$ 的图形与函数 $y = f(x)$ 的图形是关于 x 轴对称的.

习题 1.2

1. 求下列函数的定义域：

（1）$y = \dfrac{1}{1 - x^2} + \sqrt{x + 2}$；

（2）$y = \sqrt{3 - x} + \arctan\dfrac{1}{x}$；

（3）$y = \dfrac{1}{\ln(1 - x)}$；

（4）$y = \sqrt{\sin x} + \sqrt{16 - x^2}$.

2. 设函数 $f(x)$ 的定义域是 $[0, 2]$，求下列函数的定义域（其中常数 $a > 0$）：

（1）$f(x^2)$；　　　（2）$f(\sqrt{x})$；　　　（3）$f(x + a) + f(x - a)$.

3. 已知 $f(x) = x^2 - 3x + 7$，求 $f(2 + h)$ 与 $\dfrac{f(2 + h) - f(2)}{h}$.

4. 已知 $f\left(1 + \dfrac{1}{x}\right) = \dfrac{2x + 1 - x^2}{x^2}$，求 $f(x)$.

5. 判断下列函数在其定义域上的有界性：

（1）$y = 1 - \sin x + 7\cos 3x$；

（2）$y = x\sin x$；

(3) $y = \dfrac{\arctan x}{1 + x^2}$；   (4) $y = \begin{cases} e^x, & x \leqslant 0, \\ e^{-x}, & x > 0. \end{cases}$

6. 指出下列函数在 $(-\infty, +\infty)$ 上的单调性：

(1) $y = x^4$；   (2) $y = \text{sh}\, x$；

(3) $y = x + \sin x$.

7. 指出下列函数的奇偶性：

(1) $y = \dfrac{x \sin x}{2 + \cos x}$；   (2) $y = \arctan \sin x$；

(3) $y = x^2 e^{-x^2}$；   (4) $y = x(x - 1)(x + 1)$.

8. 求下列函数的周期：

(1) $y = \cos \dfrac{\pi}{4} x$；   (2) $y = \sin 2x + 4\cos 3x$；

(3) $y = \sin^2 x$；   (4) $y = x\cos x$.

9. 试根据两个函数 $f(x)$ 和 $g(x)$ 的奇偶性，讨论 $f(x) \pm g(x)$ 和 $f(x)g(x)$ 的奇偶性.

10. 证明：若 $f(x)$ 在区间 $(-l, l)$ 上有定义，则 $f(x)$ 可以表示成一个奇函数与一个偶函数的和.

11. 判断下列说法是否正确，并说明理由：

(1) 如果函数 $f(x)$ 在 $(-\infty, 0]$ 上是单调增函数，在 $(0, +\infty)$ 上也是单调增函数，那么，该函数在 $(-\infty, +\infty)$ 上是单调增函数.

(2) 两个单调增函数的和还是单调增函数.

(3) 两个奇函数的乘积还是奇函数.

(4) 有界函数和无界函数的乘积是无界函数.

12. 求下列函数的反函数：

(1) $y = -\sqrt{1 - x^2}$, $x \in [-1, 0]$；   (2) $y = \dfrac{1 - x}{1 + x}$, $x \neq -1$；

(3) $y = 1 + \ln(x + 3)$, $x \in (-3, +\infty)$；   (4) $y = \dfrac{e^x - e^{-x}}{e^x + e^{-x}}$, $-\infty < x < +\infty$.

13. 设 $f(x) = e^x$, $g(x) = \begin{cases} -1, & |x| > 1, \\ 0, & |x| = 1, \\ 1, & |x| < 1, \end{cases}$ 求 $f[g(x)]$, $g[f(x)]$.

14. 指出下列复合函数是由哪些简单函数复合而成的：

(1) $y = \sqrt[3]{\arcsin e^x}$；   (2) $y = e^{\cos(x^2 + 1)}$；

(3) $y = \arcsin \sqrt{\ln(x^2 - 1)}$.

15. 证明下列等式：

（1）$\operatorname{sh} 2x = 2\operatorname{sh} x\operatorname{ch} x,\ \operatorname{ch} 2x = \operatorname{ch}^2 x + \operatorname{sh}^2 x$；

（2）$\operatorname{sh}(x \pm y) = \operatorname{sh} x\operatorname{ch} y \pm \operatorname{ch} x\operatorname{sh} y,\ \operatorname{ch}(x \pm y) = \operatorname{ch} x\operatorname{ch} y \pm \operatorname{sh} x\operatorname{sh} y$.

16. 比照三角函数的和差化积公式，推出双曲函数的和差化积公式，并证明之.

17. 一个圆柱形有盖饮料罐，其容积是一个定值 V，底面半径是 r，高是 h，求该罐的表面积 A 与底面半径 r 的函数关系.

18. 碳 $14(^{14}C)$ 是放射性物质（随时间而衰减），因此，^{14}C 测定技术是考古学的常用技术手段. 已知 ^{14}C 含量 p 与时间 t 的函数关系为 $p = p_0 e^{-0.0001209t}$，其中 p_0 是遗体死亡时的 ^{14}C 含量. 已知长沙马王堆一号墓于 1972 年 8 月出土，测得尸体的 ^{14}C 的含量是活体的 78%. 求该古墓的年代.

第 2 章　极限与连续

微积分是从研究"变化率"开始的. 变化率是一个无限变化的过程, 因此极限理论是微积分的理论基础. 本章将介绍极限的概念和性质, 并用极限的概念建立函数的连续性理论, 熟练掌握这些内容是学好微积分的基础.

2.1　数　列　极　限

一、数列

一些实数根据某个规则排成一列

$$x_1, x_2, \cdots, x_n, \cdots, \qquad \text{①}$$

就称这一列数为数列. 数列①可以简记为 $\{x_n\}$. 下面给出数列的精确定义.

定义 1　设函数 $f: \mathbf{N}^+ \to \mathbf{R}$ 的定义域是全体正整数集 $\mathbf{N}^+$, 函数 f 的值域 $\{x_n = f(n) \mid n \in \mathbf{N}^+\}$ 依次排成的一列数

$$x_1, x_2, \cdots, x_n, \cdots$$

称为数列, 其中第 n 项 x_n 称为该数列的一般项.

几个简单的例子:

1. 数列 $1, \dfrac{1}{2}, \dfrac{1}{3}, \cdots, \dfrac{1}{n}, \cdots$, 记为 $\left\{\dfrac{1}{n}\right\}$, 一般项为 $x_n = \dfrac{1}{n}$;

2. 数列 $1, -1, 1, \cdots, (-1)^{n-1}, \cdots$, 记为 $\{(-1)^{n-1}\}$, 一般项为 $x_n = (-1)^{n-1}$;

3. 数列 $\dfrac{1}{2}, \dfrac{1}{2^2}, \dfrac{1}{2^3}, \cdots, \dfrac{1}{2^n}, \cdots$, 记为 $\left\{\dfrac{1}{2^n}\right\}$, 一般项为 $x_n = \dfrac{1}{2^n}$;

4. 数列 $1, \dfrac{1}{2!}, \dfrac{1}{3!}, \cdots, \dfrac{1}{n!}, \cdots$, 记为 $\left\{\dfrac{1}{n!}\right\}$, 一般项为 $x_n = \dfrac{1}{n!}$;

5. 数列 $2, \dfrac{1}{2}, \dfrac{4}{3}, \dfrac{3}{4}, \cdots$, 记为 $\left\{1 + \dfrac{(-1)^{n-1}}{n}\right\}$, 一般项为 $x_n = 1 + \dfrac{(-1)^{n-1}}{n}$.

根据实数与数轴的对应关系,数列$\{x_n\}$在数轴上对应着一个点列. 注意,数是可以重复的,点重复是没有意义的,因此无穷数列可能只对应有限多个点,如数列$\{(-1)^{n-1}\}$只能对应两个点$\{-1, 1\}$.

通常用数轴上的点列作为数列的几何解释,而不是用平面上函数f的图形作为数列的几何解释,如数列$\left\{\dfrac{1}{n}\right\}$,在数轴上的表示如图 2 - 1 所示.

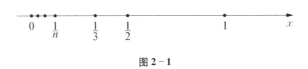

图 2 - 1

在引入数列概念后,随之产生两个问题. 一是随着n的增大,数列的变化趋势是什么? 也就是考察数列是否会越来越接近某个常数? 二是数列的求和是否还能进行? 第二个问题需要在级数部分解决. 下面讨论第一个问题.

根据数列是一种函数,可以给出数列的有界性和单调性.

数列的有界性   给定数列$\{x_n\}$,若存在常数$M > 0$,使得对一切$n \in \mathbf{N}^+$,有

$$|x_n| \leqslant M,$$

则称数列$\{x_n\}$是**有界数列**.

数列$\{x_n\}$有界等价于存在常数k、$K(k < K)$,使得对一切$n \in \mathbf{N}^+$,有$k \leqslant x_n \leqslant K$,这里$k$和$K$分别称为数列的下界和上界. 数列$\{x_n\}$有界等价于$\{x_n\}$既有上界又有下界.

如果数列$\{x_n\}$不是有界的,则称数列$\{x_n\}$是**无界**的.

思考   如何用数学语言来定义无界数列?

数列$\{x_n\}$有界的几何解释是,数列$\{x_n\}$中所有点包含在闭区间$[-M, M]$中. 下面是几个例子:

1. 数列$\left\{\dfrac{1}{n}\right\}$有界,因为存在$M = 1$,对一切$n \in \mathbf{N}^+$,有$\left|\dfrac{1}{n}\right| \leqslant M$;

2. 数列$\{(-1)^{n-1}\}$有界,存在$M = 1$,对一切$n \in \mathbf{N}^+$,有$|(-1)^{n-1}| \leqslant 1$;

3. 数列$\{(-2)^n\}$无界,因为对于任何实数$M > 0$,存在$n_M = [M] + 1$,有$|(-2)^{n_M}| = 2^{[M]+1} > M$.

数列的单调性   给定数列$\{x_n\}$,如果对于一切$n \in \mathbf{N}^+$,都有$x_n \leqslant x_{n+1}$(或$x_n \geqslant x_{n+1}$),则称$\{x_n\}$是**单调增**(或**单调减**)数列.

如果对于一切$n \in \mathbf{N}^+$,都有$x_n < x_{n+1}$(或$x_n > x_{n+1}$),则称$\{x_n\}$是**严格单调增**(或**严格单调减**)数列.

二、数列的极限

《庄子·天下篇》中有"一尺之棰,日去其半,万世不竭"这句话,这个"棰"每日剩下部分的长度用数学式表示,就是以下数列

$$\frac{1}{2}, \frac{1}{2^2}, \cdots, \frac{1}{2^n}, \cdots.$$

当日数(时间)n 的不断增加并趋向于无穷大时,其剩下部分的长度虽然不会是零,但会无限地接近于 0,这非常形象地描述了一个无限变化的过程.

考察上面几个数列 $\left\{\dfrac{1}{n}\right\}$, $\{(-1)^{n-1}\}$, $\{2^n\}$ 及 $\left\{\dfrac{1}{2^n}\right\}$,会发现当 n 无限增大(n 趋向无穷大,记为 $n \to \infty$)时,这几个数列的一般项有不同的表现:$\dfrac{1}{n}$ 和 $\dfrac{1}{2^n}$ 会无限地接近于一个常数(0),而 $(-1)^{n-1}$ 始终在 -1 和 1 之间跳动,2^n 则是无限增大.对于一般项随着 n 增大而能无限接近于某个确定常数的数列,称它是收敛的.

无限接近的真正含义是什么呢? 数列 $\{x_n\}$ 能无限接近于常数 a,是指 $|x_n - a|$ 当 n 充分大以后,可以小于事先给定的任意小的正数.如数列 $\left\{2 + \dfrac{(-1)^n}{n}\right\}$,当 n 无限增大时,一般项 $x_n = 2 + \dfrac{(-1)^n}{n}$ 无限接近于 2. 这是因为 $|x_n - 2| = \left|2 + \dfrac{(-1)^n}{n} - 2\right| = \left|\dfrac{(-1)^n}{n}\right| = \dfrac{1}{n}$ 可以小于任何事先给定的任意小的正数,只要 n 充分大即可.如要 $|x_n - 2| = \dfrac{1}{n}$ 小于事先给定的 $\dfrac{1}{1000}$,只要 $n > 1000$,即从 1001 项开始就有 $|x_n - 2| \leqslant \dfrac{1}{1000}$;而要使 $|x_n - 2| = \dfrac{1}{n}$ 小于 10^{-k},只要 $n > 10^k$ 即可.

任意小的正数在数学中常用 ε 表示,下面给出极限的精确定义.

定义 2　设有数列 $\{x_n\}$ 及常数 a,如果对于任意给定的正数 ε,总存在正整数 N,使得当 $n > N$ 时,有

$$|x_n - a| < \varepsilon,$$

则称数列 $\{x_n\}$ 当 $n \to \infty$ 时以 a 为**极限**,或称数列 $\{x_n\}$ 收敛于 a,记作

$$\lim_{n \to \infty} x_n = a \text{ 或 } x_n \to a(n \to \infty).$$

如果数列 $\{x_n\}$ 不收敛于任何实数,称 $\{x_n\}$ 没有极限或 $\{x_n\}$ 是**发散数列**.

数列 $\{x_n\}$ 收敛于 a 的几何解释:对于任意给定的 $\varepsilon > 0$,总存在正整数 N,使得从第 $N+1$ 项开始的以后每一项都落在 a 的 ε 邻域 $U(a, \varepsilon) = (a - \varepsilon, a + \varepsilon)$ 内.前 N 项可以不在 $U(a, \varepsilon)$ 内,如

图 2-2 所示.

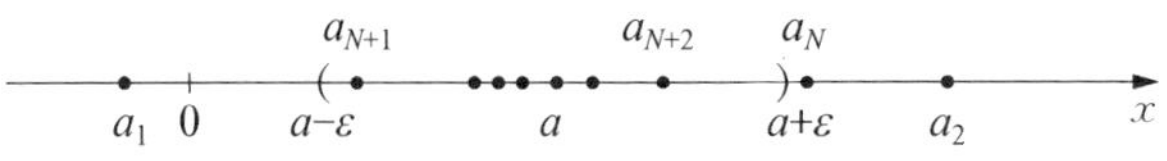

图 2-2

由于 ε 可以任意小,所以 $\{x_n\}$ 以 a 为极限就是点 a 的附近($U(a,\varepsilon)$内)聚集着 $\{x_n\}$ 中无限多项,而 $U(a,\varepsilon)$ 外至多只有 $\{x_n\}$ 有限多项. 由于数列 $\{(-1)^{n-1}\}$ 在两个数 -1 和 1 之间跳动,所以 $\{(-1)^{n+1}\}$ 不可能聚集在任何一个常数的附近,因此 $\{(-1)^{n-1}\}$ 没有极限.

例 1 证明 $\lim\limits_{n\to\infty}\dfrac{1}{n^2}=0$.

证 对于任意给定的正数 ε,要使

$$\left|\frac{1}{n^2}-0\right|=\frac{1}{n^2}<\varepsilon,$$

只要 $n^2>\dfrac{1}{\varepsilon}$,即 $n>\sqrt{\dfrac{1}{\varepsilon}}$,因此总存在正整数 $N=\left[\sqrt{\dfrac{1}{\varepsilon}}\right]+1$,当 $n>N$ 时,有

$$\left|\frac{1}{n^2}-0\right|=\frac{1}{n^2}<\varepsilon,$$

所以 $\lim\limits_{n\to\infty}\dfrac{1}{n^2}=0$.

例 2 证明 $\lim\limits_{n\to\infty}\dfrac{n}{(n+1)^2}=0$.

证 对于任意给定的正数 ε,因为

$$\left|\frac{n}{(n+1)^2}-0\right|=\frac{n}{(n+1)^2}<\frac{1}{n},$$

只要 $\dfrac{1}{n}<\varepsilon$,就有 $\left|\dfrac{n}{(n+1)^2}-0\right|<\varepsilon$,因此总存在正整数 $N=\left[\dfrac{1}{\varepsilon}\right]+1$,当 $n>N$ 时,就有

$$\left|\frac{n}{(n+1)^2}-0\right|<\frac{1}{n}<\varepsilon,$$

所以 $\lim\limits_{n\to\infty}\dfrac{n}{(n+1)^2}=0$.

例 3　证明 $\lim\limits_{n \to \infty} \dfrac{1}{2^n} = 0$.

证　对于任意给定的正数 ε，要使

$$\left| \frac{1}{2^n} - 0 \right| = \frac{1}{2^n} < \varepsilon,$$

只要 $n\ln \dfrac{1}{2} < \ln \varepsilon$ 或 $n > -\dfrac{\ln \varepsilon}{\ln 2}$，因此总存在正整数 $N = \left[-\dfrac{\ln \varepsilon}{\ln 2} \right] + 1$，当 $n > N$ 时，就有

$$\left| \frac{1}{2^n} - 0 \right| < \varepsilon,$$

所以 $\lim\limits_{n \to \infty} \dfrac{1}{2^n} = 0$.

注　从例 2 和例 3 看出，在用定义 2 证明极限时，只需要指出 N 存在即可，并不需要找出最小的 N，如在例 2 中要找出最小的 N 出现困难. 通常可以适当放大 $|x_n - a|$，使之既能小于任意正数 ε（分母要有 n 的因子），还能够容易解出 N.

例 4　证明 $\lim\limits_{n \to \infty} \dfrac{n + \cos n}{n} = 1$.

证　对于任意给定的正数 ε，因为

$$\left| \frac{n + \cos n}{n} - 1 \right| = \left| \frac{\cos n}{n} \right| \leqslant \frac{1}{n},$$

只要 $\dfrac{1}{n} < \varepsilon$，就有 $\left| \dfrac{n + \cos n}{n} - 1 \right| < \varepsilon$，因此总存在正整数 $N = \left[\dfrac{1}{\varepsilon} \right] + 1$，当 $n > N$ 时，就有

$$\left| \frac{n + \cos n}{n} - 1 \right| \leqslant \frac{1}{n} < \varepsilon,$$

所以 $\lim\limits_{n \to \infty} \dfrac{n + \cos n}{n} = 1$.

对于发散数列 $\{x_n\}$，可能出现两种情况：一是尽管 $\lim\limits_{n \to \infty} x_n$ 不存在，但还是有变化趋势，x_n 会随着 n 的无限增大而无限增大；二是 x_n 没有变化趋势. 对于前一种情况，有下面的定义.

定义 3　设有数列 $\{x_n\}$，如果对于任意给定的正数 M（不论有多大），总存在正整数 N，使

得当 $n > N$ 时,有

$$|x_n| \geq M,$$

则称数列 $\{x_n\}$ 当 $n \to \infty$ 时是**无穷大**,或称数列 $\{x_n\}$ 当 $n \to \infty$ 时趋于无穷大,记作

$$\lim_{n \to \infty} x_n = \infty \quad \text{或} \quad x_n \to \infty \ (n \to \infty).$$

注 趋于无穷大的数列 $\{x_n\}$ 仍是发散数列.

如在定义 3 中将 $|x_n| \geq M$ 换成 $x_n \geq M$(或 $x_n \leq -M$),则称 $\{x_n\}$ 当 $n \to \infty$ 时是正无穷大(或负无穷大),或称 $\{x_n\}$ 当 $n \to \infty$ 时趋于正无穷大(或负无穷大),记作

$$\lim_{n \to \infty} x_n = +\infty \ (\text{或} \lim_{n \to \infty} x_n = -\infty),$$

或者

$$x_n \to +\infty \ (n \to \infty) \ (\text{或} \ x_n \to -\infty \ (n \to \infty)).$$

如数列 $\{2^n\}$ 当 $n \to \infty$ 时是正无穷大,$\{(-1)^n n^2\}$ 当 $n \to \infty$ 时是无穷大.

数列 $\{x_n\}$ 当 $n \to \infty$ 时趋于无穷大,与数列 $\{x_n\}$ 收敛于有限数一样是一个变化的过程,它是 x_n 随着 n 的增大而不断无限增大的过程,请读者一定要体会"变化过程"这个思想.

三、收敛数列的性质与极限的运算法则

定理 1 (唯一性)若数列 $\{x_n\}$ 收敛,则其极限是唯一的.

证 用反证法,设数列 $\{x_n\}$ 收敛于两个不同的极限 a 和 b. 不妨设 $a > b$,对于正数 $\varepsilon_0 = \dfrac{a - b}{2} > 0$,根据 $\lim\limits_{n \to \infty} x_n = a$,存在正整数 N_1,当 $n > N_1$ 时,有

$$|x_n - a| < \varepsilon_0 = \frac{a - b}{2},$$

即有

$$x_n > \frac{a + b}{2}, \qquad\qquad ②$$

又根据 $\lim\limits_{n \to \infty} x_n = b$,存在正整数 N_2,当 $n > N_2$ 时,有

$$|x_n - b| < \varepsilon_0 = \frac{a - b}{2}.$$

即有

$$x_n < \frac{a+b}{2}. \qquad\qquad ③$$

令 $N = \max\{N_1, N_2\}$，当 $n > N$ 时，②式和③式同时成立，这显然是矛盾的，所以收敛数列的极限是唯一的.

从数列收敛的几何解释知，当数列 $\{x_n\}$ 收敛于 a 时，在点 a 的任一邻域 $U(a, \varepsilon)$ 中聚集着 $\{x_n\}$ 无限多项，而 $U(a, \varepsilon)$ 外至多只有 $\{x_n\}$ 有限多项，极限的唯一性与这个解释是一致的.

定理 2 （有界性）收敛数列是有界数列.

证 设 $\lim\limits_{n\to\infty} x_n = a$，根据定义 2 知，对于正数 $\varepsilon = 1$，存在正整数 N，当 $n > N$ 时，有 $|x_n - a| < 1$，即从第 $N+1$ 项起，有 $|x_n| \leqslant |a| + 1$.

令 $M = \max\{|x_1|, |x_2|, \cdots, |x_N|, |a| + 1\}$，则对于一切正整数 n，都有

$$|x_n| \leqslant M,$$

因此，数列 $\{x_n\}$ 有界.

思考 定理 2 的证明过程中为什么取 $\varepsilon = 1$？取 $\varepsilon = 2$ 可以吗？

定理 2 表明数列有界是数列收敛的必要条件，但数列有界并不是数列收敛的充分条件. 如 $\{(-1)^n\}$ 是有界数列但不是收敛数列.

推论 若数列 $\{x_n\}$ 无界，则数列 $\{x_n\}$ 发散.

定理 3 设 $\lim\limits_{n\to\infty} x_n = a$，$\lim\limits_{n\to\infty} y_n = b$，且 $a > b$，则存在正整数 N，当 $n > N$ 时，有 $x_n > y_n$.

证 由 $\lim\limits_{n\to\infty} x_n = a$ 知，当 n 充分大以后，除有限多项外，数列 $\{x_n\}$ 的无穷多项聚集在点 a 的附近，又由 $\lim\limits_{n\to\infty} y_n = b$ 知，$\{y_n\}$ 的无穷多项聚集在点 b 附近，为使 x_n 与 y_n 能够分开，取 $\varepsilon_0 = \frac{a-b}{2}$（见图 2-3）.

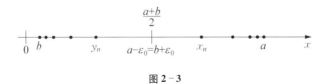

图 2-3

因为 $\lim\limits_{n\to\infty} x_n = a$，所以对给定的正数 ε_0，存在正整数 N_1，当 $n > N_1$ 时，有

$$|x_n - a| < \varepsilon_0 = \frac{a-b}{2},$$

即有

$$x_n > \frac{a+b}{2}.$$

又因为 $\lim\limits_{n\to\infty} y_n = b$，所以对给定的正数 ε_0，存在正整数 N_2，当 $n > N_2$ 时，有

$$|y_n - b| < \varepsilon_0 = \frac{a-b}{2},$$

即有

$$y_n < \frac{a+b}{2}.$$

取 $N = \max\{N_1, N_2\}$，当 $n > N$ 时，就有

$$y_n < \frac{a+b}{2} < x_n \text{ 即 } x_n > y_n.$$

推论 1 （保号性）设 $\lim\limits_{n\to\infty} x_n = a$ 且 $a > 0$，则存在正整数 N，当 $n > N$ 时，有 $x_n > 0$.

推论 2 设存在正整数 N，当 $n > N$ 时，有 $x_n \geqslant y_n$，且 $\lim\limits_{n\to\infty} x_n = a$，$\lim\limits_{n\to\infty} y_n = b$，则

$$a \geqslant b.$$

思考 设 $\lim\limits_{n\to\infty} x_n = a$ 且 $a > 0$，又常数 b 满足 $0 < b < a$，问是否存在正整数 N，使得当 $n > N$ 时，有 $x_n > b$？如果这个说法正确，请给出证明.

定理 4 （迫敛性）设 $\lim\limits_{n\to\infty} x_n = \lim\limits_{n\to\infty} y_n = a$，若数列 $\{z_n\}$ 满足：存在正整数 N，当 $n > N$ 时，有 $x_n \leqslant z_n \leqslant y_n$，则

$$\lim_{n\to\infty} z_n = a.$$

定理的证明留作习题. 定理的结论可以这样理解：由于 x_n 与 y_n 随着 n 趋于无穷大而无限接近于 a，因此被夹在中间的 z_n 只能无限接近于 a.

例 5 求 $\lim\limits_{n\to\infty}\left(\dfrac{1}{\sqrt{n^2+1}} + \dfrac{1}{\sqrt{n^2+2}} + \cdots + \dfrac{1}{\sqrt{n^2+n}}\right)$.

解 记 $z_n = \dfrac{1}{\sqrt{n^2+1}} + \dfrac{1}{\sqrt{n^2+2}} + \cdots + \dfrac{1}{\sqrt{n^2+n}}$，令

$$x_n = \frac{1}{\sqrt{n^2 + n}} + \frac{1}{\sqrt{n^2 + n}} + \cdots + \frac{1}{\sqrt{n^2 + n}} = \frac{n}{\sqrt{n^2 + n}},$$

$$y_n = \frac{1}{\sqrt{n^2 + 1}} + \frac{1}{\sqrt{n^2 + 1}} + \cdots + \frac{1}{\sqrt{n^2 + 1}} = \frac{n}{\sqrt{n^2 + 1}},$$

则有 $x_n \leqslant z_n \leqslant y_n$. 易见 $\lim\limits_{n \to \infty} x_n = \lim\limits_{n \to \infty} y_n = 1$, 根据定理 4, 得

$$\lim_{n \to \infty} \left(\frac{1}{\sqrt{n^2 + 1}} + \frac{1}{\sqrt{n^2 + 2}} + \cdots + \frac{1}{\sqrt{n^2 + n}} \right) = 1.$$

例 6 求 $\lim\limits_{n \to \infty} \sqrt[n]{n}$.

解 记 $a_n = \sqrt[n]{n}$ 令 $\sqrt[n]{n} = 1 + h_n$, 得

$$n = (1 + h_n)^n > \frac{n(n - 1)}{2} h_n^2,$$

从而当 $n > 1$ 时, 有

$$0 < h_n < \sqrt{\frac{2}{n - 1}} \text{ 或 } 1 < 1 + h_n < 1 + \sqrt{\frac{2}{n - 1}}.$$

又由于

$$\lim_{n \to \infty} \left(1 + \sqrt{\frac{2}{n - 1}} \right) = 1,$$

所以根据定理 4, 有

$$\lim_{n \to \infty} (1 + h_n) = 1 \text{ 即} \lim_{n \to \infty} \sqrt[n]{n} = 1.$$

注 证明过程中的第二步: $n = (1 + h_n)^n > \dfrac{n(n - 1)}{2} h_n^2$ 起了关键作用, 请读者仔细体会.

定理 5 (极限运算法则) 设 $\lim\limits_{n \to \infty} x_n = a$, $\lim\limits_{n \to \infty} y_n = b$, 则有

(1) $\lim\limits_{n \to \infty} (x_n \pm y_n) = a \pm b = \lim\limits_{n \to \infty} x_n \pm \lim\limits_{n \to \infty} y_n$;

(2) $\lim\limits_{n \to \infty} (x_n y_n) = ab = \lim\limits_{n \to \infty} x_n \cdot \lim\limits_{n \to \infty} y_n$;

(3) 当 $b \neq 0$ 时, $\lim\limits_{n \to \infty} \dfrac{x_n}{y_n} = \dfrac{a}{b} = \dfrac{\lim\limits_{n \to \infty} x_n}{\lim\limits_{n \to \infty} y_n}$.

证 (1) 对于任意给定的正数 ε,由于 $\lim\limits_{n\to\infty} x_n = a$,总存在正整数 N_1,当 $n > N_1$ 时,有

$$|x_n - a| < \frac{\varepsilon}{2}. \qquad ④$$

又由于 $\lim\limits_{n\to\infty} y_n = b$,总存在正整数 N_2,当 $n > N_2$ 时,有

$$|y_n - b| < \frac{\varepsilon}{2}. \qquad ⑤$$

令 $N = \max\{N_1, N_2\}$,当 $n > N$ 时,④式和⑤式同时成立,故有

$$|x_n + y_n - (a + b)| \leqslant |x_n - a| + |y_n - b| < \frac{\varepsilon}{2} + \frac{\varepsilon}{2} = \varepsilon,$$

因此

$$\lim_{n\to\infty}(x_n + y_n) = a + b = \lim_{n\to\infty} x_n + \lim_{n\to\infty} y_n.$$

(2) 因为 $\lim\limits_{n\to\infty} x_n = a$,根据定理2,存在 $M > 0$,使得 $|x_n| \leqslant M$.

对于任意给定的正数 ε,由于 $\lim\limits_{n\to\infty} x_n = a$,总存在正整数 N_1,当 $n > N_1$ 时,有

$$|x_n - a| < \frac{\varepsilon}{2(|b| + 1)}. \qquad ⑥$$

又由于 $\lim\limits_{n\to\infty} y_n = b$,总存在正整数 N_2,当 $n > N_2$ 时,有

$$|y_n - b| < \frac{\varepsilon}{2M}. \qquad ⑦$$

令 $N = \max\{N_1, N_2\}$,当 $n > N$ 时,⑥式和⑦式同时成立,故有

$$|x_n y_n - ab| \leqslant |x_n||y_n - b| + |b||x_n - a| < M \cdot \frac{\varepsilon}{2M} + |b| \cdot \frac{\varepsilon}{2(|b| + 1)} < \varepsilon,$$

因此

$$\lim_{n\to\infty}(x_n y_n) = \lim_{n\to\infty} x_n \cdot \lim_{n\to\infty} y_n = ab.$$

(3) 当 $b \neq 0$ 时,先证明 $\lim\limits_{n\to\infty} \dfrac{1}{y_n} = \dfrac{1}{b}$.

因为 $\lim\limits_{n\to\infty} y_n = b(\neq 0)$,根据定理3后的思考,存在正整数 N,当 $n > N$ 时,有 $|y_n| > \dfrac{|b|}{2} > 0$,

即 $0 < \dfrac{1}{|y_n|} < \dfrac{2}{|b|}$.

对于任意给定的正数 ε，要使 $\left| \dfrac{1}{y_n} - \dfrac{1}{b} \right| < \varepsilon$，由于 $\left| \dfrac{1}{y_n} - \dfrac{1}{b} \right| = \left| \dfrac{y_n - b}{y_n b} \right| < 2 \dfrac{|y_n - b|}{b^2}$，只

要 $|y_n - b| < \dfrac{b^2 \varepsilon}{2}$. 根据 $\lim\limits_{n \to \infty} y_n = b$ 及 $b \neq 0$ 知，由于 $\dfrac{b^2 \varepsilon}{2} > 0$，总存在正整数 N_1（可取 $N_1 > N$），

当 $n > N_1$ 时，有 $|y_n - b| < \dfrac{b^2 \varepsilon}{2}$，从而有 $\left| \dfrac{1}{y_n} - \dfrac{1}{b} \right| < \varepsilon$. 即

$$\lim_{n \to \infty} \frac{1}{y_n} = \frac{1}{b}.$$

再由（2）得

$$\lim_{n \to \infty} \frac{x_n}{y_n} = \lim_{n \to \infty} x_n \lim_{n \to \infty} \frac{1}{y_n} = \frac{a}{b}.$$

思考 在定理 5（1）的证明过程中，为什么分母取 $|b| + 1$？

如果将常数看成一个数列，则由定理 5 中（2）易得以下推论.

推论 1 如果 $\lim\limits_{n \to \infty} x_n = a$，$k$ 是常数，则 $\lim\limits_{n \to \infty} k \cdot x_n = k \cdot \lim\limits_{n \to \infty} x_n = k \cdot a$.

推论 2 如果 $\lim\limits_{n \to \infty} x_n = a$，$m \in \mathbf{N}^+$，则 $\lim\limits_{n \to \infty} (x_n)^m = \left(\lim\limits_{n \to \infty} x_n \right)^m = a^m$.

有了极限运算法则，利用已知极限就可以容易求得更多的极限.

例 7 求下列极限：

（1）$\lim\limits_{n \to \infty} \left(\dfrac{1}{n^2} + \dfrac{2}{n} \right)$； (2) $\lim\limits_{n \to \infty} \dfrac{3^n + 2^n}{3^n}$.

解 （1）$\lim\limits_{n \to \infty} \left(\dfrac{1}{n^2} + \dfrac{2}{n} \right) = \lim\limits_{n \to \infty} \dfrac{1}{n^2} + \lim\limits_{n \to \infty} \dfrac{2}{n} = 0 + 0 = 0$.

（2）$\lim\limits_{n \to \infty} \dfrac{3^n + 2^n}{3^n} = \lim\limits_{n \to \infty} \left(1 + \left(\dfrac{2}{3} \right)^n \right) = 1 + \lim\limits_{n \to \infty} \left(\dfrac{2}{3} \right)^n = 1$.

例 8 求下列极限：

（1）$\lim\limits_{n \to \infty} \dfrac{2n^2 + 9n - 6}{3n^2 + 4}$； (2) $\lim\limits_{n \to \infty} \dfrac{2^n + 3^n}{2^{n+1} + 3^{n+1}}$.

解 （1）用 n^2 同除分子分母，再用定理 5，得

$$\lim_{n\to\infty}\frac{2n^2+9n-6}{3n^2+4}=\lim_{n\to\infty}\frac{2+\dfrac{9}{n}-\dfrac{6}{n^2}}{3+\dfrac{4}{n^2}}=\frac{\lim\limits_{n\to\infty}\left(2+\dfrac{9}{n}-\dfrac{6}{n^2}\right)}{\lim\limits_{n\to\infty}\left(3+\dfrac{4}{n^2}\right)}=\frac{2}{3}.$$

（2）用 3^n 同除分子分母，再用定理5，得

$$\lim_{n\to\infty}\frac{2^n+3^n}{2^{n+1}+3^{n+1}}=\lim_{n\to\infty}\frac{\left(\dfrac{2}{3}\right)^n+1}{\left(\dfrac{2}{3}\right)^n\cdot 2+3}=\frac{\lim\limits_{n\to\infty}\left[\left(\dfrac{2}{3}\right)^n+1\right]}{\lim\limits_{n\to\infty}\left[\left(\dfrac{2}{3}\right)^n\cdot 2+3\right]}=\frac{1}{3}.$$

注 类似于例8中的关于 n 的多项式商的极限可以用 n 的最高幂次项同除分子分母后再用定理5进行计算.

例9 求下列极限：

（1）$\lim\limits_{n\to\infty}\left(\sqrt{n^2+n}-n\right)$；   （2）$\lim\limits_{n\to\infty}\left[\dfrac{1}{1\cdot 2}+\dfrac{1}{2\cdot 3}+\cdots+\dfrac{1}{n(n+1)}\right].$

解 （1）将 $\sqrt{n^2+n}-n$ 有理化，得

$$\lim_{n\to\infty}\left(\sqrt{n^2+n}-n\right)=\lim_{n\to\infty}\frac{n^2+n-n^2}{\sqrt{n^2+n}+n}=\lim_{n\to\infty}\frac{1}{\sqrt{1+\dfrac{1}{n}}+1}=\frac{1}{2}.$$

（2）因为 $\dfrac{1}{k(k+1)}=\dfrac{k+1-k}{k(k+1)}=\dfrac{1}{k}-\dfrac{1}{k+1}$，所以

$$\lim_{n\to\infty}\left[\frac{1}{1\cdot 2}+\frac{1}{2\cdot 3}+\cdots+\frac{1}{n(n+1)}\right]=\lim_{n\to\infty}\left[\left(1-\frac{1}{2}\right)+\left(\frac{1}{2}-\frac{1}{3}\right)+\cdots+\left(\frac{1}{n}-\frac{1}{n+1}\right)\right]$$

$$=\lim_{n\to\infty}\left(1-\frac{1}{n+1}\right)=1.$$

定义4 设 $\{n_k\}$ 为正整数集 $\mathbf{N}^+$ 的无限子集，且 $n_1<n_2<\cdots<n_k<\cdots$，则称数列 x_{n_1}，x_{n_2}，$\cdots$，x_{n_k}，$\cdots$ 为数列 $\{x_n\}$ 的一个**子列**，记为 $\{x_{n_k}\}$.

如数列 $\left\{\dfrac{1}{2k}\right\}$ 是数列 $\left\{\dfrac{1}{n}\right\}$ 的一个子列.

定理6 数列 $\{x_n\}$ 收敛的充分必要条件是数列 $\{x_n\}$ 的任何子列都收敛.

思考 如果数列 $\{x_n\}$ 的任何子列都收敛，则这些子列与 $\{x_n\}$ 是否是收敛于同一个极限？

由定理 6 知,当数列 $\{x_n\}$ 有一个子列发散,或者有两个子列收敛于不同的极限,则数列 $\{x_n\}$ 一定发散.

例 10　讨论数列 $\left\{\sin\dfrac{n\pi}{2}\right\}$ 是否有极限?

解　因为数列 $\left\{\sin\dfrac{n\pi}{2}\right\}$ 中奇数项组成的子列 $\left\{\sin\dfrac{(2k-1)\pi}{2}\right\}$ 为 $\{(-1)^{k-1}\}$,而 $\{(-1)^{k-1}\}$ 是发散的,因此数列 $\left\{\sin\dfrac{n\pi}{2}\right\}$ 发散.

四、数列极限存在的条件

由前面关于数列极限的证明知,要证明数列 $\{x_n\}$ 以 a 为极限需要事先知道极限值 a 后再由定义进行证明,要用四则运算计算极限又需要众多已知其极限值的数列作为基础. 如果一个数列不能一眼看出其是否有极限,那么所有这些方法就不起作用了,所以要建立一些能够根据数列本身的性态来判别该数列是否有极限(收敛)的法则.

定理 7　(单调有界定理)单调且有界的数列必有极限.

*证　已知单调增(减)数列一定有下(上)界,因此如果单调增(减)数列有上(下)界,那么它就是有界数列. 不妨设 $\{x_n\}$ 单调增且有上界,即

$$x_1 \leqslant x_2 \leqslant \cdots \leqslant x_n \leqslant \cdots \leqslant M,$$

根据第一章的确界原理,$\{x_n\}$ 有上确界 a. 根据上确界定义,对一切正整数 n,有

$$x_n \leqslant a,$$

对任意 $\varepsilon > 0$,$a - \varepsilon$ 就不再是 $\{x_n\}$ 的上界,所以存在正整数 N,使得 $x_N > a - \varepsilon$. 由于 $\{x_n\}$ 是单调增的,故当 $n > N$ 时,有 $x_n > x_N > a - \varepsilon$. 因此当 $n > N$ 时,有

$$a - \varepsilon < x_n \leqslant a < a + \varepsilon.$$

即有

$$|x_n - a| < \varepsilon.$$

这就证明了 $\lim\limits_{n\to\infty} x_n = a$.

定理 7 的证明表明,单调增且有界的数列 $\{x_n\}$ 的极限就是数列 $\{x_n\}$ 的上确界 a. 定理 7 的几何解释如图 2-4 所示:$\{x_n\}$ 单调增但又不能超过上界 M,因此 x_n 随 n 的增加而增加的幅度会越来越小直至在 a 处停下,故 a 就是 $\{x_n\}$ 的极限.

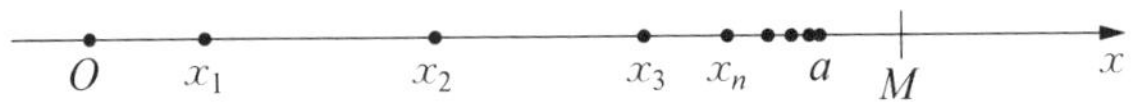

图 2 - 4

注　数列单调且有界是数列收敛的充分条件,但不是必要条件.

思考　数列有界和数列单调哪个是数列收敛的必要条件?

根据定理 7,可以证明极限

$$\lim_{n\to\infty}\left(1+\frac{1}{n}\right)^{n}$$

是存在的,并将其极限值记为 e. e = 2.71828182… 是一个无理数.

　　这是一个非常重要的极限. 其重要性不仅仅在于证明中运用了单调有界定理,而是它在微积分中的作用,这将在后面的章节中进一步显现. 这个极限同时还揭示了自然对数 ln x 的底 e 是如何得到的.

例 11　证明 $\lim\limits_{n\to\infty}\left(1+\dfrac{1}{n}\right)^{n}$ 存在.

*证　记 $a_{n}=\left(1+\dfrac{1}{n}\right)^{n}$,利用二项展开公式,有

$$a_{n} = 1 + n\cdot\frac{1}{n} + \frac{n(n-1)}{2!}\cdot\frac{1}{n^{2}} + \frac{n(n-1)(n-2)}{3!}\cdot\frac{1}{n^{3}} + \cdots +$$

$$\frac{n(n-1)(n-2)\cdots\cdot3\cdot2\cdot1}{n!}\cdot\frac{1}{n^{n}}$$

$$= 1 + 1 + \frac{1}{2!}\left(1-\frac{1}{n}\right) + \frac{1}{3!}\left(1-\frac{1}{n}\right)\left(1-\frac{2}{n}\right) + \cdots +$$

$$\frac{1}{n!}\left(1-\frac{1}{n}\right)\left(1-\frac{2}{n}\right)\cdot\cdots\cdot\left(1-\frac{n-1}{n}\right);$$

$$a_{n+1} = 1 + 1 + \frac{1}{2!}\left(1-\frac{1}{n+1}\right) + \frac{1}{3!}\left(1-\frac{1}{n+1}\right)\left(1-\frac{2}{n+1}\right) + \cdots +$$

$$\frac{1}{n!}\left(1-\frac{1}{n+1}\right)\left(1-\frac{2}{n+1}\right)\cdot\cdots\cdot\left(1-\frac{n-1}{n+1}\right) +$$

$$\frac{1}{(n+1)!}\left(1-\frac{1}{n+1}\right)\left(1-\frac{2}{n+1}\right)\cdot\cdots\cdot\left(1-\frac{n}{n+1}\right);$$

a_{n} 从第三项起的每项都小于 a_{n+1} 的对应项,并且 a_{n+1} 还多了最后一个正项,因此 $a_{n} < a_{n+1}$,即

$\{a_n\}$ 是严格单调增数列.

又因为

$$a_n < 1 + 1 + \frac{1}{2!} + \frac{1}{3!} + \cdots + \frac{1}{n!} < 1 + 1 + \frac{1}{2} + \frac{1}{2^2} + \cdots + \frac{1}{2^{n-1}} < 3,$$

所以数列 $\{a_n\}$ 是有界的. 根据定理 7,数列 $\left\{\left(1 + \dfrac{1}{n}\right)^n\right\}$ 的极限存在,将该极限记为 e,即

$$\lim_{n \to \infty}\left(1 + \frac{1}{n}\right)^n = \mathrm{e}.$$

例 12　求 $\lim\limits_{n \to \infty}\left(\dfrac{n + 2}{n + 1}\right)^n$.

解　$\lim\limits_{n \to \infty}\left(\dfrac{n + 2}{n + 1}\right)^n = \lim\limits_{n \to \infty}\left(1 + \dfrac{1}{n + 1}\right)^{n+1} \cdot \left(1 + \dfrac{1}{n + 1}\right)^{-1}$

$\qquad\qquad\qquad\qquad = \lim\limits_{n \to \infty}\left(1 + \dfrac{1}{n + 1}\right)^{n+1} \cdot \lim\limits_{n \to \infty}\left(1 + \dfrac{1}{n + 1}\right)^{-1}$

$\qquad\qquad\qquad\qquad = \mathrm{e}.$

例 13　证明数列 $\sqrt{2}$, $\sqrt{2 + \sqrt{2}}$, $\cdots$, $\underbrace{\sqrt{2 + \sqrt{2 + \cdots + \sqrt{2}}}}_{n个根号}$, $\cdots$ 收敛,并求其极限.

证　记 $x_n = \sqrt{2 + \sqrt{2 + \cdots + \sqrt{2}}}$,则

$$x_{n+1} = \underbrace{\sqrt{2 + \sqrt{2 + \cdots + \sqrt{2 + \sqrt{2}}}}}_{n+1个根号} > \underbrace{\sqrt{2 + \sqrt{2 + \cdots + \sqrt{2}}}}_{n个根号} = x_n,$$

故数列 $\{x_n\}$ 是单调增的. 由于 $x_1 = \sqrt{2} < 2$,$x_2 = \sqrt{2 + x_1} < \sqrt{2 + 2} = 2$,设 $x_n < 2$,则 $x_{n+1} = \sqrt{2 + x_n} < \sqrt{2 + 2} = 2$,依数学归纳法知,对于一切 $n \in \mathbf{N}^+$,有 $x_n < 2$,故数列 $\{x_n\}$ 是有界的. 根据定理 7,数列 $\{x_n\}$ 收敛,记其极限为 a,从 $x_{n+1} = \sqrt{2 + x_n}$ 得

$$x_{n+1}^2 = 2 + x_n,$$

对上式两边取极限,得

$$a^2 = 2 + a,$$

解得 $a = 2$ 或者 $a = -1$,由于 $x_n > 0$,故其极限 $a \geqslant 0$,所以 $\lim\limits_{n \to \infty} x_n = 2$.

　***定理 8**　(柯西准则)数列 $\{x_n\}$ 收敛的充分必要条件是:对于任意给定的正数 ε,总存在正整数 N,当 $n > N$ 时,对于一切正整数 p,有

2.1 学习要点

$$|x_{n+p} - x_n| < \varepsilon.$$

柯西准则的意义在于可以根据数列$\{x_n\}$本身特性来判定数列$\{x_n\}$是否有极限.

习题 2.1

1. 观察下列数列的变化趋势,讨论数列的有界性和单调性. 如果有极限写出其极限值:

(1) $x_n = \left(-\dfrac{1}{3}\right)^n$;

(2) $x_n = \dfrac{n}{n+1}$;

(3) $x_n = 1 - (0.1)^n$;

(4) $x_n = n\cos\dfrac{n\pi}{2}$;

(5) $x_n = 1 - n$.

2. 用极限定义证明下列极限:

(1) $\lim\limits_{n\to\infty}\dfrac{(-1)^n}{n} = 0$;

(2) $\lim\limits_{n\to\infty}(\sqrt{n+1} - \sqrt{n}) = 0$;

(3) $\lim\limits_{n\to\infty}\dfrac{3n+1}{2n-1} = \dfrac{3}{2}$;

(4) $\lim\limits_{n\to\infty}\sqrt[n]{a} = 1$,其中常数 $a > 0$.

3. 对下列问题进行讨论,并证明所得出的结论:

(1) 已知数列$\{x_n\}$和$\{y_n\}$都发散,问$\{x_n \pm y_n\}$和$\{x_n y_n\}$的收敛性如何?

(2) 已知数列$\{x_n\}$和$\{y_n\}$中有一个收敛,另一个发散,问$\{x_n \pm y_n\}$和$\{x_n y_n\}$的收敛性如何?

(3) 已知$\lim\limits_{n\to\infty} x_n = 0$,$\{y_n\}$是任意数列,问$\{x_n y_n\}$的收敛性如何?

4. 求下列极限:

(1) $\lim\limits_{n\to\infty}\dfrac{1+2+3+\cdots+n}{n^2}$;

(2) $\lim\limits_{n\to\infty}\dfrac{n^2-2}{n^3+1}$;

(3) $\lim\limits_{n\to\infty}\dfrac{2n^3+n^2-6n+7}{3n^3+4n^2-1}$;

(4) $\lim\limits_{n\to\infty}\left(1+\dfrac{1}{n}+\sqrt[n]{\dfrac{1}{n}}\right)$;

(5) $\lim\limits_{n\to\infty}\sqrt{n}\left(\sqrt{n+1} - \sqrt{n-1}\right)$;

(6) $\lim\limits_{n\to\infty}\dfrac{1+\dfrac{1}{2}+\dfrac{1}{2^2}+\cdots+\dfrac{1}{2^n}}{1+\dfrac{1}{3}+\dfrac{1}{3^2}+\cdots+\dfrac{1}{3^n}}$;

(7) $\lim\limits_{n\to\infty}\left[\dfrac{1}{2!}+\dfrac{2}{3!}+\cdots+\dfrac{n}{(n+1)!}\right]$;

(8) $\lim\limits_{n\to\infty}\dfrac{2^n}{n!}$;

(9) $\lim\limits_{n\to\infty}\left(\dfrac{1}{n^2+n+1}+\dfrac{2}{n^2+n+2}+\dfrac{3}{n^2+n+3}+\cdots+\dfrac{n}{n^2+n+n}\right)$;

(10) $\lim\limits_{n\to\infty}\sqrt[n]{a^n+b^n}$,其中 a、b 为正常数;

(11) $\lim\limits_{n\to\infty}\left(\dfrac{1}{1+2}+\dfrac{1}{1+2+3}+\cdots+\dfrac{1}{1+2+\cdots+n}\right)$.

5. 求下列极限：

(1) $\lim\limits_{n\to\infty}\left(1+\dfrac{2}{n}\right)^{3n}$;

(2) $\lim\limits_{n\to\infty}\left(1-\dfrac{1}{n}\right)^{n}$;

6. 设 $x_1=2$, $x_{n+1}=\dfrac{1}{2}\left(x_n+\dfrac{1}{x_n}\right)$ $(n=1,2,\cdots)$, 证明数列 $\{x_n\}$ 收敛, 并求其极限.

7. 不用定理 6 的结论, 证明下列命题：

(1) $\lim\limits_{n\to\infty}a_n=a$ 的充分必要条件是 $\lim\limits_{n\to\infty}a_{2n}=\lim\limits_{n\to\infty}a_{2n+1}=a$；

(2) $\lim\limits_{n\to\infty}|a_n|=0$ 充分必要条件是 $\lim\limits_{n\to\infty}a_n=0$.

8. 证明：设 $\lim\limits_{n\to\infty}x_n=\lim\limits_{n\to\infty}y_n=a$, 若数列 $\{z_n\}$ 满足：存在正整数 N, 当 $n>N$ 时, 有 $x_n\leqslant z_n\leqslant y_n$, 则 $\lim\limits_{n\to\infty}z_n=a$.

2.2　函　数　极　限

在微积分中, 函数极限是讨论问题的基础, 数列极限是为函数极限打基础的.

一、自变量趋于无穷大时函数的极限

对于定义在实数集上的函数 $f(x)$ 来说, 自变量 x 趋于无穷大有三种形式：

沿 x 轴正向趋于无穷大, 也即 x 无限增大, 记为 $x\to+\infty$；

沿 x 轴负向趋于无穷大, 也即 $-x$ 无限增大, 记为 $x\to-\infty$；

沿 x 轴两个方向趋于无穷大, 也即 $|x|$ 无限增大, 记为 $x\to\infty$.

定义 1　设 $f(x)$ 在 $\{x\,|\,|x|>a>0\}$ 上有定义, A 是一个常数, 如果对于任意给定的正数 ε, 总存在正数 $X(X\geqslant a)$, 使得当 $|x|>X$ 时, 有

$$|f(x)-A|<\varepsilon,$$

则称函数 $f(x)$ 当 $x\to\infty$ 时存在极限 A, 或称 A 是 $f(x)$ 当 $x\to\infty$ 时的**极限**, 记为

$$\lim\limits_{x\to\infty}f(x)=A\ \text{或}\ f(x)\to A\,(x\to\infty).$$

定义 1 的几何解释是：对于不论多小的正数 ε, 总存在正数 X, 当 $|x|>X$ 时, $y=f(x)$ 的图形位于两条直线 $y=A-\varepsilon$ 和 $y=A+\varepsilon$ 之间. 如图 2-5 所示.

自变量 $x\to+\infty$ 与 $x\to-\infty$ 的定义由读者自己完成.

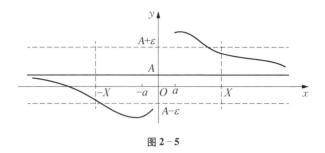

图 2-5

例 1 证明 $\lim\limits_{x\to\infty}\dfrac{x}{1+x}=1$.

证 对于任意给定的正数 ε,要使 $\left|\dfrac{x}{1+x}-1\right|<\varepsilon$,由于 $\left|\dfrac{x}{1+x}-1\right|=\left|\dfrac{1}{1+x}\right|\leqslant$

$\dfrac{1}{|x|-1}$,只要 $\dfrac{1}{|x|-1}<\varepsilon$,即 $|x|>\dfrac{1}{\varepsilon}+1$,总存在正数 $X=\dfrac{1}{\varepsilon}+1$,使得当 $|x|>X$ 时,有

$$\left|\frac{x}{1+x}-1\right|\leqslant\frac{1}{|x|-1}<\frac{1}{X-1}=\varepsilon,$$

所以 $\lim\limits_{x\to\infty}\dfrac{x}{1+x}=1$.

例 2 证明 $\lim\limits_{x\to+\infty}\arctan x=\dfrac{\pi}{2}$.

证 对于任意给定的正数 ε,不妨令 $\varepsilon<\dfrac{\pi}{2}$,要使 $\left|\arctan x-\dfrac{\pi}{2}\right|=\dfrac{\pi}{2}-\arctan x<\varepsilon$,只要

$x>\tan\left(\dfrac{\pi}{2}-\varepsilon\right)$,总存在正数 $X=\tan\left(\dfrac{\pi}{2}-\varepsilon\right)$,使得当 $x>X$ 时,有

$$\left|\arctan x-\frac{\pi}{2}\right|=\frac{\pi}{2}-\arctan x<\frac{\pi}{2}-\arctan X=\frac{\pi}{2}-\frac{\pi}{2}+\varepsilon=\varepsilon,$$

所以 $\lim\limits_{x\to+\infty}\arctan x=\dfrac{\pi}{2}$.

定理 1 设函数 $f(x)$ 在数集 $\{x\mid|x|>a>0\}$ 上有定义,则 $\lim\limits_{x\to\infty}f(x)=A$ 的充分必要条件是 $\lim\limits_{x\to+\infty}f(x)$ 与 $\lim\limits_{x\to-\infty}f(x)$ 都存在且都等于 A.

二、自变量趋于有限值时函数的极限

考虑函数 $f(x)$ 当自变量 x 趋于有限值 x_0 时的极限,也有下列三种形式:

x 无限接近于 x_0 且 $x \neq x_0$,记为 $x \to x_0$;

x 从大于 x_0 的方向无限接近于 x_0 且 $x \neq x_0$,记为 $x \to x_0^+$;

x 从小于 x_0 的方向无限接近于 x_0 且 $x \neq x_0$,记为 $x \to x_0^-$.

定义2 设函数 $f(x)$ 在点 x_0 的某去心邻域 $\mathring{U}(x_0, h)$ 上有定义,A 是一个常数,如果对于任意给定的正数 ε,总存在正数 $\delta(\delta \leqslant h)$,使得当 $0 < |x - x_0| < \delta$ 时,有

$$|f(x) - A| < \varepsilon,$$

则称函数 $f(x)$ 当 $x \to x_0$ 时存在极限 A,或 A 是函数 $f(x)$ 当 $x \to x_0$ 时的**极限**,记为

$$\lim_{x \to x_0} f(x) = A \text{ 或 } f(x) \to A (x \to x_0).$$

讨论函数当自变量趋向于一个有限值的极限是有实际意义的. 例如,考察质点位移函数 $s(t) = t^2$ 从时刻 t_0 到时刻 t 的平均速度. 根据物理学知识知,平均速度为 $\bar{v} = \dfrac{t^2 - t_0^2}{t - t_0}$,当 $t \neq t_0$ 时,$\bar{v} = \dfrac{t^2 - t_0^2}{t - t_0} = t + t_0$,当 t 无限接近于 t_0 时,$\bar{v}$ 的值就无限接近于 $2t_0$. 从直观上看,当 t 无限接近于 t_0 时,平均速度 $\bar{v}$ 的值就无限接近于位移函数 $s(t) = t^2$ 在 t_0 处的瞬时速度 v. 因此在时刻 t_0 的瞬时速度 v 为

$$v = \lim_{t \to t_0} \frac{t^2 - t_0^2}{t - t_0} = 2t_0.$$

我国唐朝诗人李白的诗句"孤帆远影碧空尽,唯见长江天际流",表现了函数极限的人文意境."孤帆远影碧空尽",描述了"孤帆"变化的动态意境:逐渐远去(远影)最后消失在地平线上(碧空尽),即极限为 0.

"孤帆远影碧空尽"与"一尺之棰,日取其半,万世不竭"的差别在于,前者变化过程是连续的,后者则是离散的."孤帆远影碧空尽",不再是数列的极限,而是经历了航行中无数时刻的连续变化过程. 用数学符号写出来则是:

$$\text{当 } t \to t_0 \text{ 时}, f(t) \to 0.$$

这里 t_0 表示"孤帆"消失的那一时刻,$f(t)$ 表示在时刻 t 可以观察到的"孤帆"大小. 在 $t \to t_0$ 的过程中,时间连续变化,经历了无限多的时刻,"孤帆"经历的是连续变量的极限.

注 在研究函数当 x 趋于 x_0 时的极限时,只考虑函数值在 x_0 附近的变化趋势,与函数 $f(x)$ 在 x_0 处有无定义及取值都没有关系,因此只要求 $f(x)$ 在 $\mathring{U}(x_0, h)$ 上有定义,不需要考虑 $f(x)$ 在 x_0 处是否有定义.

另外,讨论函数极限时离不开自变量的变化过程. 因为同样的函数不同的自变量变化过程会

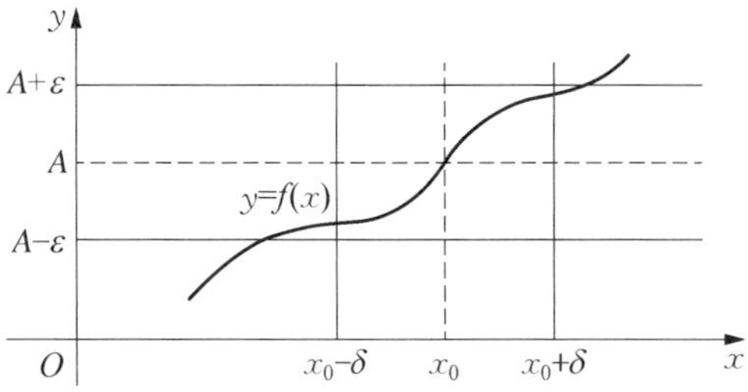

图 2 - 6

有不同的极限, 如 $\lim\limits_{x \to \infty} \dfrac{1}{x} = 0$, 而 $\lim\limits_{x \to 1} \dfrac{1}{x} = 1$.

极限 $\lim\limits_{x \to x_0} f(x)$ 的几何解释是：对于任意给定的正数 ε, 总存在正数 δ, 当 x 落在去心邻域 $\mathring{U}(x_0, \delta)$ 上时, 函数 $y = f(x)$ 的图形落在两条平行直线 $y = A - \varepsilon$ 与 $y = A + \varepsilon$ 之间. 如图 2 - 6 所示.

例 3 证明 $\lim\limits_{x \to \frac{1}{2}} \dfrac{4x^2 - 1}{2x - 1} = 2$.

证 对于任意给定的正数 ε, 要使 $\left| \dfrac{4x^2 - 1}{2x - 1} - 2 \right| < \varepsilon$, 由于 $\left| \dfrac{4x^2 - 1}{2x - 1} - 2 \right| =$ $\left| \dfrac{4x^2 - 4x + 1}{2x - 1} \right| = \left| \dfrac{(2x - 1)^2}{2x - 1} \right| = |2x - 1|$, 只要 $|2x - 1| < \varepsilon$, 即 $\left| x - \dfrac{1}{2} \right| < \dfrac{\varepsilon}{2}$. 总存在正数 $\delta\left(= \dfrac{\varepsilon}{2} \right)$, 使得当 $0 < \left| x - \dfrac{1}{2} \right| < \delta$ 时, 有

$$\left| \dfrac{4x^2 - 1}{2x - 1} - 2 \right| < \varepsilon,$$

所以

$$\lim\limits_{x \to \frac{1}{2}} \dfrac{4x^2 - 1}{2x - 1} = 2.$$

例 4 证明 $\lim\limits_{x \to 1} \dfrac{x^3 - 1}{x - 1} = 3$.

证 因为 $x \to 1$, 不妨假设所要找的 $\delta < 1$, 这样就有 $0 < x < 2$. 对于任意给定的正数 ε, 要使 $\left| \dfrac{x^3 - 1}{x - 1} - 3 \right| < \varepsilon$, 由于 $\left| \dfrac{x^3 - 1}{x - 1} - 3 \right| = \left| \dfrac{x^3 - 3x + 2}{x - 1} \right| = \left| \dfrac{(x - 1)^2(x + 2)}{x - 1} \right| = |x + 2| \cdot$ $|x - 1|$, 只要 $|x + 2| \cdot |x - 1| < 4|x - 1| < \varepsilon$, 即 $|x - 1| < \dfrac{\varepsilon}{4}$, 总存在 $\delta = \min\left\{ \dfrac{\varepsilon}{4}, 1 \right\}$, 使得当 $0 < |x - 1| < \delta$ 时, 有

$$\left| \dfrac{x^3 - 1}{x - 1} - 3 \right| < 4|x - 1| < 4\delta \leqslant \varepsilon,$$

所以

$$\lim\limits_{x \to 1} \dfrac{x^3 - 1}{x - 1} = 3.$$

注 用定义证明极限时,所要找的 δ 只要能找出一个就可以了,不需要找出最大的 δ,因此在寻找 δ 时,可以适当放大 $|f(x) - A|$ 至 $|x - x_0|$ 的常数倍,再确定 δ 的值(与 ε 有关).

并非所有函数当自变量趋于有限值时都有极限,如 $y = \sin \dfrac{1}{x}$,当 $x \to 0$ 时,其函数值在 -1 与 1 之间振动,因而没有极限(见图 2-7). 而 $y = \dfrac{1}{x}$,当 $x \to 0$ 时,其函数值趋于 ∞,也没有极限(见图 1-8).

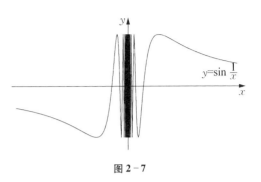

图 2-7

定义 3 设函数 $f(x)$ 在 $(x_0 - h, x_0)$ 上有定义,A 是一个常数,如果对于任意给定的正数 ε,总存在正数 $\delta(\delta \leqslant h)$,使得当 $0 < x_0 - x < \delta$ 时,有

$$|f(x) - A| < \varepsilon,$$

则称 $f(x)$ 当 $x \to x_0$ 时存在左极限 A,或称 A 是 $f(x)$ 当 $x \to x_0$ 时的左极限,记为

$$\lim_{x \to x_0^-} f(x) = A \text{ 或 } f(x_0 - 0) = A$$

请读者自行给出右极限 $\lim\limits_{x \to x_0^+} f(x) = A$ 的定义.

例 5 证明 $\lim\limits_{x \to x_0} \sqrt{x} = \sqrt{x_0}$,其中 $x_0 > 0$.

证 因为 $\sqrt{x} \geqslant 0$,$\sqrt{x_0} > 0$,于是对于任意给定的正数 ε,要使 $|\sqrt{x} - \sqrt{x_0}| < \varepsilon$,由于

$$\left| \sqrt{x} - \sqrt{x_0} \right| = \frac{|x - x_0|}{\sqrt{x} + \sqrt{x_0}} < \frac{|x - x_0|}{\sqrt{x_0}},\ \text{只要}\ |x - x_0| < \sqrt{x_0}\varepsilon,\ \text{因此总存在}\ \delta =$$

$\min\{\sqrt{x_0}\varepsilon, x_0\}$,使得当 $0 < |x - x_0| < \delta$ 时,有

$$\left| \sqrt{x} - \sqrt{x_0} \right| < \varepsilon,$$

所以 $\lim\limits_{x \to x_0} \sqrt{x} = \sqrt{x_0}$.

思考 为什么在例 5 的证明过程中不取 $\delta = \sqrt{x_0}\varepsilon$,而要取 $\delta = \min\{\sqrt{x_0}\varepsilon, x_0\}$?

例 6 设函数 $f(x) = \begin{cases} x, & x < 1, \\ x^2, & x \geqslant 1, \end{cases}$ 证明 $\lim\limits_{x \to 1^-} f(x) = \lim\limits_{x \to 1^+} f(x) = 1$,且 $\lim\limits_{x \to 1} f(x) = 1$.

证 当 $x < 1$ 时(不妨假设 $0 < x < 1$),$f(x) = x$,从而

$$|f(x) - 1| = |x - 1| = 1 - x.$$

因此对于任意给定的正数 ε,总存在 $\delta_1 = \min\{\varepsilon, 1\}$,使得当 $0 < 1 - x < \delta_1$ 时,有

$$|f(x) - 1| < \varepsilon,$$

所以 $\lim\limits_{x \to 1^-} f(x) = 1$.

当 $x > 1$ 时(不妨假设 $1 < x < 2$),$f(x) = x^2$,从而

$$|f(x) - 1| = |x^2 - 1| = (x - 1)(x + 1) \leqslant 3(x - 1).$$

因此对于任意给定的正数 ε,总存在 $\delta_2 = \min\left\{\dfrac{\varepsilon}{3}, 1\right\}$,使得当 $0 < x - 1 < \delta_2$ 时,有

$$|f(x) - 1| \leqslant 3(x - 1) < 3 \cdot \frac{\varepsilon}{3} = \varepsilon,$$

所以 $\lim\limits_{x \to 1^+} f(x) = 1$.

这就证明了 $\lim\limits_{x \to 1^-} f(x) = \lim\limits_{x \to 1^+} f(x) = 1$.

特别取 $\delta = \min\{\delta_1, \delta_2\}$,使得当 $0 < |x - 1| < \delta$ 时,有 $|f(x) - 1| < \varepsilon$,所以

$$\lim\limits_{x \to 1} f(x) = 1.$$

上例给出了左右极限与极限之间的关系,可推广到一般情形.

定理 2 $\lim\limits_{x \to x_0} f(x) = A$ 的充分必要条件是 $\lim\limits_{x \to x_0^-} f(x) = \lim\limits_{x \to x_0^+} f(x) = A$.

例 7 试讨论函数 $f(x) = \begin{cases} \dfrac{1}{x}, & 0 < x < 2, \\ \sqrt{x}, & x \geqslant 2 \end{cases}$ 当 $x \to 2$ 时的极限是否存在.

解 因为 $\lim\limits_{x \to 2^-} f(x) = \lim\limits_{x \to 2^-} \dfrac{1}{x} = \dfrac{1}{2}$,$\lim\limits_{x \to 2^+} f(x) = \lim\limits_{x \to 2^+} \sqrt{x} = \sqrt{2}$,所以由定理 2 得 $\lim\limits_{x \to 2} f(x)$ 不存在.

三、函数极限的性质及其运算法则

1. 函数极限的性质

定理 3 (唯一性)若 $\lim\limits_{x \to x_0} f(x)$ 存在,则其极限值是唯一的.

定理 4 (局部有界性)若 $\lim\limits_{x \to x_0} f(x)$ 存在,则存在正数 δ,使得 $f(x)$ 在邻域 $\mathring{U}(x_0; \delta)$ 上有

界.

证明 设 $\lim_{x \to x_0} f(x) = A$，则对 $\varepsilon = 1$，存在正数 δ，使得当 $0 < |x - x_0| < \delta$ 时，有 $|f(x) - A| < 1$. 根据不等式 $\big||f(x)| - |A|\big| < |f(x) - A| < 1$，可得

$$|f(x)| < |A| + 1,$$

因此 $f(x)$ 在 $\mathring{U}(x_0; \delta)$ 上有界.

定理 5 若 $\lim_{x \to x_0} f(x) = A$，$\lim_{x \to x_0} g(x) = B$，且 $A > B$，则存在正数 δ，使得当 $x \in \mathring{U}(x_0; \delta)$ 时，有 $f(x) > g(x)$.

推论 1 （局部保号性）若 $\lim_{x \to x_0} f(x) = A > 0$（或 $A < 0$），则存在正数 δ，使得当 $x \in \mathring{U}(x_0; \delta)$ 时，有

$$f(x) > \frac{A}{2} > 0 \left(\text{或} f(x) < \frac{A}{2} < 0 \right).$$

推论 2 （极限不等式）若 $\lim_{x \to x_0} f(x) = A$，$\lim_{x \to x_0} g(x) = B$，且存在正数 δ，使得当 $x \in \mathring{U}(x_0; \delta)$ 时，有 $f(x) \leqslant g(x)$，则

$$A \leqslant B.$$

以上定理与数列中相应的定理类似，请读者自行完成定理 5 及其推论的证明.

定理 6 （迫敛性）如果存在正数 δ'，使得当 $x \in \mathring{U}(x_0; \delta')$ 时，有 $f(x) \leqslant h(x) \leqslant g(x)$，且 $\lim_{x \to x_0} f(x) = \lim_{x \to x_0} g(x) = A$，则

$$\lim_{x \to x_0} h(x) = A.$$

证 由于 $\lim_{x \to x_0} f(x) = \lim_{x \to x_0} g(x) = A$，对于任意给定的正数 ε，总存在正数 $\delta(< \delta')$，使得当 $x \in \mathring{U}(x_0; \delta)$ 时，有 $|f(x) - A| < \varepsilon$ 和 $|g(x) - A| < \varepsilon$ 同时成立，即

$$A - \varepsilon < f(x) < A + \varepsilon \text{ 且 } A - \varepsilon < g(x) < A + \varepsilon.$$

于是当 $x \in \mathring{U}(x_0; \delta)$ 时，有

$$A - \varepsilon < f(x) \leqslant h(x) \leqslant g(x) < A + \varepsilon,$$

从而

$$|h(x) - A| < \varepsilon,$$

因此 $\lim\limits_{x \to x_0} h(x) = A.$

以上定理都可以推广到左右极限 $x \to x_0^+$，$x \to x_0^-$ 和自变量趋于 ∞，$+\infty$，$-\infty$ 的情形，请读者自行讨论.

例8 求 $\lim\limits_{x \to 0} x \left[\dfrac{1}{x} \right]$.

解 因为当 $x \neq 0$ 时，有 $\dfrac{1}{x} - 1 < \left[\dfrac{1}{x} \right] \leqslant \dfrac{1}{x}$. 所以当 $x > 0$ 时，$1 - x < x \left[\dfrac{1}{x} \right] \leqslant 1$；当 $x < 0$ 时，$1 - x > x \left[\dfrac{1}{x} \right] \geqslant 1$. 因此根据迫敛性(定理6)，有

$$\lim_{x \to 0} x \left[\frac{1}{x} \right] = 1.$$

下面定理揭示了数列极限与函数极限的关系.

定理7 (归结原理)设 $f(x)$ 在 $\mathring{U}(x_0; h)$ 上有定义，则 $\lim\limits_{x \to x_0} f(x) = A$ 的充分必要条件是：对于在 $\mathring{U}(x_0; h)$ 中收敛于 x_0 的任一数列 $\{x_n\}$ 都有 $\lim\limits_{n \to \infty} f(x_n) = A.$

推论 $\lim\limits_{x \to \infty} f(x) = A$ 的充分必要条件是：对于满足 $x_n \to \infty (n \to \infty)$ 的任一数列 $\{x_n\}$ 都有 $\lim\limits_{n \to \infty} f(x_n) = A.$

例9 证明 $\lim\limits_{x \to 0} \sin \dfrac{1}{x}$ 不存在.

证 设 $f(x) = \sin \dfrac{1}{x}$，取 $x_n' = \dfrac{1}{2n\pi}$，$x_n'' = \dfrac{1}{2n\pi + \dfrac{\pi}{2}}$，其中 $n = 1, 2, \cdots$，显然 $\{x_n'\}$ 与 $\{x_n''\}$ 都收敛于 0，而

$$\lim_{n \to \infty} f(x_n') = \lim_{n \to \infty} \sin \frac{1}{\dfrac{1}{2n\pi}} = \lim_{n \to \infty} \sin 2n\pi = 0,$$

$$\lim_{n \to \infty} f(x_n'') = \lim_{n \to \infty} \sin \left(2n\pi + \frac{\pi}{2} \right) = 1,$$

所以

$$\lim_{n \to \infty} f(x'_n) \neq \lim_{n \to \infty} f(x''_n).$$

由定理 7 得, $\lim\limits_{x \to 0} \sin\dfrac{1}{x}$ 不存在.

注　定理 7 对证明函数极限不存在很有用,如例 9.

2. 函数极限的运算法则

与数列极限四则运算法则类似,可以建立函数的四则运算法则.

下面定理中,我们用记号"lim"表示六种极限形式 ($x \to \infty$, $x \to +\infty$, $x \to -\infty$, $x \to x_0$, $x \to x_0^+$, $x \to x_0^-$) 中的某一种,等式两边出现的所有极限的变化过程相同. 通常称"lim"为"**变量的极限**","lim"表示对六种形式的极限都成立,并且在同一论述中出现的"lim"指的是自变量的同一变化过程.

定理 8　设 $\lim f(x) = A$, $\lim g(x) = B$,则有

(1) $\lim [f(x) \pm g(x)] = A \pm B = \lim f(x) \pm \lim g(x)$;

(2) $\lim [f(x) g(x)] = AB = \lim f(x) \cdot \lim g(x)$;

(3) 当 $B \neq 0$ 时,$\lim \dfrac{f(x)}{g(x)} = \dfrac{A}{B} = \dfrac{\lim f(x)}{\lim g(x)}$.

推论 1　对任何常数 k,有 $\lim [k \cdot f(x)] = k \cdot \lim f(x)$.

推论 2　对任何正整数 m,有 $\lim [f(x)]^m = [\lim f(x)]^m$.

上述定理以及推论的证明请读者仿照数列中相应定理的证明自行完成.

例 10　求下列极限:

(1) $\lim\limits_{x \to \infty} \dfrac{x^2 - x + 1}{2x^2 + x}$;

(2) $\lim\limits_{x \to 1} \dfrac{x^2 + x - 2}{x^2 - 3x + 2}$;

(3) $\lim\limits_{x \to -1} \left(\dfrac{1}{x + 1} - \dfrac{3}{x^3 + 1} \right)$.

解　(1) 用 x^2 同除分子、分母,有

$$\lim_{x \to \infty} \frac{x^2 - x + 1}{2x^2 + x} = \lim_{x \to \infty} \frac{1 - \dfrac{1}{x} + \dfrac{1}{x^2}}{2 + \dfrac{1}{x}} = \frac{\lim\limits_{x \to \infty} \left(1 - \dfrac{1}{x} + \dfrac{1}{x^2} \right)}{\lim\limits_{x \to \infty} \left(2 + \dfrac{1}{x} \right)} = \frac{1}{2}.$$

（2）当 $x \to 1$ 时，分子、分母同时趋于 0，可先对分子、分母作因式分解，消去零因子，于是

$$\lim_{x \to 1} \frac{x^2 + x - 2}{x^2 - 3x + 2} = \lim_{x \to 1} \frac{(x + 2)(x - 1)}{(x - 2)(x - 1)} = \frac{\lim\limits_{x \to 1}(x + 2)}{\lim\limits_{x \to 1}(x - 2)} = -3.$$

（3）由于 $\lim\limits_{x \to -1} \dfrac{1}{x + 1}$ 与 $\lim\limits_{x \to -1} \dfrac{3}{x^3 + 1}$ 都不存在，因此不能直接用定理 8 中的运算法则（1），可以先对函数作一些代数变形，当 $x \neq -1$ 时，有

$$\frac{1}{x + 1} - \frac{3}{x^3 + 1} = \frac{x^2 - x + 1 - 3}{x^3 + 1} = \frac{(x + 1)(x - 2)}{x^3 + 1} = \frac{x - 2}{x^2 - x + 1},$$

于是

$$\lim_{x \to -1} \left(\frac{1}{x + 1} - \frac{3}{x^3 + 1} \right) = \lim_{x \to -1} \frac{x - 2}{x^2 - x + 1} = -1.$$

例 11　求 $\lim\limits_{x \to +\infty} \left(\sqrt{x^2 + 1} - x \right)$.

解　$\lim\limits_{x \to +\infty} \left(\sqrt{x^2 + 1} - x \right) = \lim\limits_{x \to +\infty} \dfrac{1}{\sqrt{x^2 + 1} + x} = \lim\limits_{x \to +\infty} \dfrac{\dfrac{1}{x}}{\sqrt{1 + \dfrac{1}{x^2}} + 1} = 0.$

定理 9　（复合函数的极限运算法则）设函数 $u = g(x)$ 满足 $\lim\limits_{x \to x_0} g(x) = u_0$ 且 $g(x) \neq u_0$，又 $\lim\limits_{u \to u_0} f(u) = A$，则复合函数 $y = f[g(x)]$ 当 $x \to x_0$ 时的极限也存在，且

$$\lim_{x \to x_0} f[g(x)] = \lim_{u \to u_0} f(u) = A.$$

证明从略.

定理的结论 $\lim\limits_{x \to x_0} f[g(x)] = \lim\limits_{u \to u_0} f(u)$，说明在求 $\lim\limits_{x \to x_0} f[g(x)]$ 时可令 $u = g(x)$ 化为 $\lim\limits_{u \to u_0} f(u)$ 来求，这一方法常称为**变量代换**.

例 12　证明 $\lim\limits_{x \to x_0} \mathrm{e}^x = \mathrm{e}^{x_0}$，$x_0 \in (-\infty, +\infty)$.

证　先用定义证明 $\lim\limits_{x \to 0^+} \mathrm{e}^x = 1$.

对于任意给定的正数 ε，要使 $|\mathrm{e}^x - 1| = \mathrm{e}^x - 1 < \varepsilon$，只需 $x < \ln(1 + \varepsilon)$，因此总存在 $\delta = \ln(1 + \varepsilon)$，使得当 $0 < x < \delta$ 时，有 $0 < \mathrm{e}^x - 1 < \varepsilon$，即 $\lim\limits_{x \to 0^+} \mathrm{e}^x = 1$；

再由 $\lim\limits_{x \to 0^-} \mathrm{e}^x = \lim\limits_{x \to 0^+} \mathrm{e}^{-x} = \lim\limits_{x \to 0^+} \dfrac{1}{\mathrm{e}^x} = 1$，于是由定理 2 得到 $\lim\limits_{x \to 0} \mathrm{e}^x = 1$. 从而有

$$\lim_{x \to x_0} e^x = \lim_{x \to x_0} e^{x_0} e^{x-x_0} = e^{x_0} \lim_{x \to x_0} e^{x-x_0} = e^{x_0}, \ x_0 \in (-\infty, +\infty).$$

同理可证 $\lim\limits_{x \to x_0} a^x = a^{x_0}$ (常数 $a > 0$, $a \neq 1$).

称函数 $y = f(x)^{g(x)}$ ($f(x) > 0$, $f(x) \not\equiv 1$) 为**幂指函数**. 对于幂指函数有下面的性质. 这个性质的证明需要用到指数函数和对数函数的连续性, 将在下一节给出.

性质　若 $\lim\limits_{x \to x_0} f(x) = A(A > 0)$, $\lim\limits_{x \to x_0} g(x) = B$, 则 $\lim\limits_{x \to x_0} f(x)^{g(x)} = A^B$.

四、两个重要的极限

下面用迫敛性可以证明两个重要的极限:

$$\lim_{x \to 0} \frac{\sin x}{x} = 1 \ \text{与} \lim_{x \to \infty} \left(1 + \frac{1}{x}\right)^x = e.$$

1. $\lim\limits_{x \to 0} \dfrac{\sin x}{x}$.

由于 $x \to 0$, 不妨限定 $0 < |x| < \dfrac{\pi}{2}$. 当 $0 < x < \dfrac{\pi}{2}$ 时, 如图 2-8 所示,

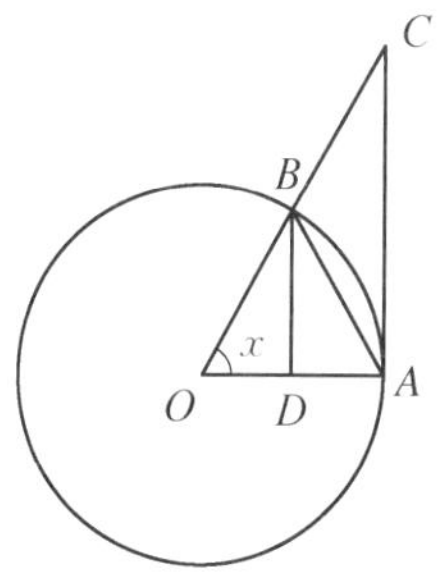

设 $\angle AOB = x$, 则 $\overset{\frown}{AB} = x$, $BD = \sin x$, $AC = \tan x$. 于是

三角形 OAB 的面积 < 扇形 OAB 的面积 < 三角形 OAC 的面积,

即 $\dfrac{1}{2} \sin x < \dfrac{1}{2} x < \dfrac{1}{2} \tan x$ 或

$$\sin x < x < \tan x \left(0 < x < \frac{\pi}{2}\right). \qquad ①$$

图 2-8

当 $0 < x < \dfrac{\pi}{2}$ 时, 由于 $\sin x > 0$, 用 $\sin x$ 同除 ① 式各项, 得 $1 < \dfrac{x}{\sin x} < \dfrac{1}{\cos x}$, 即

$$\cos x < \frac{\sin x}{x} < 1. \qquad ②$$

注意到 $\cos x$, $\dfrac{\sin x}{x}$ 都是偶函数, 所以当 $-\dfrac{\pi}{2} < x < 0$ 时, ② 式也成立. 因此, 当 $0 < |x| < \dfrac{\pi}{2}$ 时, 有

$$\cos x < \frac{\sin x}{x} < 1. \qquad ③$$

2.2　常用三角
函数恒等式

由①式知, 当 $0 < x < \dfrac{\pi}{2}$ 时, $\sin x < x$. 又当 $-\dfrac{\pi}{2} < x < 0$ 时, 有 $0 < -x <$

$\dfrac{\pi}{2}$,由 ① 式得 $\sin(-x) < (-x)$,于是当 $0 < |x| < \dfrac{\pi}{2}$ 时,有

$$|\sin x| < |x|. \qquad\qquad ④$$

当 $0 < |x| < \dfrac{\pi}{2}$ 时,由 $1 - \cos x = 2\sin^2\dfrac{x}{2}$ 及 ④ 式,可得

$$0 \leqslant 1 - \cos x = 2\sin^2\dfrac{x}{2} < 2\left(\dfrac{x}{2}\right)^2 = \dfrac{x^2}{2},$$

因 $\lim\limits_{x \to 0}\dfrac{x^2}{2} = 0$,根据迫敛性及极限运算法则,得 $\lim\limits_{x \to 0}\cos x = 1$. 再根据 ③ 式与迫敛性,得

$$\lim_{x \to 0}\dfrac{\sin x}{x} = 1.$$

思考 如何利用不等式 ④ 及三角恒等式证明 $\lim\limits_{x \to a}\cos x = \cos a$?

例 13 求下列极限:

(1) $\lim\limits_{x \to 0}\dfrac{\tan x}{x}$;

(2) $\lim\limits_{x \to 0}\dfrac{1 - \cos x}{x^2}$;

(3) $\lim\limits_{x \to 0}\dfrac{\sin 5x}{\sin 2x}$;

(4) $\lim\limits_{x \to 0}\dfrac{\arcsin x}{x}$;

(5) $\lim\limits_{x \to 1}\dfrac{\sin(x^2 - 1)}{x - 1}$;

(6) $\lim\limits_{x \to a}\dfrac{\sin x - \sin a}{x - a}$.

解 (1) $\lim\limits_{x \to 0}\dfrac{\tan x}{x} = \lim\limits_{x \to 0}\dfrac{\sin x}{x} \cdot \dfrac{1}{\cos x} = \lim\limits_{x \to 0}\dfrac{\sin x}{x} \cdot \lim\limits_{x \to 0}\dfrac{1}{\cos x} = 1.$

(2) $\lim\limits_{x \to 0}\dfrac{1 - \cos x}{x^2} = \lim\limits_{x \to 0}\dfrac{2\sin^2\dfrac{x}{2}}{x^2} = \dfrac{1}{2}\lim\limits_{x \to 0}\dfrac{\left(\sin\dfrac{x}{2}\right)^2}{\left(\dfrac{x}{2}\right)^2} = \dfrac{1}{2}\lim\limits_{x \to 0}\left(\dfrac{\sin\dfrac{x}{2}}{\dfrac{x}{2}}\right)^2 = \dfrac{1}{2}.$

(3) $\lim\limits_{x \to 0}\dfrac{\sin 5x}{\sin 2x} = \dfrac{5}{2}\lim\limits_{x \to 0}\dfrac{\dfrac{\sin 5x}{5x}}{\dfrac{\sin 2x}{2x}} = \dfrac{5}{2} \cdot \dfrac{\lim\limits_{x \to 0}\dfrac{\sin 5x}{5x}}{\lim\limits_{x \to 0}\dfrac{\sin 2x}{2x}} = \dfrac{5}{2}.$

(4) 令 $\arcsin x = u$,则 $x = \sin u$,于是 $\lim\limits_{x \to 0}\dfrac{\arcsin x}{x} = \lim\limits_{u \to 0}\dfrac{u}{\sin u} = \lim\limits_{u \to 0}\dfrac{1}{\dfrac{\sin u}{u}} = 1.$

(5) $\lim\limits_{x \to 1}\dfrac{\sin(x^2 - 1)}{x - 1} = \lim\limits_{x \to 1}\dfrac{\sin(x^2 - 1)}{(x^2 - 1)}(x + 1) = \lim\limits_{x \to 1}\dfrac{\sin(x^2 - 1)}{(x^2 - 1)}\lim\limits_{x \to 1}(x + 1) = 2.$

(6) $\lim\limits_{x \to a} \dfrac{\sin x - \sin a}{x - a} = \lim\limits_{x \to a} \dfrac{2\sin\dfrac{x-a}{2}\cos\dfrac{x+a}{2}}{x-a} = \lim\limits_{x \to a} \dfrac{\sin\dfrac{x-a}{2}}{\dfrac{x-a}{2}} \lim\limits_{x \to a} \cos\dfrac{x+a}{2} = \cos a.$

2. $\lim\limits_{x \to \infty}\left(1 + \dfrac{1}{x}\right)^x.$

先证明 $\lim\limits_{x \to +\infty}\left(1 + \dfrac{1}{x}\right)^x = \mathrm{e}.$

对任何大于 1 的实数 x,记 $n = [\,x\,]$,有 $n \leqslant x < n + 1$,于是

$$\left(1 + \frac{1}{n+1}\right)^n \leqslant \left(1 + \frac{1}{x}\right)^x \leqslant \left(1 + \frac{1}{n}\right)^{n+1}.$$

因为

$$\lim\limits_{n \to \infty}\left(1 + \frac{1}{n+1}\right)^n = \lim\limits_{n \to \infty}\left(1 + \frac{1}{n+1}\right)^{n+1}\left(1 + \frac{1}{n+1}\right)^{-1} = \mathrm{e},$$

$$\lim\limits_{n \to \infty}\left(1 + \frac{1}{n}\right)^{n+1} = \lim\limits_{n \to \infty}\left(1 + \frac{1}{n}\right)^n\left(1 + \frac{1}{n}\right) = \mathrm{e},$$

根据迫敛性,有

$$\lim\limits_{x \to +\infty}\left(1 + \frac{1}{x}\right)^x = \mathrm{e}.$$

再证明 $\lim\limits_{x \to -\infty}\left(1 + \dfrac{1}{x}\right)^x = \mathrm{e}.$ 令 $t = -x$,则 $x \to -\infty$ 时,$t \to +\infty$,于是

$$\lim\limits_{x \to -\infty}\left(1 + \frac{1}{x}\right)^x = \lim\limits_{t \to +\infty}\left(1 - \frac{1}{t}\right)^{-t} = \lim\limits_{t \to +\infty}\left(\frac{t-1}{t}\right)^{-t} = \lim\limits_{t \to +\infty}\left(\frac{t}{t-1}\right)^t$$

$$= \lim\limits_{t \to +\infty}\left(1 + \frac{1}{t-1}\right)^{t-1} \cdot \left(1 + \frac{1}{t-1}\right) = \mathrm{e}.$$

综上所述,有

$$\lim\limits_{x \to \infty}\left(1 + \frac{1}{x}\right)^x = \mathrm{e}.$$

如果用变量代换,将 $\dfrac{1}{x}$ 代替 x,得这个重要极限的另一形式:$\lim\limits_{x \to 0}(1 + x)^{\frac{1}{x}} = \mathrm{e}.$

例 14 求下列极限:

(1) $\lim\limits_{x \to \infty}\left(1 - \dfrac{1}{x}\right)^x;$ $\qquad\qquad\qquad$ (2) $\lim\limits_{x \to 0}(1 + 2x^2)^{\frac{1}{x^2}};$

$(3)\ \lim_{x\to\infty}\left(\dfrac{x+1}{x-1}\right)^x$；

$(4)\ \lim_{x\to0}(\cos x)^{\frac{1}{x^2}}$．

解　$(1)\ \lim_{x\to\infty}\left(1-\dfrac{1}{x}\right)^x=\lim_{x\to\infty}\left\{\left[1+\dfrac{1}{(-x)}\right]^{-x}\right\}^{-1}=\dfrac{1}{\lim\limits_{x\to\infty}\left[1+\dfrac{1}{(-x)}\right]^{-x}}=\dfrac{1}{\mathrm{e}}.$

$(2)\ \lim_{x\to0}(1+2x^2)^{\frac{1}{x^2}}=\lim_{x\to0}\left[(1+2x^2)^{\frac{1}{2x^2}}\right]^2,$ 因为 $\lim\limits_{x\to0}(1+2x^2)^{\frac{1}{2x^2}}=\mathrm{e},$ 所以

$$\lim_{x\to0}\left[(1+2x^2)^{\frac{1}{2x^2}}\right]^2=\mathrm{e}^2.$$

$(3)\ \lim_{x\to\infty}\left(\dfrac{x+1}{x-1}\right)^x=\lim_{x\to\infty}\left(1+\dfrac{2}{x-1}\right)^x=\lim_{x\to\infty}\left[\left(1+\dfrac{2}{x-1}\right)^{\frac{x-1}{2}}\right]^2\left(1+\dfrac{2}{x-1}\right)$

$$=\lim_{x\to\infty}\left[\left(1+\dfrac{2}{x-1}\right)^{\frac{x-1}{2}}\right]^2\cdot\lim_{x\to\infty}\left(1+\dfrac{2}{x-1}\right)=\mathrm{e}^2.$$

或

$$\lim_{x\to\infty}\left(\dfrac{x+1}{x-1}\right)^x=\lim_{x\to\infty}\left(\dfrac{1+\dfrac{1}{x}}{1-\dfrac{1}{x}}\right)^x=\dfrac{\lim\limits_{x\to\infty}\left(1+\dfrac{1}{x}\right)^x}{\lim\limits_{x\to\infty}\left(1-\dfrac{1}{x}\right)^x}=\dfrac{\mathrm{e}}{\mathrm{e}^{-1}}=\mathrm{e}^2.$$

(4) 这是一个幂指函数的极限. 因为 $\lim\limits_{x\to0}(\cos x)^{\frac{1}{x^2}}=\lim\limits_{x\to0}\left\{\left[1-(1-\cos x)\right]^{\frac{1}{1-\cos x}}\right\}^{\frac{1-\cos x}{x^2}},$

又 $\lim\limits_{x\to0}\left[1-(1-\cos x)\right]^{\frac{1}{1-\cos x}}=\mathrm{e}^{-1},$ $\lim\limits_{x\to0}\dfrac{1-\cos x}{x^2}=\dfrac{1}{2},$ 所以

$$\lim_{x\to0}(\cos x)^{\frac{1}{x^2}}=(\mathrm{e}^{-1})^{\frac{1}{2}}=\mathrm{e}^{-\frac{1}{2}}.$$

注　根据定理 9 的结论,在应用重要极限 $\lim\limits_{x\to0}\dfrac{\sin x}{x}$ 或 $\lim\limits_{x\to\infty}\left(1+\dfrac{1}{x}\right)^x$ 时可以用某个 x 的函数 $\varphi(x)$ 代替 x,只要 $\varphi(x)\to0$ 且 $\varphi(x)\neq0$ 或 $\varphi(x)\to\infty$ 即可(见例 12 和例 13).

2.2 学习要点

习题 2.2

1. 利用函数极限定义证明下列结论：

$(1)\ \lim_{x\to0}|x|=0;$

$(2)\ \lim_{x\to\infty}\dfrac{1+x^3}{2x^3}=\dfrac{1}{2};$

$(3)\lim_{x \to -1} \dfrac{x^2 - 1}{x + 1} = -2;$ 　　　　　$(4)\lim_{x \to a} \cos x = \cos a.$

2. 分别讨论下列函数当 x 趋于指定点时的左极限、右极限、极限：

$(1)f(x) = \begin{cases} \dfrac{1}{1 - x}, & x < 0, \\ 2, & x = 0, \\ x, & 0 < x < 1, \\ 1, & 1 \leqslant x \leqslant 2, \end{cases}$ 点 $x = 0$、$x = 1$；

$(2)f(x) = \begin{cases} \dfrac{3}{2x}, & 0 < x \leqslant 1, \\ x^2, & 1 < x < 2, \\ 2x, & 2 \leqslant x < 3, \end{cases}$ 点 $x = 1$、$x = 2$.

3. 讨论下列极限的存在性：

$(1)\lim_{x \to 0} e^{\frac{1}{x}};$ 　　　　　$(2)\lim_{x \to 0} \dfrac{|x|}{x};$

$(3)\lim_{x \to 0} x \operatorname{sgn} x.$

4. 求下列极限：

$(1)\lim_{x \to 6} \dfrac{x^2 - 5x + 6}{x^2 - x - 30};$ 　　　　　$(2)\lim_{x \to 1} \dfrac{x^n - 1}{x^m - 1},$ 其中 n、m 是正整数；

$(3)\lim_{x \to 4} \dfrac{4 - x}{5 - \sqrt{x^2 + 9}};$ 　　　　　$(4)\lim_{x \to +\infty} \dfrac{1 + \sqrt{x}}{1 - \sqrt{x}};$

$(5)\lim_{x \to 1} \left(\dfrac{1}{1 - x} - \dfrac{3}{1 - x^3} \right);$ 　　　　　$(6)\lim_{x \to 0} \dfrac{\sqrt{a^2 + x} - a}{x},$ 其中常数 $a > 0$；

$(7)\lim_{x \to +\infty} x \left(\sqrt{x^2 + 1} - x \right);$ 　　　　　$(8)\lim_{x \to +\infty} \arcsin \left(\sqrt{x^2 + x} - x \right);$

$(9)\lim_{x \to 0} \dfrac{x^2 - \sin x}{x + \sin x};$

$(10)\lim_{x \to +\infty} (a^x + b^x + c^x)^{\frac{1}{x}},$ 其中常数 a、b、c 满足 $0 < a < b < c.$

5. 求下列极限：

$(1)\lim_{x \to 0} \dfrac{\sin 3x}{\tan 5x};$ 　　　　　$(2)\lim_{x \to 0} \dfrac{\sin x^3}{\sin^2 x};$

$(3)\lim_{x \to \frac{\pi}{2}} \dfrac{\cos x}{x - \dfrac{\pi}{2}};$ 　　　　　$(4)\lim_{x \to 0} \dfrac{1 - \cos x}{x \sin x};$

$(5)\ \lim\limits_{x\to a}\dfrac{\sin^2 x-\sin^2 a}{x-a};$

$(6)\ \lim\limits_{x\to 0}\dfrac{2\sin x-\sin 2x}{x^3};$

$(7)\ \lim\limits_{x\to 1}(1-x)\tan\dfrac{\pi}{2}x;$

$(8)\ \lim\limits_{x\to\infty}\left(1+\dfrac{4}{x}\right)^{x+2};$

$(9)\ \lim\limits_{x\to 0}\left(\dfrac{1+x}{1-x}\right)^{\frac{1}{x}};$

$(10)\ \lim\limits_{x\to\infty}\left(\dfrac{3x+2}{3x-1}\right)^{2x-1};$

$(11)\ \lim\limits_{x\to 0}(1+\tan x)^{\cot x}$

$(12)\ \lim\limits_{x\to\infty}\left(\dfrac{x^2}{x^2-1}\right)^{x};$

$(13)\ \lim\limits_{x\to 0}(1+\sin 2x)^{\frac{1}{x}};$

$(14)\ \lim\limits_{x\to 1}(2-x)^{\sec\frac{\pi}{2}x}.$

6. 证明:如果 $\lim\limits_{x\to\infty}f(x)$ 存在,则存在正数 M 及正数 X,使得当 $|x|>X$ 时,有 $|f(x)|\leqslant M.$

7. 设 $f(x)=\begin{cases}\dfrac{\sin\alpha x}{x}, & x<0,\\ 2(1+x)^2, & x\geqslant 0,\end{cases}$ 已知 $\lim\limits_{x\to 0}f(x)$ 存在,求 $f\left(-\dfrac{\pi}{4}\right).$

8. 已知 $\lim\limits_{x\to\infty}\left(\dfrac{x-l}{x}\right)^x=3$,求常数 l.

9. 已知 $\lim\limits_{x\to\infty}\left(\dfrac{x^2+1}{x+1}-ax-b\right)=0$,求常数 a、b.

10. 利用归结原理求 $\lim\limits_{n\to\infty}\sqrt{n}\sin\dfrac{\pi}{\sqrt{n}}.$

11. 证明极限的局部保号性:若 $\lim\limits_{x\to x_0}f(x)=A>0$(或 $A<0$),则存在正数 δ,使得当 $x\in\mathring{U}(x_0;\delta)$ 时,有 $f(x)>\dfrac{A}{2}>0\left(\text{或}\ f(x)<\dfrac{A}{2}<0\right).$

2.3　无穷小与无穷大

一、无穷小

极限为 0 的变量称为无穷小,$x\to x_0$ 时无穷小的定义如下.

定义 1　设函数 $f(x)$ 在 $\mathring{U}(x_0;h)$ 上有定义,如果对任意给定的正数 ε,总存在正数 δ,使得当 $0<|x-x_0|<\delta$ 时,有

$$|f(x)|<\varepsilon,$$

则称函数 $f(x)$ 是 $x \to x_0$ 时的无穷小.

类似地,可定义 $x \to x_0^-$, $x \to x_0^+$, $x \to \infty$, $x \to +\infty$, $x \to -\infty$ 时的无穷小,对于数列 $\{x_n\}$ 也可以定义 $n \to \infty$ 时的无穷小.

注　无穷小是一个变量的变化过程,不要与很小的常数混为一谈. 根据无穷小定义,常数中只有零才是无穷小. 当提及无穷小时一定要指出自变量的变化过程,这与函数极限一定要指出自变量的变化过程是一样的,如 $y = \dfrac{1}{\sqrt{x}}$ 是 $x \to +\infty$ 时的无穷小,不是 $x \to 1$ 时的无穷小.

无穷小有如下的运算性质. 在自变量的同一变化过程中,下列结论成立:

定理 1　(1) 有限个无穷小的代数和仍是无穷小.

(2) 有限个无穷小的乘积仍是无穷小.

(3) 无穷小与有界变量的乘积仍是无穷小.

(4) 无穷小与极限不为零的变量的商仍是无穷小.

证　这里只证明(4),其余留作习题.

设 $\lim\limits_{x \to x_0} f(x) = 0$, $\lim\limits_{x \to x_0} g(x) = b (\neq 0)$,不妨设 $b > 0$,要证明(4) 即证 $\lim\limits_{x \to x_0} \dfrac{f(x)}{g(x)} = 0$. 由于 $\lim\limits_{x \to x_0} g(x) = b > 0$,根据局部保号性,存在正数 δ ,当 $x \in \mathring{U}(x_0; \delta)$ 时,有 $g(x) > \dfrac{b}{2} > 0$ 或 $0 < \dfrac{1}{g(x)} < \dfrac{2}{b}$,即 $\dfrac{1}{g(x)}$ 在 $\mathring{U}(x_0; \delta)$ 上是有界变量.

所以 $\dfrac{f(x)}{g(x)} = f(x) \cdot \dfrac{1}{g(x)}$ 是无穷小与有界变量的乘积,根据(3) 得, $\dfrac{f(x)}{g(x)}$ 仍是无穷小.

定理 2　$\lim\limits_{x \to x_0} f(x) = A$ 的充分必要条件是:存在 $x \to x_0$ 时的无穷小 $\alpha(x)$,使得

$$f(x) = A + \alpha(x).$$

证　必要性:设 $\lim\limits_{x \to x_0} f(x) = A$,令 $\alpha(x) = f(x) - A$,于是

$$\lim\limits_{x \to x_0} \alpha(x) = \lim\limits_{x \to x_0} [f(x) - A] = \lim\limits_{x \to x_0} f(x) - A = 0,$$

所以 $\alpha(x)$ 是 $x \to x_0$ 时的无穷小,且

$$f(x) = A + \alpha(x).$$

充分性:如果 $f(x) = A + \alpha(x)$,且 $\lim\limits_{x \to x_0} \alpha(x) = 0$,则

$$\lim\limits_{x \to x_0} f(x) = A + \lim\limits_{x \to x_0} \alpha(x) = A.$$

定理1与定理2对自变量的其他变化过程也成立.

> **注**　利用定理2可以证明极限运算法则.如乘法运算法则:
>
> 　设 $\lim f(x) = A$,$\lim g(x) = B$,则 $\lim[f(x)g(x)] = \lim f(x) \lim g(x) = AB$.
>
> 　事实上,根据定理2,有 $f(x) = A + \alpha(x)$,$g(x) = B + \beta(x)$,其中 $\alpha(x)$、$\beta(x)$ 是自变量同一变化过程中的无穷小.于是 $f(x)g(x) = AB + A\beta(x) + B\alpha(x) + \alpha(x)\beta(x)$,所以
>
> $$\lim f(x)g(x) = AB + A\lim \beta(x) + B\lim \alpha(x) + \lim \alpha(x)\beta(x) = AB.$$

例 1　求下列极限:

(1) $\lim\limits_{x \to +\infty} \left(\dfrac{1}{x^3} + \mathrm{e}^{-x} \right)$;　　　　　　　　(2) $\lim\limits_{x \to 0} x^2 \sin \dfrac{1}{x}$.

解　(1) 因为 $\lim\limits_{x \to +\infty} \dfrac{1}{x^3} = 0$,$\lim\limits_{x \to +\infty} \mathrm{e}^{-x} = 0$,所以 $\lim\limits_{x \to +\infty} \left(\dfrac{1}{x^3} + \mathrm{e}^{-x} \right) = 0$.

(2) 因为 $\lim\limits_{x \to 0} x^2 = 0$,而 $\sin \dfrac{1}{x}$ 在 $\mathring{U}(0;1)$ 上有界,所以

$$\lim\limits_{x \to 0} x^2 \sin \dfrac{1}{x} = 0.$$

同理,当常数 $k > 0$ 时,有 $\lim\limits_{x \to 0^+} x^k \sin \dfrac{1}{x} = 0$,$\lim\limits_{x \to 0^+} x^k \cos \dfrac{1}{x} = 0$.

二、无穷大

在 2.1 节数列极限中已经给出数列趋于无穷大的定义,下面给出函数极限是无穷大的精确定义.

定义 2　设函数 $f(x)$ 在 $\mathring{U}(x_0;h)$ 上有定义,如果对于任意给定的正数 M,总存在正数 δ,使得当 $0 < |x - x_0| < \delta$ 时,有

$$|f(x)| > M,$$

则称函数 $f(x)$ 是 $x \to x_0$ 时的无穷大,或称当 $x \to x_0$ 时 $f(x)$ 的极限是无穷大.记作

$$\lim\limits_{x \to x_0} f(x) = \infty.$$

注 记号 $\lim\limits_{x \to x_0} f(x) = \infty$ 只是为了表达方便,此时,当 $x \to x_0$ 时 $f(x)$ 的极限不存在.

类似地可以给出 $x \to x_0$ 时,$f(x)$ 趋于正无穷大、负无穷大的定义,还可以给出自变量其他变化过程时各类无穷大的定义. 这些定义请读者自己完成.

定理 3 (无穷大与无穷小的关系)在自变量的同一变化过程中,如果 $f(x)$ 是无穷大,则 $\dfrac{1}{f(x)}$ 是无穷小;反之,如果 $f(x)$ 是无穷小,且 $f(x) \neq 0$,则 $\dfrac{1}{f(x)}$ 是无穷大.

证明略

定理表达的思想是十分明确的,无限增大的量倒过来自然就会无限接近于 0.

例 2 证明 $\lim\limits_{x \to -1} \dfrac{1}{1+x} = \infty$.

证 对于任意给定的正数 M,要使 $\left| \dfrac{1}{1+x} \right| > M$,只要 $|1+x| < \dfrac{1}{M}$,总存在正数 $\delta = \dfrac{1}{M}$,当 $0 < |x-(-1)| = |x+1| < \delta$ 时,有

$$\left| \frac{1}{1+x} \right| > \frac{1}{\delta} = M,$$

所以 $\lim\limits_{x \to -1} \dfrac{1}{1+x} = \infty$.

例 3 求 $\lim\limits_{x \to \infty} \dfrac{a_0 x^n + a_1 x^{n-1} + \cdots + a_n}{b_0 x^m + b_1 x^{m-1} + \cdots + b_m}$,其中 $a_0, a_1, \cdots, a_n, b_0, b_1, \cdots, b_m$ 为常数且 $a_0 \neq 0$, $b_0 \neq 0$, n、m 为正整数.

解 若 $n = m$,用 x^n 同除分子、分母,则有

$$\lim_{x \to \infty} \frac{a_0 x^n + a_1 x^{n-1} + \cdots + a_n}{b_0 x^n + b_1 x^{n-1} + \cdots + b_m} = \lim_{x \to \infty} \frac{a_0 + a_1 \dfrac{1}{x} + \cdots + a_n \dfrac{1}{x^n}}{b_0 + b_1 \dfrac{1}{x} + \cdots + b_m \dfrac{1}{x^m}} = \frac{a_0}{b_0};$$

若 $n < m$,用 x^m 同除分子、分母,则有

$$\lim_{x \to \infty} \frac{a_0 x^n + a_1 x^{n-1} + \cdots + a_n}{b_0 x^m + b_1 x^{m-1} + \cdots + b_m} = \lim_{x \to \infty} \frac{a_0 \dfrac{1}{x^{m-n}} + a_1 \dfrac{1}{x^{m-n+1}} + \cdots + a_n \dfrac{1}{x^m}}{b_0 + b_1 \dfrac{1}{x} + \cdots + b_m \dfrac{1}{x^m}} = 0;$$

若 $n > m$，由于 $\lim\limits_{x\to\infty} \dfrac{b_0 x^m + b_1 x^{m-1} + \cdots + b_m}{a_0 x^n + a_1 x^{n-1} + \cdots + a_n} = 0$，所以根据定理3，则有

$$\lim_{x\to\infty} \frac{a_0 x^n + a_1 x^{n-1} + \cdots + a_n}{b_0 x^m + b_1 x^{m-1} + \cdots + b_m} = \infty.$$

思考 如何区别无穷大与无界函数？无界函数一定是无穷大吗？（见习题2、3第8题）

三、无穷小的比较

从前面的论述已经知道，当 $x \to 0$ 时，x、$\sin 2x$、$\sqrt[3]{x}$、x^2 都是无穷小，由于

$$\lim_{x\to 0} \frac{\sin 2x}{x} = 2, \ \lim_{x\to 0} \frac{x^2}{x} = 0, \ \lim_{x\to 0} \frac{\sqrt[3]{x}}{x} = \infty.$$

这说明，虽然 x、$\sin 2x$、$\sqrt[3]{x}$、x^2 都是无穷小，但是它们趋于0的速度还是有快有慢，甚至相差很大，所以对无穷小的量级要建立一个评判法则.

定义3 设 $\alpha(x)$、$\beta(x)$ 是同一自变量变化过程中的无穷小，并且 $\lim \dfrac{\alpha(x)}{\beta(x)}$ 也是这个自变量变化过程中的极限.

（1）如果 $\lim \dfrac{\alpha(x)}{\beta(x)} = 0$，则称 $\alpha(x)$ 是比 $\beta(x)$ 高阶的无穷小，记作 $\alpha(x) = o(\beta(x))$.

（2）如果 $\lim \dfrac{\alpha(x)}{\beta(x)} = l \neq 0$，称 $\alpha(x)$ 是与 $\beta(x)$ 同阶的无穷小；特别当 $l = 1$ 时，称 $\alpha(x)$ 是与 $\beta(x)$ 等价的无穷小，记作 $\alpha(x) \sim \beta(x)$.

（3）如果常数 $k > 0$ 时有 $\lim\limits_{x\to x_0} \dfrac{\alpha(x)}{\beta^k(x)} = l \neq 0$，则称 $\alpha(x)$ 是关于 $\beta(x)$ 的 k 阶无穷小.

（4）如果 $\lim \dfrac{\alpha(x)}{\beta(x)} = \infty$，则称 $\alpha(x)$ 是比 $\beta(x)$ 低阶的无穷小.

注 对具体的无穷小进行比较时，需要指出自变量的变化过程.

思考 $\beta(x)$ 是比 $\alpha(x)$ 高阶的无穷小与 $\alpha(x)$ 是比 $\beta(x)$ 低阶的无穷小是否等价？请参考定理3.

由定义3知，当 $x \to 0$ 时，x^2 是比 x 高阶的无穷小、x 是比 $\sqrt[3]{x}$ 高阶的无穷小. 由于 $\lim\limits_{x\to 0} \dfrac{x^2}{\left(\sqrt[3]{x}\right)^6} = 1$，

所以 $x \to 0$ 时, x^2 是关于 $\sqrt[3]{x}$ 的 6 阶无穷小.

根据前面已知的极限, 可以得到下面等价无穷小:

当 $x \to 0$ 时, $x \sim \sin x$, $x \sim \tan x$, $1 - \cos x \sim \dfrac{1}{2}x^2$.

例 4 证明当 $x \to 0$ 时, 下列结论成立:

(1) $x \sim \arcsin x$; (2) $\sqrt{1+x} - 1 \sim \dfrac{1}{2}x$.

证 (1) 令 $y = \arcsin x$, 则 $x = \sin y$, 且 $x \to 0$ 时, $y \to 0$, 于是

$$\lim_{x \to 0} \frac{\arcsin x}{x} = \lim_{y \to 0} \frac{y}{\sin y} = 1,$$

所以当 $x \to 0$ 时, $x \sim \arcsin x$.

(2) 因为 $\displaystyle\lim_{x \to 0} \frac{\sqrt{1+x} - 1}{\dfrac{1}{2}x} = \lim_{x \to 0} \frac{2(\sqrt{1+x} - 1)(\sqrt{1+x} + 1)}{x(\sqrt{1+x} + 1)}$

$$= \lim_{x \to 0} \frac{2x}{x(\sqrt{1+x} + 1)} = \lim_{x \to 0} \frac{2}{(\sqrt{1+x} + 1)} = 1,$$

所以当 $x \to 0$ 时, $\sqrt{1+x} - 1 \sim \dfrac{1}{2}x$.

类似地, 当 $x \to 0$ 时, $x \sim \arctan x$. 除此之外, 还有以下等价无穷小 (由于涉及连续性, 证明将放到 2.4 节进行).

当 $x \to 0$ 时, $x \sim \ln(1+x)$、$x \sim \mathrm{e}^x - 1$、$(1+x)^\alpha - 1 \sim \alpha x$ (α 为常数).

上述等价无穷小非常有用, 请务必记住. 根据求极限时可进行变量代换, 因此, 上述等价无穷小中的 x 可以换成某个 x 的函数 $\varphi(x)$, 只要 $\varphi(x)$ 是该极限中自变量变化过程中的无穷小就可以. 如:

$$\sqrt{x+1} \sim \sin \sqrt{x+1} \, (x \to -1^+); \quad x^2 \sim \mathrm{e}^{x^2} - 1 \, (x \to 0).$$

定理 4 设 α、α_1、β、β_1 都是自变量同一变化过程中的无穷小, 且 $\alpha \sim \alpha_1$, $\beta \sim \beta_1$, $\lim \dfrac{\alpha_1}{\beta_1}$ 存在, 则

$$\lim \frac{\alpha}{\beta} = \lim \frac{\alpha_1}{\beta_1}.$$

证 因为 $\dfrac{\alpha}{\beta} = \dfrac{\alpha}{\alpha_1} \cdot \dfrac{\alpha_1}{\beta_1} \cdot \dfrac{\beta_1}{\beta}$, 由于右边三个乘积因子的极限都存在, 所以

$$\lim \frac{\alpha}{\beta} = \lim \frac{\alpha}{\alpha_1} \cdot \lim \frac{\alpha_1}{\beta_1} \cdot \lim \frac{\beta_1}{\beta} = \lim \frac{\alpha_1}{\beta_1}.$$

定理 4 说明，在求商的极限时，分子分母中的乘积因子都可以用等价无穷小进行替换，以简化求极限的过程.

例 5 求下列极限：

（1）$\lim\limits_{x \to 0^+} \dfrac{\left(x^3 + x^{\frac{5}{2}}\right) \sqrt{\sin 2x}}{\tan^3 x}$；   （2）$\lim\limits_{x \to 0} \dfrac{\left(e^{-x^2} - 1\right) \sin x}{x^2 \ln(1 - 2x)}$；

（3）$\lim\limits_{x \to 0} \dfrac{\tan x - \sin x}{x^3}$.

解 （1）因为当 $x \to 0^+$ 时，$\sqrt{\sin 2x} \sim \sqrt{2x}$、$\tan^3 x \sim x^3$，所以

$$\lim_{x \to 0^+} \frac{\left(x^3 + x^{\frac{5}{2}}\right) \sqrt{\sin 2x}}{\tan^3 x} = \lim_{x \to 0^+} \frac{\left(x^3 + x^{\frac{5}{2}}\right) \sqrt{2x}}{x^3} = \lim_{x \to 0^+} \frac{x^3 \sqrt{2x}}{x^3} + \lim_{x \to 0^+} \sqrt{2} \, \frac{x^3}{x^3} = \sqrt{2}.$$

（2）因为当 $x \to 0$ 时，$\left(e^{-x^2} - 1\right) \sin x \sim -x^3$、$x^2 \ln(1 - 2x) \sim -2x^3$，所以

$$\lim_{x \to 0} \frac{\left(e^{-x^2} - 1\right) \sin x}{x^2 \ln(1 - 2x)} = \lim_{x \to 0} \frac{-x^3}{-2x^3} = \frac{1}{2}.$$

（3）因为当 $x \to 0$ 时，$\tan x \sim x$、$1 - \cos x \sim \dfrac{1}{2} x^2$，所以

$$\lim_{x \to 0} \frac{\tan x - \sin x}{x^3} = \lim_{x \to 0} \frac{\tan x (1 - \cos x)}{x^3 \cos x} = \lim_{x \to 0} \frac{x \cdot \dfrac{1}{2} x^2}{x^3 \cos x} = \frac{1}{2}.$$

这里不能直接用 x 代替分子中的加减项 $\sin x$ 和 $\tan x$，不然就会产生以下错误的结论：

$$\lim_{x \to 0} \frac{\tan x - \sin x}{x^3} = \lim_{x \to 0} \frac{x - x}{x^3} = 0.$$

这是由于当 $x \to 0$ 时，$\tan x - \sin x$ 与 $x - x = 0$ 不是等价的无穷小，所以一般情况下，分子分母中的加减项不能直接用等价无穷小替换.

思考 如果例 5(3) 中的分子是 $\sin 2x - \tan x$，是否可用 $2x - x$ 替换 $\sin 2x - \tan x$？

例 6 求 $\lim\limits_{x \to 0} \dfrac{\sin 3\sqrt{x} - \sqrt{x}}{\sqrt{x} - x}$.

解 分子和分母中的加减项 $\sin 3\sqrt{x}$ 与 $\sqrt{x}$、$\sqrt{x}$ 与 x 都不是等价无穷小，故先用两者中的最

低阶的无穷小 $\sqrt{x}$ 除以分子分母的各项,再用四则运算.从而有

$$\lim_{x\to 0}\frac{\sin 3\sqrt{x}-\sqrt{x}}{\sqrt{x}-x}=\lim_{x\to 0}\frac{\dfrac{\sin 3\sqrt{x}}{\sqrt{x}}-1}{1-\sqrt{x}}=\frac{\lim\limits_{x\to 0}\left(\dfrac{\sin 3\sqrt{x}}{\sqrt{x}}-1\right)}{\lim\limits_{x\to 0}(1-\sqrt{x})}=2.$$

思考　如果直接用 $\sin 3\sqrt{x}\sim 3\sqrt{x}\,(x\to 0)$ 替换,也能得出相同的结果,是凑巧还是必然?

2.3 学习要点

注　并不是任何两个无穷小都可以进行比较,如 $x\to 0$ 时,$x\sin\dfrac{1}{x}$ 与 x 都

是无穷小,因为 $\dfrac{x\sin\dfrac{1}{x}}{x}=\sin\dfrac{1}{x}$,$\dfrac{x}{x\sin\dfrac{1}{x}}=\dfrac{1}{\sin\dfrac{1}{x}}$,当 $x\to 0$ 时 $\sin\dfrac{1}{x}$ 与 $\dfrac{1}{\sin\dfrac{1}{x}}$ 的

极限都不存在!

习题 2.3

1. 在自变量的同一变化过程中,以下命题是否正确,为什么?

(1) 两个无穷大的和仍是无穷大.

(2) 两个无穷小的商仍是无穷小.

(3) 无穷大与无穷小的乘积仍是无穷大.

(4) 有界量与无穷大的乘积仍是无穷大.

2. 给出下列说法的精确定义:

(1) $x\to x_0^-$ 时,$f(x)$ 为无穷小.

(2) $x\to\infty$ 时,$f(x)$ 为正无穷大.

(3) $x\to-\infty$ 时,$f(x)$ 为无穷小.

3. 证明:如果 $\lim\limits_{x\to\infty}f(x)=\infty$,则 $\lim\limits_{x\to\infty}\dfrac{1}{f(x)}=0$.

4. 比较自变量 x 的下列变化过程中无穷小 $\alpha(x)$、$\beta(x)$ 的阶:

(1) $x\to 0$ 时,$\alpha(x)=x^3+10x$,$\beta(x)=x^4$;

(2) $x\to 1$ 时,$\alpha(x)=\dfrac{1-x}{1+x}$,$\beta(x)=1-\sqrt{x}$;

(3) $x\to 0$ 时,$\alpha(x)=(1-\cos x)^2$,$\beta(x)=\sin^2 x$;

(4) $x\to 1$ 时,$\alpha(x)=1-\sqrt{x}$,$\beta(x)=\dfrac{1-x}{1+\sqrt{x}}$.

5. 当 $x \to 0$ 时,求下列无穷小关于 x 的阶:

(1) $x^3 + x^5$;

(2) $\sqrt{1 + x} - \sqrt{1 - x}$;

(3) $\tan x - \sin x$;

(4) $x^2 \ln^{\frac{2}{3}}(1 + x)$.

6. 求下列极限:

(1) $\lim\limits_{x \to 0} \dfrac{x^2 \cos \dfrac{1}{x}}{\sin 2x}$;

(2) $\lim\limits_{x \to 0} \dfrac{\sin 5x + x^2}{\tan 7x}$;

(3) $\lim\limits_{x \to \infty} x \sin \dfrac{1}{x}$;

(4) $\lim\limits_{x \to 0} \dfrac{x^2 \sin^3 x}{(\arctan x)^2 (1 - \cos x)}$;

(5) $\lim\limits_{x \to 0} \dfrac{(\sqrt{1 + \tan x} - 1)(\sqrt{1 + x} - 1)}{2x \sin x}$;

(6) $\lim\limits_{x \to 0} \dfrac{\arctan 2x}{\ln(1 - 3x)}$;

(7) $\lim\limits_{n \to \infty} n [\ln(n + 1) - \ln n]$;

(8) $\lim\limits_{x \to 0^+} \dfrac{(e^x - 1) \arcsin 3x}{\sqrt{1 + \sin^2 x} - 1}$.

7. 设 α、β 都是 $x \to x_0$ 时的无穷小,证明:当 $x \to x_0$ 时,$\alpha \sim \beta$ 的充分必要条件是 $x \to x_0$ 时,$\beta - \alpha = o(\alpha)$.

8. 证明:函数 $f(x) = x \cos x$ 在 $(-\infty, +\infty)$ 上无界,但当 $x \to +\infty$ 时,$f(x)$ 不是无穷大.

2.4 连 续 函 数

一、函数的连续性

函数是微积分学的基础,因此微积分学需讨论函数的各种性质,连续性是函数的最重要的一个性质.

从直观上看,自然界中的现象如气温的变化、植物的生长、动物的运动都是连续变化的,函数的连续性反映在函数的图形上就是一条连续不断的曲线,反映在变量的变化上就是当自变量变化很小时,函数值的变化也很小. 为了更好地反映出函数连续性,下面用两种方法给出函数连续性的定义.

定义 1 设函数 $f(x)$ 在 $U(x_0; h)$ 上有定义,如果

$$\lim_{x \to x_0} f(x) = f(x_0),$$

则称函数 $f(x)$ 在点 x_0 **连续**,并称点 x_0 为 $f(x)$ 的**连续点**.

定义 1 表明,连续性就是指当自变量 x 趋于 x_0 时,函数 $f(x)$ 的极限等于函数 $f(x)$ 在点 x_0 处的函数值 $f(x_0)$.

在讨论函数 $f(x)$ 在点 x_0 的连续性时,要求 $f(x)$ 在点 x_0 有定义,这与 $x \to x_0$ 时的函数极限不同.

连续性还可以从变量的变化即增量来理解. 首先给出变量**增量**的概念. 设有变量 u,当 u 由初值 u_1 变到终值 u_2 时,称两者之间的差 $u_2 - u_1$ 为变量 u 的增量,记作 Δu,即 $\Delta u = u_2 - u_1$. 对函数 $f(x)$,称 $x - x_0$ 为自变量在点 x_0 的增量,记作 Δx,即 $\Delta x = x - x_0$,称 $f(x) - f(x_0)$ 为函数在点 x_0 相应的增量,记作 Δy,即

$$\Delta y = f(x) - f(x_0) = f(x_0 + \Delta x) - f(x_0).$$

于是函数在点 x_0 的连续性又可以有如下定义.

定义 1′　设函数 $f(x)$ 在 $U(x_0; h)$ 上有定义,自变量在点 x_0 处的增量为 Δx,函数相应的增量为 $\Delta y = f(x_0 + \Delta x) - f(x_0)$,如果

$$\lim_{\Delta x \to 0} \Delta y = 0,$$

则称函数 $f(x)$ 在点 x_0 **连续**.

显然 $\Delta x \to 0$ 等价于 $x \to x_0$, $\Delta y \to 0$ 等价于 $f(x) \to f(x_0)$,但这里用增量来描述连续性更能说明"连续"这一概念的本质:连续就是自变量变化很小时,函数值的变化也很小. 如图 2-9 所示.

函数的连续性也可以用 $\varepsilon - \delta$ 来定义.

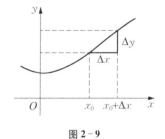

图 2-9

定义 2　设函数 $f(x)$ 在 $U(x_0; h)$ 上有定义,如果对于任意给定的函数 ε,总存在正数 $\delta(\delta \leqslant h)$,使得当 $|x - x_0| < \delta$ 时,有

$$|f(x) - f(x_0)| < \varepsilon,$$

则称函数 $f(x)$ 在点 x_0 **连续**.

定义 3　设函数在区间 $[x_0, x_0 + h)$（或 $(x_0 - h, x_0]$）上有定义,如果

$$\lim_{x \to x_0^+} f(x) = f(x_0) \ (\text{或} \lim_{x \to x_0^-} f(x) = f(x_0)),$$

则称函数 $f(x)$ 在点 x_0 **右连续**（或**左连续**）.

根据极限与左极限、右极限的关系,有下面的结论.

定理 1　函数 $f(x)$ 在点 x_0 连续的充分必要条件是函数 $f(x)$ 在点 x_0 左连续且右连续.

例1 证明多项式 $p(x) = a_0x^n + a_1x^{n-1} + \cdots + a_n$ 在任意点 x_0 连续.

证 因为 $\lim\limits_{x \to x_0} p(x) = \lim\limits_{x \to x_0}(a_0x^n + a_1x^{n-1} + \cdots + a_n)$

$$= a_0\lim\limits_{x \to x_0} x^n + a_1\lim\limits_{x \to x_0} x^{n-1} + \cdots + a_n$$

$$= a_0x_0^n + a_1x_0^{n-1} + \cdots + a_n$$

$$= p(x_0).$$

所以,多项式 $p(x) = a_0x^n + a_1x^{n-1} + \cdots + a_n$ 在任意点 x_0 连续.

根据 2.2 节的例 5 知, $f(x) = \sqrt{x}$ 在任意点 $x_0(>0)$ 都连续.

例2 有理函数 $R(x) = \dfrac{P(x)}{Q(x)}$($P(x)$、$Q(x)$ 是多项式),在使 $Q(x_0) \neq 0$ 的任何点 x_0,有

$\lim\limits_{x \to x_0} R(x) = R(x_0).$

例3 根据 2.2 节 ④ 式,当 $x \to x_0$ 时有

$$0 \leqslant |\sin x - \sin x_0| = \left| 2\sin\frac{x - x_0}{2}\cos\frac{x + x_0}{2} \right| \leqslant |x - x_0|,$$

由迫敛性,有 $\lim\limits_{x \to x_0} \sin x = \sin x_0$.

同理 $\lim\limits_{x \to x_0} \cos x = \cos x_0$(见 2.2 节习题 1(4)).

所以 $\sin x$、$\cos x$ 在任意点 x_0 连续.

由定义 1 可以得出函数在点 x_0 连续的本质就是极限运算 $\lim\limits_{x \to x_0}$ 与函数运算 f 可交换,即

$$\lim\limits_{x \to x_0} f(x) = f(\lim\limits_{x \to x_0} x) = f(x_0).$$

例4 讨论下列函数在指定点的连续性.

(1) $f(x) = |x|$,点 $x = 0$; 　　　　(2) $f(x) = \dfrac{x^2 - 1}{x - 1}$,点 $x = 1$.

解 (1) 因为 $0 \leqslant |f(x)| \leqslant |x|$,所以 $\lim\limits_{x \to 0} f(x) = 0 = f(0)$,即 $f(x) = |x|$ 在点 $x = 0$ 连续.

(2) 虽然 $\lim\limits_{x \to 1} \dfrac{x^2 - 1}{x - 1} = \lim\limits_{x \to 1}(x + 1) = 2$,由于 $f(x)$ 在点 $x = 1$ 无定义,所以 $f(x)$ 在点 $x = 1$ 不连续.

如果函数 $f(x)$ 在某区间 I 上的每一点都连续,则称 $f(x)$ 在该区间 I 上连续,或称 $f(x)$ 是该区间 I 上的**连续函数**.如果该区间 I 包含端点,则在左端点连续是指右连续,在右端点连续是指左连续.

当函数 $f(x)$ 的定义域由一些区间组成,且在这些区间上都连续,则称 $f(x)$ 在其定义域上连续,或称 $f(x)$ 是连续函数. 由前面例子可知 $P(x)$、$R(x)$、$\sin x$、$\cos x$ 都是连续函数.

二、间断点及其分类

函数 $f(x)$ 在点 x_0 不连续的情形有三种:(1)$f(x)$ 在点 x_0 没有定义;(2)$f(x)$ 在点 x_0 有定义、$\lim\limits_{x \to x_0} f(x)$ 不存在;(3)$f(x)$ 在点 x_0 有定义、$\lim\limits_{x \to x_0} f(x)$ 存在,且 $\lim\limits_{x \to x_0} f(x)$ 不等于 $f(x_0)$. 上面三条中只要满足其中一条就称 $f(x)$ 在点 x_0 间断,或称点 x_0 是 $f(x)$ 的间断点.

函数 $f(x)$ 的间断点可以分成以下两种类型:

1. 如果 $f(x_0 + 0)$ 与 $f(x_0 - 0)$ 都存在,则称点 x_0 是函数 $f(x)$ 的**第一类间断点**;

2. 如果 $f(x_0 + 0)$ 与 $f(x_0 - 0)$ 中至少有一个不存在,则称点 x_0 是函数 $f(x)$ 的**第二类间断点**.

例5 讨论下列函数的间断点,并指出间断点的类型:

(1)$f(x) = \operatorname{sgn} x$;

(2)$f(x) = x\sin\dfrac{1}{x}$;

(3)$f(x) = \dfrac{1}{x}$;

(4)$f(x) = \begin{cases} \sin\dfrac{1}{x}, & x \neq 0, \\ 0, & x = 0. \end{cases}$

解 (1)$f(x) = \operatorname{sgn} x = \begin{cases} -1, & x < 0, \\ 0, & x = 0, \\ 1, & x > 0, \end{cases}$ 由于 $f(0 + 0) = 1$,$f(0 - 0) = -1$,故点 $x = 0$ 是

$\operatorname{sgn} x$ 的第一类间断点.

(2)$f(x) = x\sin\dfrac{1}{x}$ 在点 $x = 0$ 无定义,所以点 $x = 0$ 是 $f(x)$ 的间断点,又因为 $\lim\limits_{x \to 0} x\sin\dfrac{1}{x} = 0$,故点 $x = 0$ 是 $f(x) = x\sin\dfrac{1}{x}$ 的第一类间断点.

(3)$f(x) = \dfrac{1}{x}$ 在点 $x = 0$ 无定义,所以点 $x = 0$ 是 $f(x)$ 的间断点,又因为 $\lim\limits_{x \to 0}\dfrac{1}{x} = \infty$,故点 $x = 0$ 是 $f(x) = \dfrac{1}{x}$ 的第二类间断点.

(4)$f(x) = \sin\dfrac{1}{x}$ 在点 $x = 0$ 无定义,所以点 $x = 0$ 是 $f(x)$ 的间断点,又因为 $\lim\limits_{x \to 0}\sin\dfrac{1}{x}$ 不存在,故点 $x = 0$ 是 $f(x) = \sin\dfrac{1}{x}$ 的第二类间断点.

第一类间断点又可以分为**可去间断点**和**跳跃间断点**:1. 如果点 x_0 是 $f(x)$ 的第一类间断点并

且 $f(x_0 + 0) = f(x_0 - 0)$,此时称点 x_0 是 $f(x)$ 的 **可去间断点**. 当 $f(x)$ 在 x_0 没有定义时,只要补充定义 $f(x_0)$ 就可以使 $f(x)$ 在点 x_0 连续,如例5(2)只要定义 $f(0) = 0$,即

$$f(x) = \begin{cases} x\sin\dfrac{1}{x}, & x \neq 0, \\ 0, & x = 0 \end{cases}$$

就可以使 $f(x)$ 在点 $x = 0$ 连续了. 当 $f(x)$ 在 x_0 有定义时,只要将 $f(x_0)$ 改变为 $f(x_0 + 0)$(或 $f(x_0 - 0)$)就可以使 $f(x)$ 在点 x_0 连续. 2. 如果点 x_0 是 $f(x)$ 的第一类间断点并且 $f(x_0 + 0) \neq f(x_0 - 0)$,此时称 x_0 是 $f(x)$ 的 **跳跃间断点**.

跳跃间断点经常在分段函数中出现,而可去间断点会出现在分式函数或分母中有自变量的函数中.

第二类间断点中典型的有 **无穷间断点** 和 **振荡间断点**:1. 如果点 x_0 是 $f(x)$ 的第二类间断点并且 $f(x_0 + 0)$ 与 $f(x_0 - 0)$ 中至少有一个为无穷大,此时称点 x_0 是 $f(x)$ 的 **无穷间断点**,如例5(3),点 $x = 0$ 是 $f(x) = \dfrac{1}{x}$ 的 **无穷间断点**,如图 2-10 所示. 2. 如果点 x_0 是 $f(x)$ 的第二类间断点并且当 $x \to x_0$ 时函数值 $f(x)$ 在两个定数之间出现无限振荡,此时称点 x_0 是 $f(x)$ 的 **振荡间断点**,如例5(4)由于当 $x \to 0$ 时,$f(x) = \sin\dfrac{1}{x}$ 的值始终在 1 和 -1 之间振荡,所以点 $x = 0$ 是 $f(x) = \sin\dfrac{1}{x}$ 的 **振荡间断点**,如图2-7所示.

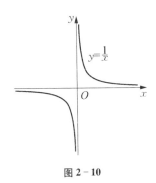

图 2-10

三、连续函数的运算和初等函数的连续性

根据函数极限的运算法则,可以相应地得到连续函数的运算法则.

定理2 设函数 $f(x)$ 和 $g(x)$ 在点 x_0 都连续,则函数 $f(x) \pm g(x)$,$f(x)g(x)$ 和 $\dfrac{f(x)}{g(x)}(g(x) \neq 0)$ 在点 x_0 也连续.

由于 $\sin x$、$\cos x$ 在 $(-\infty, +\infty)$ 上连续,所以 $\tan x = \dfrac{\sin x}{\cos x}$、$\cot x = \dfrac{\cos x}{\sin x}$、$\sec x = \dfrac{1}{\cos x}$、$\csc x = \dfrac{1}{\sin x}$ 在它们各自的定义域上连续.

定理3 设函数 $y = f(x)$ 是区间 I 上严格单调增(或严格单调减)的连续函数,则其反函数 $y = f^{-1}(x)$ 是区间 $J(= f(I))$ 上严格单调增(或严格单调减)的连续函数.

因为指数函数 $a^x(a > 0, a \neq 1)$ 在其定义域 $(-\infty, +\infty)$ 上严格单调且连续(参考2.2节例

12),其值域为$(0,+\infty)$,所以指数函数的反函数:对数函数$\log_a x(a>0,a\neq 1)$在$(0,+\infty)$上严格单调且连续.

例 6 $y=\sin x$ 在 $\left[-\dfrac{\pi}{2},\dfrac{\pi}{2}\right]$ 上严格单调增且连续,于是 $y=\arcsin x$ 在 $[-1,1]$ 上是严格单调增的连续函数,同理 $\arccos x$、$\arctan x$、$\operatorname{arccot}x$ 在各自的定义域上连续.

定理 4 设函数 $u=g(x)$ 当 $x\to x_0$ 时有极限 u_0,即 $\lim\limits_{x\to x_0}g(x)=u_0$,函数 $y=f(u)$ 在点 $u=u_0$ 连续,则复合函数 $y=f[g(x)]$ 当 $x\to x_0$ 时的极限为 $f(u_0)$,即

$$\lim_{x\to x_0}f[g(x)]=f(u_0)=f[\lim_{x\to x_0}g(x)].$$

特别地,当 $u=g(x)$ 在点 x_0 连续,$y=f(u)$ 在点 $u_0=g(x_0)$ 连续时,复合函数 $y=f[g(x)]$ 在点 x_0 连续.

证 设 $\lim\limits_{x\to x_0}g(x)=u_0$,$y=f(u)$ 在点 $u_0=g(x_0)$ 连续,要证 $\lim\limits_{x\to x_0}f[g(x)]=f(u_0)$.

对于任意给定的正数 ε,由 $y=f(u)$ 在点 u_0 连续,总存在正数 η,当 $|u-u_0|<\eta$ 时,有

$$|f(u)-f(u_0)|<\varepsilon. \qquad ①$$

对正数 η,由 $\lim\limits_{x\to x_0}g(x)=u_0$,总存在正数 δ,当 $0<|x-x_0|<\delta$ 时,有

$$|g(x)-u_0|<\eta \text{ 即 } |u-u_0|<\eta. \qquad ②$$

综上所述,对任意给定的正数 ε,总存在正数 δ,当 $0<|x-x_0|<\delta$ 时,有②式成立,从而有①式成立,即

$$|f[g(x)]-f(u_0)|=|f(u)-f(u_0)|<\varepsilon.$$

因此

$$\lim_{x\to x_0}f[g(x)]=f(u_0)=f[\lim_{x\to x_0}g(x)].$$

定理 4 说明如果复合函数中每一层函数都是连续函数的话,则极限运算可以与函数运算层层交换.即如果 $\lim\limits_{x\to x_0}g(x)=g(x_0)$ 且 $\lim\limits_{u\to g(x_0)}f(u)=f[g(x_0)]$,则

$$\lim_{x\to x_0}f[g(x)]=f[\lim_{x\to x_0}g(x)]=f[g(\lim_{x\to x_0}x)]=f[g(x_0)].$$

下面证明 2.2 节中给出的幂指函数求极限的公式.

推论 若 $\lim\limits_{x\to x_0}f(x)=A(A>0)$,$\lim\limits_{x\to x_0}g(x)=B$,则幂指函数 $f(x)^{g(x)}(f(x)>0,f(x)\neq 1)$ 有极限运算公式

$$\lim_{x \to x_0} f(x)^{g(x)} = A^B.$$

证   这是因为 $f(x)^{g(x)} = e^{g(x)\ln f(x)}$，又 e^u 与 $\ln u$ 是连续函数，所以有

$$\lim_{x \to x_0} f(x)^{g(x)} = \lim_{x \to x_0} e^{g(x)\ln f(x)} = e^{\lim_{x \to x_0} g(x)\ln f(x)} = e^{B\ln A} = A^B.$$

例 7   银行对存款、贷款计算利息的方法有多种，最为常见的是复利计息方法. 所谓复利计息法，就是每个计息期满后，随后的计息期将前一计息期得到的计息加上原有本金一起作为本次计息期的本金. 如每年计息一次，年利率为 r，则本金 A 连续 n 年存款的到期本金和利息之和为

$$S = A(1 + r)^n. \tag{③}$$

如果每年不是计息一次，而是计息 t 次，则每次计息期的利率是 $\dfrac{r}{t}$，由公式③得本金 A 连续 n 年存款的到期本金和利息之和为

$$S = A\left[\left(1 + \frac{r}{t}\right)^t\right]^n.$$

当 t 趋于无穷大时，就得到了**连续复利**公式

$$S = \lim_{t \to \infty} A\left[\left(1 + \frac{r}{t}\right)^t\right]^n = A\lim_{t \to \infty}\left[\left(1 + \frac{r}{t}\right)^{\frac{t}{r}}\right]^{rn} = A\left[\lim_{t \to \infty}\left(1 + \frac{r}{t}\right)^{\frac{t}{r}}\right]^{rn} = Ae^{rn}. \tag{④}$$

例 8   细菌繁殖问题. 由实验知，在培养基充足等条件满足时，某种细菌繁殖的速度与当时已有的细菌数量 A_0 成正比，即 $V = kA_0 (k > 0$ 为比例常数)，下面来计算经过时间 t 以后细菌的数量 S.

如果细菌繁殖的速度 V 是常数，那么细菌数量 S 就是时间 t 的一次函数 $S = Vt = kA_0 t$. 如果细菌繁殖的速度 V 不是常数(与细菌数量有关)，为了计算出时间 t 时的数量，需将时间间隔 $[0, t]$ 进行 n 等分(分成 n 个小段时间)，由于细菌的繁殖是连续的，在小段时间内数量变化很小，繁殖速度可近似看作不变，同时还假设各小段时间内只繁殖一次. 所以在第一段时间 $\left[0, \dfrac{t}{n}\right]$ 内细菌繁殖的数量为 $kA_0\dfrac{t}{n}$，因此第一段时间末细菌的数量近似为 $S_1 = A_0 + A_0 k\dfrac{t}{n} = A_0\left(1 + k\dfrac{t}{n}\right)$，同样，第二段时间末细菌的数量近似为 $S_2 = A_0\left(1 + k\dfrac{t}{n}\right)^2$，$\cdots$，依次类推，到最后一段时间末细菌的数量近似为 $S_n = A_0\left(1 + k\dfrac{t}{n}\right)^n$.

当小区间分得越来越细(即 $n \to \infty$)，就得到经过时间 t 后细菌总数的精确值

$$S = \lim_{n \to \infty} A_0 \left(1 + k\,\frac{t}{n} \right)^n = A_0 \lim_{n \to \infty} \left[\left(1 + \frac{kt}{n} \right)^{\frac{n}{kt}} \right]^{kt} = A_0 \mathrm{e}^{kt}.$$

这个结论与例 7 中的连续复利公式是一样的. 这不是偶然的,现实世界中不少事物的生长规律都服从这个模型,所以也称 $y = A\mathrm{e}^{kt}$ 为生长函数.

上面两例也说明,称以 e 为底的对数为"自然对数"是自然的.

例 9　当 $x \to 0$ 时,证明下列结论:

(1) $\ln(1 + x) \sim x$;　　　　　　　　　　　　(2) $a^x - 1 \sim x\ln a$.

证　(1) 因为 $\ln(1 + x)$ 是连续函数,于是

$$\lim_{x \to 0} \frac{\ln(1 + x)}{x} = \lim_{x \to 0} \ln(1 + x)^{\frac{1}{x}} = \ln \left[\lim_{x \to 0} (1 + x)^{\frac{1}{x}} \right] = \ln \mathrm{e} = 1.$$

所以当 $x \to 0$ 时, $\ln(1 + x) \sim x$.

类似可证 $\lim\limits_{x \to 0} \dfrac{\log_a(1 + x)}{x} = \dfrac{1}{\ln a}$,即 $\log_a(1 + x) \sim \dfrac{x}{\ln a}\ (x \to 0)$.

(2) 令 $a^x - 1 = y$, $x = \log_a(y + 1) = \dfrac{\ln(y + 1)}{\ln a}$,且当 $x \to 0$ 时, $y \to 0$, 于是

$$\lim_{x \to 0} \frac{a^x - 1}{x} = \lim_{y \to 0} \frac{y\ln a}{\ln(1 + y)} = \lim_{y \to 0} \frac{\ln a}{\ln(1 + y)^{\frac{1}{y}}} = \ln a.$$

所以当 $x \to 0$ 时, $a^x - 1 \sim x\ln a$.

特别地,当 $x \to 0$ 时, $\mathrm{e}^x - 1 \sim x$.

例 10　求下列极限:

(1) $\lim\limits_{x \to 0} \cos(1 + x)^{\frac{1}{x}}$;　　　　　　　　(2) $\lim\limits_{x \to 0} \dfrac{(1 + x)^b - 1}{x}$,其中 b 为常数.

解　(1) $\lim\limits_{x \to 0} \cos(1 + x)^{\frac{1}{x}} = \cos \lim\limits_{x \to 0}(1 + x)^{\frac{1}{x}} = \cos \mathrm{e}$.

(2) 由于 $x \to 0$ 时, $\mathrm{e}^x - 1 \sim x$ 且 $\ln(1 + x) \sim x$,所以

$$\lim_{x \to 0} \frac{(1 + x)^b - 1}{x} = \lim_{x \to 0} \frac{\mathrm{e}^{b\ln(1 + x)} - 1}{x} = \lim_{x \to 0} \frac{b\ln(1 + x)}{x} = b.$$

由此可得:当 $x \to 0$ 时, $(1 + x)^b - 1 \sim bx$,其中 b 为常数.

例 11　幂函数 $y = x^\alpha$(其中 α 是常数)是连续函数.

解　因为 $y = x^\alpha = \mathrm{e}^{\alpha\ln x}$ 由 $y = \mathrm{e}^u$ 与 $u = \alpha\ln x$ 复合而成,而 $y = \mathrm{e}^u$ 与 $u = \alpha\ln x$ 都是连续函

数,于是 $y = x^{\alpha}$ 在它的定义域 $(0, +\infty)$ 上连续,所以幂函数是连续函数.

到此可知,基本初等函数在各自定义域上连续,根据定理 2、3、4 就可以得到初等函数在其定义域内的区间上连续,即**初等函数是其定义区间上的连续函数**. 因此可以利用连续性求初等函数的极限.

例 12 求下列极限:

$(1)\ \lim\limits_{x \to e} \dfrac{\arctan\sqrt{\ln x}}{\sin\dfrac{\pi x}{2e}}$;

$(2)\ \lim\limits_{x \to \frac{\pi}{2}} \dfrac{e^{\frac{x}{2}} - \ln(2 - \sin x)}{\sin x}$;

$(3)\ \lim\limits_{x \to 0} (4 + x)^{\frac{\tan 3x}{2x}}$.

解 (1) 因为 $f(x) = \dfrac{\arctan\sqrt{\ln x}}{\sin\dfrac{\pi x}{2e}}$ 是初等函数,e 是其定义区间上的点,故

$$\lim_{x \to e} \frac{\arctan\sqrt{\ln x}}{\sin\dfrac{\pi x}{2e}} = f(e) = \frac{\arctan\sqrt{\ln e}}{\sin\dfrac{\pi e}{2e}} = \frac{\pi}{4}.$$

$$(2)\ \lim_{x \to \frac{\pi}{2}} \frac{e^{\frac{x}{2}} - \ln(2 - \sin x)}{\sin x} = \frac{e^{\frac{\pi}{4}} - \ln\left(2 - \sin\dfrac{\pi}{2}\right)}{\sin\dfrac{\pi}{2}} = \frac{e^{\frac{\pi}{4}} - \ln 1}{\sin\dfrac{\pi}{2}} = e^{\frac{\pi}{4}}.$$

(3) 因为 $f(x) = (4 + x)^{\frac{\tan 3x}{2x}}$ 是幂指函数,由定理 4 的推论得

$$\lim_{x \to 0} (4 + x)^{\frac{\tan 3x}{2x}} = \lim_{x \to 0} (4 + x)^{\lim\limits_{x \to 0} \frac{\tan 3x}{2x}} = 4^{\frac{3}{2}} = 8.$$

四、闭区间上连续函数的性质

闭区间上连续函数有一些特有的性质,这些性质在直观上是比较容易理解的,通过对这些性质的理解可以加深读者对连续性本质的认识. 下面将以定理的形式不加证明地引入这些性质.

定理 5 (最大值最小值定理) 如果函数 $f(x)$ 在闭区间 $[a, b]$ 上连续,则在闭区间 $[a, b]$ 上至少存在两个点 ξ、η,使得当 $x \in [a, b]$ 时,有

$$f(\xi) \leqslant f(x) \leqslant f(\eta).$$

这里 $f(\xi)$ 和 $f(\eta)$ 分别称为 $f(x)$ 在 $[a, b]$ 上的最小值和最大值,如图 2 - 11 所示.

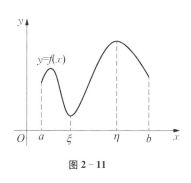

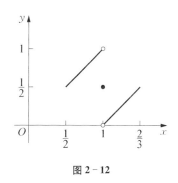

图 2 - 11　　　　　　　　　　　　　　　图 2 - 12

函数 $f(x)$ 在 $[a, b]$ 上连续是 $f(x)$ 在 $[a, b]$ 上有最大值和最小值的充分条件,如果函数 $f(x)$ 在 $[a, b]$ 上有间断点就不一定有最大值或最小值,如图 2 - 12 所示,其中

$$f(x) = \begin{cases} x, & \dfrac{1}{2} \leqslant x < 1, \\ \dfrac{1}{2}, & x = 1, \\ x - 1, & 1 < x \leqslant \dfrac{3}{2}. \end{cases}$$

推论　(有界性定理)如果函数 $f(x)$ 在闭区间 $[a, b]$ 上连续,则 $f(x)$ 在闭区间 $[a, b]$ 上有界.

定理 6　(介值定理)如果函数 $f(x)$ 在闭区间 $[a, b]$ 上连续,且 $f(a) \neq f(b)$,则对介于 $f(a)$ 与 $f(b)$ 之间的任何实数 c,在开区间 (a, b) 内至少存在一点 ξ,使得

$$f(\xi) = c.$$

推论 1　如果函数 $f(x)$ 在闭区间 $[a, b]$ 上连续,M、m 分别是 $f(x)$ 在 $[a, b]$ 上的最大值和最小值 $(M > m)$,则对于任何实数 $c(m < c < M)$,在 (a, b) 内至少存在一点 ξ,使得

$$f(\xi) = c.$$

介值定理的几何解释如图 2 - 13、图 2 - 14 所示.

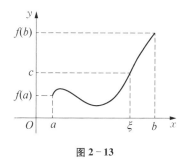

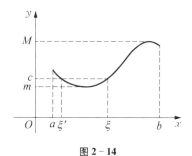

图 2 - 13　　　　　　　　　　　　　　　图 2 - 14

推论 2　(根的存在定理)如果 $f(x)$ 在闭区间 $[a,b]$ 上连续,且 $f(a)\cdot f(b)<0$,则在开区间 (a,b) 内至少存在一点 ξ,使得

$$f(\xi)=0.$$

事实上,当 $f(a)\cdot f(b)<0$ 时,0 是介于 $f(a)$ 与 $f(b)$ 之间的实数,由定理 6,即得推论 2 的结论,如图 2-15 所示.

当函数 $f(x)$ 在 $[a,b]$ 上有间断点时,定理 6 及推论中的结论不一定成立,如:

$$f(x)=\begin{cases}x, & 0\leqslant x<1,\\ x+1, & 1\leqslant x\leqslant 2,\end{cases}$$

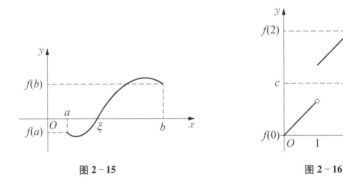

图 2-15　　　　　　　图 2-16

当 $1<c<2$ 时,就没有函数值可以等于 c,如图 2-16 所示.

思考　如果把定理 5 和定理 6 及其推论中的 $f(x)$ 在闭区间 $[a,b]$ 上连续改为在开区间 (a,b) 上连续,结论还会成立吗?如果结论成立,请给出证明.否则请给出反例.

定理 5 和定理 6 是典型的"存在性"定理:介值点 ξ 存在,但具体在哪里却不知道.这种"存在性"问题在中学数学也碰到过,如抽屉原理:M 个苹果放在 N 个抽屉里($M>N$),那么一定存在一个抽屉,其中至少有两个苹果.这里只知道存在这样的一个抽屉,具体是哪一个却无法确定.

唐朝诗人贾岛(779 年—843 年)的诗《寻隐者不遇》:

松下问童子,言师采药去.

只在此山中,云深不知处.

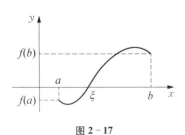

图 2-17

这首诗在人文意境上对存在性定理做了非常生动的描述:老药师"只在此山中",但具体在山中何处?却是"云深不知处".贾岛并非数学家,但是细细品味,觉得其诗的意境,就是为存在性定理而作.

存在性定理虽不完美,但确实能解决问题,在数学理论和应

用中有着重要的作用.

例 13 证明方程 $x^7 + x^2 - 1 = 0$ 在区间 $(0, 1)$ 内至少有一个实根.

证 设函数 $f(x) = x^7 + x^2 - 1$, 则 $f(x)$ 在 $[0, 1]$ 上连续, 且 $f(0) = -1 < 0$, $f(1) = 1 > 0$. 所以根据根的存在定理可知, 在 $(0, 1)$ 内至少存在一点 ξ, 使得 $f(\xi) = 0$, 即 ξ 是方程 $x^7 + x^2 - 1 = 0$ 在 $(0, 1)$ 内的根, 故方程 $x^7 + x^2 - 1 = 0$ 在 $(0, 1)$ 内至少有一个实根.

*五、函数的一致连续性

函数在点 x_0 连续是指当 $\Delta x \to 0$ 时, $\Delta y = f(x_0 + \Delta x) - f(x_0) \to 0$. 由于当 Δx 趋于 0 时, Δy 趋于 0 的速度就会不一样, 这种不一样是否会像无穷小那样有不同的阶呢? 如果这样, 函数在不同点的增量就有本质的差异. 这种函数增量趋于零的快慢的思考, 就引出了 "**一致连续**" 的概念.

定义 4 设函数 $f(x)$ 在区间 I 上有定义, 如果对于任意给定的正数 ε, 总存在正数 δ, 对 I 上任意两点 x_1, $x_2 \in I$, 只要 $|x_1 - x_2| < \delta$ 时, 就有

$$|f(x_1) - f(x_2)| < \varepsilon,$$

则称函数 $f(x)$ 在区间 I 上是一致连续的.

"一致连续" 实质就是在 I 上任何一点 x_0 的函数增量 Δy 随 Δx 趋于 0 的速度没有本质的差别, 是 "同阶" 的. 由此, 不一致连续就是当 Δx 趋于零时 Δy 趋于零的速度在各点之间有本质差别, 不是 "同阶" 的.

定理 7 在闭区间 $[a, b]$ 上连续的函数都是在闭区间 $[a, b]$ 上一致连续的函数.

下面用两个例子来说明定理 7.

例 14 证明 $f(x) = x^2$ 在 $[0, 1]$ 上一致连续.

证 对于任意的 x_1, $x_2 \in [0, 1]$, 有

$$|f(x_1) - f(x_2)| = |x_1^2 - x_2^2| = |x_1 + x_2| |x_1 - x_2| \leqslant 2|x_1 - x_2|,$$

对于任意给定的正数 ε, 总存在正数 $\delta = \dfrac{\varepsilon}{2}$, 当 $|x_1 - x_2| < \delta$ 时, 有

$$|f(x_1) - f(x_2)| \leqslant 2|x_1 - x_2| < \varepsilon.$$

所以函数 $f(x) = x^2$ 在 $[0, 1]$ 上一致连续.

例 15 证明 $f(x) = \dfrac{1}{x}$ 在 $[a, 1]$ $(0 < a < 1)$ 上一致连续.

证 对于任意的 $x_1, x_2 \in [a, 1]$，有

$$|f(x_1) - f(x_2)| = \left| \frac{1}{x_1} - \frac{1}{x_2} \right| = \frac{|x_2 - x_1|}{x_1 x_2} \leqslant \frac{1}{a^2} |x_1 - x_2|.$$

对于任意给定的正数 ε，总存在正数 $\delta = a^2 \varepsilon$，当 $|x_1 - x_2| < \delta$ 时，有

$$|f(x_1) - f(x_2)| = \left| \frac{1}{x_1} - \frac{1}{x_2} \right| \leqslant \frac{1}{a^2} |x_1 - x_2| < \frac{1}{a^2} a^2 \varepsilon = \varepsilon.$$

所以函数 $f(x) = \dfrac{1}{x}$ 在 $[a, 1]$ $(0 < a < 1)$ 上一致连续.

但是函数 $f(x) = \dfrac{1}{x}$ 在区间 $(0, 1]$ 上不一致连续，这是由于当 x 越来越靠近 0 时，函数的图形描绘的曲线形状越来越陡，这表明不同点的函数增量趋于 0 的速度有本质的差别，因此失去了"一致"性. 可用严格的方法证明如下：

要否定一致连续性，就是要证明对某个正数 ε，无论取多小的正数 δ，总存在两个点 $x_1, x_2 \in (0, 1]$，虽然有 $|x_1 - x_2| < \delta$，但是 $|f(x_1) - f(x_2)| \geqslant \varepsilon$.

对于某个 $\varepsilon \left(\text{如 } \varepsilon = \dfrac{1}{2} \right)$，不论 δ 是一个多么小的正数，令正整数 $n > \dfrac{1}{\sqrt{\delta}}$，取 $x_1 = \dfrac{1}{n}$，$x_2 = \dfrac{1}{n+1}$，于是有

$$|x_1 - x_2| = \left| \frac{1}{n} - \frac{1}{n+1} \right| = \left| \frac{1}{n(n+1)} \right| < \frac{1}{n^2} < \delta.$$

但是

$$|f(x_1) - f(x_2)| = \left| \frac{1}{\frac{1}{n}} - \frac{1}{\frac{1}{n+1}} \right| = |n - n - 1| = 1 > \frac{1}{2} = \varepsilon,$$

所以 $f(x) = \dfrac{1}{x}$ 在 $(0, 1]$ 上不一致连续.

这说明不是闭区间上的连续函数不一定是一致连续的函数.

习题 2.4

1. 下列说法是否正确？为什么？

（1）若函数 $f(x)$ 在点 x_0 有定义，$f(x_0 + 0)$ 与 $f(x_0 - 0)$ 都存在且相等，则函数 $f(x)$ 在点

x_0 连续.

(2) 若函数 $|f(x)|$ 是区间 I 上的连续函数,则 $f(x)$ 也是 I 上的连续函数.

(3) 若函数 $f(x)$ 是区间 I 上的连续函数,则 $|f(x)|$ 也是 I 上的连续函数.

(4) 若函数 $f(x)$ 在区间 I 上无界,则 $f(x)$ 在 I 上必有不连续点.

(5) 若函数 $f(x)$ 在 $[a, b]$ 上连续,且 $f(a) \cdot f(b) > 0$,则方程 $f(x) = 0$ 在 (a, b) 内无实根.

(6) 若函数 $f(x)$ 在 $[a, b]$ 上有定义,在 (a, b) 内连续,且 $f(a) \cdot f(b) < 0$,则方程 $f(x) = 0$ 在 (a, b) 内有实根.

2. 设函数 $f(x) = \arctan \dfrac{1}{x}$,能否补充定义 $f(0)$ 的值,使 $f(x)$ 在点 $x = 0$ 连续?

3. 指出下列函数的间断点及其类型. 若是可去间断点,请补充定义函数在该点的值使函数在该点连续:

$(1) f(x) = \dfrac{1}{(x^2 + 2)^2}$;

$(2) f(x) = \dfrac{\sin 2x}{x}$;

$(3) f(x) = \sin x \cdot \sin \dfrac{1}{x}$;

$(4) f(x) = \dfrac{1 - \cos x}{x^2}$;

$(5) f(x) = \cos^2 \dfrac{1}{2x}$;

$(6) f(x) = e^{-\frac{1}{x}}$;

$(7) f(x) = \dfrac{x^2 - 1}{x^2 - 3x + 2}$;

$(8) f(x) = \dfrac{\cos \dfrac{\pi}{2} x}{x^2 (x - 1)}$;

$(9) f(x) = \dfrac{1}{1 + e^{\frac{1}{1-x}}}$;

$(10) f(x) = \begin{cases} 3 + x^2, & x < 0, \\ \dfrac{\sin 3x}{x}, & x > 0; \end{cases}$

$(11) f(x) = \begin{cases} \dfrac{\sin x}{|x|}, & x \neq 0, \\ 1, & x = 0; \end{cases}$

$(12) f(x) = \begin{cases} \cos \dfrac{\pi}{2} x, & |x| \leqslant 1, \\ |x - 1|, & |x| > 1. \end{cases}$

4. 设下列函数是定义域上的连续函数,求常数 a:

$(1) f(x) = \begin{cases} \dfrac{x^3 - 8}{x - 2}, & x \neq 2, \\ a + 3, & x = 2; \end{cases}$

$(2) f(x) = \begin{cases} (1 + x)^{\frac{1}{x}}, & x \neq 0, \\ a, & x = 0; \end{cases}$

$(3) f(x) = \begin{cases} \dfrac{1 - \cos \sqrt{x}}{x}, & x > 0, \\ a, & x \leqslant 0; \end{cases}$

$(4) f(x) = \begin{cases} \dfrac{\sin ax}{x}, & x \neq 0, \\ 4, & x = 0. \end{cases}$

5. 证明下列函数在 $(-\infty, +\infty)$ 上连续:

$(1)\ f(x)=\begin{cases}0, & x<0,\\ x, & 0\leqslant x<1,\\ -x^2+4x-2, & 1\leqslant x<3,\\ 4-x, & x\geqslant 3;\end{cases}$ $(2)\ f(x)=\begin{cases}\dfrac{\sin x}{x}, & x<0,\\ 1, & x=0,\\ \dfrac{2(\sqrt{1+x}-1)}{x}, & x>0.\end{cases}$

6. 求下列极限(其中常数 $a>0$, $a\neq 1$):

$(1)\ \lim\limits_{x\to 0}\dfrac{a^x-1}{x}$; $(2)\ \lim\limits_{x\to e}\dfrac{\ln x-1}{x-e}$;

$(3)\ \lim\limits_{x\to +\infty}\arccos\left(\sqrt{x^2-x}-x\right)$; $(4)\ \lim\limits_{x\to +\infty}\left(\sin\sqrt{x+1}-\sin\sqrt{x}\right)$;

$(5)\ \lim\limits_{x\to 0}\dfrac{\sqrt[3]{1+x\sin x}-1}{(x+1)\arctan(x^2)}$ $(6)\ \lim\limits_{x\to \pi}\dfrac{\sin x}{\pi-x}$;

$(7)\ \lim\limits_{x\to \frac{\pi}{4}}(\tan x)^{\sec 2x}$; $(8)\ \lim\limits_{x\to 0}\left(\dfrac{1+2^x}{2}\right)^{\frac{1}{x}}$.

7. 设函数 $f(x)=\begin{cases}x^2, & x\leqslant 1,\\ 2-x, & x>1,\end{cases}$ $g(x)=\begin{cases}x, & x\leqslant 1,\\ x+4, & x>1,\end{cases}$ 讨论函数 $f[g(x)]$ 的连续性, 如果 $f[g(x)]$ 有间断点,指出其类型.

8. 设函数 $f(x)=\lim\limits_{t\to 0}\left(1+\dfrac{\sin t}{x}\right)^{\frac{x^2}{t}}$,讨论 $f(x)$ 的连续性.

9. 设函数 $f(x)=\begin{cases}\dfrac{1}{1+e^{\frac{1}{x}}}, & x\neq 0,\\ 0, & x=0,\end{cases}$ 讨论 $f(x)$ 在点 $x=0$ 的左、右连续性.

10. 证明下列方程在指定区间内至少存在一个实根:

$(1)\ x^2\cos x-\sin x=0$, $\left(\pi, \dfrac{3}{2}\pi\right)$; $(2)\ x=\cos x$, $\left(0, \dfrac{\pi}{2}\right)$;

$(3)\ x^5-2x^2+x+1=0$, $(-1, 1)$.

11. 设函数 $f(x)$ 和 $g(x)$ 在 $[a, b]$ 上连续,且 $f(a)<g(a)$, $f(b)>g(b)$,证明:在 (a, b) 上至少存在一点 ξ,使得 $f(\xi)=g(\xi)$.

12. 证明:方程 $x=a\sin x+b(a$、b 为大于 0 的常数$)$ 至少有一个不超过 $a+b$ 的正根.

13. 设函数 $f(x)$ 在 (a, b) 上连续,且 $\lim\limits_{x\to a^+}f(x)=\lim\limits_{x\to b^-}f(x)=-\infty$,证明:$f(x)$ 在 (a, b) 上有最大值.

总练习题

1. 证明:如果 $\lim\limits_{n\to\infty}x_n=a$,则 $\lim\limits_{n\to\infty}|x_n|=|a|$. 反之不一定成立,请举例说明.

2. 证明:实系数三次方程 $x^3 + px^2 + qx + r = 0(p、q、r$ 为实常数$)$ 必有实根.

3. 设 $x_1 = 1$, $x_{n+1} = 1 + \dfrac{x_n}{x_n + 1}(n = 1, 2, \cdots)$,证明 $\lim\limits_{n \to \infty} x_n$ 存在,并求 $\lim\limits_{n \to \infty} x_n$.

4. 设数列 $\{x_n\}$ 满足 $x_1 > 0$,$x_n \mathrm{e}^{x_{n+1}} = \mathrm{e}^{x_n} - 1(n = 1, 2, \cdots)$,证明:$\lim\limits_{n \to \infty} x_n$ 存在,并求 $\lim\limits_{n \to \infty} x_n$.

5. 求下列极限:

$(1)\ \lim\limits_{x \to 0} \dfrac{\sqrt[n]{1 + x} - 1}{x}$;

$(2)\ \lim\limits_{x \to 0} \dfrac{\sqrt{1 + x} - \sqrt{1 - x}}{\sqrt[3]{1 + x} - \sqrt[3]{1 - x}}$;

$(3)\ \lim\limits_{x \to \infty} \dfrac{3x^2 + 5}{5x + 3} \sin \dfrac{2}{x}$;

$(4)\ \lim\limits_{x \to 0} \dfrac{\sqrt{1 + x\sin x} - \cos x}{\sin^2 \dfrac{x}{2}}$;

$(5)\ \lim\limits_{x \to 0} \left(\dfrac{1 + \tan x}{1 + \sin x}\right)^{\frac{1}{x^3}}$;

$(6)\ \lim\limits_{x \to 0}(x + 2^x)^{\frac{1}{x}}$;

$(7)\ \lim\limits_{x \to 0} \dfrac{\sqrt{1 + \tan x} - \sqrt{1 + \sin x}}{x(1 - \cos x)}$;

$(8)\ \lim\limits_{n \to \infty} \left[(1 + x)(1 + x^2) \cdots (1 + x^{2^n})\right]$,其中 $|x| < 1$;

$(9)\ \lim\limits_{x \to 0} \left(\dfrac{a^x + b^x + c^x + d^x}{4}\right)^{\frac{1}{x}}$,其中 $a、b、c、d$ 是不等于 1 的正常数.

6. 已知 $\lim\limits_{x \to \infty} \left(\dfrac{x + c}{x - c}\right)^{\frac{x}{3}} = 3$,求常数 c.

7. 设 $\lim\limits_{x \to 0} \dfrac{\ln\left[1 + \dfrac{f(x)}{x}\right]}{a^x - 1} = \dfrac{1}{2}$,其中常数 $a > 0$,$a \neq 1$,求 $\lim\limits_{x \to 0} \dfrac{f(x)}{x^2}$.

8. 设函数 $f(x) = \lim\limits_{n \to \infty} \dfrac{x^{2n-1} + ax^2 + bx}{x^{2n} + 1}$ 在 $(-\infty, +\infty)$ 上连续,求常数 $a、b$.

9. 设函数 $f(x)$ 在闭区间 $[a, b]$ 上连续,$x_1, x_2, \cdots, x_n$ 是 $[a, b]$ 中的 n 个点,证明在 (a, b) 上至少存在一点 ξ,使得 $f(\xi) = \dfrac{f(x_1) + f(x_2) + \cdots + f(x_n)}{n}$.

10. 设函数 $f(x)$ 在 $[0, 2a]$ 上连续,且 $f(0) = f(2a)$,证明:在 $[0, a]$ 上至少存在一点 ξ,使得 $f(\xi) = f(\xi + a)$.

11. 设函数 $f(x)$ 在 $[0, 1]$ 上连续,且 $f(1) > 0$,$\lim\limits_{x \to 0+} \dfrac{f(x)}{x} < 0$,证明:方程 $f(x) = 0$ 在区间 $(0, 1)$ 上至少存在一个实根.

12. 设函数 $f(x)$ 在 $(-\infty, +\infty)$ 上连续,且 $\lim\limits_{x \to \infty} f(x)$ 存在,证明 $f(x)$ 在 $(-\infty, +\infty)$ 上有界.

第3章 导数与微分

　　微积分的诞生是生产力发展的必然结果,同时微积分在很大程度上影响了工业革命的进程,开创了人类科学的黄金时代,成为人类理性精神胜利的标志.

　　导数是微分学的核心概念,是人们研究函数增量与自变量增量关系的产物,又是深刻研究函数性态的有力工具.无论何种学科,只要涉及"**变化率**",就离不开导数.导数在物理学、力学和经济学中都有广泛的应用.

3.1 导数的概念

一、导数的定义

　　一般认为,求变速直线运动的瞬时速度,求已知曲线上一点处的切线斜率,求函数的最大、最小值,以及求曲线的弧长是微分学产生的四个动因.牛顿和莱布尼茨就是分别在研究瞬时速度和曲线的切线时发现导数的.这些问题的实质就是研究自变量 x 的增量 Δx 与相应的函数 $y = f(x)$ 的增量 Δy 之间的关系,即研究当 $\Delta x \to 0$ 时,$\dfrac{\Delta y}{\Delta x}$ 的极限是什么.下面是两个关于导数的经典例子.

实例1　变速直线运动的瞬时速度

　　设质点沿直线运动,其位移 s 是时间 t 的函数 $s = s(t)$,当 t 在 t_0 处有一个增量 $\Delta t(\neq 0)$ 时,相应地,位移 s 也有一个增量

$$\Delta s = s(t_0 + \Delta t) - s(t_0),$$

因而质点从时刻 t_0 到时刻 $t_0 + \Delta t$ 这段时间内的平均速度为

$$\bar{v} = \frac{\Delta s}{\Delta t} = \frac{s(t_0 + \Delta t) - s(t_0)}{\Delta t}.$$

当 $\Delta t \to 0$ 时,若平均速度 $\bar{v}$ 的极限存在,则

$$\lim_{\Delta t \to 0} \bar{v} = \lim_{\Delta t \to 0} \frac{\Delta s}{\Delta t} = \lim_{\Delta t \to 0} \frac{s(t_0 + \Delta t) - s(t_0)}{\Delta t},$$

称 $\lim\limits_{\Delta t \to 0} \dfrac{s(t_0 + \Delta t) - s(t_0)}{\Delta t}$ 为质点在时刻 t_0 的瞬时速度.

实例 2 曲线在一点处切线的斜率

设曲线 C 是某函数 $y = f(x)$ 的图形. 如图 $3-1$ 所示, 点 $P(x_0, f(x_0))$ 是曲线 C 上的一个定点, 点 $Q(x_0 + \Delta x, f(x_0 + \Delta x))$ 是曲线 C 上邻近于点 P 的点 $(\Delta x \neq 0)$, 则割线 PQ 的斜率为

$$\bar{k} = \frac{\Delta y}{\Delta x} = \frac{f(x_0 + \Delta x) - f(x_0)}{\Delta x}.$$

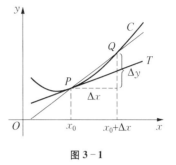

图 $3-1$

当点 Q 沿曲线 C 移动并趋于点 P 时, 若割线 PQ 有极限位置 PT, 则称直线 PT 为曲线 C 在点 P 处的切线. 此时, 割线 PQ 的斜率 $\bar{k}$ 的极限为

$$\lim_{\Delta x \to 0} \frac{\Delta y}{\Delta x} = \lim_{\Delta x \to 0} \frac{f(x_0 + \Delta x) - f(x_0)}{\Delta x},$$

它就是曲线 $y = f(x)$ 在点 P 处切线的斜率.

上面两个问题的出发点不同, 但都可归结为同一类型的数学问题: 求函数 f 在点 x_0 处的增量 $\Delta y = f(x) - f(x_0)$ 与自变量增量 $\Delta x = x - x_0$ 之比当自变量的增量 $\Delta x \to 0$ 时的极限. 称这个增量比为函数 f 关于自变量的平均变化率, 增量比的极限 (如果存在的话) 称为函数 f 在点 x_0 处关于 x 的 **瞬时变化率**. 因此研究函数的增量 Δy 与自变量的增量 Δx 的比值 $\dfrac{\Delta y}{\Delta x}$ 当 $\Delta x \to 0$ 时的极限具有重要的实际意义.

定义 1 设函数 $y = f(x)$ 在点 x_0 的某一邻域 $U(x_0)$ 内有定义, 若极限

$$\lim_{\Delta x \to 0} \frac{\Delta y}{\Delta x} = \lim_{\Delta x \to 0} \frac{f(x_0 + \Delta x) - f(x_0)}{\Delta x} \qquad ①$$

存在, 则称函数 $f(x)$ 在点 x_0 处可导, 并称该极限为函数 $f(x)$ 在点 x_0 处的 **导数**, 记作 $f'(x_0)$, 或 $y'\big|_{x=x_0}$, $\dfrac{\mathrm{d}y}{\mathrm{d}x}\Big|_{x=x_0}$, $\dfrac{\mathrm{d}f(x)}{\mathrm{d}x}\Big|_{x=x_0}$.

若①式的极限不存在, 则称 $f(x)$ 在点 x_0 处 **不可导**. 若①式的极限为无穷大, 且 $f(x)$ 在点 x_0 处连续, 则可称 $f(x)$ 在点 x_0 处的 **导数为无穷大**.

若令 $x = x_0 + \Delta x$, 则 $\Delta x = x - x_0$, 且 $\Delta x \to 0$ 等价于 $x \to x_0$, 于是可得 $f(x)$ 在点 x_0 处导数的等价定义

$$f'(x_0) = \lim_{x \to x_0} \frac{f(x) - f(x_0)}{x - x_0}.$$

定义 2   若 $\lim\limits_{\substack{\Delta x \to 0^+ \\ (或 \Delta x \to 0^-)}} \dfrac{\Delta y}{\Delta x} = \lim\limits_{\substack{\Delta x \to 0^+ \\ (或 \Delta x \to 0^-)}} \dfrac{f(x_0 + \Delta x) - f(x_0)}{\Delta x}$ 存在,则称该极限为函数 $f(x)$ 在点 x_0

处的**右(或左)导数**,记作 $f'_+(x_0)(或 f'_-(x_0))$.

右导数与左导数统称为**单侧导数**.

根据导数的定义及极限存在定理知:$f(x)$ 在点 x_0 处可导的充分必要条件是 $f(x)$ 在点 x_0 处的右导数与 $f(x)$ 在点 x_0 处的左导数都存在且相等.

若函数 $f(x)$ 在区间 I 上每一点处都可导(对于端点,只要存在相应的单侧导数),则称 $f(x)$ 在 I 上可导,其导数值是一个随 x 而变化的函数,称为**导函数**(简称导数),记为 $f'(x)$,或 y',$\dfrac{\mathrm{d}y}{\mathrm{d}x}$,

$\dfrac{\mathrm{d}f(x)}{\mathrm{d}x}$.

由导数的定义知,函数 $f(x)$ 在点 x_0 处的导数是导函数 $f'(x)$ 在点 x_0 处的函数值. 导函数的定义域是由 $f(x)$ 的可导点的全体组成,它一般是 $f(x)$ 定义域的一个子集.

例 1   求函数 $f(x) = x^2$ 在点 $x = 0$ 和 $x = 2$ 处的导数.

解 $f'(0) = \lim\limits_{\Delta x \to 0} \dfrac{(0 + \Delta x)^2 - 0^2}{\Delta x} = \lim\limits_{\Delta x \to 0} \Delta x = 0$,

$f'(2) = \lim\limits_{\Delta x \to 0} \dfrac{(2 + \Delta x)^2 - 2^2}{\Delta x} = \lim\limits_{\Delta x \to 0} \dfrac{2^2 + 2 \cdot 2\Delta x + \Delta x^2 - 2^2}{\Delta x} = \lim\limits_{\Delta x \to 0} (2 \cdot 2 + \Delta x) = 4$.

例 2   已知 $f'(1) = 2$,求 $\lim\limits_{h \to 0} \dfrac{f(1) - f(1 - 2h)}{h}$.

解 $\lim\limits_{h \to 0} \dfrac{f(1) - f(1 - 2h)}{h} = 2 \lim\limits_{h \to 0} \dfrac{f(1 - 2h) - f(1)}{-2h} = 2f'(1) = 2 \cdot 2 = 4$.

思考 已知 $f'(x_0)$ 存在,如何求 $\lim\limits_{h \to 0} \dfrac{f(x_0 - \Delta x) - f(x_0 + 2\Delta x)}{\Delta x}$?

二、可导与连续

根据导数的定义,如果函数 $y = f(x)$ 在某一点 x 处可导,则有

$$\lim_{\Delta x \to 0} \frac{\Delta y}{\Delta x} = f'(x),$$

$$\lim_{\Delta x \to 0} \Delta y = \lim_{\Delta x \to 0} \frac{\Delta y}{\Delta x} \Delta x = f'(x) \lim_{\Delta x \to 0} \Delta x = 0.$$

这表明函数 $f(x)$ 在点 x 处连续.

定理 1　如果函数 $f(x)$ 在点 x_0 处可导,则函数 $f(x)$ 在点 x_0 处连续.

定理 1 简称为**可导必连续**. 反过来,$f(x)$ 在点 x 处连续一般不能得出 $f(x)$ 在点 x 处可导,也就是说,**连续是可导的必要条件**. 即:如果函数 $f(x)$ 在某点不连续,则 $f(x)$ 在该点一定不可导.

由函数 $y = f(x)$ 在某点 x 处可导,还可以得到 $\dfrac{\Delta y}{\Delta x} - f'(x) = \alpha$,其中 α 为 $\Delta x \to 0$ 时的无穷小量,因此有

$$\Delta y = f'(x)\Delta x + \alpha \cdot \Delta x, \qquad\qquad ②$$

称②式为函数 $f(x)$ 在点 x 处的**有限增量公式**.

例 3　证明:函数 $y = |x|$ 在点 $x = 0$ 处连续,且左、右导数存在,但不可导.

证明　因为 $\lim\limits_{x \to 0} y = \lim\limits_{x \to 0} |x| = 0$,所以 $y = |x|$ 在点 $x = 0$ 处连续.

由于 $\dfrac{f(0 + \Delta x) - f(0)}{\Delta x} = \dfrac{|\Delta x|}{\Delta x} = \begin{cases} -1, & \Delta x < 0, \\ 1, & \Delta x > 0, \end{cases}$ 从而 $f'_-(0) = \lim\limits_{\Delta x \to 0^-} \dfrac{|\Delta x|}{\Delta x} = -1$, $f'_+(0)$

$= \lim\limits_{\Delta x \to 0^+} \dfrac{|\Delta x|}{\Delta x} = 1$,所以 $f(x)$ 在点 $x = 0$ 处左、右导数存在. 由 $f'_-(0) \neq f'_+(0)$ 可知,$f(x)$ 在点 $x = 0$ 处不可导.

例 4　由连续的定义易知函数 $f(x) = \begin{cases} x\sin\dfrac{1}{x}, & x \neq 0, \\ 0, & x = 0 \end{cases}$ 在点 $x = 0$ 处连续,但因为

$$\frac{f(x) - f(0)}{x - 0} = \sin\frac{1}{x},$$

当 $x \to 0$ 时极限不存在,所以 $f(x)$ 在点 $x = 0$ 处不可导.

例 3、例 4 说明,连续不是可导的充分条件.

三、求导数的例

例 5　求常量函数 $y = C(C$ 为常数$)$ 的导数.

解　$y' = C' = \lim\limits_{\Delta x \to 0} \dfrac{f(x_0 + \Delta x) - f(x_0)}{\Delta x} = \lim\limits_{\Delta x \to 0} \dfrac{C - C}{\Delta x} = 0.$

例 6 求幂函数 $y = x^n$(n 为正整数)的导数.

解 $y' = (x^n)' = \lim\limits_{\Delta x \to 0} \dfrac{(x + \Delta x)^n - x^n}{\Delta x} = \lim\limits_{\Delta x \to 0} \dfrac{nx^{n-1}\Delta x + \dfrac{n(n-1)}{2}x^{n-2}\Delta x^2 + \cdots + \Delta x^n}{\Delta x}$

$\qquad = \lim\limits_{\Delta x \to 0}\left(nx^{n-1} + \dfrac{n(n-1)}{2}x^{n-2}\Delta x + \cdots + \Delta x^{n-1}\right) = nx^{n-1}.$

例 7 求函数 $y = \dfrac{1}{x}$ 的导数.

解 $y' = \left(\dfrac{1}{x}\right)' = \lim\limits_{\Delta x \to 0} \dfrac{\dfrac{1}{x + \Delta x} - \dfrac{1}{x}}{\Delta x} = \lim\limits_{\Delta x \to 0} \dfrac{-\Delta x}{x(x + \Delta x)\Delta x} = -\dfrac{1}{x^2}.$

例 8 求对数函数 $y = \log_a x$(常数 $a > 0$, $a \neq 1$)的导数.

解 $(\log_a x)' = \lim\limits_{\Delta x \to 0} \dfrac{\log_a(x + \Delta x) - \log_a x}{\Delta x} = \lim\limits_{\Delta x \to 0} \dfrac{\log_a\left(1 + \dfrac{\Delta x}{x}\right)}{\Delta x}$

$\qquad = \lim\limits_{\Delta x \to 0} \dfrac{1}{x}\log_a\left(1 + \dfrac{\Delta x}{x}\right)^{\frac{x}{\Delta x}} = \dfrac{1}{x}\log_a\left[\lim\limits_{\Delta x \to 0}\left(1 + \dfrac{\Delta x}{x}\right)^{\frac{x}{\Delta x}}\right]$

$\qquad = \dfrac{1}{x}\log_a e = \dfrac{1}{x\ln a}.$

特别地,$(\ln x)' = \dfrac{1}{x}.$

例 9 求正弦函数 $y = \sin x$ 的导数.

解 $(\sin x)' = \lim\limits_{\Delta x \to 0} \dfrac{\sin(x + \Delta x) - \sin x}{\Delta x} = \lim\limits_{\Delta x \to 0} \dfrac{2\sin\dfrac{\Delta x}{2}\cos\dfrac{2x + \Delta x}{2}}{\Delta x}$

$\qquad = \lim\limits_{\Delta x \to 0} \dfrac{\sin\dfrac{\Delta x}{2}}{\dfrac{\Delta x}{2}}\lim\limits_{\Delta x \to 0}\cos\dfrac{2x + \Delta x}{2} = \cos x.$

类似可得,$(\cos x)' = -\sin x.$

四、平面曲线的切线方程和法线方程

从引入导数概念的几何问题可知,当函数 $f(x)$ 在点 x_0 处的导数 $f'(x_0)$ 存在时,$f'(x_0)$ 是曲线

$y = f(x)$ 在点 $P(x_0, f(x_0))$ 处切线的斜率. 如果用 α 表示该切线关于 x 轴的倾角,则有 $f'(x_0) = \tan\alpha$. 这时,曲线 $y = f(x)$ 在点 P 处的切线方程为 $y - f(x_0) = f'(x_0)(x - x_0)$,法线方程为 $x - x_0 = -f'(x_0)(y - f(x_0))$.

若 $f(x)$ 在点 x_0 处连续,且 $f(x)$ 在点 x_0 处的导数为无穷大,则曲线在点 P 处的切线垂直于 x 轴. 这时,曲线 $y = f(x)$ 在点 P 处的切线方程为 $x - x_0 = 0$,法线方程为 $y - f(x_0) = 0$.

例 10 求曲线 $y = \ln x$ 在其上点 $P(x_0, \ln x_0)$(其中 $x_0 > 0$)处的切线方程与法线方程.

解 根据例 7,$y'\big|_{x=x_0} = (\ln x)'\big|_{x=x_0} = \dfrac{1}{x_0}$,因此曲线 $y = \ln x$ 在点 $P(x_0, \ln x_0)$ 处的切线方程为 $y - \ln x_0 = \dfrac{1}{x_0}(x - x_0)$,法线方程为 $y - \ln x_0 = -x_0(x - x_0)$.

例 11 求曲线 $y = \sqrt[3]{x}$ 在点 $P(0, 0)$ 处的切线方程与法线方程.

解 如图 3-2 所示,因为 $y'\big|_{x=0} = \lim\limits_{\Delta x \to 0} \dfrac{\sqrt[3]{0 + \Delta x} - \sqrt[3]{0}}{\Delta x} =$ $\lim\limits_{\Delta x \to 0} \dfrac{1}{\sqrt[3]{(\Delta x)^2}} = \infty$,又 $\sqrt[3]{x}$ 在点 $x = 0$ 连续,所以曲线 $y = \sqrt[3]{x}$ 在点 $P(0, 0)$ 处的切线垂直于 x 轴,切线方程为 $x = 0$;法线方程为 $y = 0$.

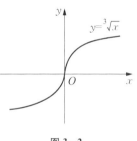

图 3-2

导数的物理意义还可以用在其他与瞬时变化率有关的很多问题中.

例如,设 $q(t)$ 是从 0 到 t 这段时间内通过导线截面的电量,则在时刻 t 到 $t + \Delta t$ 这段时间间隔内的平均电流强度为 $\dfrac{q(t + \Delta t) - q(t)}{\Delta t}$,所以,在时刻 t 通过该导线截面的瞬时电流强度 $i(t)$ 为 $\lim\limits_{\Delta t \to 0} \dfrac{q(t + \Delta t) - q(t)}{\Delta t} = q'(t)$.

又如,设有一质量分布不均匀的金属丝,从 0 到 x 这段金属丝的质量为 $m(x)$,则该金属丝在点 x 处的线密度 $\rho(x)$ 为 $\lim\limits_{\Delta x \to 0} \dfrac{m(x + \Delta x) - m(x)}{\Delta x} = m'(x)$.

再如,设某一化学反应,其反应物在时刻 t 的浓度是时间 t 的函数 $C(t)$. 当时间变量在时刻 t_0 有一增量 Δt 时,反应物的浓度也有相应的增量 $\Delta C = C(t_0 + \Delta t) - C(t_0)$,因而从时刻 t_0 到时刻 $t_0 + \Delta t$ 这段时间间隔内反应物的浓度的平均变化率为 $\bar{v} = \dfrac{\Delta C}{\Delta t} = \dfrac{C(t_0 + \Delta t) - C(t_0)}{\Delta t}$. 当 $\Delta t \to 0$ 时,若平均变化率 $\bar{v}$ 的极限存

3.1 学习要点

在,则其极限 $v(t_0) = \lim\limits_{\Delta t \to 0} \dfrac{\Delta C}{\Delta t} = C'(t_0)$ 就是反应物的浓度在时刻 t_0 的瞬时变化率,也称为反应物在

时刻 t_0 的化学反应速度.

除以上所述的几何、物理和化学问题外,导数概念在其他领域(生物学,经济和金融学等)中也有极其重要的应用.

习题 3.1

1. 设某质点做直线运动,其位移 s 与时间 t 的关系是 $s = 3t^2 + 1$,其中 t 的单位是 s,s 的单位是 cm,求:

(1) 在 $t = 4\,s$ 到 $t = 5\,s$ 之间的平均速度;

(2) 在 $t = 4\,s$ 到 $t = 4.1\,s$ 之间的平均速度;

(3) 在 $t = 4\,s$ 时的瞬时速度.

2. 用导数的定义求函数 $f(x) = ax + b$(其中 a、b 为常数) 的导数 $f'(x)$.

3. 求下列函数在指定点处的导数:

(1) $f(x) = \dfrac{x^2}{2}$,点 $x = 2$;   (2) $f(x) = \sqrt{x + 2}$,点 $x = 2$;

(3) $f(x) = \dfrac{1}{x^2}$,点 $x = 1$.

4. 用导数的定义求下列函数的导数:

(1) $y = 2x^3$;   (2) $y = \dfrac{1}{x + 4}$.

5. 设 $f'(x_0)$ 存在,用导数的定义求下列极限:

(1) $\lim\limits_{t \to 0} \dfrac{f(x_0) - f(x_0 - \Delta x)}{\Delta x}$;   (2) $\lim\limits_{t \to 0} \dfrac{f(x_0 + t) - f(x_0 - 3t)}{t}$.

6. 设 $f'(0)$ 存在,且 $f(0) = 0$,求 $\lim\limits_{x \to 0} \dfrac{f(x)}{x}$.

7. 设函数 $\varphi(x)$ 在点 $x = a$ 处连续,且 $f(x) = (x - a)\varphi(x)$,求 $f'(a)$.

8. 讨论函数 $f(x) = \begin{cases} x^2 \sin \dfrac{1}{x}, & x \neq 0 \\ 0, & x = 0 \end{cases}$ 在点 $x = 0$ 处的可导性.

9. 设函数 $f(x) = \begin{cases} x^2, & x \leq 1 \\ ax + b, & x \geq 1 \end{cases}$ 在点 $x = 1$ 处可导,求常数 a、b.

10. 设 $f'(x_0)$ 存在,求 $\lim\limits_{x \to x_0} \dfrac{xf(x_0) - x_0 f(x)}{x - x_0}$.

11. 如果某等速旋转运动的角速度 ω 等于旋转角 θ 与时间 t 之比,试给出变速旋转运动 $\theta = \theta(t)$ 的瞬时角速度的定义.

12. 若一轴的热膨胀是均匀的,则当温度升高 $1℃$ 时其单位长的增量称为该轴的线膨胀系数. 但在一般情况下,轴的热膨胀是不均匀的. 若已知轴长 l 是温度 t 的函数 $l = f(t)$,试给出该轴在温度 t_0 处的线膨胀系数的定义.

13. 若物体所吸收的热量随温度均匀变化,则比热容就是单位质量的物体当温度升高 $1℃$ 时所吸收的热量. 已知单位质量的物体的温度从 $0°$ 到 $T°$ 所吸收的热量为 $Q = Q(T)$,求该物体的比热容.

14. 设某细菌的总数 $N = N(t)$ 每时每刻都在增长,求在时刻 t_0 时该细菌的增长速度.

15. 求下列曲线在指定点处的切线方程与法线方程:

(1) $y = x^2$,点 $P(2, 4)$;　　　　　　　(2) $y = \cos x$,点 $P(0, 1)$;

(3) $y = \sin x$,点 $P\left(\dfrac{\pi}{3}, \dfrac{\sqrt{3}}{2}\right)$.

16. 求抛物线 $y = x^2$ 上的点,使得过该点的切线分别满足下列条件:

(1) 平行于 x 轴;　　　　　　　(2) 与 x 轴的交角为 $45°$;

(3) 与抛物线上横坐标为 1 和 3 两点的连线平行.

3.2　求　导　法　则

一、导数的四则运算

有了导数的定义,就可以进行求导运算了,但是从 3.1 节的例子看到,即便是基本初等函数,求导也不是一件容易的事,所以先建立一些求导法则,会使求导运算变得简便. 下面就是有关两函数加减乘除的求导运算法则.

定理 1　设函数 $u(x)$ 和 $v(x)$ 都在点 x 处可导,则

(1) $u(x) \pm v(x)$ 在点 x 处可导,且 $[u(x) \pm v(x)]' = u'(x) \pm v'(x)$.

(2) $u(x)v(x)$ 在点 x 处可导,且 $[u(x)v(x)]' = u'(x)v(x) + u(x)v'(x)$.

特别地,对于常数 k ,有 $[ku(x)]' = ku'(x)$.

(3) $\dfrac{u(x)}{v(x)}(v(x) \neq 0)$ 在点 x 处可导,且 $\left[\dfrac{u(x)}{v(x)}\right]' = \dfrac{u'(x)v(x) - u(x)v'(x)}{v^2(x)}$.

特别地, $\left[\dfrac{1}{v(x)}\right]' = -\dfrac{v'(x)}{v^2(x)}$.

这里只证明(3),其他请读者完成.

证　由(2)

$$\left[\frac{u(x)}{v(x)}\right]' = \left[u(x)\frac{1}{v(x)}\right]' = u'(x)\frac{1}{v(x)} + u(x)\left[\frac{1}{v(x)}\right]',$$

而

$$\left[\frac{1}{v(x)}\right]' = \lim_{\Delta x \to 0}\left[\frac{1}{v(x+\Delta x)} - \frac{1}{v(x)}\right]\frac{1}{\Delta x}$$

$$= \lim_{\Delta x \to 0}\frac{v(x) - v(x+\Delta x)}{\Delta x}\frac{1}{v(x+\Delta x)v(x)} = \frac{-v'(x)}{v^2(x)},$$

代入上式并整理后即得

$$\left[\frac{u(x)}{v(x)}\right]' = \frac{u'(x)v(x) - u(x)v'(x)}{v^2(x)}.$$

注　由(1)可得:$[u(x) \pm v(x) \pm \cdots \pm w(x)]' = u'(x) \pm v'(x) \pm \cdots \pm w'(x)$. 由(2)可得:$[uv \cdot \cdots \cdot w]' = u'v \cdot \cdots \cdot w + uv' \cdot \cdots \cdot w + \cdots + uv \cdot \cdots \cdot w'$.

例1　设 $y = 3x^2 + 4 \cdot 3^x + 5\sin x - 6\log_a x + \cos\frac{\pi}{3}$,求 y 的导数.

解　$y' = (3x^2)' + (4 \cdot 3^x)' + (5\sin x)' - (6\log_a x)' + \left(\cos\frac{\pi}{3}\right)'$

$$= 6x + 4 \cdot 3^x \cdot \ln 3 + 5\cos x - \frac{6}{x}\log_a e.$$

例2　设 $y = x^2\cos x\ln x$,求 y 的导数.

解　$y' = (x^2)'\cos x\ln x + x^2(\cos x)'\ln x + x^2\cos x(\ln x)'$

$$= 2x\cos x\ln x - x^2\sin x\ln x + x\cos x.$$

例3　求正切函数 $y = \tan x$ 的导数.

解　$y' = (\tan x)' = \left(\frac{\sin x}{\cos x}\right)' = \frac{(\sin x)'\cos x - \sin x(\cos x)'}{\cos^2 x}$

$$= \frac{\cos x\cos x + \sin x\sin x}{\cos^2 x} = \frac{1}{\cos^2 x} = \sec^2 x.$$

类似地,得 $(\cot x)' = -\csc^2 x$.

例4　求正割函数 $y = \sec x$ 的导数.

解　$y' = (\sec x)' = \left(\frac{1}{\cos x}\right)' = \frac{-(\cos x)'}{\cos^2 x} = \frac{\sin x}{\cos^2 x} = \tan x\sec x.$

类似地,得 $(\csc x)' = -\cot x \csc x.$

例 5 求曲线 $y = \sin x$ 在 $x = \dfrac{\pi}{3}$ 对应的点处的切线方程.

解 已知函数 $y = f(x)$ 在 $x = x_0$ 对应的点处的切线方程为 $y = f'(x_0)(x - x_0) + f(x_0)$.

因为 $y'\big|_{x=\frac{\pi}{3}} = \cos x\big|_{x=\frac{\pi}{3}} = \cos\dfrac{\pi}{3} = \dfrac{1}{2}$,又 $y\big|_{x=\frac{\pi}{3}} = \dfrac{\sqrt{3}}{2}$,所以曲线 $y = \sin x$ 在 $x = \dfrac{\pi}{3}$ 对应的点处的切线方程为

$$y = \frac{1}{2}\left(x - \frac{\pi}{3}\right) + \frac{\sqrt{3}}{2}.$$

二、反函数的导数

定理 2 设严格单调函数 $x = g(y)$ 在点 y 处可导,且 $g'(y) \neq 0$,则其反函数 $y = f(x)$ 在点 $x(= g(y))$ 处可导,且

$$f'(x) = \frac{1}{g'(y)} \text{ 或 } \frac{\mathrm{d}y}{\mathrm{d}x} = \frac{1}{\dfrac{\mathrm{d}x}{\mathrm{d}y}}.$$

证 由于函数 $x = g(y)$ 是严格单调且连续的函数,因此它的反函数 $y = f(x)$ 存在,且也是严格单调且连续的函数,于是 $\Delta x \neq 0$ 等价于 $\Delta y = f(x + \Delta x) - f(x) \neq 0$,$\Delta x \to 0$ 等价于 $\Delta y \to 0$. 由此可得

$$f'(x) = \lim_{\Delta x \to 0} \frac{\Delta y}{\Delta x} = \frac{1}{\lim\limits_{\Delta y \to 0} \dfrac{\Delta x}{\Delta y}} = \frac{1}{g'(y)}.$$

例 6 求反正弦函数 $y = \arcsin x$ 的导数.

解 因为 $y = \arcsin x(-1 < x < 1)$ 是 $x = \sin y\left(-\dfrac{\pi}{2} < y < \dfrac{\pi}{2}\right)$ 的反函数,故

$$(\arcsin x)' = \frac{1}{(\sin y)'} = \frac{1}{\cos y}.$$

因为 $-\dfrac{\pi}{2} < y < \dfrac{\pi}{2}$,所以 $\cos y > 0$,从而 $\cos y = \sqrt{1 - \sin^2 y} = \sqrt{1 - x^2}$,于是

$$(\arcsin x)' = \frac{1}{\sqrt{1 - x^2}}\ (-1 < x < 1).$$

类似地,有 $(\arccos x)' = -\dfrac{1}{\sqrt{1 - x^2}}\ (-1 < x < 1).$

例 7　求反正切函数 $y = \arctan x$ 的导数.

解　$(\arctan x)' = \dfrac{1}{(\tan y)'} = \dfrac{1}{\sec^2 y} = \dfrac{1}{1 + \tan^2 y} = \dfrac{1}{1 + x^2}\ (-\infty < x < +\infty).$

类似地,有 $(\operatorname{arccot} x)' = -\dfrac{1}{1 + x^2}\ (-\infty < x < +\infty).$

例 8　求指数函数 $y = a^x$(常数 $a > 0, a \neq 1$) 的导数.

解　因为 $y = a^x$ 是 $x = \log_a y$ 在 $(0, +\infty)$ 上的反函数,再由 3.1 节的例 8,得

$$(a^x)' = \frac{1}{(\log_a y)'} = \frac{1}{\dfrac{1}{y \ln a}} = y \ln a = a^x \ln a,\ x \in (-\infty, +\infty).$$

三、复合函数的导数

定理 3　设函数 $u = g(x)$ 在点 x 处可导,函数 $y = f(u)$ 在对应点 $u(u = g(x))$ 处可导,则复合函数 $y = f[g(x)]$ 在点 x 处可导,且有

$$\frac{\mathrm{d}y}{\mathrm{d}x} = \frac{\mathrm{d}y}{\mathrm{d}u}\frac{\mathrm{d}u}{\mathrm{d}x}\ \text{或}\ \{f[g(x)]\}' = f'(u)g'(x). \qquad\text{①}$$

证　因为 $y = f(u)$ 在点 u 处可导,则由有限增量公式(3.1 节 ② 式) 得

$$\Delta y = f'(u)\Delta u + \alpha(\Delta u)\Delta u, \qquad\text{②}$$

其中 $\lim\limits_{\Delta u \to 0} \alpha(\Delta u) = 0$,并且 ② 式对 $\Delta u = 0$ 也成立(当 $\Delta u = 0$ 时,补充定义 $\alpha(\Delta u) = 0$ 即可). 对 ② 式两边同除 Δx,得

$$\frac{\Delta y}{\Delta x} = f'(u)\frac{\Delta u}{\Delta x} + \alpha(\Delta u)\frac{\Delta u}{\Delta x}.$$

注意到 $u = g(x)$ 在点 x 处连续,于是当 $\Delta x \to 0$ 时,有 $\Delta u \to 0$,因此

$$\{f[g(x)]\}' = \lim_{\Delta x \to 0} \frac{\Delta y}{\Delta x} = f'(u) \lim_{\Delta x \to 0} \frac{\Delta u}{\Delta x} + \lim_{\Delta x \to 0} \left[\alpha(\Delta u) \frac{\Delta u}{\Delta x} \right]$$

$$= f'(u) g'(x) + \lim_{\Delta u \to 0} \alpha(\Delta u) \lim_{\Delta x \to 0} \frac{\Delta u}{\Delta x}$$

$$= f'(u) g'(x),$$

所以

$$\{f[g(x)]\}' = f'(u) g'(x) \text{ 或} \frac{\mathrm{d}y}{\mathrm{d}x} = \frac{\mathrm{d}y}{\mathrm{d}u} \frac{\mathrm{d}u}{\mathrm{d}x}.$$

复合函数求导法则又称为**链式法则**.

反复应用公式①可把上述复合函数的求导法则推广到由三个或更多个函数复合而成的函数. 例如,若 $z = f(y)$, $y = g(x)$, $x = h(t)$ 都可导,则

$$\frac{\mathrm{d}}{\mathrm{d}t} f\{g[h(t)]\} = f'(y) g'(x) h'(t) \text{ 或} \frac{\mathrm{d}z}{\mathrm{d}t} = \frac{\mathrm{d}z}{\mathrm{d}y} \frac{\mathrm{d}y}{\mathrm{d}x} \frac{\mathrm{d}x}{\mathrm{d}t}.$$

应用复合函数求导法则求复合函数的导数时,需要先在该复合函数中找一个或多个中间变量,再应用复合函数求导法则就可以求得该复合函数的导数. 例如,求 $y = \mathrm{e}^{\sin x}$ 的导数,把 $\sin x$ 看作中间变量,令 $\sin x = u$,则 $y = \mathrm{e}^{\sin x}$ 看作是由 $y = \mathrm{e}^u$ 与 $u = \sin x$ 复合而成的,于是利用复合函数求导法则和求导公式得 $\frac{\mathrm{d}y}{\mathrm{d}x} = \frac{\mathrm{d}y}{\mathrm{d}u} \frac{\mathrm{d}u}{\mathrm{d}x} = \mathrm{e}^u \cos x = \mathrm{e}^{\sin x} \cos x.$

例 9 设 $y = (5x + 3)^{10}$,求 y 的导数.

解 因为 $(5x + 3)^{10}$ 是由 $y = u^{10}$ 和 $u = 5x + 3$ 复合而成,根据链式法则,得

$$\frac{\mathrm{d}y}{\mathrm{d}x} = \frac{\mathrm{d}u^{10}}{\mathrm{d}u} \cdot \frac{\mathrm{d}(5x + 3)}{\mathrm{d}x} = 10u^9 \cdot 5 = 50(5x + 3)^9.$$

例 10 设 $y = \cos\sqrt{x^2 + 1}$,求 y 的导数.

解 因为 $y = \cos\sqrt{x^2 + 1}$ 是由 $y = \cos u$, $u = \sqrt{v}$, $v = x^2 + 1$ 复合而成,根据链式法则,得

$$\frac{\mathrm{d}y}{\mathrm{d}x} = \frac{\mathrm{d}y}{\mathrm{d}u} \frac{\mathrm{d}u}{\mathrm{d}v} \frac{\mathrm{d}v}{\mathrm{d}x} = -\sin u \frac{1}{2\sqrt{v}} 2x = -\frac{x\sin\sqrt{x^2 + 1}}{\sqrt{x^2 + 1}}.$$

注 对复合函数求导时,首先需要将其分解成若干个简单函数的复合,然后利用链式法则求出结果. 其中的分解步骤特别重要. 当熟练掌握链式法则后,就不必一一写出中间变量,只要分析清楚函数的复合关系,就可直接求出复合函数对自变量的导数.

例 11 设 $y = e^{\sin\frac{1}{x}}$,求 y 的导数.

解 $y' = \left(e^{\sin\frac{1}{x}}\right)' = e^{\sin\frac{1}{x}}\left(\sin\frac{1}{x}\right)' = e^{\sin\frac{1}{x}}\cos\frac{1}{x}\left(\frac{1}{x}\right)' = -\frac{1}{x^2}e^{\sin\frac{1}{x}}\cos\frac{1}{x}.$

例 12 求幂函数 $y = x^{\alpha}$ 的导数,其中 α 为任何实数.

解 运用复合函数求导法,得

$$y' = (x^{\alpha})' = (e^{\alpha\ln x})' = e^{\alpha\ln x}\frac{\alpha}{x} = \alpha x^{\alpha-1}.$$

综上所述,所有的基本初等函数求导问题都已经解决了.

四、基本初等函数的导数公式与求导法则

由于初等函数是由基本初等函数经过有限次的四则运算和复合运算生成的,因此知道了基本初等函数的导数公式及四则运算、复合函数求导法则,初等函数的求导问题就解决了.

基本初等函数的导数公式:

1. $(C)' = 0$(C 是常数).

2. $(x^{\alpha})' = \alpha x^{\alpha-1}$($\alpha$ 为任何实数).

3. $(\sin x)' = \cos x,$ $\qquad\qquad\qquad (\cos x)' = -\sin x,$

   $(\tan x)' = \sec^2 x,$ $\qquad\qquad\qquad (\cot x)' = -\csc^2 x,$

   $(\sec x)' = \sec x\tan x,$ $\qquad\qquad (\csc x)' = -\csc x\cot x.$

4. $(\arcsin x)' = -(\arccos x)' = \dfrac{1}{\sqrt{1-x^2}}$($|x| < 1$),

   $(\arctan x)' = -(\text{arccot}\, x)' = \dfrac{1}{1+x^2}.$

5. $(a^x)' = a^x\ln a$(常数 $a > 0$, $a \neq 1$),$(e^x)' = e^x.$

6. $(\log_a x)' = \dfrac{1}{x\ln a}$(常数 $a > 0$, $a \neq 1$),$(\ln x)' = \dfrac{1}{x}.$

求导法则:

1. $[u(x) \pm v(x)]' = u'(x) \pm v'(x).$

2. $[u(x)v(x)]' = u'(x)v(x) + u(x)v'(x),$

   当 k 为常数时,有 $[ku(x)]' = ku'(x).$

3. 当 $v(x) \neq 0$ 时,有 $\left[\dfrac{u(x)}{v(x)}\right]' = \dfrac{u'(x)v(x) - u(x)v'(x)}{v^2(x)}.$

4. $\dfrac{\mathrm{d}y}{\mathrm{d}x} = \dfrac{1}{\dfrac{\mathrm{d}x}{\mathrm{d}y}}.$

5. $\dfrac{\mathrm{d}y}{\mathrm{d}x} = \dfrac{\mathrm{d}y}{\mathrm{d}u}\dfrac{\mathrm{d}u}{\mathrm{d}x}$.

思考 在基本初等函数的导数公式中,除了常值函数的导数公式,只有两个是最基本的公式,因为这两个公式只能用定义求出,并且其他的导数公式都能以这两个基本求导公式为基础,通过求导法则求出.请指出哪两个公式是最基本的求导公式?

例 13 求分段函数 $f(x) = \begin{cases} 2x, & x \leqslant 1, \\ x^2 + 1, & x > 1 \end{cases}$ 的导数.

解 分段函数求导需分段进行,并且在分段点上要(1)验证是否连续;(2)用左右导数判别是否可导.

首先,容易验证函数 $f(x)$ 在分段点 $x = 1$ 处是连续的,并且可知 $f(x)$ 在其定义域上连续.

当 $x < 1$ 时,$f'(x) = (2x)' = 2$. 当 $x > 1$ 时,$f'(x) = (x^2 + 1)' = 2x$.

当 $x = 1$ 时,$f'_-(1) = \lim\limits_{x \to 1^-} \dfrac{f(x) - f(1)}{x - 1} = \lim\limits_{x \to 1^-} \dfrac{2x - 2}{x - 1} = 2$,

$$f'_+(1) = \lim\limits_{x \to 1^+} \dfrac{f(x) - f(1)}{x - 1} = \lim\limits_{x \to 1^+} \dfrac{x^2 + 1 - 2}{x - 1} = \lim\limits_{x \to 1^+} (x + 1) = 2.$$

3.2 学习要点

所以,$f(x)$ 在点 $x = 1$ 处也可导,且 $f'(1) = 2$. 因此

$$f'(x) = \begin{cases} 2, & x \leqslant 1, \\ 2x, & x > 1. \end{cases}$$

习题 3.2

1. 求下列函数的导数:

(1) $y = x^2 - 3\cos x + 2^x + \ln 2$;

(2) $y = 3\tan x + \csc x + 2$;

(3) $y = \ln x + 2\log_3 x + 4\lg x$;

(4) $y = \sqrt{x\sqrt{x\sqrt{x}}}$;

(5) $y = \dfrac{2 + 3x + 4x^2}{x}$;

(6) $y = (3x + 1)(4x + 3)$;

(7) $y = 3\mathrm{e}^x \sin x$;

(8) $y = x\ln x + \dfrac{\ln x}{x}$;

(9) $y = \dfrac{1}{x + \cos x}$;

(10) $y = \dfrac{1 - \ln x}{1 + \ln x}$;

（11）$y = \dfrac{1}{1 - x + x^2}$；

（12）$y = \dfrac{1 + x - x^2}{1 - x + x^2}$；

（13）$y = x^2 \ln x \cos x$；

（14）$y = (1 + x^2) \arctan x \operatorname{arccot} x$.

2. 求下列函数的导数：

（1）$y = (2 - 5x)^{30}$；

（2）$y = 5\sin(1 - 2x)$；

（3）$y = \mathrm{e}^{-\sin^2 x}$；

（4）$y = \arccos \dfrac{1}{x}$；

（5）$y = \ln(x + \sqrt{x^2 + a^2})$；

（6）$y = \arctan \dfrac{x + 1}{x - 1}$；

（7）$y = \ln(\sec x + \tan x)$；

（8）$y = \ln[\ln(\ln x)]$；

（9）$y = \dfrac{\sqrt{1 + x} - \sqrt{1 - x}}{\sqrt{1 + x} + \sqrt{1 - x}}$；

（10）$y = \arcsin \sqrt{\dfrac{1 - x}{1 + x}}$；

（11）$y = \sin^n x \cos nx$；

（12）$y = \arctan \dfrac{1}{x} \cdot \ln \cos x$.

3. 设函数 $f(x)$ 与 $g(x)$ 都可导，求下列函数 y 的导数：

（1）$y = f(\sin^2 x) + f(\cos^2 x)$；

（2）$y = \arctan \dfrac{f(x)}{g(x)}$，其中 $g(x) \neq 0$；

（3）$y = f(\mathrm{e}^{x^2}) \cdot g[\ln(x + \sqrt{1 + x^2})]$.

4. 设 $\dfrac{\mathrm{d}}{\mathrm{d}x} f(x) = u(x)$，$h(x) = x^2 \sin x$，求 $\dfrac{\mathrm{d}}{\mathrm{d}x} f[h(x)]$.

5. 设 $f(1 + x) = x\mathrm{e}^x$，且 $f(x)$ 可导，求 $f'(x)$.

6. 设 $\psi(x) = a^{f^2(x)}$，其中常数 $a > 0$，且 $f'(x) = \dfrac{1}{f(x)\ln a}$，证明：$\psi'(x) = 2\psi(x)$.

7. 设 $f(x) = (x - 1)(x - 2)\cdots(x - 99)(x - 100)$，求 $f'(1)$.

8. 求 $f(x) = x^{a^a} + a^{x^a} + a^{a^x}$ 的导数，其中常数 $a > 0$.

9. 设 $f(x) = \begin{cases} \tan x + 1, & x < 0, \\ \mathrm{e}^x, & x \geqslant 0, \end{cases}$ 求 $f'(x)$.

10. 设 $f(x) = \begin{cases} \arctan \dfrac{1}{x}, & x > 0, \\ ax + b, & x \leqslant 0 \end{cases}$ 在点 $x = 0$ 处可导，求常数 a、b.

11. 设 $f(x) = x^2 + x + 1$，$x \in (0, \infty)$，$f^{-1}(x)$ 为 $f(x)$ 的反函数，求 $f^{-1}(x)$ 在点 $(3, 1)$ 处的切线方程和法线方程.

12. 证明下列命题：

（1）可导的偶函数的导数是奇函数；

（2）可导的奇函数的导数是偶函数；

（3）可导的周期函数的导数是具有相同周期的周期函数.

3.3　高　阶　导　数

在运动学中,不但需要了解物体的速度,而且需要了解运动速度的变化率,即加速度问题.因为变速直线运动的速度 $v(t)$ 是位置函数 $s(t)$ 对时间 t 的导数,而加速度 $a(t)$ 是速度 $v(t)$ 对时间 t 的导数,所以加速度 $a(t)$ 是位置函数 $s(t)$ 对时间 t 的导数的导数.在工程学中,常常需要了解曲线的斜率的变化程度以求得曲率的弯曲程度,即需要讨论斜率函数的导数问题.在进一步讨论函数的性质时,也会遇到对函数的导数再求导的情况,也就是说,对一个可导函数求导数之后,还需要研究其导函数的导数问题.

一、高阶导数概念及计算

定义 1　如果函数 $y = f(x)$ 的导数 $f'(x)$ 仍然可导,则称 $f'(x)$ 的导数为函数 $y = f(x)$ 的二阶导数,记为

$$y'', f''(x), \frac{\mathrm{d}^2 y}{\mathrm{d}x^2} \text{ 或 } \frac{\mathrm{d}^2 f(x)}{\mathrm{d}x^2}.$$

类似地,二阶导数的导数称为三阶导数,记为 y''', $f'''(x)$, $\dfrac{\mathrm{d}^3 y}{\mathrm{d}x^3}$ 或 $\dfrac{\mathrm{d}^3 f(x)}{\mathrm{d}x^3}$.

一般地, $n-1$ 阶导数的导数称为 n 阶导数.当 $n > 3$ 时,记为 $y^{(n)}$, $f^{(n)}(x)$, $\dfrac{\mathrm{d}^n y}{\mathrm{d}x^n}$ 或 $\dfrac{\mathrm{d}^n f(x)}{\mathrm{d}x^n}$.

二阶及二阶以上的导数统称为**高阶导数**.通常称函数 $y = f(x)$ 本身为 $f(x)$ 的零阶导数, $f'(x)$ 为 $f(x)$ 的一阶导数.

函数 $f(x)$ 的各阶导数在点 $x = x_0$ 处的函数值记为 $f'(x_0)$, $f''(x_0)$, $\cdots$, $f^{(n)}(x_0)$ 或 $y'|_{x=x_0}$, $y''|_{x=x_0}$, $\cdots$, $y^{(n)}|_{x=x_0}$.

求高阶导数就是多次求一阶导数,所以,仍可用前面学过的求导方法来计算高阶导数.

例 1　设 $y = x^4$,求 y''.

解　$y' = 4x^3$, $y'' = 12x^2$.

例2 设 $y = a^x$(常数 $a > 0$, $a \neq 1$),求 $y^{(n)}$.

解 $y' = a^x \ln a$, $y'' = a^x \ln^2 a$, $y''' = a^x \ln^3 a$, $\cdots$,

于是有 $y^{(n)} = a^x \ln^n a (n = 1, 2, \cdots)$.

例3 设 $y = \sin x$,求 $y^{(n)}$.

解 $y' = \cos x = \sin\left(x + \dfrac{\pi}{2}\right)$,

$$y'' = \cos\left(x + \frac{\pi}{2}\right) = \sin\left(x + \frac{\pi}{2} + \frac{\pi}{2}\right) = \sin\left(x + 2 \cdot \frac{\pi}{2}\right),$$

$$y''' = \cos\left(x + 2 \cdot \frac{\pi}{2}\right) = \sin\left(x + 3 \cdot \frac{\pi}{2}\right),$$

$\cdots\cdots$

于是有 $y^{(n)} = \sin\left(x + \dfrac{n\pi}{2}\right)$.

类似可得 $(\cos x)^{(n)} = \cos\left(x + \dfrac{n\pi}{2}\right)$.

例4 设 $y = \sin(ax + b)$,求 $y^{(n)}$.

解 令 $ax + b = t$,利用复合函数求导法则可得

$$y' = a\sin\left(ax + b + \frac{\pi}{2}\right), \quad y'' = a^2\sin\left(ax + b + 2 \cdot \frac{\pi}{2}\right), \cdots,$$

于是有 $y^{(n)} = a^n\sin\left(ax + b + \dfrac{n\pi}{2}\right)$.

类似可得 $[\cos(ax + b)]^{(n)} = a^n\cos\left(ax + b + \dfrac{n\pi}{2}\right)$.

例5 设 $y = \cos^4 x$,求 $y^{(n)}$.

解 因为 $\cos^4 x = \left(\dfrac{1 + \cos 2x}{2}\right)^2 = \dfrac{1}{4}(1 + 2\cos 2x + \cos^2 2x)$

$$= \frac{1}{4}\left(1 + 2\cos 2x + \frac{1 + \cos 4x}{2}\right) = \frac{1}{8}(3 + 4\cos 2x + \cos 4x),$$

所以 $\quad y^{(n)} = \dfrac{1}{8}\left[0 + 4\cos\left(2x + \dfrac{n\pi}{2}\right) \cdot 2^n + \cos\left(4x + \dfrac{n\pi}{2}\right) \cdot 4^n\right]$

$$= 2^{n-1}\cos\left(2x + \frac{n\pi}{2}\right) + 2^{2n-3}\cos\left(4x + \frac{n\pi}{2}\right).$$

例 6 设 $y = \dfrac{1}{ax + b}$,其中 a、b 为常数,求 $y^{(n)}$.

解 $y' = \left(\dfrac{1}{ax + b} \right)' = -\dfrac{(ax + b)'}{(ax + b)^2} = \dfrac{-a}{(ax + b)^2}$,

$y'' = -a \cdot \left[\dfrac{1}{(ax + b)^2} \right]' = (-a)(-1) \dfrac{[(ax + b)^2]'}{(ax + b)^4} = \dfrac{(-1)^2 1 \cdot 2a^2}{(ax + b)^3}$,

$y''' = (-1)^2 1 \cdot 2a^2 \left[\dfrac{1}{(ax + b)^3} \right]' = (-1)^2 \cdot 1 \cdot 2a^2 (-1) \dfrac{[(ax + b)^3]'}{(ax + b)^6} = \dfrac{(-1)^3 1 \cdot 2 \cdot 3a^3}{(ax + b)^4}$,

……

于是有 $y^{(n)} = \dfrac{(-1)^n n! a^n}{(ax + b)^{n+1}}$.

例 7 设 $y = \dfrac{ax + b}{cx + d}$,其中 a, b, c, d 为常数且 $ad - bc \neq 0$, $c \neq 0$,求 $y^{(n)}$.

解 由于 $y = \dfrac{a}{c} + \dfrac{bc - ad}{c^2} \cdot \dfrac{1}{x + \dfrac{d}{c}}$,利用例 6 结果可得

$$y^{(n)} = \dfrac{bc - ad}{c^2} \cdot \dfrac{(-1)^n n!}{\left(x + \dfrac{d}{c} \right)^{n+1}}.$$

例 8 设 $y = \ln(1 + x)$,求 $y^{(n)}$.

解 由于 $y' = \dfrac{1}{x + 1}$,利用例 6 结果可得

$$y^{(n)} = \dfrac{(-1)^{n-1}(n - 1)!}{(x + 1)^n}.$$

注 计算高阶导数的最基本方法是逐阶计算导数,若求的是 n 阶导数,则需归纳出 n 阶导数的结果.

二、高阶导数运算法则及莱布尼茨公式

定理 1 如果函数 $u = u(x)$ 及 $v = v(x)$ 都在点 x 处具有 n 阶导数,则

(1) $[u(x) \pm v(x)]^{(n)} = u^{(n)}(x) \pm v^{(n)}(x)$.

(2) $\left[cu(x)\right]^{(n)} = cu^{(n)}(x)$, 其中 c 为常数.

(3) $\left[u(x)v(x)\right]^{(n)} = \sum_{i=0}^{n} C_n^i u^{(i)}(x) v^{(n-i)}(x)$.

(3)中的公式称为**莱布尼茨公式**, 系数 $C_n^i = \dfrac{n(n-1)\cdots(n-k+1)}{k!}$ 是组合数, 与牛顿二项展开式的系数是相同的. 有兴趣的读者可以运用数学归纳法证明莱布尼茨公式.

例9 设 $y = x^2 \sin x$, 求 $y^{(100)}$.

解 设 $u = x^2$, $v = \sin x$, 则

$$u' = 2x, \quad u'' = 2, \quad u''' = 0, \quad \cdots, \quad u^{(100)} = 0,$$

$$v^{(n)} = \sin\left(x + n\frac{\pi}{2}\right) \quad (n = 0, 1, 2, \cdots, 100),$$

代入莱布尼茨公式得:

$$y^{(100)} = C_{100}^0 x^2 \sin\left(x + 100\frac{\pi}{2}\right) + C_{100}^1 2x\sin\left(x + 99\frac{\pi}{2}\right) + C_{100}^2 2\sin\left(x + 98\frac{\pi}{2}\right)$$

$$= x^2\sin x - 200x\cos x - 9\,900\sin x.$$

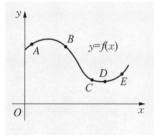

图 3-3

思考 如图 3-3 所示, A、B、C、D、E 五点中哪一点的横坐标 x 处的 $f'(x)$ 和 $f''(x)$ 同时为负?

习题 3.3

1. 设 $f(x) = (3x+1)^{100}$, 求 $f^{(100)}(0)$.

2. 求下列函数的二阶导数:

(1) $y = x\ln x$;

(2) $y = (1+x^2)\arctan x$;

(3) $y = e^{-2x}\sin x$;

(4) $y = \sqrt{1-x^2}$;

(5) $y = \ln(1-x^2)$;

(6) $y = \dfrac{\tan x}{x}$;

(7) $y = \ln(x + \sqrt{1+x^2})$;

(8) $y = x[\sin(\ln x) + \cos(\ln x)]$.

3. 求下列函数的 n 阶导数:

(1) $y = \ln x$;

(2) $y = x\ln x$;

(3) $y = xe^{-x}$;

(4) $y = \dfrac{1 - x}{1 + x}$;

(5) $y = \sin^2 x$;

(6) $y = \dfrac{1}{x^2 - a^2}$;

(7) $y = x^2 \sin 3x$;

(8) $y = (x^2 + 2x + 2)e^x$.

4. 设 $g'(x)$ 连续,且 $f(x) = (x - a)^2 g(x)$,求 $f''(a)$.

5. 设 $f''(x)$ 存在,求下列函数的二阶导数:

(1) $y = f(x^3)$;

(2) $y = e^{f(x)}$.

6. 设 $f(x) = \arctan x$,求 $f^{(n)}(0)$.

7. 证明: $y = (\arcsin x)^2$ 满足关系式 $(1 - x^2) y^{(n+2)} - (2n + 1) xy^{(n+1)} - n^2 y^{(n)} = 0$,其中 $n \geqslant 1$.

3.4　隐函数和由参数方程确定的函数的导数

一、隐函数的导数

通常用 $y = f(x)$ 表示函数关系,能用这种方式表示的函数称为 **显函数**. 但有些函数是用方程 $F(x, y) = 0$ 给出:如果在方程 $F(x, y) = 0$ 中,对于在某非空数集 D 内的每一个 x 值,相应地总有满足该方程的唯一的 y 值与之对应,则称方程 $F(x, y) = 0$ 在非空数集 D 内确定了一个 **隐函数** $y = y(x)$.

如果隐函数可以写成显函数形式,称为隐函数可显化,如 $x^2 - y^3 = 1$,就可以写成显函数形式: $y = \sqrt[3]{x^2 - 1}$. 但不是所有的隐函数都可以显化的,比如,$\sin(xy) - e^x - e^y = 0$,就很难显化了. 下面介绍在不显化的情况下,求隐函数的导数的方法.

若在 $F(x, y) = 0$ 中确定 y 是 x 的函数 $y = f(x)$,则将 $y = f(x)$ 代入到 $F(x, y) = 0$ 中,得到恒等式

$$F[x, f(x)] = 0. \qquad ①$$

在①式两端对 x 求导,利用复合函数求导法,得到一个关于 y' 的方程,解此方程便可得 y' 的表达式.

注　在 y' 的表达式中允许含有 y,不必(有时也不可能)将 $y'(x)$ 表示为 x 的显函数.

例 1　求由方程 $e^y + xy - e = 0$ 所确定的隐函数 $y(x)$ 在点 $x = 0$ 处的导数 $y'|_{x=0}$.

解　当 $x = 0$ 时,从所给的方程求得 $y = 1$. 把恒等式 $e^y + xy - e = 0$ 两边对 x 求导,得

$$e^y y' + xy' + y = 0,$$

因此,将 $x = 0$, $y = 1$ 代入上式,得 $y'|_{x=0} = -\dfrac{1}{e}$.

例 2　求椭圆 $\dfrac{x^2}{16} + \dfrac{y^2}{9} = 1$ 在点 $\left(2, \dfrac{3}{2}\sqrt{3}\right)$ 处的切线方程.

解　由导数的几何意义知道,所求切线的斜率为 $k = y'|_{x=2}$.

将椭圆方程两边对 x 求导,有

$$\frac{x}{8} + \frac{2}{9}y\,y' = 0,$$

将 $x = 2$, $y = \dfrac{3}{2}\sqrt{3}$ 代入上式,得 $y'|_{x=2} = -\dfrac{\sqrt{3}}{4}$.

于是所求的切线方程为 $y - \dfrac{3}{2}\sqrt{3} = -\dfrac{\sqrt{3}}{4}(x - 2)$ 或 $\sqrt{3}x + 4y - 8\sqrt{3} = 0$.

例 3　设隐函数 $y(x)$ 是由方程 $y = \sin(x + y)$ 所确定,求 y''.

解　将 $y = \sin(x + y)$ 两边对 x 求导,得

$$y' = \cos(x + y)(x + y)' = \cos(x + y)(1 + y'),　　　　②$$

解得

$$y' = \frac{\cos(x + y)}{1 - \cos(x + y)},　　　　③$$

再将②式两边对 x 求导,得

$$y'' = -\sin(x + y)(1 + y')^2 + y''\cos(x + y),$$

解得

$$y'' = \frac{\sin(x + y)}{\cos(x + y) - 1}(1 + y')^2.　　　　④$$

将③式代入④式得

$$y'' = \frac{\sin(x + y)}{\cos(x + y) - 1}\left[1 + \frac{\cos(x + y)}{1 - \cos(x + y)}\right]^2 = \frac{\sin(x + y)}{[\cos(x + y) - 1]^3}.$$

注 在求隐函数二阶导数过程中,若整理出二阶导数 y'' 可用 y'、y、x 来表示,如④式,此时应注意需将 y' 用已求得的 y' 的关于 x、y 的表达式代入,即 y'' 的表达式允许含有 x、y,但不应出现 y'.

对于幂指函数 $y = u(x)^{v(x)}$,可利用公式 $y = e^{v(x)\ln u(x)}$ 求出其导数,也可以用 **对数求导法** 求导,即对 $y = u(x)^{v(x)}$ 两边取对数 $\ln y = v(x)\ln u(x)$,将其看成隐函数再对 x 求导,得

$$y' = u(x)^{v(x)}\left[v(x)\ln u(x)\right]' = u(x)^{v(x)}\left[v'(x)\ln u(x) + v(x)\frac{u'(x)}{u(x)}\right]. \qquad ⑤$$

对数求导法不仅能获得幂指函数的导数,还能化简一些复杂的求导问题.

例4 求下列函数的导数:

(1) $y = x^x$; (2) $y = x^{\sin x}$.

解 (1) 根据公式⑤,得

$$y' = x^x(x\ln x)' = x^x\left(x \cdot \frac{1}{x} + \ln x\right) = x^x(1 + \ln x).$$

(2) $y' = \left(e^{\sin x\ln x}\right)' = e^{\sin x\ln x}(\sin x\ln x)' = x^{\sin x}\left(\cos x\ln x + \frac{\sin x}{x}\right).$

例5 设 $x^y = y^x (x > 0,\ y > 0)$,求 $\dfrac{dy}{dx}$.

解 两边都是幂指函数,故对 $x^y = y^x$ 两边取对数,得

$$y\ln x = x\ln y.$$

再两边对 x 求导,得

$$\frac{dy}{dx}\ln x + \frac{y}{x} = \ln y + \frac{x}{y}\frac{dy}{dx},$$

解得

$$\frac{dy}{dx} = \frac{y(x\ln y - y)}{x(y\ln x - x)}.$$

对数求导法还适用于由若干因式连乘、连除所得的复合函数的求导数问题.

例6 设 $y = \dfrac{(x^2 + 1)^3\sqrt[4]{x - 2}}{\sqrt[5]{(5x - 9)^2}}$,求 y 的导数.

解　将 $y = \dfrac{(x^2+1)^3 \sqrt[4]{x-2}}{\sqrt[5]{(5x-9)^2}}$ 两边取对数，得

$$\ln y = 3\ln(x^2+1) + \frac{1}{4}\ln(x-2) - \frac{2}{5}\ln(5x-9),$$

再两边对 x 求导，于是

$$y' \frac{1}{y} = \left[3\ln(x^2+1) + \frac{1}{4}\ln(x-2) - \frac{2}{5}\ln(5x-9) \right]',$$

因此

$$y' = y \cdot \left[3\ln(x^2+1) + \frac{1}{4}\ln(x-2) - \frac{2}{5}\ln(5x-9) \right]'$$

$$= \frac{(x^2+1)^3 \sqrt[4]{x-2}}{\sqrt[5]{(5x-9)^2}} \left[\frac{6x}{x^2+1} + \frac{1}{4(x-2)} - \frac{2}{5x-9} \right].$$

由于将函数取对数后，可以把乘幂化为乘积，把积、商化为加、减，因此，在函数求导时，可以根据这一特点决定是否用对数求导法.

二、由参数方程确定的函数的导数

在实际问题中，函数 y 与自变量 x 可能不是直接由 $y=f(x)$ 表示，而是通过一参变量 t 来确定函数关系，即给定参数方程

$$\begin{cases} x = \varphi(t), \\ y = \psi(t), \end{cases} \qquad ⑥$$

如果⑥式可以确定变量 y 是 x 的函数 $y=y(x)$，则称函数 $y(x)$ 是由参数方程所确定的函数.

设 $x = \varphi(t)$ 有连续的反函数 $t = \varphi^{-1}(x)$，且 $\varphi(t)$、$\psi(t)$ 都可导，又 $\varphi'(t) \neq 0$，则由复合函数和反函数的求导法则可得

$$\frac{dy}{dx} = \frac{dy}{dt} \frac{dt}{dx} = \frac{dy}{dt} \frac{1}{\frac{dx}{dt}} = \frac{\psi'(t)}{\varphi'(t)}, \qquad ⑦$$

这就是由参数方程⑥确定的函数 $y=y(x)$ 的求导公式.

若 $x = \varphi(t)$、$y = \psi(t)$ 还是二阶可导的，由⑦式知由参数方程

$$\begin{cases} x = \varphi(t), \\ \dfrac{dy}{dx} = \dfrac{\psi'(t)}{\varphi'(t)} \end{cases}$$

可以确定函数 $\dfrac{\mathrm{d}y}{\mathrm{d}x}$，再次应用由参数方程确定的函数的求导公式⑦，得

$$\frac{\mathrm{d}^2 y}{\mathrm{d}x^2} = \frac{\mathrm{d}}{\mathrm{d}x}\left(\frac{\mathrm{d}y}{\mathrm{d}x}\right) = \frac{\dfrac{\mathrm{d}}{\mathrm{d}t}\left(\dfrac{\mathrm{d}y}{\mathrm{d}x}\right)}{\dfrac{\mathrm{d}x}{\mathrm{d}t}} = \frac{\dfrac{\mathrm{d}}{\mathrm{d}t}\left[\dfrac{\psi'(t)}{\varphi'(t)}\right]}{\varphi'(t)} = \frac{\psi''(t)\varphi'(t) - \varphi''(t)\psi'(t)}{\left[\varphi'(t)\right]^3}. \qquad ⑧$$

例 7　设由参数方程 $\begin{cases} x = \ln(1 + t^2), \\ y = t - \arctan x \end{cases}$ 确定的函数为 $y = y(x)$，求 $\dfrac{\mathrm{d}y}{\mathrm{d}x}$ 和 $\dfrac{\mathrm{d}^2 y}{\mathrm{d}x^2}$.

解　由⑦式得 $\dfrac{\mathrm{d}y}{\mathrm{d}x} = \dfrac{\dfrac{\mathrm{d}y}{\mathrm{d}t}}{\dfrac{\mathrm{d}x}{\mathrm{d}t}} = \dfrac{1 - \dfrac{1}{1 + t^2}}{\dfrac{1}{1 + t^2}} = \dfrac{t}{2}$，又由⑧式得

$$\frac{\mathrm{d}^2 y}{\mathrm{d}x^2} = \frac{\mathrm{d}}{\mathrm{d}x}\left(\frac{\mathrm{d}y}{\mathrm{d}x}\right) = \frac{\mathrm{d}}{\mathrm{d}t}\left(\frac{t}{2}\right)\frac{1}{\dfrac{\mathrm{d}x}{\mathrm{d}t}} = \frac{1}{2}\frac{1}{\dfrac{2t}{1 + t^2}} = \frac{1 + t^2}{4t}.$$

例 8　设由摆线（见图 3 - 4）的参数方程 $\begin{cases} x = a(t - \sin t), \\ y = a(1 - \cos t) \end{cases}$ 所确定的函数为 $y = y(x)$，求 $\dfrac{\mathrm{d}y}{\mathrm{d}x}$ 和 $\dfrac{\mathrm{d}^2 y}{\mathrm{d}x^2}$.

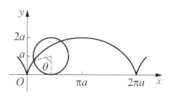

图 3 - 4

解　$\dfrac{\mathrm{d}y}{\mathrm{d}x} = \dfrac{\dfrac{\mathrm{d}y}{\mathrm{d}t}}{\dfrac{\mathrm{d}x}{\mathrm{d}t}} = \dfrac{a\sin t}{a(1 - \cos t)} = \dfrac{\sin t}{1 - \cos t}(t \neq 2n\pi$，$n$ 为

整数），

$$\frac{\mathrm{d}^2 y}{\mathrm{d}x^2} = \frac{\mathrm{d}}{\mathrm{d}t}\left(\frac{\sin t}{1 - \cos t}\right)\frac{1}{\dfrac{\mathrm{d}x}{\mathrm{d}t}} = \frac{\cos t(1 - \cos t) - \sin^2 t}{(1 - \cos t)^2}\frac{1}{a(1 - \cos t)}$$

$$= -\frac{1}{a(1 - \cos t)^2}(t \neq 2n\pi，n \text{ 为整数}).$$

注　例 7 和例 8 的结果也可以直接用公式⑦和⑧求出.

三、相关变化率

先看一个例子

例 9 将水注入某锥形容器中,其速率为 $4 \text{ m}^3/\text{min}$. 设该锥形容器的高为 8 m,顶面直径为 6 m,求当水深为 5 m 时,水面上升的速率.

解 在注水过程中,水深 h 和水的体积 V 都是时间 t 的函数: $h = h(t)$, $V = V(t)$. 水面上升的速率就是水深 $h(t)$ 关于时间 t 的变化率. 因为不能直接写出 $h(t)$ 的表达式,所以先求出 $h(t)$ 与 $V(t)$ 之间的关系式. 由于 $V(t) = \dfrac{1}{3}\pi r^2(t)h(t)$,其中 $r(t)$ 是水面半径. 再由 $\dfrac{h(t)}{2r(t)} = \dfrac{8}{6}$ 得 $h(t)$ 与 $V(t)$ 之间的关系式为

$$V(t) = \frac{3\pi}{64}h^3(t). \qquad ⑨$$

⑨式两边对 t 求导,得

$$\frac{\mathrm{d}V}{\mathrm{d}t} = \frac{9\pi}{64}h^2(t)\frac{\mathrm{d}h}{\mathrm{d}t}. \qquad ⑩$$

由题设,已知注水速率为 $4 \text{ m}^3/\text{min}$,即 $\dfrac{\mathrm{d}V}{\mathrm{d}t} = 4$,将 $\dfrac{\mathrm{d}V}{\mathrm{d}t} = 4$ 与 $h = 5$ 代入⑩式,即得当水深为 5 m 时水面上升的速率为 $\dfrac{\mathrm{d}h}{\mathrm{d}t}\bigg|_{h=5} = \dfrac{4 \cdot 64}{9\pi \cdot 5^2} = \dfrac{256}{225\pi}(\text{m/min})$.

在本例中,两个变量 V 与 h 都是 t 的可导函数(视 t 为参数),并且可以建立 h 与 V 的联系(显式或者隐式函数关系,本例是关系式⑨),从而 $\dfrac{\mathrm{d}V}{\mathrm{d}t}$ 与 $\dfrac{\mathrm{d}h}{\mathrm{d}t}$ 这两个变化率必然有某种联系,称这两个相互联系的变化率为**相关变化率**.

在本例中由于已知 $\dfrac{\mathrm{d}V}{\mathrm{d}t} = 4$,为了求 $\dfrac{\mathrm{d}h}{\mathrm{d}t}$,先将⑨式对变量 t 求导,得到 $\dfrac{\mathrm{d}V}{\mathrm{d}t}$ 与 $\dfrac{\mathrm{d}h}{\mathrm{d}t}$ 的关系式⑩,最后利用已知条件计算出 $\dfrac{\mathrm{d}h}{\mathrm{d}t}$. 这里的变量 V 称为变量 h 的**相关变量**,关系式⑨称为**相关方程**. 这种利用相关变量已知的变化率去求另一个变量的未知变化率的问题,称为**相关变化率问题**.

例 10 落在平静水面的石头会使水面产生同心波纹,若最外一圈波半径的增大率为 6 m/s,问在 2 s 末扰动水面面积的增大率为多少?

解 设波半径为 x,时间为 t,则 $x = 6t$,波动面积 $S = \pi x^2$,于是 x 与 S 是相关变量,并且都是 t 的函数,故两边对 t 求导,从而有

$$\frac{\mathrm{d}S}{\mathrm{d}t} = 2\pi x\frac{\mathrm{d}x}{\mathrm{d}t},$$

用 $x = 6t$ 代入,得 $\dfrac{\mathrm{d}S}{\mathrm{d}t} = 12\pi t\dfrac{\mathrm{d}x}{\mathrm{d}t}$,当 $\dfrac{\mathrm{d}x}{\mathrm{d}t} = 6$, $t = 2$ 时,有

$$\frac{\mathrm{d}S}{\mathrm{d}t} = 12 \cdot \pi \cdot 2 \cdot 6 = 144\pi(\mathrm{m}^2/\mathrm{s}) \approx 452.2(\mathrm{m}^2/\mathrm{s}).$$

所以在 2 秒末扰动水面面积的增长率约为 452.2 m²/s.

3.4 学习要点

习题 3.4

1. 求由下列方程所确定的隐函数 $y = y(x)$ 的导数 $\dfrac{\mathrm{d}y}{\mathrm{d}x}$:

(1) $\sqrt{x} + \sqrt{y} = \sqrt{a}$; (2) $\mathrm{e}^y = \sin(x + y)$;

(3) $x\mathrm{e}^y + y\mathrm{e}^x = 1$; (4) $x^3 + y^3 - 3xy = 0$;

(5) $y = \log_y x$; (6) $\arctan\dfrac{y}{x} = \ln\sqrt{x^2 + y^2}$.

2. 求曲线 $x^{\frac{2}{3}} + y^{\frac{2}{3}} = a^{\frac{2}{3}}$ 在点 $\left(\dfrac{\sqrt{2}}{4}a, \dfrac{\sqrt{2}}{4}a\right)$ 处的切线方程和法线方程.

3. 求由下列方程所确定的隐函数 $y = y(x)$ 的二阶导数 $\dfrac{\mathrm{d}^2 y}{\mathrm{d}x^2}$:

(1) $xy = \mathrm{e}^{x+y}$; (2) $y = 1 + x\mathrm{e}^y$.

4. 求下列函数的导数 y':

(1) $y = x\sqrt{\dfrac{1-x}{1+x}}$; (2) $y = \dfrac{x^2}{1-x}\sqrt[3]{\dfrac{3-x}{(3+x)^2}}$;

(3) $y = \sqrt[x]{x}$; (4) $y = x^{x^a} + x^{a^x} + a^{x^x}$.

5. 求由下列参数方程所确定的函数 $y = y(x)$ 的一阶导数 $\dfrac{\mathrm{d}y}{\mathrm{d}x}$ 和二阶导数 $\dfrac{\mathrm{d}^2 y}{\mathrm{d}x^2}$:

(1) $\begin{cases} x = a\cos t, \\ y = b\sin t; \end{cases}$ (2) $\begin{cases} x = t - \sin t, \\ y = 1 - \cos t; \end{cases}$

(3) $\begin{cases} x = t^2 + 2t, \\ y = \ln(1 + t); \end{cases}$ (4) $\begin{cases} x = \ln(1 + t^2), \\ y = t + \arctan t. \end{cases}$

6. 设 $f''(t)$ 存在且不为零,已知 $y = y(x)$ 是由参数方程 $\begin{cases} x = f'(t), \\ y = tf'(t) - f(t) \end{cases}$ 所确定的函数,求 $\dfrac{\mathrm{d}^2 y}{\mathrm{d}x^2}$.

7. 求曲线 $\begin{cases} x = \arctan t, \\ y = \ln(1 + t^2) \end{cases}$ 在 $t = 1$ 对应的点处的切线方程和法线方程.

8. 一气球从离开观察员 500 m 处离地面铅直上升,其速率为 140 m/min,当气球高度为

$500\,\mathrm{m}$ 时,观察员视线的仰角增加率是多少?

9. 溶液自深为 $18\,\mathrm{cm}$、顶直径为 $12\,\mathrm{cm}$ 的正圆锥形漏斗中注入一直径为 $10\,\mathrm{cm}$ 的圆柱形筒中,开始时漏斗中盛满了溶液. 已知当溶液在漏斗中深为 $12\,\mathrm{cm}$ 时,其表面下降的速率为 $1\,\mathrm{cm/min}$,此时圆柱形筒中溶液表面上升的速率是多少?

10. 有一长为 $5\,\mathrm{m}$ 的梯子,靠在垂直的墙上,设下端沿地面以 $3\,\mathrm{m/s}$ 的速度离开墙脚滑动,求下端离开墙脚 $1.4\,\mathrm{m}$ 时,梯子上端的下滑速度.

11. 在储存器内的理想气体,当体积为 $1\,000\,\mathrm{cm}^3$ 时,压强为 $5\times10^5\,\mathrm{Pa}$. 如果温度保持不变,压强以 $5\times10^3\,\mathrm{Pa/h}$ 的速率减小,求气体体积的增加率.

3.5   微   分

一、微分的概念

设函数 $y=f(x)$ 在点 x 处可导,则有有限增量公式

$$\Delta y = f'(x)\Delta x + \alpha\Delta x,\qquad\qquad ①$$

这里 α 为当 $\Delta x\to0$ 时的无穷小. 这表明函数的增量 Δy 可以表示为关于 Δx 的线性函数与比 Δx 高阶的无穷小的和,因此,当 $|\Delta x|$ 较小时,相比于 $f'(x)\Delta x$ 的大小就可以忽略 $\alpha\Delta x$,即

$$\Delta y \approx f'(x)\Delta x.$$

此时,称关于 Δx 的线性函数 $f'(x)\Delta x$ 为 Δy 的线性主部.

定义 1   若函数 $y=f(x)$ 在点 x_0 处的增量

$$\Delta y = f(x_0+\Delta x)-f(x_0)$$

可以表示为 Δx 的线性函数 $A\Delta x(A$ 是与 Δx 无关的常数$)$ 与比 Δx 高阶的无穷小之和,即

$$\Delta y = A\Delta x + o(\Delta x),$$

则称函数 $y=f(x)$ 在点 x_0 处可微,并称 $A\Delta x$ 为函数 $y=f(x)$ 在点 x_0 处的**微分**,记作

$$\mathrm{d}y\,|_{x=x_0}\ 或\ \mathrm{d}f(x)\,|_{x=x_0}.$$

通俗地讲,$\mathrm{d}y$ 就是 Δy 线性近似.

例 1   一块正方形金属薄片因受温度变化的影响,其边长由 x_0 变到 $x_0+\Delta x$,则其面积的增量为

$$\Delta A = (x_0 + \Delta x)^2 - x_0^2 = 2x_0 \Delta x + (\Delta x)^2,$$

其中 Δx 的线性部分 $2x_0 \Delta x$(图 3 − 5 中两个矩形面积之和),是面积函数 $A = x^2$ 在点 x_0 处的微分:$\mathrm{d}A = 2x_0 \Delta x$;$\mathrm{d}A$ 与 ΔA 相差一个边长为 Δx 的小正方形面积 $(\Delta x)^2$,且 $(\Delta x)^2$(图 3 − 5 中小正方形面积)是当 $\Delta x \to 0$ 时比 Δx 高阶的无穷小. 所以当 $|\Delta x|$ 很小时,$\mathrm{d}A$ 是 ΔA 的线性近似.

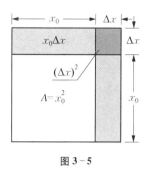

图 3 − 5

称函数 $y = f(x)$ 在任意点 x 处的微分为函数 $f(x)$ 的微分,记作 $\mathrm{d}y$ 或 $\mathrm{d}f(x)$,即

$$\mathrm{d}y = A \Delta x.$$

通常将自变量 x 的增量 Δx 记为 $\mathrm{d}x$,于是微分又可记作 $\mathrm{d}y = A \mathrm{d}x$.

如果函数 $y = f(x)$ 在点 x 处可导,则有有限增量公式①,且 $\alpha \Delta x = o(\Delta x)$. 这表明函数在点 x 处可微.

反之,若函数 $y = f(x)$ 在点 x 处可微,则 $\Delta y = A \Delta x + o(\Delta x)$,于是有

$$\lim_{\Delta x \to 0} \frac{\Delta y}{\Delta x} = A + \lim_{\Delta x \to 0} \frac{o(\Delta x)}{\Delta x} = A.$$

即 $y = f(x)$ 在点 x 处可导,且 $f'(x) = A$.

定理 1 函数 $y = f(x)$ 在点 x 处可微的充分必要条件是 $y = f(x)$ 在点 x 处可导,并且

$$\mathrm{d}y = f'(x) \mathrm{d}x.$$

这里导数 $f'(x) = \dfrac{\mathrm{d}y}{\mathrm{d}x}$,是函数微分与自变量微分的商,故导数也称作"**微商**".

函数的微分是函数增量的一部分,且它与函数增量只差一个关于自变量增量 Δx 的高阶无穷小量,因此函数的微分也称为函数增量的线性主部. 说是"主部",是因为它与增量之差只是关于 Δx 的一个高阶无穷小量;说是"线性",是因为它是 Δx 的线性(一次)表达式:$f'(x) \Delta x$.

例 2 设 $y = x^3$,求下列微分:

(1) $\mathrm{d}y \big|_{x=1}$ 和 $\mathrm{d}y \big|_{x=2}$; (2) $\mathrm{d}y \big|_{\substack{x=3 \\ \Delta x = 0.001}}$.

解 (1) $\mathrm{d}y \big|_{x=1} = (x^3)' \big|_{x=1} \Delta x = 3x^2 \big|_{x=1} \Delta x = 3\Delta x$,

$\mathrm{d}y \big|_{x=2} = (x^3)' \big|_{x=2} \Delta x = 3x^2 \big|_{x=2} \Delta x = 12\Delta x$.

(2) $\mathrm{d}y \big|_{\substack{x=3 \\ \Delta x = 0.001}} = 3x^2 \big|_{x=3} \Delta x \big|_{\Delta x = 0.001} = 0.027$.

微分的几何解释 如图 3 − 6 所示,设函数 $y = f(x)$ 在点 x_0 处可微,因而 $y = f(x)$ 在点 x_0 处可

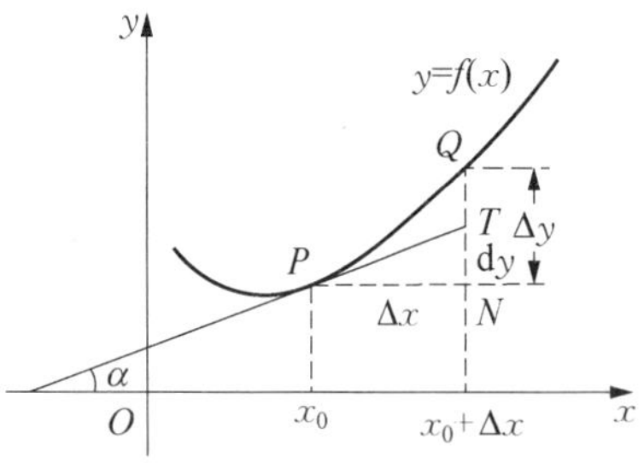

导. 又设曲线 $y = f(x)$ 在点 $P(x_0, f(x_0))$ 处的切线为 PC，其倾角为 α，则函数 $y = f(x)$ 在点 x_0 处的微分为

$$dy = f'(x_0)\Delta x = PN \cdot \tan \alpha = TN.$$

由此可知，曲线 $y = f(x)$ 在点 P 处的切线的纵坐标增量 TN 就是函数 $y = f(x)$ 在点 x_0 处的微分 dy，而 $y = f(x)$ 在点 x_0 处函数的增量为

图 3 - 6

$$\Delta y = f(x_0 + \Delta x) - f(x_0) = QN.$$

由函数微分的定义可知 Δy 与 dy 之差 QT 是 Δx 的高阶无穷小，因而在点 P 附近的曲线段可用切线段来近似代替.

图 3 - 7 是函数 $y = x^2$ 在点 $x = 1$ 处的情形. 可以看出微分 dy 与 Δy 在 $x = 1$ 附近差距非常小，当 $0.9 < x < 1.1$ 时，如图 3 - 7(c) 所示，dy 与 Δy 几乎已经看不出差别了.

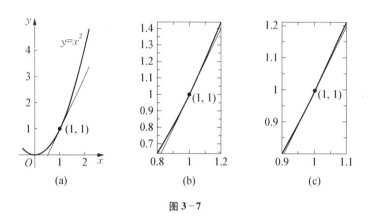

(a)　　　　　　　　(b)　　　　　　　　(c)

图 3 - 7

二、微分基本公式与运算法则

从函数的微分表达式

$$dy = f'(x)dx$$

可以看出，要计算函数的微分，只要将函数的导数乘以自变量的微分即可. 由此可得如下微分公式和微分运算法则.

微分公式：

1. $d(C) = 0$（C 是常数）.

2. $d(x^\alpha) = \alpha x^{\alpha-1}dx$（$\alpha$ 为任何实数）.

3. $d(\sin x) = \cos x dx$，　　　　　　　　$d(\cos x) = -\sin x dx$，

　　$d(\tan x) = \sec^2 x dx$，　　　　　　　$d(\cot x) = -\csc^2 x dx$，

$$d(\sec x) = \sec x \tan x \, dx, \qquad\qquad d(\csc x) = -\csc x \cot x \, dx.$$

4. $d(\arcsin x) = -d(\arccos x) = \dfrac{1}{\sqrt{1-x^2}} dx \,(|x| < 1),$

$d(\arctan x) = -d(\operatorname{arccot} x) = \dfrac{dx}{1+x^2}.$

5. $d(a^x) = a^x \ln a \, dx (常数\, a > 0,\, a \neq 1),\ d(e^x) = e^x dx.$

6. $d(\log_a x) = \dfrac{dx}{x \ln a} (常数\, a > 0,\, a \neq 1),\ d(\ln x) = \dfrac{dx}{x}.$

微分运算法则：

1. $d[u(x) \pm v(x)] = du(x) \pm dv(x).$

2. $d[u(x)v(x)] = v(x)du(x) + u(x)dv(x),\ d[ku(x)] = kdu(x)\,(k\, 为常数).$

3. $d\left[\dfrac{u(x)}{v(x)}\right] = \dfrac{v(x)du(x) - u(x)dv(x)}{v^2(x)}\,(v(x) \neq 0).$

4. $d\{f[g(x)]\} = f'[g(x)]g'(x)dx.$

微分运算法则的第 4 式为**复合法则**，记 $u = g(x)$，$y = f(u)$，由于 $du = g'(x)dx$，因此第 4 式也可写成

$$dy = f'(u)du.$$

由此可见，对函数 $y = f(u)$ 来说，不论 u 是自变量还是自变量的可导函数（中间变量），它的微分形式都是 $dy = f'(u)du$，这个性质称为**一阶微分形式的不变性**.

思考　一阶导数是否具备形式的不变性？请举例说明.

例 3　求下列函数的微分 dy：

（1）$y = e^{\sin x}$；　　　　　（2）$y = \ln(1 + e^{x^2})$；　　　　　（3）$y = e^{1+2x}\cos x$.

解　（1）根据微分形式不变性，将 $u = \sin x$ 看成中间变量，有

$$dy = de^{\sin x} = e^{\sin x} d\sin x = e^{\sin x} \cos x \, dx.$$

（2）$dy = d\ln(1 + e^{x^2}) = \dfrac{1}{1+e^{x^2}} d(1 + e^{x^2}) = \dfrac{e^{x^2}}{1+e^{x^2}} dx^2 = \dfrac{2xe^{x^2}}{1+e^{x^2}} dx.$

（3）$dy = d(e^{1+2x}\cos x) = \cos x \, d(e^{1+2x}) + e^{1+2x} d\cos x$

$\qquad = 2e^{1+2x}\cos x \, dx - e^{1+2x}\sin x \, dx = e^{1+2x}(2\cos x - \sin x)dx.$

利用一阶微分形式的不变性，还可以求复合函数的导数.

例 4　求 $y = \sin^2(\sqrt{1-x^2})$ 的导数.

解 因为 $\mathrm{d}y = 2\sin(\sqrt{1-x^2})\mathrm{d}\sin(\sqrt{1-x^2})$

$$= 2\sin(\sqrt{1-x^2})\cos(\sqrt{1-x^2})\mathrm{d}\sqrt{1-x^2}$$

$$= 2\sin(\sqrt{1-x^2})\cos(\sqrt{1-x^2})\frac{1}{2\sqrt{1-x^2}}\mathrm{d}(1-x^2)$$

$$= -\frac{x\sin(2\sqrt{1-x^2})}{\sqrt{1-x^2}}\mathrm{d}x,$$

所以

$$\frac{\mathrm{d}y}{\mathrm{d}x} = -\frac{x\sin(2\sqrt{1-x^2})}{\sqrt{1-x^2}}.$$

例 5 求 $y = \sin x$ 对 e^x 的导数.

解 将 $\dfrac{\mathrm{d}y}{\mathrm{d}e^x}$ 看成是 $\mathrm{d}y$ 与 $\mathrm{d}e^x$ 这两个微分之商,可得

$$\frac{\mathrm{d}y}{\mathrm{d}e^x} = \frac{\mathrm{d}\sin x}{\mathrm{d}e^x} = \frac{\cos x \mathrm{d}x}{\mathrm{e}^x \mathrm{d}x} = \frac{\cos x}{\mathrm{e}^x}.$$

例 6 设参数方程 $\begin{cases} x = a\cos t, \\ y = b\sin t \end{cases}$ 确定函数 $y = y(x)$,其中 a、b 为常数,求 $\dfrac{\mathrm{d}y}{\mathrm{d}x}$.

解 $\dfrac{\mathrm{d}y}{\mathrm{d}x} = \dfrac{\mathrm{d}(b\sin t)}{\mathrm{d}(a\cos t)} = \dfrac{b\cos t \mathrm{d}t}{-a\sin t \mathrm{d}t} = -\dfrac{b}{a}\cot t.$

例 7 设方程 $xy = \mathrm{e}^{x+y}$ 确定函数 $y = y(x)$,求 $\dfrac{\mathrm{d}y}{\mathrm{d}x}$.

解 将方程两边取微分,得

$$x\mathrm{d}y + y\mathrm{d}x = \mathrm{e}^{x+y}\mathrm{d}(x+y) = \mathrm{e}^{x+y}(\mathrm{d}x + \mathrm{d}y),$$

整理可得

$$(\mathrm{e}^{x+y} - x)\mathrm{d}y = (y - \mathrm{e}^{x+y})\mathrm{d}x,$$

所以

$$\frac{\mathrm{d}y}{\mathrm{d}x} = \frac{y - \mathrm{e}^{x+y}}{\mathrm{e}^{x+y} - x}.$$

三、利用微分进行近似计算

由上述讨论知,微分是函数的线性近似,也就是说一个函数在某一点处的微小的增量可以用函数在该点的微分来近似. 换句话说,函数在其可微点附近可以用一个线性函数来近似. 这是一个非常好的性质,因为线性函数是最简单的函数,读者对它已经很了解了. 这种近似方法无论在工程上还是在数学上都十分有用.

由微分的定义,当 $|\Delta x|$ 充分小时,在点 x_0 附近,有 $\Delta y = f'(x_0)\Delta x + o(\Delta x) \approx f'(x_0)\Delta x$,即

$$f(x_0 + \Delta x) - f(x_0) \approx f'(x_0)\Delta x. \qquad ②$$

移项,得

$$f(x_0 + \Delta x) \approx f(x_0) + f'(x_0)\Delta x.$$

记 $x_0 + \Delta x = x$,上式变为函数 $f(x)$ 在点 x_0 附近的近似计算公式:

$$f(x) \approx f(x_0) + f'(x_0)(x - x_0) \qquad ③$$

公式②③的作用在于:当自变量增量较小时,如果已知函数在某点的导数值和自变量的增量,那么就可以求得函数增量的近似值;如果还已知函数在该点的函数值,则可根据公式③算出函数在该点附近的点处的近似值.

当 $x_0 = 0$ 时,③式就变为

$$f(x) \approx f(0) + f'(0)x. \qquad ④$$

根据这个近似公式以及常用微分公式,当 $|x|$ 很小时,有

$$\sin x \approx x;\ \tan x \approx x;\ \ln(1+x) \approx x;\ e^x \approx 1 + x;\ \sqrt[n]{1+x} \approx 1 + \frac{1}{n}x.$$

例8　计算 $\sin 29°$ 的近似值.

解　令 $f(x) = \sin x$,取 $x_0 = 30° = \dfrac{\pi}{6}$,因 $x = 29° = \dfrac{\pi}{6} - \dfrac{\pi}{180}$. 取 $\Delta x = \dfrac{-\pi}{180} \approx -0.017\,45$,由于 $|\Delta x|$ 很小,根据公式③,得

$$\sin 29° = \sin\left(\frac{\pi}{6} - \frac{\pi}{180}\right) \approx \sin\frac{\pi}{6} + \cos\frac{\pi}{6}(-0.017\,45)$$

$$= \frac{1}{2} - \frac{\sqrt{3}}{2} \times 0.017\,45 \approx 0.484\,9.$$

例9　计算 $\sqrt{26}$ 的近似值.

解 由于 $\sqrt{26} = \sqrt{25+1} = 5\sqrt{1+\dfrac{1}{25}}$，令 $f(x) = \sqrt{x}$，取 $x_0 = 1$，$\Delta x = \dfrac{1}{25} = 0.04$，由于 $|\Delta x|$ 很小，又因 $f(1) = 1$，$f'(1) = \dfrac{1}{2\sqrt{x}}\Big|_{x=1} = \dfrac{1}{2}$，根据公式③，得

$$\sqrt{26} = 5\sqrt{1+\frac{1}{25}} \approx 5\left(1 + \frac{1}{2} \times 0.04\right) = 5.10.$$

例 10 有一机械挂钟，钟摆的周期为 1 s. 在冬季，摆长缩短了 0.01 cm，这只钟每天大约快多少？

解 根据物理学知，单摆的摆长 l 与单摆的周期 T 之间有关系式：$T = 2\pi\sqrt{\dfrac{l}{g}}$（其中 l 的单位为 cm，g 是重力加速度（$980\,\text{cm/s}^2$））. 当 $|\Delta l|$ 很小时，有 $\Delta T \approx \mathrm{d}T = \dfrac{\pi}{\sqrt{gl}}\Delta l$，据题设，摆的周期是 1 s，即 $1 = 2\pi\sqrt{\dfrac{l}{g}}$，由此可知摆的原长是 $\dfrac{g}{(2\pi)^2}$ cm. 现摆长的改变量 $\Delta l = -0.01$ cm，于是摆的周期的相应改变量为

$$\Delta T \approx \mathrm{d}T = \frac{\pi}{\sqrt{g \cdot \dfrac{g}{(2\pi)^2}}} \times (-0.01)$$

$$= \frac{2\pi^2}{g} \times (-0.01) \approx -0.000\,2\,(\text{s}).$$

由于摆长缩短了 0.01 厘米，钟摆的周期便相应缩短了约 0.000 2 秒，即每秒约快 0.000 2 秒，从而每天约快 $0.000\,2 \times 24 \times 60 \times 60 = 17.28\,(\text{s})$.

*四、误差估计

设某个量的精确值是 A，近似值是 a，则称 $|A - a|$ 为 a 的绝对误差，而称 $\dfrac{|A-a|}{|a|}$ 为 a 的相对误差. 但问题是在实际问题中，我们无法知道精确值 A，所以绝对误差和相对误差也就无法求得. 但是如果知道了测量近似值的仪器精度，就能够确定误差在某个范围内，即 $|A - a| \leqslant \delta_A$，称 δ_A 为量 A 的**绝对误差限**，$\dfrac{\delta_A}{|a|}$ 为 A 的**相对误差限**.

如果量 x 能直接测量，测量出的近似值是 x_0，绝对误差限是 δ_0，即 $|\Delta x| \leqslant \delta_0$. 而量 y 可以通过可微函数 $y = f(x)$ 求出，由于 δ_0 很小，所以 y 的绝对误差 Δy 近似为

$$| \Delta y | \approx | f'(x_0) \Delta x | \leqslant | f'(x_0) | \delta_0,$$

所以 y 的绝对误差限可以取 $| f'(x_0) | \delta_0$,相对误差限是 $\dfrac{| f'(x_0) | \delta_0}{| f(x_0) |}$.

例 11　设测得一圆形钢板的直径 $d_0 = 50.5 \text{ mm}$,根据测量工具的精度知道 d_0 的测量绝对误差限为 0.04 mm,试估计圆的面积的绝对误差限与相对误差限.

解　圆的面积公式是 $S = \dfrac{\pi d^2}{4}$,圆的面积的绝对误差限是

$$S'(50.5) \times 0.04 = \frac{\pi}{2} \times 50.5 \times 0.04 = 1.01\pi \approx 3.173 (\text{mm}^2),$$

圆的面积的相对误差限是

$$\frac{S'\delta_0}{S} = \frac{\dfrac{\pi}{2} \times 50.5 \times 0.04}{\dfrac{\pi \times 50.5^2}{4}} = \frac{0.04 \times 2}{50.5} \approx 0.158\%.$$

3.5　学习要点

习题 3.5

1. 计算 $y = x^3$ 在点 $x = 1$ 处当 Δx 分别为 1、0.1、0.01 时的 Δy 和 $\mathrm{d}y$.

2. 求下列函数的微分:

(1) $y = x\ln x - x$;

(2) $y = \mathrm{e}^x \sin^2 x$;

(3) $y = \dfrac{\cos x}{1 - x^2}$;

(4) $y = \tan^2(1 + 2x^2)$;

(5) $y = \arctan(\ln x)$;

(6) $y = \arctan \dfrac{1 - x^2}{1 + x^2}$;

(7) $y = f(\ln x) \mathrm{e}^{f(x)}$,其中 $f(x)$ 是可微函数.

3. 将适当的函数填入下列括号内,使等式成立:

(1) $2\mathrm{d}x = \mathrm{d}(\qquad)$;

(2) $(2x + 1)\mathrm{d}x = \mathrm{d}(\qquad)$;

(3) $\sin 3x \mathrm{d}x = \mathrm{d}(\qquad)$;

(4) $\dfrac{1}{1 + x}\mathrm{d}x = \mathrm{d}(\qquad)$;

(5) $\dfrac{1}{\sqrt{x}}\mathrm{d}x = \mathrm{d}(\qquad)$;

(6) $\dfrac{1}{\sqrt{1 - x^2}}\mathrm{d}x = \mathrm{d}(\qquad)$;

(7) $\mathrm{e}^{3x}\mathrm{d}x = \mathrm{d}(\qquad)$;

(8) $\dfrac{1}{\cos^2 3x}\mathrm{d}x = \mathrm{d}(\qquad)$.

4. 求由下列方程所确定的隐函数 $y = y(x)$ 的微分 dy:

(1) $e^x - e^y - \sin(xy) = 0$;   (2) $\dfrac{x}{y} = \ln\dfrac{y}{x}$.

5. 求由方程 $y = e^{-\frac{x}{y}}$ 所确定的隐函数 $y = y(x)$ 在点 $x = 0$ 处的微分 $dy\,|_{x=0}$.

6. 设 $f(x) = x^2 + x + 1$, $x \in (0, +\infty)$, $f^{-1}(x)$ 为 $f(x)$ 的反函数, 求 $f^{-1}(x)$ 的微分.

7. 求由参数方程 $\begin{cases} x = \arctan t - t, \\ y = \ln(1 + t^2) \end{cases}$ 所确定的函数 $y = y(x)$ 在 $t = 1$ 所对应的点处的微分.

8. 利用微分计算下列各式的近似值:

(1) $\sqrt[4]{80}$;   (2) $\ln 1.1$;   (3) $\arctan 1.05$;   (4) $\cos 151°$.

9. 证明: 当 $|x|$ 很小时, 有 $\sqrt[n]{1 + x} \approx 1 + \dfrac{1}{n}x$, 其中 n 为正整数.

10. 已知在测量一球体的直径 d 时有 0.5% 的相对误差, 问用公式 $V = \dfrac{\pi}{6}d^3$ 计算球体体积时会产生多少相对误差?

11. 在某电器的导电部件表面需镀上一层银, 以降低电阻和抗氧化. 现在该电器中有一个直径为 $2\,cm$ 的铜球部件, 需要在其表面镀上一层厚度为 $0.005\,cm$ 的银, 问大约需要多少克银(银的密度是 $10.49\,g/cm^3$)?

总练习题

1. 设 $f(t) = \lim\limits_{x \to \infty} t\left(1 + \dfrac{1}{x}\right)^{2tx}$, 求 $f'(t)$.

2. 设 $f'(0)$ 存在且 $f(0) = 0$, 求 $\lim\limits_{x \to 0} \dfrac{f(1 - \cos x)}{\tan x^2}$.

3. 设 $f'(5) = 2$, 求 $\lim\limits_{x \to 5} \dfrac{f(x) - f(5)}{\sqrt{x} - \sqrt{5}}$.

4. 设函数 $F(x) = \max\{f_1(x), f_2(x)\}$ 的定义域为 $(-1, 1)$, 其中 $f_1(x) = -2x + 1$, $f_2(x) = (x + 1)^2$, 求 $\dfrac{dF(x)}{dx}$.

5. 设函数 $f(x) = g(x)\sin^{\alpha}(x - x_0)$ (常数 $\alpha \geq 1$), 其中 $g(x)$ 在点 x_0 处连续, 证明: $f(x)$ 在点 x_0 处可导.

6. 求两常数 p 与 q 的关系式, 使直线 $y = px - q$ 成为曲线 $y = x^3$ 的切线.

7. 设函数 $f(x)$ 具有一阶连续导数, 证明: $F(x) = f(x)(1 + |\sin x|)$ 在点 $x = 0$ 处可导的充分必要条件是 $f(0) = 0$.

8. 设函数 $f(x) = g(x)\varphi(x)$，其中 $\varphi(x)$ 在点 x_0 处连续，且 $g'(x_0) = a$，$g(x_0) = 0$，证明：$f(x)$ 在点 x_0 处可导，并求 $f'(x_0)$.

9. 设 $f(x) = \begin{cases} \dfrac{(x-1)(x+1)^2}{4}, & |x| \le 1, \\ |x| - 1, & |x| > 1, \end{cases}$ 讨论 $f(x)$ 在点 $x = 1$ 与点 $x = -1$ 处的可导性.

10. 求下列函数的导数：

(1) $y = \sqrt{x\sqrt{1 - e^x}}$；

(2) $y = \ln(e^x + \sqrt{1 + e^{2x}})$；

(3) $y = \arcsin(\sin x)$；

(4) $y = \sqrt{\sqrt{x} - \sqrt[3]{x}}$；

(5) $y = \arctan \dfrac{x\sin\theta}{1 - x\cos\theta}$（其中 $0 < \theta < 2\pi$）；

(6) $y = \log_{f(x)} g(x)$（$f(x) > 0$，$f(x) \ne 1$，$g(x) > 0$）.

11. 设由下列方程所确定的隐函数为 $y = y(x)$，求指定的 y' 或 y''：

(1) $(\cos y)^x = (\sin x)^y$，y'；

(2) $y^x = xy\ (x > 0, y > 0)$，y'；

(3) $x + \arctan y = y$，y''.

12. 求由下列参数方程所确定的函数 $y = y(x)$ 的二阶导数 $\dfrac{d^2 y}{dx^2}$：

(1) $\begin{cases} x = a(\cos t + t\sin t), \\ y = a(\sin t - t\cos t); \end{cases}$

(2) $\begin{cases} x = t - \ln(1 + t), \\ y = t^3 + t^2. \end{cases}$

13. 求曲线 $\begin{cases} x = 2e^t, \\ y = e^{-t} \end{cases}$ 在 $t = 0$ 对应的点处的切线方程和法线方程.

14. 设函数 $f(x) = \arctan x - \dfrac{x}{1 + ax^2}$ 满足 $f'''(0) = 1$，求常数 a.

15. 求下列函数的 n 阶导数 $y^{(n)}$：

(1) $y = e^x \sin x$；

(2) $y = \cos^2 x$；

(3) $y = \dfrac{1}{x^2 - x - 2}$.

16. 设函数 $y = \dfrac{x^2 + x - 1}{x^2 + x - 2}$，求 $y^{(100)}$.

17. 设函数 $y = y(x)$ 是由方程 $e^y + xy = e$ 所确定的隐函数，求 $y''(0)$.

18. 设可微函数 $y = y(x)$ 的反函数为 $x = x(y)$，试从 $\dfrac{dx}{dy} = \dfrac{1}{y'}$ 导出：

(1) $\dfrac{d^2 x}{dy^2} = -\dfrac{y''}{(y')^3}$；

(2) $\dfrac{d^3 x}{dy^3} = \dfrac{3(y'')^2 - y'y'''}{(y')^5}$.

19. 设 $x > 0$ 时，可导函数 $f(x)$ 满足 $f(x) + 2f\left(\dfrac{1}{x}\right) = \dfrac{3}{x}$，求 $f'(x)$.

20. 设函数 $f(x)$ 对任意的点 x_1、x_2 满足方程 $f(x_1 + x_2) = f(x_1) + f(x_2)$,且 $f'(0) = 1$,证明: $f(x)$ 在 $(-\infty, +\infty)$ 上可导,且 $f'(x) = 1$.

21. 设函数 $y = \dfrac{x-a}{1-ax}$,其中 a 为常数,证明:$\dfrac{\mathrm{d}y}{1+ay} = \dfrac{\mathrm{d}x}{1-ax}$.

22. 设函数 $f(x) = \sin x$,求 $f'(x)$,$f'(2x)$,$f'[f(x)]$,$[f(2x)]'$,$\{f[f(x)]\}'$.

23. 设函数 $f(x)$ 具有任意阶导数,且 $f'(x) = [f(x)]^2$,求 $f^{(n)}(x)$($n = 2, 3, 4, \cdots$).

第 4 章　微分中值定理与导数的应用

建立了导数概念之后，又可以用导数来研究函数. 在这一章要建立函数与其导数的等式关系，即微分学的重要理论基础——中值定理. 中值定理可以利用导数在区间上的性质来得到函数在该区间上的整体性质，是联系函数与其导函数的有力工具，在数学理论和数学应用上有着非常重要的作用.

4.1　微分中值定理

一、费马(Fermat)定理

费马定理是中值定理的理论基础.

定义 1　设函数 $f(x)$ 在点 x_0 的某邻域 $U(x_0)$ 内有定义，若对任意 $x \in U(x_0)$ 有

$$f(x) \leqslant f(x_0) \quad (\text{或} f(x) \geqslant f(x_0)),$$

则称 $f(x_0)$ 为函数 $f(x)$ 的一个**极大值**(或**极小值**)，并称点 x_0 为函数 $f(x)$ 的**极大值点**(或**极小值点**).

函数的极大值、极小值统称为函数的**极值**，函数的极大值点、极小值点统称为函数的**极值点**.

定理 1　(费马定理)若函数 $f(x)$ 在点 x_0 处可微，且 x_0 是函数 $f(x)$ 的极值点，则 $f'(x_0) = 0$.

证　不失一般性，设在点 x_0 的某邻域 $U(x_0)$ 内有 $f(x) \leqslant f(x_0)$，于是

$$\frac{f(x) - f(x_0)}{x - x_0} \begin{cases} \geqslant 0, & x < x_0, \\ \leqslant 0, & x > x_0, \end{cases}$$

根据 $f(x)$ 在点 x_0 处可导，有

$$0 \geqslant \lim_{x \to x_0^+} \frac{f(x) - f(x_0)}{x - x_0} = f'(x_0) = \lim_{x \to x_0^-} \frac{f(x) - f(x_0)}{x - x_0} \geqslant 0,$$

从而 $f'(x_0) = 0$.

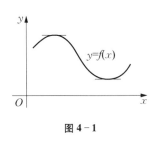

图 4-1

使函数的导数等于零的点称为函数的**驻点**. 由费马定理知,可导函数的极值点一定是函数的驻点. 但可导函数的驻点不一定是极值点. 例如,函数 $y = x^3$,显然点 $x = 0$ 是 $y = x^3$ 的驻点,但点 $x = 0$ 不是 $y = x^3$ 的极值点.

费马定理的几何解释是:若函数 $y = f(x)$ 有极值点 x_0,且曲线 $y = f(x)$ 在点 $(x_0, f(x_0))$ 处有切线,则该切线必为水平切线(见图 4-1).

二、罗尔(Rolle)中值定理

定理 2 (罗尔中值定理)若函数 $f(x)$ 在闭区间 $[a, b]$ 上连续,在开区间 (a, b) 内可导,且 $f(a) = f(b)$,则在 (a, b) 内至少存在一点 ξ,使得 $f'(\xi) = 0$.

证 因 $f(x)$ 在 $[a, b]$ 上连续,故 $f(x)$ 在 $[a, b]$ 上取得最大值 M 及最小值 m.

若 $M = m$,则 $f(x)$ 在 $[a, b]$ 上为常值函数,此时可取 (a, b) 内任意点作为 ξ,自然有 $f'(\xi) = 0$.

若 $M > m$,由于 $f(a) = f(b)$,故 M 与 m 之中至少有一个不在 $f(a)$ 与 $f(b)$ 中取到,不妨设 $m \neq f(a)$,且有 $m \neq f(b)$,因此 m 在 (a, b) 内取到,于是 $m < f(a)$,即存在 $\xi \in (a, b)$,有 $f(\xi) = m$,因为 $f(x)$ 在点 ξ 可导,且当 $x \in (a, b)$ 时 $f(x) \geqslant f(\xi)$,即点 ξ 是 $f(x)$ 的极值点,所以由费马定理可得 $f'(\xi) = 0$.

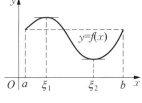

图 4-2

罗尔定理的几何解释是:在平行于 x 轴的直线所割的光滑曲线段上,至少有一条水平切线(见图 4-2).

注意,罗尔定理中的三个条件缺一不可,如果有一个不满足,定理的结论就可能不成立. 如图 4-3 所示.

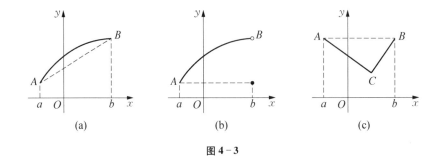

(a)   (b)   (c)

图 4-3

思考 结合图 4-3,找出三个具体的函数说明:不满足罗尔定理中的三个条件之一,可能导致罗尔定理的结论不成立.

推论 1 如果函数 $f(x)$ 在闭区间 $[a, b]$ 上连续,在开区间 (a, b) 内可导,且在 (a, b) 内的导数 $f'(x)$ 处处不为零,则 $f(a) \neq f(b)$.

推论的证明留给读者,下面看一个例子.

例 1 证明:函数 $f(x) = x^3 - 3x + a$ 在 $(0, 1)$ 内不可能有两个零点.

证 因为 $f(x)$ 在 $[0, 1]$ 上连续,对任意 $x \in (0, 1)$, $f'(x) = 3x^2 - 3 < 0$,于是对任意的 $x_1, x_2 \in (0, 1)$,根据推论 1,有 $f(x_1) \neq f(x_2)$.

因此,$f(x)$ 在 $(0, 1)$ 内不可能有两个零点.

三、拉格朗日(Lagrange)中值定理

定理 3 (拉格朗日中值定理)若函数 $f(x)$ 在闭区间 $[a, b]$ 上连续,在开区间 (a, b) 内可导,则在 (a, b) 至少存在一点 ξ,使得

$$f'(\xi) = \frac{f(b) - f(a)}{b - a}. \tag{①}$$

①式称为**拉格朗日中值公式**,式①也可写为

$$f(b) - f(a) = f'(\xi)(b - a), \quad a < \xi < b. \tag{②}$$

将拉格朗日中值定理与罗尔中值定理相比,可以发现前者只是将后者的条件之一 "$f(a) = f(b)$" 去掉. 如图 4-4 所示,拉格朗日中值定理的几何解释是:曲线在点 $(\xi, f(\xi))$ 处的切线斜率等于在曲线两个端点处连线（连线方程为: $y = f(a) + \dfrac{f(b) - f(a)}{b - a}(x - a)$）的斜率. 从这个解释可以得到证明拉格朗日中值定理的方法.

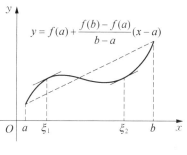

图 4-4

证 作辅助函数

$$\varphi(x) = f(x) - \left[f(a) + \frac{f(b) - f(a)}{b - a}(x - a) \right],$$

易见 $\varphi(x)$ 在 $[a, b]$ 上连续,在 (a, b) 内可导,且 $\varphi(a) = \varphi(b) = 0$,由罗尔中值定理,存在 $\xi \in (a, b)$,使得 $\varphi'(\xi) = 0$,即

$$\varphi'(\xi) = f'(\xi) - \frac{f(b) - f(a)}{b - a} = 0,$$

所以

$$f'(\xi) = \frac{f(b) - f(a)}{b - a}.$$

推论 2 若函数 $f(x)$ 在区间 I 上连续,在区间 I 内(即不包含 I 的端点)可导且恒有 $f'(x) = 0$,则 $f(x)$ 在 I 上恒等于常数.

证 设 x_1、x_2 是 I 上任意两点,且 $x_1 < x_2$,在 $[x_1, x_2]$ 上应用拉格朗日中值定理可得,存在 $\xi \in (x_1, x_2)$,使

$$f(x_2) - f(x_1) = f'(\xi)(x_2 - x_1).$$

由条件知 $f'(\xi) = 0$,故有 $f(x_2) = f(x_1)$. 由 x_1、x_2 的任意性知 $f(x)$ 在 I 上恒等于常数.

推论 3 若函数 $f(x)$、$g(x)$ 在区间 I 上连续,在区间 I 内可导且恒有 $f'(x) = g'(x)$,则在 I 上恒有

$$f(x) = g(x) + C \quad (C \text{ 为常数}).$$

推论 3 的证明留给读者.

拉格朗日中值定理说明:当知道了导函数 $f'(x)$ 在区间 (a, b) 每一点的某种性质,就可能得到函数 $f(x)$ 在 $[a, b]$(或 (a, b))上的整体性质.

***推论 4** (导数极限定理)若 $f(x)$ 在点 x_0 的某邻域 $U(x_0)$ 内连续,在 $\mathring{U}(x_0)$ 内可导,且 $\lim\limits_{x \to x_0} f'(x)$ 存在,则 $f(x)$ 在点 x_0 可导,且

$$f'(x_0) = \lim_{x \to x_0} f'(x).$$

推论 4 证明留给有兴趣的读者.

> **思考** 推论 4 对左导数、右导数是否成立.

求分段函数在分段点处的导数推论 4 会带来方便.

例 2 证明:$\arcsin x + \arccos x = \dfrac{\pi}{2}$,$x \in [-1, 1]$.

证 记 $f(x) = \arcsin x + \arccos x$,则 $f(x)$ 在 $[-1, 1]$ 上连续,在 $(-1, 1)$ 上可导,并且

$$f'(x) = \frac{1}{\sqrt{1 - x^2}} - \frac{1}{\sqrt{1 - x^2}} = 0, \quad x \in (-1, 1).$$

由推论 2 知，在 $[-1, 1]$ 上 $f(x) \equiv C$. 又 $f(0) = \dfrac{\pi}{2}$，所以在 $[-1, 1]$ 上，$f(x) \equiv \dfrac{\pi}{2}$，即

$$\arcsin x + \arccos x = \frac{\pi}{2}, \ x \in [-1, 1].$$

例 3　设 $b > a > 0$，$n > 1$，证明：$na^{n-1}(b-a) < b^n - a^n < nb^{n-1}(b-a)$.

证　记 $f(x) = x^n$，$x \in [a, b]$，易见 $f(x)$ 在 $[a, b]$ 上满足拉格朗日中值定理的条件，因此有

$$b^n - a^n = n\xi^{n-1}(b-a), \ a < \xi < b.$$

由于 $n-1 > 0$，所以 $a^{n-1} < \xi^{n-1} < b^{n-1}$. 代入上式，得

$$na^{n-1}(b-a) < b^n - a^n < nb^{n-1}(b-a).$$

例 4　求分段函数 $f(x) = \begin{cases} x + \sin^2 x, & x \leq 0, \\ \ln(1 + x), & x > 0 \end{cases}$ 的导数.

解　当 $x \neq 0$ 时，$f'(x) = \begin{cases} 1 + 2\sin x \cos x, & x < 0, \\ \dfrac{1}{1+x}, & x > 0. \end{cases}$

易知 $f(x)$ 在点 $x = 0$ 处连续，且

$$\lim_{x \to 0^-} f'(x) = \lim_{x \to 0^-}(1 + 2\sin x \cos x) = 1, \ \lim_{x \to 0^+} f'(x) = \lim_{x \to 0^+}\frac{1}{1+x} = 1,$$

所以 $\lim_{x \to 0} f'(x) = 1$，根据推论 4，知 $f'(0) = 1$，于是

$$f'(x) = \begin{cases} 1 + 2\sin x \cos x, & x \leq 0, \\ \dfrac{1}{1+x}, & x > 0. \end{cases}$$

拉格朗日定理的物理解释是：式① 中 $\dfrac{f(b) - f(a)}{b - a}$ 表示函数在区间 $[a, b]$ 上函数的平均变化率（整体性质），左边 $f'(\xi)$ 是表示在点 $\xi(\in (a, b))$ 处函数的瞬时变化率（局部性质）. 如果将函数 $y = f(x)$ 看成是一个位移函数，x 表示时间，则式① 表明在时间段 $[a, b]$ 上平均速度等于其中某一时刻 $\xi(\in (a, b))$ 的瞬时速度. 所以有时也称拉格朗日中值定理为"**平均值定理**".

四、柯西(Cauchy)中值定理

定理 4　（柯西中值定理）若函数 $f(x)$ 和 $g(x)$ 在闭区间 $[a, b]$ 上都连续，在开区间 $(a,$

b) 内都可导,且 $g'(x) \neq 0$,则在 (a, b) 内至少存在一点 ξ,使得

$$\frac{f'(\xi)}{g'(\xi)} = \frac{f(b) - f(a)}{g(b) - g(a)}. \qquad \text{③}$$

证 作辅助函数 $\varphi(x) = f(x) - \left\{ f(a) + \dfrac{f(b) - f(a)}{g(b) - g(a)} [g(x) - g(a)] \right\}$.

由 $g'(x) \neq 0$,根据罗尔定理的推论,得 $g(b) - g(a) \neq 0$. 又由条件可知 $\varphi(x)$ 在 $[a, b]$ 上连续,在 (a, b) 内可导,并且 $\varphi(a) = \varphi(b) = 0$,根据罗尔定理,至少存在一点 $\xi \in (a, b)$,使 $\varphi'(\xi) = 0$,即

$$\frac{f'(\xi)}{g'(\xi)} = \frac{f(b) - f(a)}{g(b) - g(a)}.$$

柯西中值定理可以看成是拉格朗日中值定理的参数方程形式,即将拉格朗日中值定理中的函数 $y = f(x)$ 看作是由参数方程 $\begin{cases} x = g(t) \\ y = h(t) \end{cases}$ $(a \leqslant t \leqslant b)$ 所确定的函数时就得柯西中值定理.

例 5 设函数 $f(x)$ 在 $[0, 1]$ 上连续,在 $(0, 1)$ 内可导. 证明:至少存在一点 $\xi \in (0, 1)$,使得

$$f'(\xi) = 2\xi [f(1) - f(0)].$$

证 令 $g(x) = x^2$,由于 $f(x)$ 与 $g(x)$ 在 $[0, 1]$ 上满足柯西中值定理的条件,于是至少存在一点 $\xi \in (0, 1)$,满足③式:

$$\frac{f'(\xi)}{2\xi} = \frac{f(1) - f(0)}{1^2 - 0^2},$$

即 $f'(\xi) = 2\xi [f(1) - f(0)]$.

罗尔中值定理、拉格朗日中值定理、柯西中值定理与第二章的介值定理一样,都是**存在性定理**,即在定理的条件下,保证在开区间 (a, b) 内至少存在一点 ξ 满足定理的结论,虽然从结论中不知道 ξ 的确切位置,但定理的重要性却一点也不含糊. 中值定理就像一座连接了函数与其导数的桥梁,可以用导数逐点的性质来得到函数在区间上的整体性质,这就使导数得到了更广泛的应用,真是"一桥飞架南北,天堑变通途"!

若在拉格朗日中值定理中增加条件 $f(a) = f(b)$,则拉格朗日中值公式就变成 $f'(\xi) = 0$. 因此罗尔中值定理是拉格朗日中值定理的特殊情形. 又若在柯西中值定理中令 $g(x) = x$,则柯西中值定理的结论就变成拉格朗日中值公式. 因此柯西中值定理是拉格朗日中值定理的推广. 三个中值定理中应用最广的是拉格朗日中值定理.

4.1 学习要点

习题 4.1

1. 验证函数 $f(x) = \begin{cases} 1 - x^2, & -1 \leqslant x < 0, \\ 1 + x^2, & 0 \leqslant x \leqslant 1 \end{cases}$ 在 $-1 \leqslant x \leqslant 1$ 上是否满足拉格朗日定理的条件,若满足,求出满足定理结论的 ξ.

2. 已知函数 $f(x) = (x-1)(x-2)(x-3)(x-4)$,不求导数,判断方程 $f'(x) = 0$ 有几个实根,并指出这些实根所在的区间.

3. 若 $\dfrac{a_n}{n+1} + \dfrac{a_{n-1}}{n} + \cdots + \dfrac{a_1}{2} + a_0 = 0$,证明:方程 $a_n x^n + a_{n-1} x^{n-1} + \cdots + a_0 = 0$ 在 $(0, 1)$ 内至少有一个实根.

4. 设三个实数 x_1、x_2、x_3 满足 $x_1 < x_2 < x_3$,又函数 $f(x)$ 在 $[x_1, x_3]$ 上连续,在 (x_1, x_3) 内二阶可导,且 $f(x_1) = f(x_2) = f(x_3)$,证明:在 (x_1, x_3) 内至少有一点 ξ,使得 $f''(\xi) = 0$.

5. 设函数 $f(x)$ 在 $[a, b]$ 上连续,在 (a, b) 内二阶可导,且 $f(a) = f(b) = 0$,$\lim\limits_{x \to a^+} \dfrac{f(x) - f(a)}{x - a} > 0$,证明:存在 $\xi \in (a, b)$,使得 $f''(\xi) < 0$.

6. 设函数 $f(x)$ 在 $[a, b]$ 上连续,在 (a, b) 内可导,证明:存在 $\xi \in (a, b)$,使得
$$\frac{bf(b) - af(a)}{b - a} = f(\xi) + \xi f'(\xi).$$

7. 设函数 $f(x)$ 在点 $x = 0$ 的某邻域内具有 n 阶导数,且 $f(0) = f'(0) = \cdots = f^{(n-1)}(0) = 0$,利用柯西中值定理证明:对该邻域内任何 x,存在 $\theta \in (0, 1)$,使得 $\dfrac{f(x)}{x^n} = \dfrac{f^{(n)}(\theta x)}{n!}$.

8. 利用拉格朗日中值定理证明:

(1) 若 $0 < b \leqslant a$,则 $\dfrac{a-b}{a} \leqslant \ln \dfrac{a}{b} \leqslant \dfrac{a-b}{b}$;

(2) 若 $x > 0$,则 $\dfrac{x}{1+x} < \ln(1+x) < x$.

9. 证明:当 $x \geqslant 1$ 时,有 $\arctan x - \dfrac{1}{2}\arccos \dfrac{2x}{1+x^2} = \dfrac{\pi}{4}$.

10. 设函数 $f(x)$ 在 $[a, b]$ 上连续,在 (a, b) 内可导,$f(a) = f(b)$,且 $f(x)$ 在 $[a, b]$ 上不恒为常数;证明:在 (a, b) 内存在两个不同的点 ξ、η,使得 $f'(\xi) \cdot f'(\eta) < 0$.

11. 设函数 $f(x)$ 在 $[0, 1]$ 上连续,在 $(0, 1)$ 内可导,且 $f(1) = 0$. 证明:存在 $\xi \in (0, 1)$,使得 $f'(\xi) = -\dfrac{2f(\xi)}{\xi}$.

12. 设 a、b 为正数,证明:至少存在一点 $\xi \in (a, b)$,使得 $\dfrac{ae^b - be^a}{a - b} = e^\xi(1 - \xi)$.

4.2 洛必达(L'Hospital)法则

一、$\dfrac{0}{0}$ 型和 $\dfrac{\infty}{\infty}$ 型不定式极限

如果在 x 的某个变化过程中,两个函数 $f(x)$ 与 $g(x)$ 都趋于零或者都趋于无穷大,那么 $\lim\dfrac{f(x)}{g(x)}$ 可能存在,也可能不存在,在第二章中曾经遇到过这样的极限,如 $\lim\limits_{x\to0}\dfrac{\sin x}{x}$. 称这两种极限为**不定式极限**,或称为 $\dfrac{0}{0}$ 型不定式极限和 $\dfrac{\infty}{\infty}$ 型不定式极限. 下面用柯西中值定理推出求这两类极限的一种简单且重要的方法——**洛必达法则**.

定理1 (洛必达法则)设

(1) $\lim\dfrac{f(x)}{g(x)}$ 为 $\dfrac{0}{0}$ 型或 $\dfrac{\infty}{\infty}$ 型不定式极限;

(2) 在 x 的变化过程中的某时刻以后,$f'(x)$ 及 $g'(x)$ 都存在,且 $g'(x)\neq0$;

(3) $\lim\dfrac{f'(x)}{g'(x)}=A$ (A 可为实数,$-\infty$,$+\infty$,∞);

则 $\lim\dfrac{f(x)}{g(x)}=A$.

下面仅对洛必达法则中 $x\to a^{+}$ 时的 $\dfrac{0}{0}$ 型不定式极限给出证明.

证 由条件(1)知 $\lim\limits_{x\to a^{+}}f(x)=\lim\limits_{x\to a^{+}}g(x)=0$,故可设 $f(a)=0$,$g(a)=0$. 由 $\lim\limits_{x\to a^{+}}f(x)=f(a)$,$\lim\limits_{x\to a^{+}}g(x)=g(a)$,故 $f(x)$ 与 $g(x)$ 在点 $x=0$ 处右连续,由条件(2)知在某个右邻域 $(a,a+\delta)$ 内,$f'(x)$ 及 $g'(x)$ 都存在,且 $g'(x)\neq0$,于是 $f(x)$ 与 $g(x)$ 在 $\left[a,a+\dfrac{\delta}{2}\right]$ 上满足柯西中值定理条件,因此当 $x\in\left(a,a+\dfrac{\delta}{2}\right)$ 时,有

$$\frac{f(x)}{g(x)}=\frac{f(x)-f(a)}{g(x)-g(a)}=\frac{f'(\xi)}{g'(\xi)}\quad(\xi\,在\,a\,与\,x\,之间).$$

由于 $x\to a^{+}$ 时,有 $\xi\to a^{+}$,故对上式两边令 $x\to a^{+}$,由条件(3)知 $\lim\dfrac{f'(x)}{g'(x)}=A$,因此

$$\lim\limits_{x\to a^{+}}\frac{f(x)}{g(x)}=A.$$

例 1　求 $\lim\limits_{x \to 1} \dfrac{x^2 - 1}{x - 1}$.

解　这是 $\dfrac{0}{0}$ 型不定式极限,使用洛必达法则,得

$$\lim_{x \to 1} \frac{x^2 - 1}{x - 1} = \lim_{x \to 1} \frac{2x}{1} = 2.$$

例 2　求 $\lim\limits_{x \to +\infty} \dfrac{\ln x}{x^{\alpha}}$（实数 $\alpha > 0$）.

解　这是 $\dfrac{\infty}{\infty}$ 型不定式极限,使用洛必达法则,得

$$\lim_{x \to +\infty} \frac{\ln x}{x^{\alpha}} = \lim_{x \to +\infty} \frac{\dfrac{1}{x}}{\alpha x^{\alpha - 1}} = \lim_{x \to +\infty} \frac{1}{\alpha x^{\alpha}} = 0.$$

注意,若 $\lim \dfrac{f'(x)}{g'(x)}$ 仍旧是不定式极限,只要该极限满足洛必达法则条件,还可以应用洛必达法则.

例 3　求 $\lim\limits_{x \to 0} \dfrac{e^x - e^{-x} - 2x}{x - \sin x}$.

解　这是 $\dfrac{0}{0}$ 型不定式极限,可三次应用洛必达法则,得

$$\lim_{x \to 0} \frac{e^x - e^{-x} - 2x}{x - \sin x} = \lim_{x \to 0} \frac{e^x + e^{-x} - 2}{1 - \cos x} = \lim_{x \to 0} \frac{e^x - e^{-x}}{\sin x} = \lim_{x \to 0} \frac{e^x + e^{-x}}{\cos x} = 2.$$

例 4　求 $\lim\limits_{x \to +\infty} \dfrac{x^{\alpha}}{e^x}$（实数 $\alpha > 0$）.

解　这是 $\dfrac{\infty}{\infty}$ 型不定式极限,使用洛必达法则,得

$$\lim_{x \to +\infty} \frac{x^{\alpha}}{e^x} = \lim_{x \to +\infty} \frac{\alpha x^{\alpha - 1}}{e^x}.$$

当 $0 < \alpha \leqslant 1$ 时,右端的极限值为 0;当 $\alpha > 1$ 时,右端仍是 $\dfrac{\infty}{\infty}$ 型不定式极限.继续应用

洛必达法则,直到在分子上第一次出现带有负(或为零)指数为止,而分母则始终是 e^x. 因此,只要 $\alpha > 0$,恒有

$$\lim_{x \to +\infty} \frac{x^\alpha}{e^x} = 0.$$

从例 2 和例 4 可见,当 $x \to +\infty$ 时,$\ln x$、x^α(实数 $\alpha > 0$)和 e^x 都是无穷大,但他们趋于无穷大的速度不同,指数函数 e^x 是比幂函数 x^α 高阶的无穷大,而幂函数 x^α 是比对数函数 $\ln x$ 高阶的无穷大.

二、其他类型不定式极限

除 $\frac{0}{0}$ 型和 $\frac{\infty}{\infty}$ 型不定式极限外,不定式极限还有 $0 \cdot \infty$,$\infty - \infty$,0^0,∞^0,1^∞ 等类型. 求这五类不定式极限时,可将其化为 $\frac{0}{0}$ 型或 $\frac{\infty}{\infty}$ 型不定式极限,再应用洛必达法则.

例 5 求 $\lim\limits_{x \to 0^+} x^\alpha \ln x$(实数 $\alpha > 0$).

解 这是 $0 \cdot \infty$ 型不定式极限,可化为 $\frac{\infty}{\infty}$ 型不定式极限后再用洛必达法则,得:

$$\lim_{x \to 0^+} x^\alpha \ln x = \lim_{x \to 0^+} \frac{\ln x}{\dfrac{1}{x^\alpha}} = \lim_{x \to 0^+} \frac{\dfrac{1}{x}}{-\dfrac{\alpha}{x^{\alpha+1}}} = \lim_{x \to 0^+} -\frac{x^\alpha}{\alpha} = 0.$$

例 6 求 $\lim\limits_{x \to \frac{\pi}{2}} (\sec x - \tan x)$.

解 这是 $\infty - \infty$ 型不定式极限,通分后可化为 $\frac{0}{0}$ 型不定式极限,得

$$\lim_{x \to \frac{\pi}{2}} (\sec x - \tan x) = \lim_{x \to \frac{\pi}{2}} \left(\frac{1}{\cos x} - \frac{\sin x}{\cos x} \right) = \lim_{x \to \frac{\pi}{2}} \frac{1 - \sin x}{\cos x} = \lim_{x \to \frac{\pi}{2}} \frac{-\cos x}{-\sin x} = 0.$$

例 7 求 $\lim\limits_{x \to 0^+} (1 - \cos x)^{\frac{1}{\ln x}}$.

解 这是 0^0 不定式极限,可以通过指数函数的连续性将幂指函数的极限化为对指数部分上的极限应用洛必达法则,得

$$\lim_{x \to 0^+}(1-\cos x)^{\frac{1}{\ln x}} = \lim_{x \to 0^+} e^{\frac{\ln(1-\cos x)}{\ln x}} = e^{\lim_{x \to 0^+}\frac{\ln(1-\cos x)}{\ln x}} = e^{\lim_{x \to 0^+}\frac{\frac{\sin x}{1-\cos x}}{\frac{1}{x}}} = e^{\lim_{x \to 0^+}\frac{x\sin x}{1-\cos x}} = e^{\lim_{x \to 0^+}\frac{x^2}{\frac{1}{2}x^2}} = e^2.$$

例 8　求 $\lim\limits_{x \to +\infty} x^{\frac{1}{x}}$.

解　这是 ∞^0 型不定式极限,也可以通过指数函数的连续性将幂指函数的极限化为对指数部分上的极限应用洛必达法则,得

$$\lim_{x \to +\infty} x^{\frac{1}{x}} = \lim_{x \to +\infty} e^{\frac{\ln x}{x}} = e^{\lim_{x \to +\infty}\frac{\ln x}{x}} = e^{\lim_{x \to +\infty}\frac{\frac{1}{x}}{1}} = e^0 = 1.$$

例 9　求 $\lim\limits_{x \to 1} x^{\frac{1}{1-x}}$.

解　这是 1^∞ 型不定式极限,也可以通过指数函数的连续性将幂指函数的极限化为对指数部分上的极限应用洛必达法则,得

$$\lim_{x \to 1} x^{\frac{1}{1-x}} = \lim_{x \to 1} e^{\frac{\ln x}{1-x}} = e^{\lim_{x \to 1}\frac{\ln x}{1-x}} = e^{\lim_{x \to 1}\frac{\frac{1}{x}}{-1}} = e^{-1}.$$

思考　例 9 中的 1^∞ 型不定式极限是否也可以利用重要极限 $\lim\limits_{x \to 0}(1+x)^{\frac{1}{x}}$ 求出?

对于数列极限中的不定式极限也可以借助归结原理和洛必达法则来求.

例 10　求 $\lim\limits_{n \to \infty} \dfrac{\dfrac{\pi}{2} - \arctan n}{\dfrac{1}{n}}$.

解　这是数列极限中的 $\dfrac{0}{0}$ 型不定式极限,可以根据归结原理利用函数极限的洛必达法则,再回到数列极限. 因为

$$\lim_{x \to +\infty} \frac{\dfrac{\pi}{2} - \arctan x}{\dfrac{1}{x}} = \lim_{x \to +\infty} \frac{-\dfrac{1}{1+x^2}}{-\dfrac{1}{x^2}} = \lim_{x \to +\infty} \frac{x^2}{1+x^2} = \lim_{x \to +\infty} \frac{2x}{2x} = 1.$$

所以

$$\lim_{n \to \infty} \frac{\dfrac{\pi}{2} - \arctan n}{\dfrac{1}{n}} = 1.$$

运用洛必达法则,**应注意以下几点**:

1. 每次运用洛必达法则之前均应检查是否满足洛必达法则的条件,否则就可能出错.

例 11   求 $\lim\limits_{x \to 0} \dfrac{e^x - \cos x}{x \sin x}$.

解   这是 $\dfrac{0}{0}$ 型不定式极限,运用洛必达法则可得

$$\lim_{x \to 0} \frac{e^x - \cos x}{x \sin x} = \lim_{x \to 0} \frac{e^x + \sin x}{x \cos x + \sin x} = \infty.$$

但是,若不检验条件就再应用洛必达法则,将得出如下错误的结论:

$$\lim_{x \to 0} \frac{e^x - \cos x}{x \sin x} = \lim_{x \to 0} \frac{e^x + \sin x}{x \cos x + \sin x} = \lim_{x \to 0} \frac{e^x + \cos x}{-x \sin x + 2 \cos x} = \frac{2}{2} = 1.$$

2. 洛必达法则的条件是充分的,不是必要的. 因此运用洛必达法则不能解决某不定式极限问题时,并不意味着所求极限不存在,仅表明洛必达法则对此失效,请看下例.

例 12   求 $\lim\limits_{x \to \infty} \dfrac{x + \sin x}{x}$.

解   直接计算可得

$$\lim_{x \to \infty} \frac{x + \sin x}{x} = \lim_{x \to \infty} \frac{1 + \dfrac{\sin x}{x}}{1} = \frac{1 + 0}{1} = 1.$$

但是,若对此 $\dfrac{\infty}{\infty}$ 型不定式极限运用洛必达法则,则有

$$\lim_{x \to \infty} \frac{(x + \sin x)'}{(x)'} = \lim_{x \to \infty} \frac{1 + \cos x}{1}$$

不存在,所以此题不能应用洛必达法则.

3. 使用洛必达法则时,极限 $\lim \dfrac{f'(x)}{g'(x)}$ 应比极限 $\lim \dfrac{f(x)}{g(x)}$ 容易计算,否则就失去了洛必达法则的意义.

例 13   求 $\lim\limits_{x \to 0} \dfrac{e^{-\frac{1}{x^2}}}{x^4}$.

解   令 $\dfrac{1}{x^2} = y$,则当 $x \to 0$ 时,$y \to +\infty$,于是

$$\lim_{x\to0}\frac{e^{-\frac{1}{x^2}}}{x^4}=\lim_{y\to+\infty}\frac{y^2}{e^y}=\lim_{y\to+\infty}\frac{2y}{e^y}=\lim_{y\to+\infty}\frac{2}{e^y}=0.$$

但是,若将此 $\dfrac{0}{0}$ 型不定式极限直接应用洛必达法则,则有

$$\lim_{x\to0}\frac{e^{-\frac{1}{x^2}}}{x^4}=\lim_{x\to0}\frac{\left(e^{-\frac{1}{x^2}}\right)'}{\left(x^4\right)'}=\lim_{x\to0}\frac{\frac{2}{x^3}e^{-\frac{1}{x^2}}}{4x^3}=\lim_{x\to0}\frac{e^{-\frac{1}{x^2}}}{2x^6}.$$

这比原来的极限更复杂,无助于问题的解决.

4. 在用洛必达法则求不定式极限的过程中,还可结合使用其他求极限的有效方法,如等价无穷小代换,使计算更简化.

例 14　求 $\lim\limits_{x\to0}\dfrac{(e^x+e^{-x}-2)\cos x}{\sin x(e^x-1)}$.

解　这是 $\dfrac{0}{0}$ 型不定式极限. 若直接用洛必达法则,会使计算很烦琐. 但若先用等价无穷小量 x 将分母中的 $\sin x$,(e^x-1) 替换掉,并将 $x\to0$ 时 $\cos x$ 的极限单独计算出来,再利用洛必达法则计算就较为简便了:

$$\lim_{x\to0}\frac{(e^x+e^{-x}-2)\cos x}{\sin x(e^x-1)}=\left(\lim_{x\to0}\cos x\right)\left(\lim_{x\to0}\frac{e^x+e^{-x}-2}{x^2}\right)$$
$$=\lim_{x\to0}\frac{e^x-e^{-x}}{2x}=\lim_{x\to0}\frac{e^x+e^{-x}}{2}=\frac{2}{2}=1.$$

习题 4.2

1. 用洛必达法则求下列极限:

(1) $\lim\limits_{x\to0}\dfrac{a^x-b^x}{x}$（常数 a、b 均大于 0）;

(2) $\lim\limits_{x\to0}\dfrac{e^x-e^{-x}}{\sin x}$;

(3) $\lim\limits_{x\to0}\dfrac{1-\cos x^2}{x^2\sin x^2}$;

(4) $\lim\limits_{x\to\frac{\pi}{2}}\dfrac{\ln\sin x}{(\pi-2x)^3}$;

(5) $\lim\limits_{x\to\frac{\pi}{4}}\dfrac{\tan x-1}{\sin 4x}$;

(6) $\lim\limits_{x\to0}\dfrac{\tan x-x}{x-\sin x}$;

(7) $\lim\limits_{x\to0}\dfrac{\ln(1+x^2)}{\sec x-\cos x}$;

(8) $\lim\limits_{x\to+\infty}\dfrac{\ln\left(1+\dfrac{1}{x}\right)}{\operatorname{arccot}x}$;

(9) $\lim\limits_{x\to\frac{\pi}{2}}\dfrac{\tan x}{\tan 3x}$;

(10) $\lim\limits_{x\to 1}\dfrac{x-x^x}{1-x+\ln x}$;

(11) $\lim\limits_{x\to\pi}(\pi-x)\tan\dfrac{x}{2}$;

(12) $\lim\limits_{x\to\infty}x(e^{\frac{1}{x}}-1)$;

(13) $\lim\limits_{x\to 0}\left(\dfrac{1}{x}-\dfrac{1}{e^x-1}\right)$;

(14) $\lim\limits_{x\to 1}\left(\dfrac{x}{x-1}-\dfrac{1}{\ln x}\right)$;

(15) $\lim\limits_{x\to 0}\left(\cot x-\dfrac{1}{x}\right)$;

(16) $\lim\limits_{x\to 0}\left(\dfrac{1}{\sin x}-\dfrac{1}{x}\right)$;

(17) $\lim\limits_{x\to 0^+}x^x$;

(18) $\lim\limits_{x\to\frac{\pi}{2}^-}(\cos x)^{\frac{\pi}{2}-x}$;

(19) $\lim\limits_{x\to+\infty}\left(\dfrac{2}{\pi}\arctan x\right)^x$;

(20) $\lim\limits_{x\to 0}(1+\sin x)^{\frac{1}{x}}$;

(21) $\lim\limits_{x\to 0^+}\left(\ln\dfrac{1}{x}\right)^x$;

(22) $\lim\limits_{x\to 0^+}\left(\dfrac{1}{x}\right)^{\tan x}$.

2. 验证 $\lim\limits_{x\to\infty}\dfrac{x+\sin x}{x-\sin x}$ 存在,但不能用洛必达法则得出.

3. 设 $f(x)$ 二阶可导,且 $f(0)=0$,$f'(0)=1$,$f''(0)=2$,求 $\lim\limits_{x\to 0}\dfrac{f(x)-x}{x^2}$.

4. 求 $\lim\limits_{x\to 0}\left[\dfrac{\ln(x+1)}{x}\right]^{\frac{1}{e^x-1}}$.

5. 已知 $\lim\limits_{x\to 0}\dfrac{x-\arctan x}{x^k}=c$,且 $c\neq 0$,求常数 k、c.

6. 设 $f(x)=\begin{cases}\dfrac{g(x)-1}{x}, & x\neq 0,\\[2mm] a, & x=0\end{cases}$ 是可微函数,其中 $g(x)$ 在点 $x=0$ 处二阶可导. 试确定 $g(0)$ 和常数 a,并求 $f'(0)$.

4.3 泰勒(Taylor)公式

一、泰勒公式

对于一些较复杂的函数,为了便于研究,往往希望用一些简单的函数来近似它. 由于多项式是除线性函数(一次多项式)外最简单的一种函数,因此用多项式来逼近函数是十分自然的想法.

在 3.5 节已知,当函数 $f(x)$ 在点 x_0 处可微时,在点 x_0 附近可以用线性函数 $f(x_0)+f'(x_0)(x-x_0)$ 来近似 $f(x)$,其误差是关于 $(x-x_0)$ 的高阶无穷小. 现在需要更进一步:如果函数

$f(x)$ 在含有 x_0 的开区间内具有 $(n+1)$ 阶导数,如何找出一个关于 $(x-x_0)$ 的 n 次多项式

$$P_n = a_0 + a_1(x-x_0) + a_2(x-x_0)^2 + \cdots + a_n(x-x_0)^n,$$

使得 $f(x)$ 与 $P_n(x)$ 之差是比 $(x-x_0)^n$ 高阶的无穷小,或者说如何确定 $a_0, a_1, a_2, \cdots, a_n$ 的值使得 $f(x)$ 与 $P_n(x)$ 之差是比 $(x-x_0)^n$ 高阶的无穷小.

假设 $f(x)$ 与 $P_n(x)$ 在点 $x = x_0$ 处具有 n 阶的导数,且

$$f^{(k)}(x_0) = P_n^{(k)}(x_0) \quad k = 0, 1, \cdots, n,$$

由于 $P_n^{(k)}(x_0) = a_k k!$,这样就可得

$$a_k = \frac{P_n^{(k)}(x_0)}{k!} = \frac{f^{(k)}(x_0)}{k!}.$$

这样得到的多项式能否满足 $f(x)$ 与 $P_n(x)$ 之差是比 $(x-x_0)^n$ 高阶的无穷小呢?

定理　(泰勒中值定理)设函数 $f(x)$ 在点 x_0 的某邻域 $U(x_0)$ 内具有 $(n+1)$ 阶导数,则在该邻域内有

$$f(x) = f(x_0) + f'(x_0)(x-x_0) + \frac{f''(x_0)}{2!}(x-x_0)^2 + \cdots + \tag{①}$$

$$\frac{f^{(n)}(x_0)}{n!}(x-x_0)^n + \frac{f^{(n+1)}(\xi)}{(n+1)!}(x-x_0)^{n+1},$$

其中 ξ 是介于 x_0 与 x 之间的某个值.

证　设

$$R_n(x) = f(x) - \left[f(x_0) + f'(x_0)(x-x_0) + \frac{f''(x_0)}{2!}(x-x_0)^2 + \cdots + \frac{f^{(n)}(x_0)}{n!}(x-x_0)^n \right],$$

由此可得 $R_n(x_0) = R_n'(x_0) = \cdots = R_n^{(n)}(x_0) = 0$.

对函数 $R_n(x)$ 和 $(x-x_0)^{n+1}$ 在以 x_0、x 为端点的闭区间上应用柯西中值定理,得

$$\frac{R_n(x)}{(x-x_0)^{n+1}} = \frac{R_n(x) - R_n(x_0)}{(x-x_0)^{n+1} - 0} = \frac{R_n'(\xi_1)}{(n+1)(\xi_1 - x_0)^n}, \text{其中 } \xi_1 \text{ 在 } x_0 \text{ 与 } x \text{ 之间.}$$

再对函数 $R_n'(x)$ 与 $(n+1)(x-x_0)^n$ 在 x_0、ξ_1 为端点的闭区间上应用柯西中值定理,得

$$\frac{R_n'(\xi_1)}{(n+1)(\xi_1 - x_0)^n} = \frac{R_n'(\xi_1) - R_n'(x_0)}{(n+1)(\xi_1 - x_0)^n - 0} = \frac{R_n''(\xi_2)}{n(n+1)(\xi_2 - x_0)^{n-1}},$$

其中 ξ_2 在 x_0 及 ξ_1 之间.

如此,经 $n+1$ 次应用柯西中值定理后,得

$$\frac{R_n(x)}{(x-x_0)^{n+1}} = \frac{R_n^{(n+1)}(\xi)}{(n+1)!}, \text{其中} \xi \text{在} x_0 \text{与} \xi_n \text{之间(因而也在} x_0 \text{与} x \text{之间)}.$$

由 $R_n(x)$ 定义可知 $R_n^{(n+1)}(\xi) = f^{(n+1)}(\xi)$, 于是

$$R_n(x) = \frac{f^{(n+1)}(\xi)}{(n+1)!}(x-x_0)^{n+1}. \qquad ②$$

因此①式成立.

式①称为 $f(x)$ 按 $(x-x_0)$ 的幂展开的 n 阶**泰勒公式**. $R_n(x)$ 的表达式②称为**拉格朗日余项**. ①式又称为**带有拉格朗日余项的泰勒公式**.

当 $f^{(n+1)}(x)$ 有界且 $x \to x_0$ 时, $R_n(x)$ 是 $(x-x_0)^n$ 的高阶无穷小. 因此, 在不需要写出余项的精确表达式时, n 阶泰勒公式也可写成

$$f(x) = f(x_0) + f'(x_0)(x-x_0) + \frac{f''(x_0)}{2!}(x-x_0)^2 + \cdots + \frac{f^{(n)}(x_0)}{n!}(x-x_0)^n + o[(x-x_0)^n],$$

其中 $R_n(x) = o[(x-x_0)^n] (x \to x_0)$ 称为**佩亚诺(Peano)余项**. 虽然佩亚诺余项没有拉格朗日余项精确, 但 n 阶带有佩亚诺余项的泰勒公式只要求 $f(x)$ 在点 x_0 处具有 n 阶导数. 证明如下.

设

$$R_n(x) = f(x) - \left[f(x_0) + f'(x_0)(x-x_0) + \frac{f''(x_0)}{2!}(x-x_0)^2 + \cdots + \frac{f^{(n)}(x_0)}{n!}(x-x_0)^n \right],$$

由此可得 $R_n(x_0) = R_n'(x_0) = \cdots = R_n^{(n)}(x_0) = 0$.

n 次应用洛必达法则, 得

$$\lim_{x \to x_0} \frac{R_n(x)}{(x-x_0)^n} = \lim_{x \to x_0} \frac{R_n(x) - R_n(x_0)}{(x-x_0)^n} = \lim_{x \to x_0} \frac{R_n'(x)}{n(x-x_0)^{n-1}} = \lim_{x \to x_0} \frac{R_n'(x) - R_n'(x_0)}{x - x_0}$$

$$= \cdots = \lim_{x \to x_0} \frac{R_n^{(n-1)}(x)}{n!(x-x_0)} = \frac{1}{n!}\lim_{x \to x_0} \frac{R_n^{(n-1)}(x) - R_n^{(n-1)}(x_0)}{x - x_0}$$

$$= \frac{1}{n!} R_n^{(n)}(x_0) = 0,$$

从而 $R_n(x) = o[(x-x_0)^n] (x \to x_0)$.

思考　上述证明过程中求极限得到 $\frac{1}{n!} R_n^{(n)}(x_0)$ 的最后一步用的是 $R_n^{(n-1)}(x)$ 在点 x_0 处可导的定义, 为什么不能否再用一次洛必达法则?

二、几个初等函数带佩亚诺余项的麦克劳林(Maclaurin)公式

称点 $x = 0$ 处的泰勒公式为**麦克劳林公式**. 下面是几个常见的初等函数带佩亚诺余项的麦克

劳林公式.

1. $f(x) = \mathrm{e}^x$.

因为 $f^{(k)}(x) = \mathrm{e}^x$, 故 $f^{(k)}(0) = 1$, $k = 0, 1, 2, \cdots$, 从而

$$\mathrm{e}^x = 1 + x + \frac{x^2}{2!} + \cdots + \frac{x^n}{n!} + o(x^n).$$

2. $f(x) = \sin x$.

因为 $f^{(k)}(x) = \sin\left(x + k\frac{\pi}{2}\right)$, 故 $f^{(2m)}(0) = 0$, $f^{(2m+1)}(0) = (-1)^m$, $m = 0, 1, 2, \cdots$. 从而

$$\sin x = x - \frac{x^3}{3!} + \frac{x^5}{5!} + \cdots + (-1)^m \frac{x^{2m+1}}{(2m+1)!} + o(x^{2m+2}).$$

3. $f(x) = \cos x$.

由 $f^{(k)}(x) = \cos\left(x + k\frac{\pi}{2}\right)$, 得 $f^{(2m)}(0) = (-1)^m$, $f^{(2m+1)}(0) = 0$, $m = 0, 1, 2, \cdots$. 从而

$$\cos x = 1 - \frac{x^2}{2!} + \frac{x^4}{4!} + \cdots + (-1)^m \frac{x^{2m}}{(2m)!} + o(x^{2m+1}).$$

4. $f(x) = \ln(1 + x)$.

由 $f^{(k)}(x) = (-1)^{k-1} \frac{(k-1)!}{(1+x)^k}$, $k = 1, 2, \cdots$, 得 $f^{(k)}(0) = (-1)^{k-1}(k-1)!$, 从而

$$\ln(1 + x) = x - \frac{x^2}{2} + \frac{x^3}{3} + \cdots + (-1)^{n-1}\frac{x^n}{n} + o(x^n).$$

5. $f(x) = (1 + x)^\alpha$.

易得 $f(0) = 1$ 及 $f^{(k)}(0) = \alpha(\alpha - 1)\cdots(\alpha - (k-1))$, $k = 0, 1, 2, \cdots$, 从而

$$(1 + x)^\alpha = 1 + \alpha x + \frac{\alpha(\alpha-1)x^2}{2} + \cdots + \frac{\alpha(\alpha-1)\cdots(\alpha-(n-1))x^n}{n!} + o(x^n).$$

对于上述五个麦克劳林公式, 读者可以写出相应的带拉格朗日余项的麦克劳林公式.

带佩亚诺余项的麦克劳林公式常可用来计算极限. 当一个问题中涉及函数的高阶导数时, 常用泰勒公式来解决.

例 1　求 $\lim\limits_{x \to 0} \dfrac{\cos x - \mathrm{e}^{-\frac{x^2}{2}}}{x^4}$.

解　因为 $\cos x = 1 - \dfrac{x^2}{2!} + \dfrac{x^4}{4!} + o(x^4)$, $\mathrm{e}^{-\frac{x^2}{2}} = 1 - \dfrac{x^2}{2} + \dfrac{\left(\frac{x^2}{2}\right)^2}{2!} + o(x^4)$, 从而

$$\lim_{x \to 0} \frac{\cos x - e^{-\frac{x^2}{2}}}{x^4} = \lim_{x \to 0} \frac{\left(1 - \frac{x^2}{2} + \frac{x^4}{24}\right) - \left(1 - \frac{x^2}{2} + \frac{x^4}{8}\right) + o(x^4)}{x^4}$$

$$= \lim_{x \to 0} \frac{-\frac{1}{12}x^4 + o(x^4)}{x^4} = -\frac{1}{12}.$$

例2 求 $\lim\limits_{x \to +\infty} (\sqrt[3]{x^3 + 3x^2} - \sqrt[4]{x^4 - 2x^3})$.

解 因为当 $x \to +\infty$ 时,有

$$\sqrt[3]{x^3 + 3x^2} = x\left(1 + \frac{3}{x}\right)^{\frac{1}{3}} = x\left[1 + \frac{1}{3} \cdot \frac{3}{x} + o\left(\frac{1}{x}\right)\right],$$

$$\sqrt[4]{x^4 + 2x^3} = x\left(1 - \frac{2}{x}\right)^{\frac{1}{4}} = x\left[1 - \frac{1}{4} \cdot \frac{2}{x} + o\left(\frac{1}{x}\right)\right],$$

从而

$$\lim_{x \to +\infty} (\sqrt[3]{x^3 + 3x^2} - \sqrt[4]{x^4 - 2x^3}) = \lim_{x \to +\infty} \left(1 - \left(-\frac{1}{2}\right) + x \cdot o\left(\frac{1}{x}\right)\right) = \frac{3}{2}.$$

思考 例1、例2 中的极限是否可以用洛必达法则求出? 又是否可用等价无穷小替换的方法求出?

例3 设函数 $f(x)$ 满足 $\lim\limits_{x \to \infty} f(x) = C$($C$ 为常数),$\lim\limits_{x \to \infty} f'''(x) = 0$,证明: $\lim\limits_{x \to \infty} f'(x) = 0$,$\lim\limits_{x \to \infty} f''(x) = 0$.

证 由泰勒公式可得

$$f(x + 1) = f(x) + f'(x) + \frac{1}{2!}f''(x) + \frac{1}{3!}f'''(\xi_1), \quad x < \xi_1 < x + 1, \qquad ③$$

$$f(x - 1) = f(x) - f'(x) + \frac{1}{2!}f''(x) - \frac{1}{3!}f'''(\xi_2), \quad x - 1 < \xi_2 < x, \qquad ④$$

③④两式相加,得

$$f''(x) = f(x + 1) + f(x - 1) - 2f(x) + \frac{1}{6}f'''(\xi_2) - \frac{1}{6}f'''(\xi_1),$$

③④两式相减,得

$$f'(x) = \frac{1}{2}[f(x+1) - f(x-1)] - \frac{1}{6}f'''(\xi_1) + \frac{1}{6}f'''(\xi_2),$$

当 $x \to \infty$ 时,由③④两式知 $\xi_1 \to \infty$,$\xi_2 \to \infty$,故

$$\lim_{x \to \infty} f''(x) = C + C - 2C + 0 - 0 = 0,$$

$$\lim_{x \to \infty} f'(x) = \frac{1}{2}(C - C) - 0 + 0 = 0.$$

泰勒公式表明可以用多项式 $P_n(x - x_0)$ 来近似代替函数 $f(x)$,并且当 $x \to x_0$ 时,由这种近似而产生的误差是 $(x - x_0)^n$ 的高阶无穷小. 于是,利用这种近似就能把讨论较复杂的函数 $f(x)$ 的问题转化为讨论关于 $(x - x_0)$ 的 n 次多项式的问题. 一般地说,n 越大,用 $P_n(x - x_0)$ 代替 $f(x)$ 的近似程度越好,其误差是拉格朗日型余项 $R_n(x) = \frac{f^{(n+1)}(\xi)}{(n+1)!}(x - x_0)^{n+1}$. 当 $|f^{(n+1)}(\xi)| < M$(M 为常数)时,就有

$$\left| \frac{f^{(n+1)}(\xi)}{(n+1)!}(x - x_0)^{n+1} \right| < \frac{M}{(n+1)!}|x - x_0|^{n+1}.$$

因而可以取 $\frac{M}{(n+1)!}|x - x_0|^{n+1}$ 作为用 $P_n(x - x_0)$ 近似代替 $f(x)$ 所产生的误差. 因此,带有拉格朗日余项的泰勒公式解决了近似表达式中的误差估计问题.

例 4　求 $\sqrt{37}$ 的近似值.

解　$\sqrt{37} = 6\left(1 + \frac{1}{36}\right)^{\frac{1}{2}} = 6\left[1 + \frac{1}{2} \cdot \frac{1}{36} - \frac{1}{8} \cdot \frac{1}{36^2} + \frac{1}{16}(1 + \xi)^{-\frac{5}{2}} \cdot \frac{1}{36^3}\right]$,其中 $\xi \in \left(0, \frac{1}{36}\right)$,又由于

$$6 \cdot \frac{1}{16}(1 + \xi)^{-\frac{5}{2}} \frac{1}{36^3} \leqslant \frac{6}{16} \cdot \frac{1}{36^3} < 0.5 \times 10^{-5},$$

因此

$$\sqrt{37} \approx 6\left(1 + \frac{1}{2} \cdot \frac{1}{36} - \frac{1}{8} \cdot \frac{1}{36^2}\right) \approx 6.08275.$$

4.3 学习要点

并且小数点后有五位有效数字.

习题 4.3

1. 求函数 $f(x) = xe^x$ 的带拉格朗日余项的 n 阶麦克劳林公式.

2. 求函数 $f(x) = \cos 2x$ 的带佩亚诺余项的 n 阶麦克劳林公式.

3. 求函数 $f(x) = \dfrac{1}{x}$ 在点 $x = -1$ 处的 n 阶泰勒公式.

4. 利用泰勒公式求下列极限:

(1) $\lim\limits_{x \to 0} \dfrac{\dfrac{x^2}{2} - \sqrt{1 + x^2} + 1}{(\cos x - e^{x^2}) \sin^2 x}$;

(2) $\lim\limits_{x \to \infty} \left[x - x^2 \ln\left(1 + \dfrac{1}{x}\right) \right]$.

5. 设函数 $f(x)$ 在点 $x = 0$ 的某邻域内二阶可导, 且 $\lim\limits_{x \to 0} \dfrac{\sin x + xf(x)}{x^3} = \dfrac{1}{2}$. 求 $f(0)$, $f'(0)$, $f''(0)$.

6. 如果 $\lim\limits_{x \to 0} (e^x + ax^2 + bx)^{\frac{1}{x^2}} = 1$, 求常数 a、b.

7. 试确定常数 a、b, 使得当 $x \to 0$ 时, $f(x) = \sin x - \dfrac{x + ax^3}{1 + bx^2}$ 成为 x 的阶数尽可能高的无穷小, 并求出此时的阶数.

8. 设函数 $f(x)$ 当 $x \in [0, 2]$ 时, 有 $|f(x)| \leqslant 1$ 和 $|f''(x)| \leqslant 1$, 证明: $|f'(x)| \leqslant 2$.

9. 应用泰勒公式求 $\ln 1.1$ 的值(精确到小数点后四位数字).

4.4　函数的单调性、极值和最值

运用导数研究函数性质是导数应用的一个重要方面. 通常所说的函数性态, 主要包括单调性、极值、最值、函数图形的凸性、拐点、渐近线等等. 本节利用拉格朗日中值定理导出用函数的导数来判定函数的单调性、极值和最值的方法.

一、函数的单调性的判别法

定理 1　设函数 $f(x)$ 在 $[a, b]$ 上连续, 在 (a, b) 内可导, 若在 (a, b) 内恒有

$$f'(x) > 0 \quad (或 < 0),$$

则 $f(x)$ 在 $[a, b]$ 上严格单调增(或严格单调减).

证　对于任意两点 $x_1, x_2 \in [a, b]$, 不妨记 $x_1 < x_2$, 易见 $f(x)$ 在 $[x_1, x_2]$ 上满足拉格朗

日定理条件,故存在 $\xi \in (x_1, x_2)$,使得

$$f(x_2) - f(x_1) = f'(\xi)(x_2 - x_1).$$

如果 $f'(x) > 0$,那么 $f'(\xi) > 0$,又由于 $x_2 - x_1 > 0$,所以 $f(x_2) - f(x_1) > 0$,从而 $f(x)$ 在 $[a, b]$ 上严格单调增.

同理可证严格单调减的情形.

定理 1 的几何解释是:若在某区间上函数 $f(x)$ 图形的切线与 x 轴夹角 α 是锐角($\tan \alpha > 0$,$f'(x) = \tan x$),则函数 $f(x)$ 在该区间上严格单调增(见图 4-5(a));若这夹角 α 是钝角($\tan \alpha < 0$),则函数 $f(x)$ 在该区间上严格单调减(见图 4-5(b))

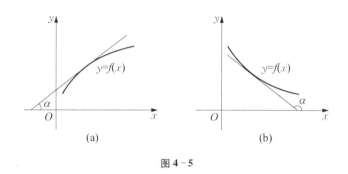

图 4-5

思考 如果定理条件改为:$f(x)$ 在区间 I 上连续,在 I 内可导且 $f'(x) > 0$(或 $f'(x) < 0$),是否可以得出 $f(x)$ 在 I 上严格单调增(或严格单调减)的结论?

定理 1 表明,在区间 $[a, b]$ 上 $f'(x) > 0$ 是 $f(x)$ 严格单调增加的充分条件,但不是必要条件. 例如,$f(x) = x^3$ 在 $(-\infty, +\infty)$ 上严格单调增,但 $f'(0) = 0$.

若使在区间 I 上 $f'(x) = 0$ 的点是分散且孤立的,其他点处 $f'(x)$ 都大于零(或都小于零),就可得 $f(x)$ 在区间 I 上是严格单调增(或严格单调减). 如在 $(-\infty, +\infty)$ 上,$f(x) = x - \sin x$ 在 $x = 2n\pi$ 处有 $f'(2n\pi) = 1 - \cos 2n\pi = 0$,但 $f(x)$ 在 $(-\infty, +\infty)$ 上是严格单调增. 由此可总结得下面的推论.

推论 若 $f(x)$ 在区间 I 上连续,在 I 内可导且使 $f'(x) = 0$ 的点是分散且孤立的,其他点处 $f'(x)$ 都大于零(或小于零),则 $f(x)$ 在 I 上严格单调增(或严格单调减).

推论的证明留给读者自行完成.

若要确定函数 $f(x)$ 的单调区间,可先在 $f(x)$ 的定义域内找出所有 $f(x)$ 的不可导点和驻点. 用这些点将 $f(x)$ 的定义域分成若干个小区间,在每个小区间上确定 $f(x)$ 的符号,然后根据定理 1 及其推论,确定 $f(x)$ 在每个小区间上的单调性.

例1 确定函数 $f(x) = 2x^3 - 3x^2 - 12x - 3$ 的单调区间.

解 $f(x) = 2x^3 - 3x^2 - 12x - 3$ 在其定义域 $(-\infty, +\infty)$ 上可导,且

$$f'(x) = 6x^2 - 6x - 12 = 6(x + 1)(x - 2).$$

令 $f'(x) = 0$,得驻点 $x_1 = -1$,$x_2 = 2$,用这两个驻点将函数的定义域 $(-\infty, +\infty)$ 分成三个小区间,在三个小区间上讨论 $f'(x)$ 的符号及 $f(x)$ 的单调性. 如表4.1所示.

表4.1

区间	$(-\infty, -1)$	-1	$(-1, 2)$	2	$(2, +\infty)$
$f'(x)$	$+$	0	$-$	0	$+$
$f(x)$	增		减		增

因此,函数 $f(x)$ 在 $(-\infty, -1]$、$[2, +\infty)$ 上严格单调增,在 $[-1, 2]$ 上严格单调减.

例2 确定函数 $f(x) = \dfrac{x^3}{3 - x^2}$ 的单调区间.

解 $f(x)$ 的定义域为 $(-\infty, -\sqrt{3}) \cup (-\sqrt{3}, \sqrt{3}) \cup (\sqrt{3}, +\infty)$,且

$$f'(x) = \frac{3x^2(3 - x^2) - x^3(-2x)}{(3 - x^2)^2} = \frac{x^2(3 + x)(3 - x)}{(3 - x^2)^2}.$$

所以 $f(x)$ 有三个驻点 $x_1 = -3$,$x_2 = 0$,$x_3 = 3$,用这三个驻点将定义域分成六个小区间,列表讨论(如表4.2所示).

表4.2

区间	$(-\infty, -3)$	-3	$(-3, -\sqrt{3})$	$(-\sqrt{3}, 0)$	0	$(0, \sqrt{3})$	$(\sqrt{3}, 3)$	3	$(3, +\infty)$
$f'(x)$	$-$	0	$+$	$+$	0	$+$	$+$	0	$-$
$f(x)$	减		增	增		增	增		减

因此,$f(x)$ 在 $(-\infty, -3]$、$[3, +\infty)$ 上严格单调减,在 $[-3, -\sqrt{3})$、$(-\sqrt{3}、\sqrt{3})$、$(\sqrt{3}, 3]$ 上严格单调增.

应用函数的单调性还可以证明不等式.

例3 证明:当 $x > 0$ 时,$1 + x\ln(x + \sqrt{1 + x^2}) > \sqrt{1 + x^2}$.

证 令 $f(x) = 1 + x\ln(x + \sqrt{1 + x^2}) - \sqrt{1 + x^2}$,因为函数 $f(x)$ 在 $[0, +\infty)$ 上可导,且当 $x > 0$ 时,

$$f'(x) = \ln(x + \sqrt{1 + x^2}) + \frac{x}{x + \sqrt{1 + x^2}}\left(1 + \frac{x}{\sqrt{1 + x^2}}\right) - \frac{x}{\sqrt{1 + x^2}}$$

$$= \ln(x + \sqrt{1 + x^2}) + \frac{x}{\sqrt{1 + x^2}} - \frac{x}{\sqrt{1 + x^2}} = \ln(x + \sqrt{1 + x^2}) > 0.$$

由定理 1 的推论知 $f(x)$ 在 $[0, +\infty)$ 上严格单调增,从而当 $x > 0$ 时,有 $f(x) > f(0)$,即

$$1 + x\ln(x + \sqrt{1 + x^2}) > \sqrt{1 + x^2}.$$

二、函数的极值的判别法

由费马定理知,可导函数的极值点必是驻点,因此对于连续函数而言,其极值点可能是驻点和导数不存在的点. 但驻点和不可导点是否是极值点还需进一步判定.

定理 2 (极值点的第一充分条件) 设函数 $f(x)$ 在点 x_0 的某邻域 $U(x_0; \delta)$ 内连续,在去心邻域 $\overset{\circ}{U}(x_0; \delta)$ 内可导,若函数 $f(x)$ 满足

(1) 在 $(x_0 - \delta, x_0)$ 内 $f'(x) > 0$ (或 < 0),

(2) 在 $(x_0, x_0 + \delta)$ 内 $f'(x) < 0$ (或 > 0),

则 $f(x)$ 在点 x_0 处取得极大值(或极小值).

证 由于函数 $f(x)$ 在 $(x_0 - \delta, x_0]$ 上连续,且在 $(x_0 - \delta, x_0)$ 内 $f'(x) > 0$,因此,由定理 1 及推论可知函数 $f(x)$ 在 $(x_0 - \delta, x_0]$ 上严格单调增. 同理,$f(x)$ 在 $[x_0, x_0 + \delta)$ 上严格单调减. 因而当 $x \in \overset{\circ}{U}(x_0; \delta)$ 时,都有 $f(x) < f(x_0)$,即 $f(x)$ 在点 x_0 处得极大值.

极小值的情形可类似证明.

思考 请根据下面的例题总结出求函数的单调区间和极值的一般步骤.

例 4 求函数 $f(x) = \sqrt[3]{(2x - x^2)^2}$ 的极值点和极值.

解 易知函数 $f(x)$ 在 $(-\infty, +\infty)$ 上连续,且

$$f'(x) = \frac{2}{3} \frac{2 - 2x}{\sqrt[3]{2x - x^2}} = \frac{4(1 - x)}{3\sqrt[3]{x(2 - x)}},$$

可知 $f(x)$ 的驻点为 $x = 1$,不可导点为 $x = 0$、$x = 2$. 列表讨论如表 4.3 所示.

表 4.3

区间	$(-\infty, 0)$	0	$(0, 1)$	1	$(1, 2)$	2	$(2, +\infty)$
$f'(x)$	−	不存在	+	0	−	不存在	+
$f(x)$	减	极小值 0	增	极大值 $f(1) = 1$	减	极小值 $f(2) = 0$	增

由表 4.3 可知点 $x = 1$ 为 $f(x)$ 的极大值点,极大值为 $f(1) = 1$,点 $x = 0$、$x = 2$ 为 $f(x)$ 的极小值点,极小值为 $f(0) = 0$ 和 $f(2) = 0$.

定理 2 的条件是充分条件但不是必要条件,例如,函数

$$f(x) = \begin{cases} x^2\left(\sin\dfrac{1}{x} + 2\right), & x \neq 0, \\ 0, & x = 0, \end{cases}$$

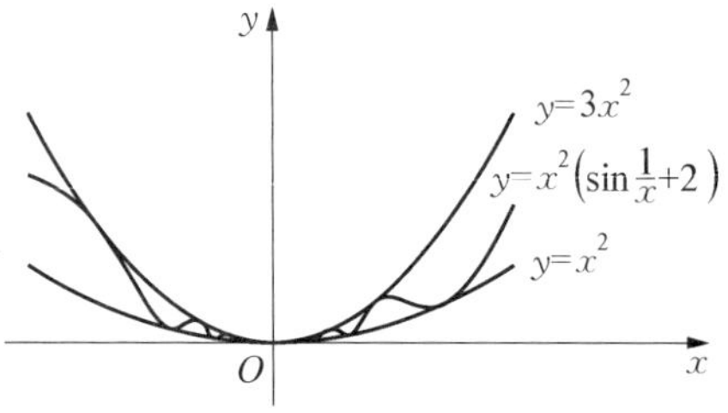

图 4 - 6

因 $x^2 \leqslant x^2\left(\sin\dfrac{1}{x} + 2\right) \leqslant 3x^2$,所以 $f(0) = 0$ 是函数 $f(x)$ 的极小值. 如图 4 - 6 所示. 但由于 $f'(0) =$

$$\lim_{x \to 0} \frac{x^2\left(\sin\dfrac{1}{x} + 2\right) - 0}{x - 0} = 0,$$ 当 $x \neq 0$ 时,$f'(x) =$

$$2x\left(\sin\dfrac{1}{x} + 2\right) + x^2\cos\dfrac{1}{x}\left(-\dfrac{1}{x^2}\right) = 2x\left(\sin\dfrac{1}{x} + 2\right) -$$

$\cos\dfrac{1}{x}$,可见不存在 $\delta > 0$,使得 $f'(x)$ 的符号在 $(-\delta, 0)$ 内与 $(0, \delta)$ 内相异.

例 5 确定函数 $f(x) = \dfrac{x^3}{3 - x^2}$ 的单调区间和极值.

解 根据例 2 的讨论,列表讨论如表 4.4 所示.

表 4.4

区间	$(-\infty, -3)$	−3	$(-3, -\sqrt{3})$	$(-\sqrt{3}, 0)$	0	$(0, \sqrt{3})$	$(\sqrt{3}, 3)$	3	$(3, +\infty)$
$f'(x)$	−	0	+	+	0	+	+	0	−
$f(x)$	减	极小值	增	增	非极值	增	增	极大值	减

因此,$f(x)$ 在 $(-\infty, -3]$、$[3, +\infty)$ 上严格单调减,在 $[-3, -\sqrt{3})$、$(-\sqrt{3}, \sqrt{3})$、$(\sqrt{3}, 3]$ 上严格单调增. 在点 $x = -3$ 处取极小值 $f(-3) = \dfrac{9}{2}$. 在点 $x = 3$ 处取极大值 $f(3) = -\dfrac{9}{2}$. 如图 4 - 7

所示.

定理 3　（极值点的第二充分条件）设函数 $f(x)$ 在点 x_0 处二阶可导,且

$$f'(x_0) = 0, f''(x_0) > 0(\text{或} < 0),$$

则 $f(x)$ 在点 x_0 处取极小值(或极大值).

证　由二阶导数定义知

$$f''(x_0) = \lim_{x \to x_0} \frac{f'(x) - f'(x_0)}{x - x_0} = \lim_{x \to x_0} \frac{f'(x)}{x - x_0} > 0.$$

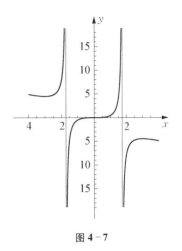

图 4-7

根据函数极限的局部保号性知,存在 x_0 的某去心邻域 $\overset{\circ}{U}(x_0)$,在 $\overset{\circ}{U}(x_0)$ 内恒有

$$\frac{f'(x)}{x - x_0} > 0.$$

因此,当 $x < x_0$ 时,$f'(x) < 0$;当 $x > x_0$ 时,$f'(x) > 0$,由定理 2 知点 x_0 是 $f(x)$ 的极小值点,即 $f(x)$ 在点 x_0 处取极小值.

对于 $f''(x_0) < 0$ 的情形可类似证明.

例 6　求函数 $f(x) = x^3 - 9x^2 + 15x + 3$ 的极值.

解　因为 $f'(x) = 3x^2 - 18x + 15 = 3(x - 1)(x - 5)$,得驻点 $x = 1$ 和 $x = 5$. 又

$$f''(x) = 6x - 18 = 6(x - 3),$$
$$f''(1) = -12 < 0, f''(5) = 12 > 0,$$

由定理 3 知 $f(1) = 10$ 是极大值,$f(5) = -22$ 是极小值.

需要注意的是,若 $f'(x_0) = 0$ 且 $f''(x_0) = 0$,则不能判定 $f(x)$ 在点 x_0 处是否取得极值. 例如设 $f_1(x) = x^4, f_2(x) = -x^4, f_3(x) = x^3$,易知这三个函数在点 $x = 0$ 处的一阶、二阶导数都为零. 但 $f_1(0) = 0$ 为 $f_1(x)$ 的极小值,$f_2(0)$ 为 $f_2(x)$ 的极大值,$f_3(0)$ 不是 $f_3(x)$ 的极值.

三、函数的最值

函数的最大(最小)值通常是指函数在所讨论的整个区间上的最大(最小)值. 与极值不同,极值是一个局部性(某邻域内)的概念,而最值是一个整体性(区间上)的概念.

如何寻求连续函数在闭区间 $[a, b]$ 上的最值呢? 首先,如果最值在区间内部某点 x_0 处取得,容易得到 x_0 也是极值点. 因此 $f'(x_0)$ 或者不存在或者为零. 当然最值也可能在端点取得. 总之,连

续函数在闭区间 $[a,b]$ 上的最值点只能在以下三类点上取得:驻点;不可导点;区间的端点.因此这三类点的函数值中最大(最小)者即为函数在 $[a,b]$ 上的最大(最小)值.

例 7 求函数 $f(x)=(2x-5)\sqrt[3]{x^2}$ 在闭区间 $\left[-1,\dfrac{5}{2}\right]$ 上的最大值和最小值.

解 易知 $f(x)$ 在 $\left[-1,\dfrac{5}{2}\right]$ 上连续,由于 $f'(x)=\dfrac{10}{3}\cdot\dfrac{x-1}{\sqrt[3]{x}}$,由此可知点 $x=0$ 是 $f(x)$ 的不可导点,点 $x=1$ 是 $f(x)$ 的驻点.在函数的驻点、不可导点和区间端点的函数值分别为

$$f(0)=0,\ f(1)=-3,\ f(-1)=-7,\ f\left(\frac{5}{2}\right)=0,$$

故函数 $f(x)$ 在 $\left[-1,\dfrac{5}{2}\right]$ 上的最大值是 0,最小值是-7.

如果可导函数 $f(x)$ 在定义域中的某区间 I 内只有一个驻点,并且这个驻点是函数 $f(x)$ 的极大(或极小)值点,那么这个驻点就是函数 $f(x)$ 的最大(或最小)值点.

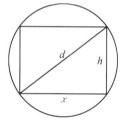

图 4-8

例 8 把一根直径为 d 的圆木锯成横截面为矩形的梁,如图 4-8 所示.已知梁的抗弯强度与梁的高的平方和宽的乘积成正比,问如何选择梁的宽与高,才能使梁的抗弯强度为最大?

解 设梁的宽为 x,则高为 $h=\sqrt{d^2-x^2}$,$0<x<d$,梁的抗弯强度为 $F(x)=kx(d^2-x^2)$,其中 k 为比例常数.由 $F'(x)=k(d^2-3x^2)=0$,得 $F(x)$ 在 $(0,d)$ 内只有一个驻点 $x=\dfrac{d}{\sqrt{3}}$,由于 $F''(x)\big|_{x=\frac{d}{\sqrt{3}}}=-\dfrac{6kd}{\sqrt{3}}<0$,故 $F\left(\dfrac{d}{\sqrt{3}}\right)$ 为函数 $F(x)$ 在 $(0,d)$ 内的极大值,也是最大值.因此梁的宽为 $\dfrac{d}{\sqrt{3}}$、高为 $\sqrt{\dfrac{2}{3}}d$ 时,能使梁的抗弯强度最大.

注 对于实际问题,如果可以根据问题的实际意义断定可导函数在定义域的某区间内确有最大值或最小值,且函数在该区间内部只有一个驻点,那么这个驻点就是最大值点或最小值点.如例 8,根据问题的实际意义知,矩形梁的抗弯强度(函数)的最大值肯定在 $(0,d)$ 内存在,故其唯一的驻点就是最大值点.

4.4 学习要点

习题 4.4

1. 确定下列函数的单调区间:

(1) $y = \dfrac{2x}{1 + x^2}$;

(2) $y = \dfrac{\sqrt{x}}{x + 100}$;

(3) $y = x^2 - \ln x^2$;

(4) $y = x - e^x$;

(5) $y = \sqrt{2x - x^2}$;

(6) $y = \sqrt[3]{(2x - 1)(x - 1)^2}$.

2. 求下列函数的极值:

(1) $f(x) = 2x^3 - x^4$;

(2) $f(x) = (x - 5)^2 \sqrt[3]{(x + 1)^2}$;

(3) $f(x) = x^2 \ln x$;

(4) $f(x) = x^2 e^{-x^2}$;

(5) $f(x) = 2 - (x - 1)^{\frac{2}{3}}$;

(6) $f(x) = 2x - \ln(4x)^2$;

(7) $f(x) = \dfrac{\ln^2 x}{x}$;

(8) $f(x) = \arctan x - \dfrac{1}{2}\ln(1 + x^2)$.

3. 证明下列不等式:

(1) 当 $x > 1$ 时, $\ln x > \dfrac{2(x - 1)}{x + 1}$;

(2) 当 $x > 0$ 时, $x - \dfrac{x^2}{2} < \ln(1 + x) < x$;

(3) 当 $0 < x < \dfrac{\pi}{2}$ 时, $\sin x + \tan x > 2x$;

(4) 当 $x \neq 0$ 时, $\dfrac{e^x + e^{-x}}{2} > 1 + \dfrac{x^2}{2}$;

(5) 当 $x > 0$ 时, $1 + x\ln(x + \sqrt{1 + x^2}) > \sqrt{1 + x^2}$.

4. 求下列函数在给定区间上的最大值和最小值:

(1) $y = 2x^3 - 3x^2$, $x \in [-1, 4]$;

(2) $y = x + \sqrt{1 - x}$, $x \in [-5, 1]$;

(3) $y = \dfrac{x - 1}{x + 1}$, $x \in [0, 4]$;

(4) $y = \sqrt{x}\ln x$, $x \in (0, +\infty)$.

5. 设 $y = f(x)$ 是由方程 $y^3 + xy^2 + x^2 y + 6 = 0$ 所确定的隐函数, 求 $f(x)$ 的极值.

6. 设 $f(x) = \begin{cases} x^{2x}, & x > 0, \\ xe^x + 1, & x \leq 0, \end{cases}$ 求 $f(x)$ 的极值和 $f'(x)$.

7. 已知函数 $f(x) = x^3 + ax^2 + bx + c$ 在点 $x = -\dfrac{2}{3}$ 和点 $x = 1$ 取得极值:

(1) 求常数 a、b, 并求 $f(x)$ 的单调区间;

(2) 如果对 $x \in (-1, 2)$ 有不等式 $f(x) < c^2$ 成立,求常数 c 的取值范围.

8. 设函数 $f(x)$ 有二阶连续导数,且 $(x-1)f''(x) = 1 - e^{1-x} + 2(x-1)f'(x)$,证明:若点 x_0 是 $f(x)$ 的极值点,则点 x_0 是 $f(x)$ 的极小值点.

9. 在椭圆 $x^2 - xy + y^2 = 3$ 上,求纵坐标取最大值和最小值的点.

10. 证明下列不等式:

(1) 当 $x \in [0, 1]$ 时,$\dfrac{1}{2^{p-1}} \leqslant x^p + (1-x)^p \leqslant 1$,其中常数 $p > 1$;

(2) 当 $0 < x < \pi$ 时,$\sin \dfrac{x}{2} > \dfrac{x}{\pi}$.

11. 某工厂需生产一批容积为 V 的圆柱形有盖铁罐,问如何选择铁罐的高和底半径,才能使所用的材料最省?

12. 从一块半径为 R 的圆铁片上剪去一个扇形后,做成一个圆锥形漏斗,问留下的扇形中心角 φ 取多大时,做成的漏斗的容积最大?

13. 在抛物线 $y = 4 - x^2$ 的第一象限部分上求一点 P,使过点 P 的切线与坐标轴围成的三角形面积最小.

14. 求数列 $1, \sqrt{2}, \sqrt[3]{3}, \cdots, \sqrt[n]{n}, \cdots$ 的最大项.

15. 求内接于半径为 R 的球内的正圆锥体的最大体积.

4.5 函数图形的讨论

一、曲线的凸性与拐点

在 4.4 节已经讨论了函数的单调性,为了更好地反映函数及其图形的形态还需要讨论函数图形的凸性.若在已知曲线上任意作一条弦,在弦的两端点之间的曲线总是在弦的下方,则认为曲线为下凸的;若在已知曲线上任意作一条弦,在弦的两端点之间的曲线总是在弦的上方,则认为曲线为上凸的.下面给出的就是上述曲线凸性的精确定义.

定义 1 设 $f(x)$ 在区间 I 上连续,如果对 I 上的任意两点 x_1、x_2,恒有

$$f\left(\frac{x_1 + x_2}{2}\right) < \frac{f(x_1) + f(x_2)}{2},$$

则称函数 $f(x)$ 在 I 上是**下凸的函数**,或称函数 $f(x)$ 的图形在 I 上是**下凸曲线**(见图 4-9(a)).

设 $f(x)$ 在区间 I 上连续,如果对 I 上的任意两点 x_1、x_2,恒有

$$f\left(\frac{x_1 + x_2}{2}\right) > \frac{f(x_1) + f(x_2)}{2},$$

则称函数 $f(x)$ 在 I 上是**上凸的函数**,或称函数 $f(x)$ 的图形在 I 上是**上凸曲线**(见图 $4-9$ (b)).

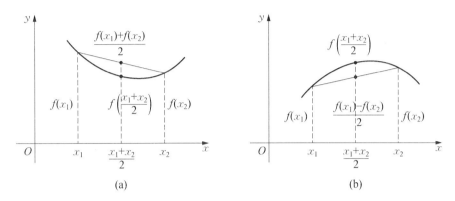

图 $4-9$

定理 1 若函数 $f(x)$ 在区间 I 上连续,在 I 内有二阶导数且 $f''(x) > 0$(或 <0),则曲线 $y = f(x)$ 在区间 I 上是下凸(或上凸)的.

证 任取两点 x_1, $x_2 \in I$, 不妨记 $x_1 < x_2$, 由拉格朗日中值定理,可得

$$f\left(\frac{x_1 + x_2}{2}\right) - \frac{f(x_1) + f(x_2)}{2} = \frac{1}{2}\left[f\left(\frac{x_1 + x_2}{2}\right) - f(x_1)\right] + \frac{1}{2}\left[f\left(\frac{x_1 + x_2}{2}\right) - f(x_2)\right]$$

$$= \frac{x_2 - x_1}{4}\left[f'(\xi_1) - f'(\xi_2)\right] = -\frac{x_2 - x_1}{4}(\xi_2 - \xi_1)f''(\xi_3),$$

其中 $\xi_1 \in \left(x_1, \dfrac{x_1 + x_2}{2}\right) \subset I$, $\xi_2 \in \left(\dfrac{x_1 + x_2}{2}, x_2\right) \subset I$, $\xi_3 \in (\xi_1, \xi_2) \subset I.$

由于在 I 内 $f''(x) > 0$, 由此可得 $-\dfrac{x_2 - x_1}{4}(\xi_2 - \xi_1)f''(\xi_3) < 0$, 从而

$$f\left(\frac{x_1 + x_2}{2}\right) < \frac{f(x_1) + f(x_2)}{2},$$

即曲线 $y = f(x)$ 在 I 上是下凸的.

类似可证当 $f''(x) < 0$ 时,曲线 $y = f(x)$ 在 I 上是上凸的.

定理的几何解释如图 $4-10$ 所示.

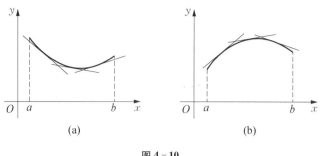

图 4 - 10

例1 讨论函数 $y = e^{x+1}$ 的凸性.

解 因为 $y'' = e^{x+1} > 0$,所以函数 $y = e^{x+1}$ 在其定义域 $(-\infty, +\infty)$ 上是下凸函数,如图 4 - 11 所示.

例2 讨论函数 $y = (x-2)^3$ 的凸性.

解 因为 $y'' = 6(x-2)$,当 $x < 2$ 时,$y'' < 0$;$x > 2$ 时,$y'' > 0$. 因此在区间 $(-\infty, 2]$ 上,$y = (x-2)^3$ 是上凸函数,在 $[2, +\infty)$ 上,$y = (x-2)^2$ 是下凸函数(见图 4 - 12).

由例 2 知,并不是每个函数在其定义域上是上凸或下凸的.

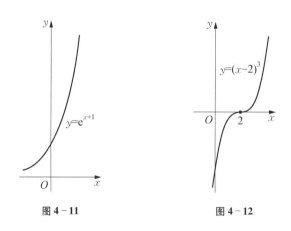

图 4 - 11   图 4 - 12

定义2 连续曲线 $y = f(x)$ 上的上凸曲线段与下凸曲线段的分界点称为该曲线的**拐点**.

由定理 1 知,若 $f''(x)$ 在邻近 x_0 的左右两侧异号,则点 $(x_0, f(x_0))$ 就是曲线 $y = f(x)$ 的一个拐点,并且拐点的横坐标应该在 $f''(x)$ 为零的点和不存在的点中取得.

例3 求曲线 $y = (x-1)\sqrt[3]{x^5}$ 的上凸、下凸区间和拐点.

解 函数 $y = (x-1)\sqrt[3]{x^5}$ 的定义域为 $(-\infty, +\infty)$,函数 $y = (x-1)\sqrt[3]{x^5}$ 的一阶、二阶导数分别为

$$y' = \frac{8}{3}x^{\frac{5}{3}} - \frac{5}{3}x^{\frac{2}{3}}, \quad y'' = \frac{40}{9}x^{\frac{2}{3}} - \frac{10}{9}x^{-\frac{1}{3}} = \frac{10}{9} \cdot \frac{4x-1}{\sqrt[3]{x}}.$$

在 $x = 0$ 处 y'' 不存在, 在 $x = \dfrac{1}{4}$ 处 $y'' = 0$. 以点 $x = 0$、$x = \dfrac{1}{4}$ 把定义域 $(-\infty, +\infty)$ 分成三个小区间, 其讨论结果如表 4.5 所示.

表 4.5

区间	$(-\infty, 0)$	0	$\left(0, \dfrac{1}{4}\right)$	$\dfrac{1}{4}$	$\left(\dfrac{1}{4}, +\infty\right)$
y''	$+$	不存在	$-$	0	$+$
曲线 $y = f(x)$	下凸		上凸		下凸

因此, 曲线 $y = (x-1)\sqrt[3]{x^5}$ 的下凸区间为 $(-\infty, 0)$ 和 $\left(\dfrac{1}{4}, +\infty\right)$, 上凸区间为 $\left(0, \dfrac{1}{4}\right)$, 拐点为 $(0, 0)$ 和 $\left(\dfrac{1}{4}, -\dfrac{3}{32\sqrt[3]{2}}\right)$, 如图 4-13 所示.

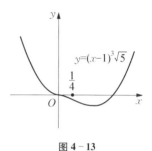

图 4-13

利用曲线的凸性可证明不等式.

例 4　证明: 当 $x, y \in (-\infty, +\infty)$ 时, 有 $\mathrm{e}^{\frac{x+y}{2}} \leqslant \dfrac{1}{2}(\mathrm{e}^x + \mathrm{e}^y)$.

证　当 $x = y$ 时, 显然成立.

当 $x \neq y$ 时, 观察不等式, 可取函数 $y = \mathrm{e}^x$, 当 $x \in (-\infty, +\infty)$ 时, 有 $y'' = \mathrm{e}^x > 0$, 故函数 $y = \mathrm{e}^x$ 在 $(-\infty, +\infty)$ 上是下凸的函数, 因此对于任何 $x, y \in (-\infty, +\infty)$ 且 $x \neq y$, 有

$$f\left(\frac{x+y}{2}\right) < \frac{f(x) + f(y)}{2}, \quad 即 \ \mathrm{e}^{\frac{x+y}{2}} < \frac{1}{2}(\mathrm{e}^x + \mathrm{e}^y).$$

综上所述, 当 $x, y \in (-\infty, +\infty)$ 时, 有

$$\mathrm{e}^{\frac{x+y}{2}} \leqslant \frac{1}{2}(\mathrm{e}^x + \mathrm{e}^y).$$

二、曲线的渐近线

如果当曲线伸向无穷远处时, 它能渐渐靠近一条直线, 那么就可以对曲线在无穷远部分的趋势有所了解, 称这样的直线为曲线的渐近线, 例如双曲线 $y = \dfrac{1}{x}$ 就有两条渐近线 $x = 0$ 及 $y = 0$.

定义 3 若曲线 C 上的动点 P 沿曲线无限地远离原点时,点 P 与某一条直线 L 的距离趋于零,则称直线 L 为曲线 C 的**渐近线**.

渐近线有三种:铅直渐近线、水平渐近线和斜渐近线.

1. 铅直渐近线

若 $\lim\limits_{x \to x_0^+} f(x) = \infty$(或 $\lim\limits_{x \to x_0^-} f(x) = \infty$),则当 $x \to x_0^+$(或 $x \to x_0^-$)时,曲线上的点 $P(x, f(x))$ 无限远离原点,且与直线 $x = x_0$ 的距离趋于零. 因此,直线 $x = x_0$ 是曲线 $y = f(x)$ 的一条渐近线. 称这样的渐近线为曲线 $y = f(x)$ 的**铅直渐近线**.

例如,对于函数 $y = \dfrac{1}{x-1}$, 由于 $\lim\limits_{x \to 1} \dfrac{1}{x-1} = \infty$, 因此,直线 $x = 1$ 是曲线 $y = \dfrac{1}{x-1}$ 的一条铅直渐近线.

2. 水平渐近线

若 $\lim\limits_{x \to +\infty} f(x) = b$((或 $\lim\limits_{x \to -\infty} f(x) = b$),则当 $x \to +\infty$(或 $x \to -\infty$)时,曲线上的点 $P(x, f(x))$ 无限远离原点,且与直线 $y = b$ 的距离趋于零. 因此,直线 $y = b$ 是曲线 $y = f(x)$ 的一条渐近线. 称这样的渐近线为曲线 $y = f(x)$ 的**水平渐近线**.

例如,对于函数 $y = \arctan x$, 由于 $\lim\limits_{x \to +\infty} \arctan x = \dfrac{\pi}{2}$, $\lim\limits_{x \to -\infty} \arctan x = -\dfrac{\pi}{2}$, 因此,直线 $y = \dfrac{\pi}{2}$ 和直线 $y = -\dfrac{\pi}{2}$ 是曲线 $y = \arctan x$ 的两条水平渐近线.

3. 斜渐近线

若曲线 $y = f(x)$ 当 $x \to +\infty$ 时有斜渐近线 $y = ax + b \ (a \neq 0)$,则曲线上点 $P(x, f(x))$ 到直线 $y = ax + b$ 的距离为

$$\frac{|f(x) - ax - b|}{\sqrt{1 + a^2}}. \qquad ①$$

按定义 3,有

$$\lim_{x \to +\infty} \frac{|f(x) - ax - b|}{\sqrt{1 + a^2}} = 0, \qquad ②$$

即

$$\lim_{x \to +\infty} [f(x) - ax] = b. \qquad ③$$

又因为 $\lim\limits_{x \to +\infty} \left[\dfrac{f(x)}{x} - a \right] = \lim\limits_{x \to +\infty} \dfrac{1}{x} [f(x) - ax] = 0 \cdot b = 0$, 因此

$$\lim_{x \to +\infty} \frac{f(x)}{x} = a. \qquad ④$$

于是,若已知曲线 $y = f(x)$ 的斜渐近线 $y = ax + b$,则其中常数 a 和 b 可先由④式,再由③式依次确定.

反之,若由④与③两式求得常数 a 和 b,则显然有②式成立.因此曲线 $y = f(x)$ 当 $x \to +\infty$ 时有渐近线 $y = ax + b$.

综上所述,当④与③中的两个极限同时存在时,可求得曲线 $y = f(x)$ 的一条斜渐近线.曲线当 $x \to -\infty$ 时的斜渐近线也有类似的结论.

思考　$\lim\limits_{x \to +\infty} \dfrac{f(x)}{x}$ 存在是否就可以断定曲线 $y = f(x)$ 有斜渐近线?(请考察函数 $y = x - \ln x$)

例 5　求曲线 $y = x + \arctan x$ 的渐近线.

解　记 $f(x) = x + \arctan x$,因为 $\lim\limits_{x \to +\infty} \dfrac{f(x)}{x} = \lim\limits_{x \to +\infty} \left(1 + \dfrac{1}{x} \arctan x\right) = 1$,且 $\lim\limits_{x \to +\infty} [f(x) - x] =$

$\lim\limits_{x \to +\infty} \arctan x = \dfrac{\pi}{2}$,故 $y = x + \dfrac{\pi}{2}$ 是曲线的一条斜渐近线.

又因为 $\lim\limits_{x \to -\infty} \dfrac{f(x)}{x} = \lim\limits_{x \to -\infty} \left(1 + \dfrac{1}{x} \arctan x\right) = 1$,且 $\lim\limits_{x \to -\infty} [f(x) - x] = \lim\limits_{x \to -\infty} \arctan x = -\dfrac{\pi}{2}$,故 y

$= x - \dfrac{\pi}{2}$ 是曲线的一条斜渐近线.

因此,曲线 $y = x + \arctan x$ 有两条斜渐近线: $y = x + \dfrac{\pi}{2}$ 与 $y = x - \dfrac{\pi}{2}$.无水平渐近线和铅直渐近线.

注意　函数曲线的水平渐近线与斜渐近线之和最多为两条,而铅直渐近线则可以有多条.

三、函数图形的描绘

利用函数的一阶导数,可以确定函数的单调区间.利用函数的二阶导数,可以确定函数图形的上、下凸区间和拐点.利用渐近线,可对函数图形无限远部分的趋势有所了解,这样就可较准确地描绘出函数的图形.描绘函数图形的步骤如下:

1. 确定函数的定义域.

2. 考察函数的奇偶性、周期性.

3. 求出函数的一阶导数以及导数为零和导数不存在的点,求出函数的二阶导数及二阶导数为零和二阶导数不存在的点,求出函数的不连续点.

4. 用第 3 步得到的点,按照从小到大的顺序,将定义域分成若干个小区间,列表讨论在每个小区间上一阶和二阶导数的符号,以确定函数在各个小区间上的单调性、凸性以及极值点、图形的拐点.

5. 求出曲线的渐近线.

6. 求出曲线上某些特殊点的坐标,如与两坐标轴的交点、不连续点、不可导点等,视情况再加入其他的点,描绘出函数的图形.

例 6 作函数 $f(x) = \dfrac{x}{1 + x^2}$ 的图形.

解 1. 函数的定义域为 $(-\infty, +\infty)$.

2. 函数为奇函数,因此只需讨论它在 $[0, +\infty)$ 上的图形.

3. $f'(x) = \dfrac{1 - x^2}{(1 + x^2)^2}$, $f''(x) = 2x(x^2 - 3)(1 + x^2)^{-3}$ 且 $f'(0) = f'(1) = f''(0) = f''(\sqrt{3})$

$= 0$.

4. 根据第 3 步,列表讨论如表 4.6 所示.

表 4.6

区间	0	$(0, 1)$	1	$(1, \sqrt{3})$	$\sqrt{3}$	$(\sqrt{3}, +\infty)$
$f'(x)$	+	+	0	−	−	−
$f''(x)$	0	−	−	−	0	+
$f(x)$	0	增	$\dfrac{1}{2}$	减	$\dfrac{\sqrt{3}}{4}$	减
$y = f(x)$ 的图形	拐点 $(0, 0)$	上凸	极大值 $\dfrac{1}{2}$	上凸	拐点 $\left(\sqrt{3}, \dfrac{\sqrt{3}}{4}\right)$	下凸

5. 由于 $\lim\limits_{x \to \infty} f(x) = 0$,知曲线有水平渐近线 $y = 0$.

6. 根据上面讨论,描出函数在 $[0, +\infty)$ 上的图形,再由曲线关于原点地对称性得到函数在 $(-\infty, 0)$ 上的图形,如图 4-14 所示.

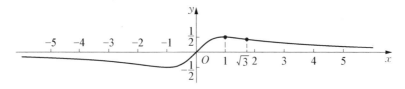

图 4-14

例7 作函数 $f(x) = \dfrac{x^2}{1+x}$ 的图形.

解 1. 函数的定义域为 $(-\infty, -1) \cup (-1, +\infty)$.

2. 该函数无对称性和周期性.

3. $f'(x) = \dfrac{x^2 + 2x}{(1+x)^2}$, $f''(x) = \dfrac{2}{(1+x)^3}$ 且 $f'(0) = f'(-2) = 0$.

4. 根据第 3 步, 列表讨论如表 4.7 所示.

表 4.7

区间	$(-\infty, -2)$	-2	$(-2, -1)$	$(-1, 0)$	0	$(0, +\infty)$
$f'(x)$	$+$	0	$-$	$-$	0	$+$
$f''(x)$	$-$	$-$	$-$	$+$	0	$+$
$f(x)$	增	-4	减	减	$+$	增
$y = f(x)$ 的图形	上凸	极大值-4	上凸	下凸	极小值0	下凸

5. 因为 $\lim\limits_{x \to -1} f(x) = \infty$, 所以 $x = -1$ 为铅直渐近线, 又

$$\lim_{x \to \infty} \frac{f(x)}{x} = \lim_{x \to \infty} \frac{x}{x+1} = 1, \quad \lim_{x \to \infty} \left(\frac{x^2}{x+1} - x \right) = \lim_{x \to \infty} \frac{-x}{x+1} = -1,$$

因此 $y = x - 1$ 为斜渐近线.

6. 另找几个点 $A\left(-\dfrac{1}{2}, \dfrac{1}{2}\right)$, $B\left(2, \dfrac{4}{3}\right)$, $C\left(-\dfrac{3}{2}, \dfrac{9}{2}\right)$, $D\left(-3, -\dfrac{9}{2}\right)$. 描绘出函数的图形, 如图 4-15 所示.

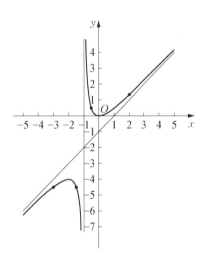

图 4-15

习题 4.5

1. 求下列曲线的上凸、下凸区间和拐点:

(1) $y = 2x^3 - 3x^2 - 36x + 25$;

(2) $y = \ln(1 + x^2)$;

(3) $y = e^{2\arctan x}$;

(4) $y = xe^x$;

(5) $y = a - \sqrt[3]{x - b}$;

(6) $y = x^4(12\ln x - 7)$.

2. 利用函数图形的凸性, 证明下列不等式:

(1) 当 $x > 0, y > 0, x \neq y$, 正整数 $n > 1$ 时, 有 $\dfrac{1}{2}(x^n + y^n) > \left(\dfrac{x+y}{2}\right)^n$.

(2) 当 $x > 0, y > 0, x \neq y$ 时, 有 $x\ln x + y\ln y > (x + y)\ln\left(\dfrac{x+y}{2}\right)$.

4.5 学习要点

3. 证明:函数 $\ln x$ 在$(0,+\infty)$ 内是上凸的函数,并由此证明下列不等式:

(1) 当 $x>0$, $y>0$, $x \neq y$ 时,$\sqrt{xy}<\dfrac{x+y}{2}$.

(2) 当 x_1, x_2, $\cdots x_n$ 为 n 个不全相等的正数时,$\sqrt[n]{x_1 x_2 \cdots x_n}<\dfrac{1}{n}(x_1+x_2+\cdots+x_n)$.

4. 求曲线 $y=\dfrac{x-1}{x^2+1}$ 的拐点的个数.

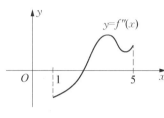

第6题

5. 设函数 $y=f(x)$ 在点 $x=x_0$ 的某邻域内具有三阶连续导数,且 $f'(x_0)=f''(x_0)=0$,问点 $x=x_0$ 是否为 $y=f(x)$ 的极值点,点$(x_0,f(x_0))$ 是否为函数 $y=f(x)$ 图形的拐点.

6. 设函数 $f(x)$ 的定义域为$(1,5)$,函数 $f(x)$ 的二阶导数 $f''(x)$ 的图形如图所示.请指出导函数 $f'(x)$ 的极大值、极小值,以及曲线 $y=f'(x)$ 的拐点的个数.

7. 求下列曲线的渐近线:

(1) $y=-5+\dfrac{5}{(x-2)^2}$;

(2) $y=\dfrac{x^3}{2(x+1)}$;

(3) $y=x\ln\left(e+\dfrac{1}{x}\right)$;

(4) $y=xe^{\frac{1}{x^2}}$.

8. 描绘下列函数的图形:

(1) $y=x^3-x^2-x+1$;

(2) $y=x^2+\dfrac{1}{x}$;

(3) $y=\dfrac{4(x+1)}{x^2}-2$;

(4) $y=\dfrac{(x-1)^3}{(x+1)^2}$;

(5) $y=e^{-(x-1)^2}$;

(6) $y=\dfrac{1}{\sqrt{2\pi}}e^{-\frac{x^2}{2}}$.

*4.6 曲　率

直观看来,抛物线 $y=x^2$ 在其顶点附近比远离顶点的部分弯曲得要大些.一般来说,一条曲线在不同部分有不同的弯曲程度.

如图 4-16 所示,设 $\overset{\frown}{M_1M_2}$ 为曲线 C 上的弧段,其长度为 $|\Delta s|$,点 M_1、M_2 处切线的倾角分别为 α、$\alpha+\Delta\alpha$,那么当动点从 M_1 移动到 M_2 时切线转过的角度为 $|\Delta\alpha|$,则称比值 $\dfrac{|\Delta\alpha|}{|\Delta s|}$ 为弧段

$\widehat{M_1M_2}$ 的平均曲率.

　　类似于从平均速度引进瞬时速度的方法,当 $\Delta s \to 0$(即 $M_2 \to M_1$)时,上述平均曲率的极限如果存在,则称此极限为曲线 C 在点 M_1 处的曲率,记作 K,即

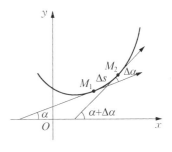

$$K = \lim_{\Delta s \to 0} \frac{|\Delta \alpha|}{|\Delta s|}.$$

图 4-16

　　对于直线来说,切线与直线重合,当点沿直线移动时,切线倾角 α 不变, $\Delta \alpha \equiv 0$,故 $K = \lim\limits_{\Delta s \to 0} \dfrac{|\Delta \alpha|}{|\Delta s|} = 0$,即直线上任意点处的曲率都为零.

　　对于圆周来说,如果它的半径为 R,则有 $\Delta s = R\Delta \alpha$,故

$$K = \lim_{\Delta s \to 0} \frac{|\Delta \alpha|}{|\Delta s|} = \lim_{\Delta s \to 0} \frac{|\Delta \alpha|}{|R\Delta \alpha|} = \frac{1}{R}.$$

即圆周上任意点处的曲率都是半径的倒数,因此将曲率的倒数称为**曲率半径**.

　　对于一般曲线 $y = f(x)$ 来说,若 $f(x)$ 具有二阶导数,曲线上 M_1 与 M_2 的横坐标分别为 x 与 $x + \Delta x$,因为 $\left|\dfrac{\Delta \alpha}{\Delta s}\right| = \left|\dfrac{\Delta \alpha}{\Delta x}\right| \cdot \dfrac{1}{\left|\dfrac{\Delta s}{\Delta x}\right|}$,而

$$\left(\left|\frac{\Delta s}{\Delta x}\right|\right)^2 = \left(\frac{|\Delta s|}{|M_1M_2|}\right)^2 \frac{|M_1M_2|^2}{(\Delta x)^2} = \left(\frac{|\Delta s|}{|M_1M_2|}\right)^2 \frac{(\Delta x)^2 + (\Delta y)^2}{(\Delta x)^2}$$

$$= \left(\frac{|\Delta s|}{|M_1M_2|}\right)^2 \left[1 + \frac{(\Delta y)^2}{(\Delta x)^2}\right],$$

所以

$$\left|\frac{\Delta s}{\Delta x}\right| = \sqrt{\left(\frac{|\Delta s|}{|M_1M_2|}\right)^2 \left[1 + \frac{(\Delta y)^2}{(\Delta x)^2}\right]}.$$

　　由于 $\Delta x \to 0$ 时, $M_2 \to M_1$,这时弧长与弦长 $|M_1M_2|$ 之比极限为 1,即

$$\lim_{M_2 \to M_1} \left|\frac{|\Delta s|}{M_1M_2}\right| = 1,$$

从而

$$\lim_{\Delta x \to 0} \left|\frac{\Delta s}{\Delta x}\right| = \lim_{\Delta x \to 0} \sqrt{\left(\frac{|\Delta s|}{|M_1M_2|}\right)^2 \left[1 + \frac{(\Delta y)^2}{(\Delta x)^2}\right]} = \sqrt{1 + y'^2}. \qquad ①$$

　　将曲线上点 $(x, f(x))$ 处切线的倾角 α 看成 x 的函数 $\alpha(x)$,则有 $y' = \tan \alpha$, $y'' = \sec^2 \alpha \dfrac{\mathrm{d}\alpha}{\mathrm{d}x} =$

$(1 + \tan^2\alpha)\dfrac{\mathrm{d}\alpha}{\mathrm{d}x} = (1 + y'^2)\dfrac{\mathrm{d}\alpha}{\mathrm{d}x}$, 于是

$$\lim_{\Delta x \to 0}\left|\frac{\Delta\alpha}{\Delta x}\right| = \frac{\mathrm{d}\alpha}{\mathrm{d}x} = \frac{y''}{1 + y'^2}.$$ ②

因为 $\Delta s \to 0$ 时 $\Delta x \to 0$, 结合①②式可得在点 $M_1(x, f(x))$ 处的曲率为

$$K = \lim_{\Delta s \to 0}\frac{|\Delta\alpha|}{|\Delta s|} = \lim_{\Delta x \to 0}\frac{|\Delta\alpha|}{|\Delta x|}\left|\frac{1}{\dfrac{\Delta s}{\Delta x}}\right| = \frac{|y''|}{(1 + y'^2)^{\frac{3}{2}}}.$$ ③

③式就是计算曲线 $y = f(x)$ 在其上点 $(x, f(x))$ 处的曲率的公式.

例1 求抛物线 $y = ax^2 + bx + c$ 上曲率为最大的点.

解 由 $y = ax^2 + bx + c$ 可得 $y' = 2ax + b$, $y'' = 2a$, 根据③式, 得抛物线上横坐标为 x 的点处的曲率 K 为

$$\frac{|2a|}{\left[1 + (2ax + b)^2\right]^{\frac{3}{2}}}.$$

显然当 $2ax + b = 0$, 即 $x = -\dfrac{b}{2a}$ 时, K 取最大值, 由于 $x = -\dfrac{b}{2a}$ 所对应的抛物线上的点为抛物线的顶点, 因此, 抛物线在顶点处的曲率最大.

例2 求曲线 $y = \ln x$ 上曲率为最大的点.

解 因为 $y' = \dfrac{1}{x}$, $y'' = -\dfrac{1}{x^2}$, 由③式, 得曲线上横坐标为 x 的点处的曲率 K 为

$$\frac{|y''|}{(1 + y'^2)^{\frac{3}{2}}} = \frac{\dfrac{1}{x^2}}{\left[1 + \left(\dfrac{1}{x}\right)^2\right]^{\frac{3}{2}}} = \frac{x}{(1 + x^2)^{\frac{3}{2}}},\ x \in (0, +\infty).$$

要使曲率 K 取最大值, 先求曲率函数 K 的驻点:

$$K' = \frac{(1 + x^2)^{\frac{3}{2}} - \dfrac{6}{2}x^2(1 + x^2)^{\frac{1}{2}}}{(1 + x^2)^3} = \frac{1 - 2x^2}{(1 + x^2)^{\frac{5}{2}}},$$

令 $K' = 0$, 得驻点 $x = \dfrac{\sqrt{2}}{2}$.

又由于当 $0 < x < \dfrac{\sqrt{2}}{2}$ 时，$K' > 0$；当 $x > \dfrac{\sqrt{2}}{2}$ 时，$K' < 0$，所以曲线 $y = \ln x$ 在点

$\left(\dfrac{\sqrt{2}}{2}, -\dfrac{\ln 2}{2} \right)$ 处的曲率最大.

如果曲线 C 的方程是由参数方程 $\begin{cases} x = \varphi(t), \\ y = \psi(t) \end{cases}$ 给出，则可利用由参数方程所确定的函数的求

导法，求出 y'_x 及 y''_x，再代入③式得曲线 $\begin{cases} x = \varphi(t), \\ y = \psi(t) \end{cases}$ 在点 (x, y) 处的曲率为

$$K = \frac{\left| \varphi'(t) \psi''(t) - \varphi''(t) \psi'(t) \right|}{\left[\varphi'^2(t) + \psi'^2(t) \right]^{\frac{3}{2}}}. \qquad \text{④}$$

例 3　求曲线 $\begin{cases} x = a(t - \sin t), \\ y = a(1 - \cos t) \end{cases}$（常数 $a > 0$）上 $t = \pi$ 对应的点处的曲率.

解　计算时不必硬套式④，可以先求出导数

$$\frac{\mathrm{d}y}{\mathrm{d}x} = \cot \frac{t}{2}, \quad \frac{\mathrm{d}^2 y}{\mathrm{d}x^2} = -\frac{1}{4a} \cdot \frac{1}{\sin^4 \dfrac{t}{2}}.$$

仍用③式得 t 对应的点处的曲率 $K = \dfrac{1}{4a} \cdot \dfrac{1}{\sin \dfrac{t}{2}}$，再以 $t = \pi$ 代入得所求的曲率

$$K \big|_{t=\pi} = \frac{1}{4a}.$$

由于曲率的倒数为曲率半径，因此曲率半径的计算公式为

$$R = \frac{1}{K} = \frac{(1 + (y')^2)^{\frac{3}{2}}}{|y''|}.$$

由此可见，若曲线上某点处曲率半径较大，则曲线在该点处的曲率较小，因而曲线在该点的弯曲程度就较小.

在曲线 C 上的点 M 处沿曲线凹向一侧的法线上截取线段 $MN = R$，称点 N 为曲线 C 在点 M 处的曲率中心，称以点 N 为圆心，曲率半径 R 为半径的圆为曲线 C 在点 M 处的曲率圆. 由曲率圆定义可知曲线 C 和曲率圆在点 M 处有相同的曲率 K，即这二者的弯曲程度相同. 正因为如此，在研究曲线上某点附近的弧段时，可以用该点处曲率圆上相应的圆弧近似地代替曲线弧段，从而可以用熟知的圆的知识来分析曲线上这一弧段的情况.

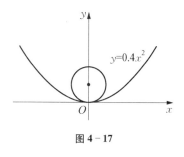

图 4 - 17

例 4 设工件表面的截线为抛物线 $y = 0.4x^2$，如图 4 - 17 所示. 现在要用砂轮磨削其表面，试问用多大直径的砂轮比较合适？

解 为了使工件与砂轮接触处附近的部分不被砂轮磨削太多，显然砂轮的半径应小于或等于抛物线上各点曲率半径的最小值，由本节例 1 知道，抛物线在其顶点处的曲率最大，从而曲率半径最小. 所以应先求出抛物线 $y = 0.4x^2$ 在顶点 $(0, 0)$ 处的曲率半径. 由 $y' = 0.8x$，$y'' = 0.8$，得 $y'|_{x=0} = 0$，$y''|_{x=0} = 0.8$，因此 $K = \dfrac{0.8}{(1 + 0^2)^{\frac{3}{2}}} = 0.8$，从而求得顶点处曲率半径 $R = \dfrac{1}{K} = 1.25$.

可见选用砂轮得半径不得超过 1.25 单位长，即其直径不得超过 2.50 单位长.

习题 4.6

1. 求曲线 $y = \dfrac{1}{x}$ 在点 $(1, 1)$ 处的曲率.

2. 求曲线 $y = \ln(\sec x)$ 在点 (x, y) 处的曲率及曲率半径.

3. 求曲线 $y = a \cdot \mathrm{ch} \dfrac{x}{a}$ 在点 (x, y) 处的曲率及曲率半径.

总练习题

1. 设函数 $f(x)$、$g(x)$、$h(x)$ 在 $[a, b]$ 上连续，在 (a, b) 内可导，证明：存在 $\xi \in (a, b)$，使得
$$\begin{vmatrix} f(a) & g(a) & h(a) \\ f(b) & g(b) & h(b) \\ f'(\xi) & g'(\xi) & h'(\xi) \end{vmatrix} = 0,$$
并由此导出拉格朗日中值定理和柯西中值定理.

2. 设函数 $f(x)$ 在 $[a, +\infty)$ 上连续，在 $(a, +\infty)$ 内可导，且 $\lim\limits_{x \to +\infty} f(x) = f(a)$，证明：存在 $\xi \in (a, +\infty)$，使得 $f'(\xi) = 0$.

3. 设函数 $f(x)$ 在 $[0, 1]$ 上连续，在 $(0, 1)$ 内可导，且 $f(0) = 0$，证明：如果 $f(x)$ 在 $(0, 1)$ 内不恒为零，则存在 $\xi \in (0, 1)$，使得 $f(\xi)f'(\xi) > 0$.

4. 设函数 $f(x)$ 在 $[a, b]$ 上连续，在 (a, b) 内可导，且 $f(a) = f(b) = 0$，证明：方程 $f(x) + f'(x) = 0$ 在 (a, b) 内至少有一个实根.

5. 设函数 $f(x)$、$g(x)$ 在 $[a, +\infty)$ 上有 n 阶导数，且 $f^{(k)}(a) = g^{(k)}(a)$，其中 $k = 0, 1, 2, \cdots, n - 1$，当 $x > a$ 时 $f^{(n)}(x) > g^{(n)}(x)$. 证明：当 $x > a$ 时，有 $f(x) > g(x)$.

6. 设函数 $f(x) = x + a\ln(1 + x) + bx\sin x$，$g(x) = kx^3$，若 $f(x)$ 与 $g(x)$ 在 $x \to 0$ 时是等价无穷小，求常数 a、b、k.

7. 已知 $e^x - \dfrac{1 + ax}{1 + bx}$ 是关于 x 的 3 阶无穷小，求常数 a、b.

8. 对于中值定理 $f(a + h) = f(a) + hf'(a + \theta h)$，其中 $0 < \theta < 1$，若 $f''(x)$ 在点 a 处连续，且 $f''(a) \neq 0$，证明：$\lim\limits_{h \to 0} \theta = \dfrac{1}{2}$.

9. 设函数 $f(x)$、$g(x)$ 可导，且 $|f'(x)| < g'(x)$，证明：当 $x > a$ 时，有 $|f(x) - f(a)| < g(x) - g(a)$.

10. 设函数 $f(x)$ 在 $[a, b]$ 上可导，其中 $b > a > 0$，证明：至少存在一点 $\xi \in (a, b)$，使得 $\dfrac{af(b) - bf(a)}{a - b} = f(\xi) - \xi f'(\xi)$.

11. 求下列极限：

(1) $\lim\limits_{x \to 0} \dfrac{e^x - \sin x - 1}{1 - \sqrt{1 - x^2}}$；

(2) $\lim\limits_{x \to \infty} \left(\sin \dfrac{2}{x} + \cos \dfrac{1}{x} \right)^x$；

(3) $\lim\limits_{x \to 0} \dfrac{3\sin x + x^2 \cos \dfrac{1}{x}}{(1 + \cos x)\ln(1 + x)}$；

(4) $\lim\limits_{x \to 0^+} (\cos \sqrt{x})^{\frac{\pi}{x}}$；

(5) $\lim\limits_{x \to 0^+} \dfrac{1 - \sqrt{\cos x}}{x(1 - \cos \sqrt{x})}$；

(6) $\lim\limits_{x \to 0^+} \dfrac{\sqrt{1 + \tan x} - \sqrt{1 + \sin x}}{x\ln(1 + x) - x^2}$；

(7) $\lim\limits_{x \to \infty} x\left[\sin \ln\left(1 + \dfrac{3}{x}\right) - \sin \ln\left(1 + \dfrac{1}{x}\right) \right]$.

12. 设函数 $f(x)$ 在 $[0, 1]$ 上有二阶导数，且 $f(0) = 0$，$f''(x) > 0$，证明：$\dfrac{f(x)}{x}$ 在 $(0, 1)$ 上单调增.

13. 求函数 $f(x) = \begin{cases} x^{2x}, & x > 0, \\ x + 2, & x \leq 0 \end{cases}$ 的极值.

14. 求函数 $y = |x^2 - 5x + 4| + x$ 在 $[-5, 6]$ 上的最值.

15. 设函数 $f(x)$、$g(x)$ 在 $(-\infty, +\infty)$ 上有定义，$f'(x)$、$f''(x)$ 存在且满足 $f''(x) + f'(x)g(x) - f(x) = 0$，如果 $f(a) = f(b) = 0$，其中 $a < b$，证明：当 $a \leq x \leq b$ 时，有 $f(x) = 0$.

16. 设 $y = f(x)$ 是由方程 $x^3 + y^3 - 3x + 3y - 2 = 0$ 所确定的隐函数，求 $f(x)$ 的极值.

17. 设对任意的实数 x，函数 $f(x)$ 满足 $xf''(x) + 3x[f'(x)]^2 = 1 - e^{-x}$，且 $f''(x)$ 在点 $x = 0$ 处连续，若 $f(x)$ 在点 $x = 0$ 处有极值，问：该极值是极大值还是极小值？

18. 利用函数的单调性证明下列不等式：

(1) 当 $x > 0$，常数 $a > e$ 时，有 $(a + x)^a < a^{a + x}$；

（2）当 $x \in (0, 1)$ 时,有 $(1 + x)\ln^2(1 + x) < x^2$;

（3）当 $x \in (0, 1)$ 时,有 $\dfrac{1}{\ln 2} - 1 < \dfrac{1}{\ln(1 + x)} - \dfrac{1}{x} < \dfrac{1}{2}$.

19. 设函数 $f(x)$ 在 $[0, 1]$ 上具有二阶导数,且满足条件 $|f(x)| \leqslant a$, $|f''(x)| \leqslant b$, 其中 a、b 都是非负常数,c 是 $(0, 1)$ 内任意一点,证明: $|f'(c)| \leqslant 2a + \dfrac{b}{2}$.

20. 设函数 $f(x)$ 在 $[0, 1]$ 上具有二阶导数,且 $f(1) > 0$, $\lim\limits_{x \to 0^+} \dfrac{f(x)}{x} < 0$, 证明:

（1）方程 $f(x) = 0$ 在 $(0, 1)$ 内至少存在一个实根;

（2）方程 $f(x)f''(x) + [f'(x)]^2 = 0$ 在 $(0, 1)$ 内至少存在两个不同的实根.

21. 设函数 $f(x)$ 在 $[0, 1]$ 上连续,在 $(0, 1)$ 内可导,$f(0) = 0$,$f(1) = 1$,且 $f(x)$ 不恒等于 x. 证明:至少存在一点 $\xi \in (0, 1)$,使得 $f'(\xi) > 1$.

22. 设奇函数 $f(x)$ 在 $[-1, 1]$ 上有二阶导数,且 $f(1) = 1$. 证明:

（1）存在 $\xi \in (0, 1)$,使得 $f'(\xi) = 1$;

（2）存在 $\eta \in (-1, 1)$,使得 $f''(\eta) + f'(\eta) = 1$.

23. 证明:方程 $x + p + q\cos x = 0$ 恰好有一个实根,其中 p、q 为常数,且 $0 < q < 1$.

24. 过正弦曲线 $y = \sin x$ 上点 $M\left(\dfrac{\pi}{2}, 1\right)$, 求作一抛物线 $y = ax^2 + bx + c$, 使得抛物线与正弦曲线 $y = \sin x$ 在点 M 处相切且具有相同的曲率与凸向.

第5章 积 分

导数和微分主要讨论的是变化率和局部线性化问题,本章将学习另一个重要内容——积分. 与微分相反,积分是关于变量"积累"问题的研究. 积分在自然科学、工程技术中有着广泛的应用.

积分分为不定积分和定积分,不定积分是求导的逆运算(求原函数),而定积分思想起源于计算曲边图形面积和立体体积问题. 经典的例子是古希腊数学家阿基米德在计算抛物弓形面积时采用三角形不断填充的"穷竭法",以及我国魏晋时期数学家刘徽在计算圆周率时采用圆的内接正多边形逼近圆的"割圆术". 16世纪以后,由于坐标系的建立,社会经济发展的促进,众多数学家的努力,最后由牛顿和莱布尼茨发现了微分与积分之间的联系,创立了微积分学完整的理论体系.

5.1 定积分的概念和基本性质

一、实例

1. 曲边梯形的面积

大家都会计算各类常见平面图形的面积,如矩形、梯形、圆等,这些平面图形的特点是由直线段和圆弧围成. 对于一般曲线围成的平面图形的面积应该如何计算,这是初等数学没有解决的问题. 下面来讨论计算曲边梯形的面积的问题.

设函数 $f(x)$ 在闭区间 $[a, b]$ 上连续,且 $f(x) \geqslant 0$,称由曲线 $y = f(x)$、直线 $x = a$、$x = b$ 以及 x 轴所围成的平面图形 S 为在 $[a, b]$ 上以曲线 $y = f(x)$ 为曲边的曲边梯形(见图5-1(a)).

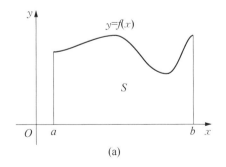

(a)

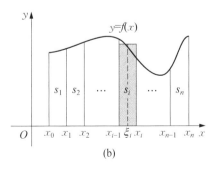

(b)

图5-1

计算曲边梯形 S 的面积 A 可以分三步进行(见图 5-1(b)):

第一步,分割,大化小.

在 $[a, b]$ 内任意插入 $n-1$ 个分点:

$$a = x_0 < x_1 < x_2 < \cdots < x_{i-1} < x_i < x_{i+1} < \cdots < x_{n-1} < x_n = b,$$

将区间 $[a, b]$ 分割成 n 个小区间

$$[x_0, x_1], [x_1, x_2], \cdots, [x_{i-1}, x_i], \cdots, [x_{n-1}, x_n],$$

小区间 $[x_{i-1}, x_i]$ 的长度为

$$\Delta x_i = x_i - x_{i-1} \quad (i = 1, 2, \cdots, n).$$

用直线 $x = x_i (i = 1, 2, \cdots, n-1)$ 将曲边梯形 S 分割成 n 个小曲边梯形 $S_1, S_2, \cdots, S_i, \cdots,$ S_n,这些小曲边梯形的面积分别记为 $\Delta A_1, \Delta A_2, \cdots, \Delta A_i, \cdots, \Delta A_n$,则

$$A = \Delta A_1 + \Delta A_2 + \cdots + \Delta A_n.$$

第二步,进行近似,以直代曲,用直边代替曲边.

上述小曲边梯形的面积仍然难以求出,但曲边相对变短,可把小曲边近似地看成是直边. 在每个小区间 $[x_{i-1}, x_i]$ 上任取一点 $\xi_i (x_{i-1} \leqslant \xi_i \leqslant x_i)$,可以用 $f(\xi_i)$ 为高,区间长 $\Delta x_i = x_i - x_{i-1}$ 为底的矩形作为 ΔA_i 的近似值,即 $\Delta A_i \approx f(\xi_i) \Delta x_i (i = 1, 2, \cdots, n)$. 将所有小矩形的面积相加,得到大曲边梯形面积的近似值

$$A = \Delta A_1 + \Delta A_2 + \cdots + \Delta A_n \approx f(\xi_1) \Delta x_1 + f(\xi_2) \Delta x_2 + \cdots + f(\xi_n) \Delta x_n \approx \sum_{i=1}^{n} f(\xi_i) \Delta x_i.$$

第三步,取极限求精确值.

可以想象,当所有小区间长度中的最大值 $\| \Delta x \| (= (\max\limits_{1 \leqslant i \leqslant n}\{\Delta x_i\}))$ 趋于零时(此时分点数量趋向于 $+\infty$),该近似公式的精确程度就会越来越高,于是上述和式的极限就应该是曲边梯形 S 的面积 A,即

$$A = \lim_{\| \Delta x \| \to 0} \sum_{i=1}^{n} f(\xi_i) \Delta x_i.$$

2. 连续变力所作的功

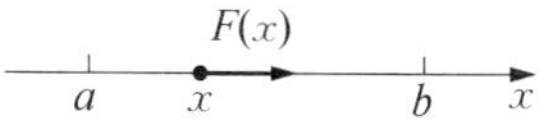

图 5-2

设某质点受力 F 的作用由点 a 沿直线移动到点 b,并设力 F 与质点移动的方向一致(见图 5-2),如果力 F 的大小是质点位置 x 的连续函数 $F(x)$,如何计算力 F 作的功呢?

如同计算曲边梯形面积一样,用 $n-1$ 个分点

$$a = x_0 < x_1 < x_2 < \cdots < x_{i-1} < x_i < x_{i+1} < \cdots < x_{n-1} < x_n = b$$

将区间 $[a, b]$ 分成 n 个小区间 $[x_{i-1}, x_i] (i = 1, 2, \cdots, n)$,在每个小区间 $[x_{i-1}, x_i]$ 上任取一点

$\xi_i(x_{i-1} \leqslant \xi_i \leqslant x_i)$，当每个小区间 $[x_{i-1}, x_i]$ 的长度 Δx_i 都很小时，作用在小区间各点上的力 F 可近似地看作常量 $F(\xi_i)$，$\xi_i \in [x_{i-1}, x_i]$．于是，$F(\xi_i)\Delta x_i$ 可以作为质点在力 F 作用下由点 x_{i-1} 移到点 x_i 时力 F 所作的功 Δw_i 的近似值，即

$$\Delta w_i \approx F(\xi_i)\Delta x_i (i = 1, 2, \cdots, n).$$

从而质点在力 F 的作用下从点 a 移到点 b 时力 F 所作的功为

$$W = \sum_{i=1}^{n} \Delta w_i \approx \sum_{i=1}^{n} F(\xi_i)\Delta x_i.$$

当所有小区间长度中最大值 $\| \Delta x \|$ 趋于零时，和式 $\sum_{i=1}^{n} F(\xi_i)\Delta x_i$ 的极限就应该是质点在连续变力 F 作用下由点 a 移到点 b 时所作的功

$$W = \lim_{\| \Delta x \| \to 0} \sum_{i=1}^{n} F(\xi_i)\Delta x_i.$$

上面两个例子所涉及问题的背景虽然不同，但解决问题的方法是相同的，都归结为求同一类和式的极限．当然还有许多实际问题的解决也可归结于这类极限．当抛开这些问题的实际背景，抽象出共同性质加以概括研究，就引出了定积分概念．

二、定积分的定义

定义 1　设 $f(x)$ 是闭区间 $[a, b]$ 上的有界函数，I 是确定的常数，在 $[a, b]$ 内任意插入 $n-1$ 个分点：

$$a = x_0 < x_1 < x_2 < \cdots < x_{i-1} < x_i < x_{i+1} < \cdots < x_{n-1} < x_n = b,$$

将区间 $[a, b]$ 分成 n 个小区间 $[x_{i-1}, x_i]$，小区间 $[x_{i-1}, x_i]$ 的长度为 $\Delta x_i = x_i - x_{i-1}(i = 1, 2, \cdots, n)$．在每个小区间 $[x_{i-1}, x_i]$ 上任取一点 $\xi_i(x_{i-1} \leqslant \xi_i \leqslant x_i)$，作和（通常称为**积分和**）

$$\sum_{i=1}^{n} f(\xi_i)\Delta x_i, \tag{①}$$

如果不论对 $[a, b]$ 如何分法及 ξ_i 如何取法，只要当所有小区间长度中的最大值 $\| \Delta x \| = \max_{1 \leqslant i \leqslant n}\{\Delta x_i\}$ 趋于零时，总有 $\lim_{\| \Delta x \| \to 0} \sum_{i=1}^{n} f(\xi_i)\Delta x_i = I$，则称 $f(x)$ 在 $[a, b]$ 上是可积的，称 I 为函数 $f(x)$ 在区间 $[a, b]$ 上（或从 a 到 b）的**定积分**，记作

$$\int_a^b f(x)\mathrm{d}x = I,$$

即有

$$\int_a^b f(x)\,\mathrm{d}x = \lim_{\|\Delta x\| \to 0} \sum_{i=1}^n f(\xi_i)\,\Delta x_i. \qquad ②$$

称函数 $f(x)$ 为**被积函数**, 称 $f(x)\mathrm{d}x$ 为**被积表达式**, 称变量 x 为**积分变量**, 称 a 与 b 分别为定积分的积分**下限**与积分**上限**, 称区间 $[a, b]$ 为**积分区间**.

那么, 对于给定的函数 $f(x)$ 在怎样的条件下和式①的极限必定存在呢? 下面定理给出了可积的充分条件.

定理 1 若函数 $f(x)$ 在闭区间 $[a, b]$ 上连续或分段连续或单调有界, 则 $f(x)$ 在 $[a, b]$ 上的定积分存在.

定理的证明从略.

由定积分的定义知, 曲边梯形 S 的面积 A 是曲边对应的函数 $y = f(x)$ 在底边对应区间 $[a, b]$ 上的定积分

$$A = \int_a^b f(x)\,\mathrm{d}x;$$

变力做功 W 是表示变力的函数 $F(x)$ 在质点移动的区间 $[a, b]$ 上的定积分

$$W = \int_a^b F(x)\,\mathrm{d}x.$$

为了让读者更好地了解定积分的概念, 下面给出一些注解.

注 1 定义 1 中的极限是一种非常特殊的极限, 请注意它有两个任意, 即"不论 $[a, b]$ 如何分法"及"不论 ξ_i 如何取法", 只要 $\|\Delta x\| = \max_i\{\Delta x_i\} \to 0$, 极限 $\lim\limits_{\|\Delta x\| \to 0} \sum\limits_{i=1}^n f(\xi_i)\,\Delta x_i$ 存在且等于 I, 这是理解定积分概念的关键.

注 2 为了以后讨论方便, 规定对任何可积函数 $f(x)$ 恒有

$$\int_a^a f(x)\,\mathrm{d}x = 0.$$

它的几何意义是线段的面积为零. 此外还规定

$$\int_b^a f(x)\,\mathrm{d}x = -\int_a^b f(x)\,\mathrm{d}x.$$

这表明定积分具有"方向": 同一函数 $f(x)$ 从 a 到 b 与从 b 到 a 的积分值相差一个负号. 这一等式可以这样解释: 在下限小于上限时, 所有的 $\Delta x_i > 0$. 而下限大于上限时, 所有的 $\Delta x_i = x_i - x_{i-1} < 0$, 从而这两种情况下的积分和的极限恰好相差一个负号.

注3 定积分的几何意义:当 $f(x) \geqslant 0$ 时,则 $\int_a^b f(x)\mathrm{d}x$ 就是曲线 $y = f(x)$ 在区间 $[a, b]$ 上曲边梯形的面积;当 $f(x) \leqslant 0$ 时,则 $\int_a^b f(x)\mathrm{d}x =$ $-\int_a^b [-f(x)]\mathrm{d}x$ 就是曲线 $y = f(x)$ 在区间 $[a,$

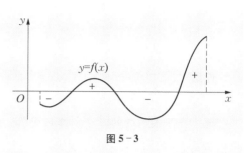

图 5-3

$b]$ 上位于 x 轴下方的曲边梯形面积的相反数. 对于非定号的函数 $f(x)$, $\int_a^b f(x)\mathrm{d}x$ 是曲线 $y = f(x)$ 在 x 轴上方部分所有曲边梯形的面积与 x 轴下方部分所有曲边梯形的面积的代数和(见图 5-3).

注4 定积分的值只与被积函数有关,与积分变量无关,即

$$\int_a^b f(x)\mathrm{d}x = \int_a^b f(t)\mathrm{d}t.$$

用定积分的定义可以很容易地证明这个结论.

注5 根据定积分的定义可知,无界函数是不可积的.

三、定积分的基本性质

有了定积分的定义后,原则上讲可以进行定积分的计算了.

例1 根据定积分的定义计算 $\int_0^1 x\mathrm{d}x$.

解 因为被积函数 $y = x$ 在 $[0, 1]$ 上连续,所以是可积的,因此积分与对区间 $[0, 1]$ 的分法以及点 ξ_i 的取法无关(很重要!). 为了计算简单,将 $[0, 1]$ 作 n 等分,分点为 $x_i = \dfrac{i}{n}$,小区间 $[x_{i-1}, x_i]$ 的长度为 $\Delta x_i = \dfrac{1}{n}(i = 1, 2, \cdots, n)$,取 $\xi_i = \dfrac{i}{n}$(区间的右端点). 作积分和

$$\sum_{i=1}^n f(\xi_i)\Delta x_i = \sum_{i=1}^n \frac{i}{n} \cdot \frac{1}{n} = \frac{1}{n^2}\sum_{i=1}^n i = \frac{n(n+1)}{2n^2},$$

当 $n \to \infty$ 时(此时 $\|\Delta x\| \to 0$),有

$$\int_0^1 x\mathrm{d}x = \lim_{n \to \infty} \frac{n(n+1)}{2n^2} = \frac{1}{2}.$$

这个例子说明两点,首先即便是 $f(x) = x$ 这样简单的函数,按照定义中提供的方法来求积分也不容易,其次积分是以往面积计算的发展. 下面建立定积分的基本性质,这些性质对于定积分

的计算、定积分的估计十分有用.

下面性质中出现的定积分假定都存在.

性质 1 $\int_a^b [f(x) \pm g(x)] dx = \int_a^b f(x) dx \pm \int_a^b g(x) dx.$

证 将等式两边的三个积分区间 $[a, b]$ 划分成相同的 n 个小区间,并在每个小区间内选用同样的 $\xi_i(i = 1, \cdots, n)$,这时

$$\sum_{i=1}^n [f(\xi_i) \pm g(\xi_i)] \Delta x_i = \sum_{i=1}^n f(\xi_i) \Delta x_i + \sum_{i=1}^n g(\xi_i) \Delta x_i,$$

因 $f(x)$ 与 $g(x)$ 均在 $[a, b]$ 上可积,故

$$\lim_{\|\Delta x\| \to 0} \sum_{i=1}^n [f(\xi_i) \pm g(\xi_i)] \Delta x_i = \lim_{\|\Delta x\| \to 0} \left[\sum_{i=1}^n f(\xi_i) \Delta x_i \pm \sum_{i=1}^n g(\xi_i) \Delta x_i \right]$$

$$= \lim_{\|\Delta x\| \to 0} \sum_{i=1}^n f(\xi_i) \Delta x_i \pm \lim_{\|\Delta x\| \to 0} \sum_{i=1}^n g(\xi_i) \Delta x_i,$$

因此,由定积分定义得 $\int_a^b [f(x) \pm g(x)] dx = \int_a^b f(x) dx \pm \int_a^b g(x) dx.$

类似地,可以证明:

性质 2 $\int_a^b kf(x) dx = k \int_a^b f(x) dx$,特别地,$\int_a^b k dx = k(b - a)$. 其中 k 为常数.

性质 1~2 说明定积分运算具有线性性.

性质 3 对 $[a, b]$ 上的任意三点 a_1、a_2、a_3,有

$$\int_{a_1}^{a_3} f(x) dx = \int_{a_1}^{a_2} f(x) dx + \int_{a_2}^{a_3} f(x) dx.$$

证 若 $a_1 < a_2 < a_3$,因 $f(x)$ 在 $[a_1, a_3]$ 上可积,所以不论对 $[a_1, a_3]$ 怎样分,积分和的极限总是不变的. 因此在分区间时,将 a_2 永远作为一个分点,则 $[a_1, a_3]$ 上的积分和等于 $[a_1, a_2]$ 上的积分和加上 $[a_2, a_3]$ 上的积分和,记为

$$\sum_{[a_1, a_3]} f(\xi_i) \Delta x_i = \sum_{[a_1, a_2]} f(\xi_i) \Delta x_i + \sum_{[a_2, a_3]} f(\xi_i) \Delta x_i.$$

令 $\|\Delta x\| \to 0$,上式两边同时取极限,即得

$$\int_{a_1}^{a_3} f(x) dx = \int_{a_1}^{a_2} f(x) dx + \int_{a_2}^{a_3} f(x) dx.$$

根据定积分的补充规定(定积分定义后的注 2)可推得(请读者自行验证),不论 a_1、a_2、

a_3 大小顺序如何,只要上述等式中每个积分都存在,则这个等式总是成立的.

这个性质称为区间可加性,即一个区间上的积分与拆成两个小区间上积分的和相等.这个性质与面积的可加性是一致的.

性质 4　若在 $[a, b]$ 上满足 $f(x) \leqslant g(x)$,则

$$\int_a^b f(x) \,\mathrm{d}x \leqslant \int_a^b g(x) \,\mathrm{d}x.$$

特别地,当 $f(x) \geqslant 0$ 时,有 $\int_a^b f(x) \,\mathrm{d}x \geqslant 0$.

证　因为在区间 $[a, b]$ 上,有 $g(x) - f(x) \geqslant 0$,又因为 $\Delta x_i \geqslant 0 (i = 1, \cdots, n)$,故积分和 $\sum_{i=1}^n [g(\xi_i) - f(\xi_i)] \Delta x_i \geqslant 0$,因此

$$\lim_{\|\Delta x\| \to 0} \sum_{i=1}^n [g(\xi_i) - f(\xi_i)] \Delta x_i \geqslant 0,$$

即 $\int_a^b [g(x) - f(x)] \,\mathrm{d}x \geqslant 0$. 由性质 1、3 得,$\int_a^b g(x) \,\mathrm{d}x - \int_a^b f(x) \,\mathrm{d}x \geqslant 0$,故

$$\int_a^b f(x) \,\mathrm{d}x \leqslant \int_a^b g(x) \,\mathrm{d}x.$$

性质 5　若 M 和 m 分别是 $f(x)$ 在 $[a, b]$ 上的最大值和最小值,则

$$m(b - a) \leqslant \int_a^b f(x) \,\mathrm{d}x \leqslant M(b - a).$$

由于 $m \leqslant f(x) \leqslant M$,再根据性质 4 和性质 2,上式不难证明.

性质 6　$\left| \int_a^b f(x) \,\mathrm{d}x \right| \leqslant \int_a^b |f(x)| \,\mathrm{d}x.$

因为 $- |f(x)| \leqslant f(x) \leqslant |f(x)|$,由性质 5 即得.

性质 7　若 $f(x)$ 在闭区间 $[a, b]$ 上连续,则在 $[a, b]$ 上至少存在一点 ξ,使得

$$\int_a^b f(x) \,\mathrm{d}x = f(\xi)(b - a).$$

证　由性质 5 可得 $m \leqslant \dfrac{1}{b - a} \int_a^b f(x) \,\mathrm{d}x \leqslant M$,因 $f(x)$ 在 $[a, b]$ 上连续,由闭区间上连续函数的介值定理可知,存在 $\xi \in [a, b]$,使得

$$f(\xi) = \frac{1}{b - a} \int_a^b f(x) \,\mathrm{d}x,$$

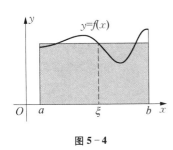

图 5-4

即

$$\int_a^b f(x)\,dx = f(\xi)(b - a).$$

性质 7 称为**积分中值定理**，其几何意义如图 5-4 所示，若 $f(x) \geq 0$，那么在 $[a, b]$ 上以曲线 $y = f(x)$ 为曲边的曲边梯形面积等于同一底边上高为 $f(\xi)(a \leq \xi \leq b)$ 的矩形面积.

思考 性质 7 中的 ξ 是否一定可以在开区间 (a, b) 内取到?

例2 利用定积分的几何意义计算 $\int_0^2 (2 + \sqrt{4 - x^2})\,dx$.

解 因为

$$\int_0^2 (2 + \sqrt{4 - x^2})\,dx = \int_0^2 2\,dx + \int_0^2 \sqrt{4 - x^2}\,dx$$

$$= 2(2 - 0) + \int_0^2 \sqrt{4 - x^2}\,dx,$$

由于 $y = \sqrt{4 - x^2}$ 的图形是上半圆周,根据定积分的几何意义,可知 $\int_0^2 \sqrt{4 - x^2}\,dx$ 是半径为 2 的四分之一圆的面积,即 $\int_0^2 \sqrt{4 - x^2}\,dx = \frac{1}{4} \cdot \pi \cdot 2^2 = \pi$. 所以

$$\int_0^2 (2 + \sqrt{4 - x^2})\,dx = \int_0^2 2\,dx + \int_0^2 \sqrt{4 - x^2}\,dx = 4 + \pi.$$

例3 试比较 $\int_0^1 e^x\,dx$ 与 $\int_0^1 (1 + x)\,dx$ 的大小.

解 需要先确定两个被积函数在区间 $[0, 1]$ 上的大小. 令 $f(x) = e^x - (1 + x)$,于是 $f'(x) = e^x - 1 \geq 0 (0 \leq x \leq 1)$,即 $f(x)$ 在 $[0, 1]$ 上单调增加,而 $f(0) = 0$,所以 $f(x) \geq 0 (0 \leq x \leq 1)$,即 $e^x \geq 1 + x$. 根据性质 4,有

$$\int_0^1 e^x\,dx \geq \int_0^1 (1 + x)\,dx.$$

例4 估计 $\int_0^\pi \frac{1}{10 + \cos^3 x}\,dx$ 的大小.

解 因为在 $[0, 3]$ 上,有 $\frac{1}{10 + 1} \leq \frac{1}{10 + \cos^3 x} \leq \frac{1}{9}$,根据性质 5 有

$$\frac{\pi}{11} \leqslant \int_0^\pi \frac{1}{10 + \cos^3 x} dx \leqslant \frac{\pi}{9}.$$

例 5 求 $\displaystyle\lim_{n\to\infty} \int_0^{\frac{2}{3}} \sqrt{1 + x^n} \, dx.$

解 因为 $f(x) = \sqrt{1 + x^n}$ 在 $\left[0, \dfrac{2}{3}\right]$ 上连续,由积分中值定理,得

$$\int_0^{\frac{2}{3}} \sqrt{1 + x^n} \, dx = \sqrt{1 + \xi^n}\left(\frac{2}{3} - 0\right), \quad \xi \in \left[0, \frac{2}{3}\right],$$

所以

$$\lim_{n\to\infty} \int_0^{\frac{2}{3}} \sqrt{1 + x^n} \, dx = \frac{2}{3}\lim_{n\to\infty} \sqrt{1 + \xi^n} = \frac{2}{3}.$$

5.1 学习要点

思考 如何用定积分来表示 $\displaystyle\lim_{n\to\infty} \sum_{i=1}^n \sqrt{1 + \left(\frac{i}{n}\right)^2} \cdot \frac{1}{n}$? 并尝试求出这个极限.

习题 5.1

1. 设质点作变速直线运动,其速度为 $V = V(t)$,试用定积分表示质点从时刻 a 到时刻 b 所经过的路程.

2. 设一细竿长为 l,其密度为细竿上任意一点到一端点的距离 x 的函数 $\mu(x)$,试用定积分表示细竿的质量.

3. 某放射性元素的衰变速度 V 是时间 t 的函数 $V = V(t)$ 试用定积分表示放射性元素从时刻 t_1 到时刻 t_2 所分解的质量.

4. 用定积分表示下列极限:

(1) $\displaystyle\lim_{n\to\infty} \frac{1^p + 2^p + \cdots + n^p}{n^{p+1}}$,其中常数 $p > 0$; (2) $\displaystyle\lim_{n\to\infty} \frac{1}{n+1} + \frac{1}{n+2} + \cdots + \frac{1}{n+n}$.

5. 根据定积分的几何意义,判断下列定积分的正负:

(1) $\displaystyle\int_{-1}^1 x \, dx$; (2) $\displaystyle\int_{-\frac{\pi}{4}}^{\frac{\pi}{2}} \sin x \, dx$.

6. 比较下列各对定积分的大小:

(1) $\displaystyle\int_0^1 x \, dx$ 与 $\displaystyle\int_0^1 x^2 \, dx$; (2) $\displaystyle\int_1^2 x \, dx$ 与 $\displaystyle\int_1^2 x^2 \, dx$;

(3) $\displaystyle\int_0^{\frac{\pi}{2}} x \, dx$ 与 $\displaystyle\int_0^{\frac{\pi}{2}} \sin x \, dx$; (4) $\displaystyle\int_1^2 \ln x \, dx$ 与 $\displaystyle\int_1^2 (\ln x)^2 \, dx$.

7. 证明:存在 $\xi \in [0, 2]$,使得 $\int_0^2 \dfrac{1}{2}\sin x \mathrm{d}x = \sin \xi$.

8. 设函数 $f(x)$ 与 $g(x)$ 在 $[a, b]$ 上连续,又 $f(x) \leqslant g(x)$,且 $\int_a^b f(x)\mathrm{d}x = \int_a^b g(x)\mathrm{d}x$,证明:在 $[a, b]$ 上,有 $f(x) = g(x)$.

9. 设函数 $f(x)$ 在 $[0, 1]$ 上可导,且满足 $3\int_0^{\frac{1}{3}} xf(x)\mathrm{d}x = f(1)$,证明:在 $(0, 1)$ 内至少存在一点 ξ,使得 $f'(\xi) = -\dfrac{f(\xi)}{\xi}$.

5.2 原函数和微积分学基本定理

一、原函数

积分的概念本身是独立于导数的,然而正是通过积分与导数之间的联系,微积分才能成为有机的统一体,为了揭示微分与积分的内在关系,下面引进原函数的概念.

定义 1 设函数 $F(x)$ 与 $f(x)$ 在区间 I 上都有定义,若在 I 上有

$$F'(x) = f(x) \text{ 或 } \mathrm{d}F(x) = f(x)\mathrm{d}x,$$

则称 $F(x)$ 为 $f(x)$ 在区间 I 上的一个原函数.

例如,$\sin x$ 是 $\cos x$ 在 $(-\infty, +\infty)$ 上的一个原函数,因为 $(\sin x)' = \cos x$. 原函数之间有以下关系.

定理 1 设 $F(x)$ 是 $f(x)$ 在区间 I 上的一个原函数,则

(1) $F(x) + C$ 也是 $f(x)$ 在区间 I 上的一个原函数,其中 C 为任意常数.

(2) $f(x)$ 的任意两个原函数之间只相差一个常数.

证 (1) 对于任意常数 C,有

$$[F(x) + C]' = F'(x) = f(x),$$

因此,由原函数的定义知,$F(x) + C$ 也是 $f(x)$ 在区间 I 上的一个原函数.

(2) 设 $F(x)$ 和 $G(x)$ 是 $f(x)$ 在区间 I 上的任意两个原函数,则

$$[F(x) - G(x)]' = F'(x) - G'(x) = f(x) - f(x) = 0.$$

根据拉格朗日中值定理的推论可得

$$F(x) - G(x) = C.$$

二、积分上限的函数及其导数

设 $f(x)$ 在 $[a, b]$ 上连续，考察 $f(x)$ 在部分区间 $[a, x]$ 上的定积分

$$\int_a^x f(t)\,\mathrm{d}t, \, x \in [a, b].$$

当 x 在 $[a, b]$ 上任意变动时，对于每一个取定的 x 值，$\int_a^x f(t)\,\mathrm{d}t$ 都有唯一的确定值与之对应，因而 $\int_a^x f(t)\,\mathrm{d}t$ 是积分上限 x 的函数，记作

$$\Phi(x) = \int_a^x f(t)\,\mathrm{d}t, \, x \in [a, b].$$

有时也称 $\int_a^x f(t)\,\mathrm{d}t$ 为**变动上限积分**. 类似地，可以定义积分下限的函数.

关于函数 $\Phi(x)$ 的导数，有下面的定理.

定理 2　若函数 $f(x)$ 在 $[a, b]$ 上连续，则积分上限 x 的函数

$$\Phi(x) = \int_a^x f(t)\,\mathrm{d}t, \, x \in [a, b]$$

在 $[a, b]$ 上可导，且它的导数为

$$\Phi'(x) = \frac{\mathrm{d}}{\mathrm{d}x}\int_a^x f(t)\,\mathrm{d}t = f(x), \, x \in [a, b].$$

证　设 x 是 $[a, b]$ 上任意点，$\Delta x \neq 0$，于是

$$\Phi(x + \Delta x) - \Phi(x) = \int_a^{x+\Delta x} f(t)\,\mathrm{d}t - \int_a^x f(t)\,\mathrm{d}t$$

$$= \int_a^x f(t)\,\mathrm{d}t + \int_x^{x+\Delta x} f(t)\,\mathrm{d}t - \int_a^x f(t)\,\mathrm{d}t$$

$$= \int_x^{x+\Delta x} f(t)\,\mathrm{d}t.$$

根据积分中值定理知，在 x 与 $x+\Delta x$ 之间存在 ξ，使得

$$\frac{\Phi(x + \Delta x) - \Phi(x)}{\Delta x} = \frac{1}{\Delta x}\int_x^{x+\Delta x} f(t)\,\mathrm{d}t = \frac{1}{\Delta x}f(\xi)[(x + \Delta x) - x] = f(\xi),$$

当 $\Delta x \to 0$ 时，$\xi \to x$. 由 $f(x)$ 在点 x 处连续可知 $\lim\limits_{\Delta x \to 0} f(\xi) = f(x)$，于是

$$\Phi'(x) = \lim_{\Delta x \to 0}\frac{\Phi(x + \Delta x) - \Phi(x)}{\Delta x} = f(x).$$

如果 x 为区间端点,则上式中的极限改为单侧极限也成立.

注1 定理2的深刻之处在于告诉我们:连续函数是有原函数的,而且该连续函数的积分上限函数就是它的一个原函数;同时揭示了微分与积分两个看似不相关的概念其实是有着内在联系的.因此定理2是微积分理论中最基本的、最重要的定理,因而被称为**微积分学基本定理**.

注2 积分上限(积分下限)函数是定义函数的一种新的方法,在一些应用学科,如物理、化学中经常见到,以后还会经常用到这种形式.

例1 求下列积分上限和积分下限函数的导数:

$(1) \int_x^b t^2 \ln t \, dt$; $(2) \int_a^{x^2+e^x} f(t) \, dt$.

解 (1) 因为 $\int_x^b t^2 \ln t \, dt = -\int_b^x t^2 \ln t \, dt$,所以

$$\frac{d}{dx} \int_x^b t^2 \ln t \, dt = \frac{d}{dx}\left(-\int_b^x t^2 \ln t \, dt\right) = -x^2 \ln x.$$

(2) 因为 $\int_a^{x^2+e^x} f(t) \, dt$ 可看成是由 $y = \int_a^u f(t) \, dt$ 与 $u = x^2 + e^x$ 复合而成的,所以

$$\frac{d}{dx} \int_a^{x^2+e^x} f(t) \, dt = \frac{d}{du} \int_a^u f(t) \, dt \cdot \frac{d}{dx}(x^2 + e^x) = f(u)(2x + e^x)$$

$$= f(x^2 + e^x)(2x + e^x).$$

例2 求 $\lim\limits_{x \to 0} \dfrac{\int_{\sin x}^0 \ln(1+t) \, dt}{x^2}$.

解 这是 $\dfrac{0}{0}$ 型不定式极限,利用洛必达法则可得

$$\lim_{x \to 0} \frac{\int_{\sin x}^0 \ln(1+t) \, dt}{x^2} = \lim_{x \to 0} \frac{-\cos x \ln(1 + \sin x)}{2x}$$

$$= \lim_{x \to 0}(-\cos x) \lim_{x \to 0} \frac{\sin x}{2x} = (-1) \cdot \frac{1}{2} = -\frac{1}{2}.$$

思考 如何求 $\int_{\varphi(x)}^{\phi(x)} f(t) \, dt$ 的导数?

三、牛顿-莱布尼茨公式

定理 2 揭示了原函数与定积分的内在联系,由它可以导出牛顿-莱布尼茨公式.

定理 3　若函数 $F(x)$ 是连续函数 $f(x)$ 在 $[a, b]$ 上的一个原函数,则

$$\int_a^b f(x)\,\mathrm{d}x = F(b) - F(a). \qquad ①$$

证　因为 $F(x)$ 是 $f(x)$ 在 $[a, b]$ 上的一个原函数,由定理 2 知 $\Phi(x) = \int_a^x f(t)\,\mathrm{d}t$ 也是 $f(x)$ 在 $[a, b]$ 上的一个原函数,因此,根据定理 1 $F(x)$ 与 $\Phi(x)$ 在 $[a, b]$ 上相差一个常数,即

$$\int_a^x f(t)\,\mathrm{d}t = F(x) + C, \quad x \in [a, b].$$

用 $x = a$ 代入上式,得

$$0 = \int_a^a f(t)\,\mathrm{d}t = F(a) + C \text{ 即 } F(a) = -C;$$

于是

$$\int_a^x f(t)\,\mathrm{d}t = F(x) - F(a), \quad x \in [a, b],$$

用 $x = b$ 代入上式,得

$$\int_a^b f(t)\,\mathrm{d}t = F(b) - F(a).$$

公式 ① 称为**牛顿-莱布尼茨公式**,函数 $F(x)$ 在 $[a, b]$ 上的增量 $F(b) - F(a)$ 通常可记作 $F(x)\big|_a^b$,于是 ① 式常常写成

$$\int_a^b f(x)\,\mathrm{d}x = F(x)\,\big|_a^b.$$

注:公式 ① 当 $b < a$ 时也是成立的.

思考　设函数 $g(x) = \int_0^x f(t)\,\mathrm{d}t$,其中函数 f 定义在 $[-3, 3]$ 上,其图形由 4 个半圆形构成(见图 5 - 5),求 $g(x)$ 的非负区间.

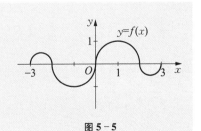

图 5 - 5

牛顿-莱布尼茨公式表明,求已知函数 $f(x)$ 在 $[a, b]$ 上的定积分时,只要求出 $f(x)$ 在 $[a, b]$ 上的一个原函数 $F(x)$,并计算原函数 $F(x)$ 由端点 a 到端点 b 的改变量 $F(b)-F(a)$ 即可.这样就使定积分的计算简化了,从而使积分学在很多科学领域内得到广泛的应用.

5.2 学习要点

定理 3 在微积分学中有着极其重要的作用,它把求定积分这样一个非常"另类"的极限问题转化为求被积函数的原函数问题,从而使求解过程大大简化(下一节给出求原函数的方法).

习题 5.2

1. 求下列极限:

(1) $\lim\limits_{x \to 0} \dfrac{\int_0^x \tan^2 t \, dt}{x^3}$;

(2) $\lim\limits_{x \to 0} \dfrac{\int_0^x e^{t^2} dt}{\int_0^x e^{2t^2} dt}$;

(3) $\lim\limits_{x \to 0} \dfrac{\int_{\cos x}^1 t \ln t \, dt}{x^4}$;

(4) $\lim\limits_{x \to 0} \dfrac{\int_0^x t \ln(1 + t \sin t) \, dt}{1 - \cos(x^2)}$.

2. 求下列导数:

(1) $\dfrac{d}{dx} \int_x^0 e^{t^2} dt$;

(2) $\dfrac{d}{dx} \int_{x^2}^{x^3} \dfrac{dt}{\sqrt{1 + t^4}}$.

3. 设函数 $y = y(x)$ 是由参数方程 $\begin{cases} x = \int_0^t \sin u \, du, \\ y = \int_0^t \cos u \, du \end{cases}$ 所确定的函数,求 $\dfrac{dy}{dx}$.

4. 设函数 $y(x)$ 是由方程 $\int_o^y e^{t^2} dt + \int_o^x \cos t^2 dt = 0$ 所确定的隐函数,求 $\dfrac{dy}{dx}$.

5. 当 x 取何值时,$I(x) = \int_o^x t e^{-t^2} dt$ 有极值?

6. 设 $f(x)$ 具有连续的导函数,求 $\dfrac{d}{dx} \int_a^x (x - t) f'(t) \, dt$.

7. 设 $f(x)$ 在 $[a, b]$ 上连续,在 (a, b) 内可导,且 $f'(x) \leqslant 0$,记 $F(x) = \dfrac{1}{x - a} \int_a^x f(t) \, dt$,证明:在 (a, b) 内,有 $F'(x) \leqslant 0$.

8. 设 $f(x)$ 在 $[a, b]$ 上连续,且 $f(x) > 0$,记 $F(x) = \int_a^x f(t) \, dt + \int_b^x \dfrac{dt}{f(t)}$,证明:

(1) $F'(x) \geqslant 2$;　　(2) 方程 $F(x) = 0$ 在 (a, b) 内有且仅有一根.

5.3　不　定　积　分

一、不定积分的概念

根据 5.2 节的讨论知道,求已知函数 $f(x)$ 在 $[a,b]$ 上的定积分,只需求出 $f(x)$ 在 $[a,b]$ 上的一个原函数 $F(x)$,然后计算原函数 $F(x)$ 在 $[a,b]$ 上的增量 $F(b)-F(a)$ 即可.

因此,求原函数成为求定积分的关键,下面来研究原函数的求法.

5.2 节定理 1 揭示了全体原函数的结构:即若 $F(x)$ 是 $f(x)$ 的一个原函数,则 $f(x)$ 的全体原函数就是 $F(x)+C$,其中 C 为任意常数.

根据原函数的这种性质,引入下面定义.

定义 1　函数 $f(x)$ 在区间 I 上的全体原函数称为 $f(x)$ 在 I 上的**不定积分**,记作

$$\int f(x)\,\mathrm{d}x.$$

其中 $\int$ 称为**积分号**,$f(x)$ 称为**被积函数**,$f(x)\mathrm{d}x$ 称为**被积表达式**,x 称为**积分变量**.

不定积分与定积分在概念上并没有直接的联系,正是由于 5.2 节的定理 2(微积分学基本定理),将原函数族称为不定积分了.

若 $F(x)$ 是 $f(x)$ 在区间 I 上的一个原函数,则 $f(x)$ 在 I 上的不定积分就是 $\int f(x)\mathrm{d}x = F(x)+C$ (C 为任意常数).

例如,因为 $(\sin x)' = \cos x$,所以 $\sin x$ 是 $\cos x$ 的一个原函数,由定义 1 知

$$\int \cos x\mathrm{d}x = \sin x + C.$$

根据原函数与不定积分的概念,可以直接得到下面两个结论:

1. $\left[\int f(x)\mathrm{d}x\right]' = f(x)$ 或 $\mathrm{d}\left[\int f(x)\mathrm{d}x\right] = f(x)\mathrm{d}x$.

2. $\int f'(x)\mathrm{d}x = f(x)+C$ 或 $\int \mathrm{d}f(x) = f(x)+C$.

这两个结论表明了求不定积分和求导数互为逆运算.

二、直接积分法

求不定积分时,直接利用不定积分的公式和性质求得结果或者对被积函数进行简单的代数变换后再利用不定积分的公式和性质求得结果,这样的方法叫做**直接积分法**.

根据基本初等函数的导数公式和不定积分的定义,就可以得到下列基本积分公式:

1. $\int 0 \mathrm{d}x = C$;

2. $\int 1 \mathrm{d}x = x + C$;

3. $\int x^\alpha \mathrm{d}x = \dfrac{1}{\alpha + 1} x^{\alpha+1} + C$ (常数 $\alpha \neq -1$);

4. $\int \dfrac{1}{x} \mathrm{d}x = \ln|x| + C$;

5. $\int \mathrm{e}^x \mathrm{d}x = \mathrm{e}^x + C$;

6. $\int a^x \mathrm{d}x = \dfrac{a^x}{\ln a} + C$ (常数 $a > 0, a \neq 1$);

7. $\int \cos x \mathrm{d}x = \sin x + C$;

8. $\int \sin x \mathrm{d}x = -\cos x + C$;

9. $\int \sec^2 x \mathrm{d}x = \tan x + C$;

10. $\int \csc^2 x \mathrm{d}x = -\cot x + C$;

11. $\int \sec x \tan x \mathrm{d}x = \sec x + C$;

12. $\int \csc x \cot x \mathrm{d}x = -\csc x + C$;

13. $\int \dfrac{1}{\sqrt{1 - x^2}} \mathrm{d}x = \arcsin x + C = -\arccos x + C'$;

14. $\int \dfrac{1}{1 + x^2} \mathrm{d}x = \arctan x + C = -\operatorname{arccot} x + C'$.

相应于导数的线性运算性质,可得不定积分的线性运算性质.

性质 1 若函数 $f(x)$ 和 $g(x)$ 在区间 I 上存在原函数,则 $f(x) \pm g(x)$ 在区间 I 上也存在原函数,且

$$\int [f(x) \pm g(x)] \mathrm{d}x = \int f(x) \mathrm{d}x \pm \int g(x) \mathrm{d}x.$$

证 将等式右端求导得

$$\left[\int f(x) \mathrm{d}x \pm \int g(x) \mathrm{d}x \right]' = \left[\int f(x) \mathrm{d}x \right]' \pm \left[\int g(x) \mathrm{d}x \right]' = f(x) \pm g(x).$$

这表示等式右端是 $f(x) \pm g(x)$ 的原函数. 又等式右端有两个不定积分,因此等式右端隐含着

一个任意常数,所以等式右端是 $f(x) \pm g(x)$ 的不定积分. 所以

$$\int [f(x) \pm g(x)] \mathrm{d}x = \int f(x)\mathrm{d}x \pm \int g(x)\mathrm{d}x.$$

类似地,可以证明性质 2.

性质 2　若函数 $f(x)$ 在区间 I 上存在原函数, k 为非零常数,则函数 $kf(x)$ 在区间 I 上也存在原函数,且

$$\int kf(x)\mathrm{d}x = k\int f(x)\mathrm{d}x.$$

例 1　求 $\int \sqrt{x}(x^2 - 5)\mathrm{d}x.$

解　$\int \sqrt{x}(x^2-5)\mathrm{d}x = \int (x^{\frac{5}{2}} - 5x^{\frac{1}{2}})\mathrm{d}x = \int x^{\frac{5}{2}}\mathrm{d}x - 5\int x^{\frac{1}{2}}\mathrm{d}x$

$$= \frac{2}{7}x^{\frac{7}{2}} - \frac{10}{3}x^{\frac{3}{2}} + C.$$

例 2　求 $\int \dfrac{x^4}{1 + x^2}\mathrm{d}x.$

解　$\int \dfrac{x^4}{1+x^2}\mathrm{d}x = \int \left(x^2 - 1 + \dfrac{1}{1+x^2}\right)\mathrm{d}x = \int x^2\mathrm{d}x - \int \mathrm{d}x + \int \dfrac{\mathrm{d}x}{1+x^2}$

$$= \frac{1}{3}x^3 - x + \arctan x + C.$$

例 3　求 $\int \tan^2 x\mathrm{d}x.$

解　$\int \tan^2 x\mathrm{d}x = \int (\sec^2 x - 1)\mathrm{d}x = \int \sec^2 x\mathrm{d}x - \int \mathrm{d}x = \tan x - x + C.$

例 4　求 $\int \sin^2 \dfrac{x}{2}\mathrm{d}x.$

解　$\int \sin^2 \dfrac{x}{2}\mathrm{d}x = \int \dfrac{1 - \cos x}{2}\mathrm{d}x = \dfrac{1}{2}\left(\int \mathrm{d}x - \int \cos x\mathrm{d}x\right) = \dfrac{1}{2}(x - \sin x) + C.$

以上例题中的被积函数都不是基本积分公式中的函数,但通过一些初等的代数变换后就可以利用基本积分公式了.

三、不定积分的第一类换元积分法

设由函数 $y = F(u)$ 与 $u = g(x)$ 得函数 $F[g(x)]$,根据复合函数的求导法则,有

$$\frac{\mathrm{d}}{\mathrm{d}x}F[g(x)] = F'(u)g'(x).$$

若已知 $F'(u) = f(u)$ 即 $\int f(u)\mathrm{d}u = F(u) + C$,则有

$$\int f[g(x)]g'(x)\mathrm{d}x = F[g(x)] + C.$$

因此,在求不定积分 $\int \varphi(x)\mathrm{d}x$ 时,将被积函数 $\varphi(x)$ 设想为

$$\varphi(x) = f[g(x)]g'(x),$$

然后把复合函数的求导法则反过来用于求不定积分,可得

$$\int \varphi(x)\mathrm{d}x = \int f[g(x)]g'(x)\mathrm{d}x = \int f(u)\mathrm{d}u$$

$$= F(u) + C = F[g(x)] + C.$$

此方法称为不定积分的**第一类换元积分法**,或称**凑微分法**,就是在被积函数中凑出一个微分 $g'(x)\mathrm{d}x = \mathrm{d}g(x)$,使得 $\varphi(x)\mathrm{d}x = f[g(x)]g'(x)\mathrm{d}x = f(u)\mathrm{d}u$,而 $f(u)$ 有原函数 $F(u)$,于是就可得到 $\varphi(x)$ 的原函数 $F[g(x)] + C$. 请看下面例题,仔细体会"凑微分"法.

例5 求 $\int \dfrac{1}{3 + 2x}\mathrm{d}x$.

解 令 $u = 3 + 2x$,则 $\mathrm{d}u = 2\mathrm{d}x$,于是

$$\int \frac{1}{3 + 2x}\mathrm{d}x = \frac{1}{2}\int \frac{1}{3 + 2x}(3 + 2x)'\mathrm{d}x = \frac{1}{2}\int \frac{1}{u}\mathrm{d}u$$

$$= \frac{1}{2}\ln|u| + C = \frac{1}{2}\ln|3 + 2x| + C.$$

例6 求 $\int 2x\mathrm{e}^{x^2+1}\mathrm{d}x$.

解 观察被积函数,由于 $2x = (x^2 + 1)'$,故令 $u = x^2 + 1$,则 $\mathrm{d}u = 2x\mathrm{d}x$,于是

$$\int 2x\mathrm{e}^{x^2+1}\mathrm{d}x = \int \mathrm{e}^{x^2+1}(x^2 + 1)'\mathrm{d}x = \int \mathrm{e}^{x^2+1}\mathrm{d}(x^2 + 1)$$

$$= \int \mathrm{e}^u\mathrm{d}u = \mathrm{e}^u + C = \mathrm{e}^{x^2+1} + C.$$

在运用第一类换元积分法比较熟练后,中间变量 u 可以不写出来而直接进行运用.

例 7 求 $\int \frac{1}{x} \ln x \mathrm{d}x$.

解 $\int \frac{1}{x} \ln x \mathrm{d}x = \int \ln x \mathrm{d}\ln x = \frac{1}{2} (\ln x)^2 + C.$

例 8 求 $\int \frac{1}{x^2} \sin\left(\frac{1}{x} + 1\right) \mathrm{d}x$.

解 $\int \frac{1}{x^2} \sin\left(\frac{1}{x} + 1\right) \mathrm{d}x = -\int \sin\left(\frac{1}{x} + 1\right) \mathrm{d}\left(\frac{1}{x} + 1\right) = \cos\left(\frac{1}{x} + 1\right) + C.$

例 9 求 $\int \tan x \mathrm{d}x$.

解 $\int \tan x \mathrm{d}x = \int \frac{\sin x}{\cos x} \mathrm{d}x = -\int \frac{\mathrm{d}\cos x}{\cos x} = -\ln|\cos x| + C.$

例 10 求 $\int \frac{\mathrm{d}x}{a^2 + x^2}$ (常数 $a > 0$).

解 $\int \frac{\mathrm{d}x}{a^2 + x^2} = \int \frac{a \mathrm{d}\frac{x}{a}}{a^2\left[1 + \left(\frac{x}{a}\right)^2\right]} = \frac{1}{a} \int \frac{\mathrm{d}\frac{x}{a}}{1 + \left(\frac{x}{a}\right)^2} = \frac{1}{a} \arctan \frac{x}{a} + C.$

例 11 求 $\int \frac{\mathrm{d}x}{\sqrt{a^2 - x^2}}$ (常数 $a > 0$).

解 $\int \frac{\mathrm{d}x}{\sqrt{a^2 - x^2}} = \int \frac{\mathrm{d}\frac{x}{a}}{\sqrt{1 - \left(\frac{x}{a}\right)^2}} = \arcsin \frac{x}{a} + C.$

例 12 求 $\int \frac{\mathrm{d}x}{a^2 - x^2}$ (常数 $a > 0$).

解 $\int \frac{\mathrm{d}x}{a^2 - x^2} = \frac{1}{2a} \int \left(\frac{1}{a + x} + \frac{1}{a - x}\right) \mathrm{d}x = \frac{1}{2a}\left[\int \frac{1}{a + x} \mathrm{d}(a + x) - \int \frac{1}{a - x} \mathrm{d}(a - x)\right]$

$$= \frac{1}{2a}\left[\ln|a + x| - \ln|a - x|\right] + C = \frac{1}{2a} \ln\left|\frac{a + x}{a - x}\right| + C.$$

例 13 求 $\int \sec x \mathrm{d}x$.

解 $\int \sec x \mathrm{d}x = \int \dfrac{\cos x}{\cos^2 x}\mathrm{d}x = \int \dfrac{\mathrm{d}(\sin x)}{1 - \sin^2 x}$,再根据例 12 得

$$\int \sec x \mathrm{d}x = \frac{1}{2}\ln\left|\frac{1 + \sin x}{1 - \sin x}\right| + C.$$

例 13 的另一解法:

$$\int \sec x \mathrm{d}x = \int \frac{\sec x(\sec x + \tan x)}{\sec x + \tan x}\mathrm{d}x = \int \frac{\sec^2 x + \sec x\tan x}{\sec x + \tan x}\mathrm{d}x$$

$$= \int \frac{\mathrm{d}(\sec x + \tan x)}{\sec x + \tan x} = \ln|\sec x + \tan x| + C.$$

上述两种结果只是形式上的不同,不定积分表达式的多样性是一个值得注意的现象. 类似地,可得

$$\int \csc x \mathrm{d}x = \ln|\csc x - \cot x| + C.$$

例 9~13 所得不定积分的结果可作为不定积分基本公式,记住以后可以直接运用.

例 14 求 $\int \cos^2 x \mathrm{d}x$.

解 $\int \cos^2 x \mathrm{d}x = \dfrac{1}{2}\int(1 + \cos 2x)\mathrm{d}x = \dfrac{1}{2}\left[\int \mathrm{d}x + \dfrac{1}{2}\int \cos 2x \mathrm{d}(2x)\right]$

$$= \frac{1}{2}x + \frac{1}{4}\sin 2x + C.$$

例 15 求 $\int \cos 3x\cos 2x \mathrm{d}x$.

解 $\int \cos 3x\cos 2x \mathrm{d}x = \int \dfrac{1}{2}(\cos x + \cos 5x)\mathrm{d}x = \dfrac{1}{2}\left(\int \cos x \mathrm{d}x + \int \cos 5x \mathrm{d}x\right)$

$$= \frac{1}{2}\sin x + \frac{1}{10}\sin 5x + C.$$

例 16 求下列不定积分:

(1) $\int \dfrac{3}{x^2 - 4x + 5}\mathrm{d}x$; (2) $\int \dfrac{x - 2}{x^2 - 4x + 5}\mathrm{d}x$;

（3）$\displaystyle\int \frac{6x+1}{x^2-4x+5}\mathrm{d}x$.

解　（1）$\displaystyle\int \frac{3}{x^2-4x+5}\mathrm{d}x = \int \frac{3\mathrm{d}(x-2)}{(x-2)^2+1} = 3\arctan(x-2)+C$.

（2）$\displaystyle\int \frac{x-2}{x^2-4x+5}\mathrm{d}x = \int \frac{\frac{1}{2}(2x-4)}{x^2-4x+5}\mathrm{d}x = \frac{1}{2}\int \frac{\mathrm{d}(x^2-4x+5)}{x^2-4x+5}$

$$= \frac{1}{2}\ln|x^2-4x+5|+C.$$

（3）$\displaystyle\int \frac{6x+1}{x^2-4x+5}\mathrm{d}x = \int \frac{3(2x-4)+13}{x^2-4x+5}\mathrm{d}x = \int \frac{3(2x-4)}{x^2-4x+5}\mathrm{d}x + \int \frac{13}{x^2-4x+5}\mathrm{d}x$

$$= 3\ln|x^2-4x+5|+13\arctan(x-2)+C.$$

第一类换元积分法有如下常见的凑微分形式：

1. $\displaystyle\int f(ax+b)\mathrm{d}x = \frac{1}{a}\int f(ax+b)\mathrm{d}(ax+b)$；

2. $\displaystyle\int f(ax^n+b)x^{n-1}\mathrm{d}x = \frac{1}{na}\int f(ax^n+b)\mathrm{d}(ax^n+b)$；

3. $\displaystyle\int f(\mathrm{e}^x)\mathrm{e}^x\mathrm{d}x = \int f(\mathrm{e}^x)\mathrm{d}(\mathrm{e}^x)$；

4. $\displaystyle\int f\left(\frac{1}{x}\right)\frac{1}{x^2}\mathrm{d}x = -\int f\left(\frac{1}{x}\right)\mathrm{d}\frac{1}{x}$；

5. $\displaystyle\int f(\ln x)\frac{\mathrm{d}x}{x} = \int f(\ln x)\mathrm{d}(\ln x)$；

6. $\displaystyle\int f(\sqrt{x})\frac{\mathrm{d}x}{\sqrt{x}} = 2\int f(\sqrt{x})\mathrm{d}\sqrt{x}$；

7. $\displaystyle\int f(\sin x)\cos x\mathrm{d}x = \int f(\sin x)\mathrm{d}(\sin x)$；

8. $\displaystyle\int f(\cos x)\sin x\mathrm{d}x = -\int f(\cos x)\mathrm{d}(\cos x)$；

9. $\displaystyle\int f(\tan x)\sec^2 x\mathrm{d}x = \int f(\tan x)\mathrm{d}(\tan x)$；

10. $\displaystyle\int f(\cot x)\csc^2 x\mathrm{d}x = -\int f(\cot x)\mathrm{d}(\cot x)$；

11. $\displaystyle\int \frac{f(\arcsin x)}{\sqrt{1-x^2}}\mathrm{d}x = \int f(\arcsin x)\mathrm{d}(\arcsin x)$；

12. $\displaystyle\int \frac{f(\arctan x)}{1+x^2}\mathrm{d}x = \int f(\arctan x)\mathrm{d}(\arctan x)$.

除简单的被积函数用观察法直接凑微分外，一般情况下要对被积函数进行如四则运算、代数变形、三角变形或微分运算等. 请看下例.

例 17 求下列不定积分:

$(1)\ \displaystyle\int \frac{\mathrm{d}x}{\sqrt{x(1-x)}};$ 　　　　　　$(2)\ \displaystyle\int \mathrm{e}^{\mathrm{e}^x + x}\mathrm{d}x;$

$(3)\ \displaystyle\int \frac{\sqrt{1 + 4\arctan x}}{1 + x^2}\mathrm{d}x;$ 　　　　$(4)\ \displaystyle\int \frac{\cos 2x}{1 + \sin x\cos x}\mathrm{d}x.$

解 $(1)\ \displaystyle\int \frac{\mathrm{d}x}{\sqrt{x(1-x)}} = \int \frac{2\mathrm{d}\sqrt{x}}{\sqrt{1 - \left(\sqrt{x}\right)^2}} = 2\arcsin\sqrt{x} + C.$

$(2)\ \displaystyle\int \mathrm{e}^{\mathrm{e}^x + x}\mathrm{d}x = \int \mathrm{e}^{\mathrm{e}^x} \cdot \mathrm{e}^x\mathrm{d}x = \int \mathrm{e}^{\mathrm{e}^x}\mathrm{d}(\mathrm{e}^x) = \mathrm{e}^{\mathrm{e}^x} + C.$

$(3)\ \displaystyle\int \frac{\sqrt{1 + 4\arctan x}}{1 + x^2}\mathrm{d}x = \int \sqrt{1 + 4\arctan x}\,\mathrm{d}(\arctan x) = \frac{1}{4}\int \sqrt{1 + 4\arctan x}\,\mathrm{d}(1 + 4\arctan x)$

$$= \frac{1}{6}(1 + \arctan x)^{\frac{3}{2}} + C.$$

$(4)\ \displaystyle\int \frac{\cos 2x}{1 + \sin x\cos x}\mathrm{d}x = \int \frac{\mathrm{d}(1 + \sin x\cos x)}{1 + \sin x\cos x} = \ln(1 + \sin x\cos x) + C.$

对于较复杂的积分式,如果被积函数是两项的乘积 $f(x)\varphi(x)$,也可尝试凑微分的方法,只是过程比较复杂,需要有一定的经验和观察力. 请看下面的例子.

例 18 求下列不定积分:

$(1)\ \displaystyle\int (x\ln x)^{\frac{3}{2}}(\ln x + 1)\mathrm{d}x;$ 　　　　$(2)\ \displaystyle\int \frac{\arctan\dfrac{1}{x}}{1 + x^2}\mathrm{d}x;$

$(3)\ \displaystyle\int \left(1 - \frac{1}{x^2}\right)\mathrm{e}^{x + \frac{1}{x}}\mathrm{d}x;$ 　　　　$(4)\ \displaystyle\int \mathrm{e}^{\mathrm{e}^x\cos x}(\cos x - \sin x)\mathrm{e}^x\mathrm{d}x.$

解 (1) 因为 $(x\ln x)' = \ln x + x \cdot \dfrac{1}{x} = \ln x + 1$, 所以

$$\int (x\ln x)^{\frac{3}{2}}(\ln x + 1)\mathrm{d}x = \int (x\ln x)^{\frac{3}{2}}\mathrm{d}(x\ln x) = \frac{2}{5}(x\ln x)^{\frac{5}{2}} + C.$$

(2) 因为 $\left(\arctan\dfrac{1}{x}\right)' = \dfrac{1}{1 + \left(\dfrac{1}{x}\right)^2}\left(-\dfrac{1}{x^2}\right) = -\dfrac{1}{1 + x^2}$, 所以

$$\int \frac{\arctan\dfrac{1}{x}}{1 + x^2}\mathrm{d}x = -\int \arctan\frac{1}{x}\,\mathrm{d}\left(\arctan\frac{1}{x}\right) = -\frac{1}{2}\left(\arctan\frac{1}{x}\right)^2 + C.$$

（3）因为 $\left(x + \dfrac{1}{x}\right)' = 1 - \dfrac{1}{x^2}$，所以

$$\int\left(1 - \frac{1}{x^2}\right)\mathrm{e}^{x+\frac{1}{x}}\mathrm{d}x = \int\mathrm{e}^{x+\frac{1}{x}}\mathrm{d}\left(x + \frac{1}{x}\right) = \mathrm{e}^{x+\frac{1}{x}} + C.$$

（4）因为 $(\mathrm{e}^x\cos x)' = \mathrm{e}^x(\cos x - \sin x)$，所以

$$\int\mathrm{e}^{\mathrm{e}^x\cos x}(\cos x - \sin x)\mathrm{e}^x\mathrm{d}x = \int\mathrm{e}^{\mathrm{e}^x\cos x}\mathrm{d}(\mathrm{e}^x\cos x) = \mathrm{e}^{\mathrm{e}^x\cos x} + C.$$

注 由于积分不像求导那样总有规律可循,情况也要复杂得多,希望大家通过多做练习来积累求积分的经验.

通过拆项凑微分也是常见的积分方法,请看下面的例子.

例 19 求下列不定积分:

（1）$\displaystyle\int x^3\sqrt{4 - x^2}\,\mathrm{d}x$；　　　　　　　　　（2）$\displaystyle\int\frac{\mathrm{e}^{2x}}{1 + \mathrm{e}^x}\mathrm{d}x$.

解　（1）$\displaystyle\int x^3\sqrt{4 - x^2}\,\mathrm{d}x = \frac{1}{2}\int x^2\sqrt{4 - x^2}\,\mathrm{d}(x^2) = \frac{1}{2}\int(4 - x^2 - 4)\sqrt{4 - x^2}\,\mathrm{d}(4 - x^2)$

$$= \frac{1}{2}\int(4 - x^2)^{\frac{3}{2}}\mathrm{d}(4 - x^2) - 2\int(4 - x^2)^{\frac{1}{2}}\mathrm{d}(4 - x^2)$$

$$= \frac{1}{5}(4 - x^2)^{\frac{5}{2}} - \frac{4}{3}(4 - x^2)^{\frac{3}{2}} + C.$$

（2）$\displaystyle\int\frac{\mathrm{e}^{2x}}{1 + \mathrm{e}^x}\mathrm{d}x = \int\frac{\mathrm{e}^x\mathrm{e}^x}{1 + \mathrm{e}^x}\mathrm{d}x = \int\frac{\mathrm{e}^x + 1 - 1}{1 + \mathrm{e}^x}\mathrm{d}(\mathrm{e}^x) = \int\left(1 - \frac{1}{1 + \mathrm{e}^x}\right)\mathrm{d}(\mathrm{e}^x)$

$$= x - \ln(1 + \mathrm{e}^x) + C.$$

四、不定积分的第二类换元积分法

对于不定积分 $\displaystyle\int f(x)\mathrm{d}x$,适当选择变量代换 $x = \varphi(t)$,相应地 $\mathrm{d}x = \varphi'(t)\mathrm{d}t$,若函数 $x = \varphi(t)$ 的反函数 $t = \varphi^{-1}(x)$ 存在,且较易求得 $f[\varphi(t)]\varphi'(t)$ 的原函数 $\Phi(t)$,则可得

$$\int f(x)\mathrm{d}x = \int f[\varphi(t)]\varphi'(t)\mathrm{d}t = \Phi(t) + C = \Phi[\varphi^{-1}(x)] + C.$$

这个方法称为不定积分的**第二类换元积分法**.

例20 求 $\int \dfrac{x}{\sqrt{x-3}}\mathrm{d}x$.

解 令 $t = \sqrt{x-3}$，得 $x = t^2 + 3\,(t > 0)$，于是

$$\int \frac{x}{\sqrt{x-3}}\mathrm{d}x = \int \frac{t^2+3}{t}2t\mathrm{d}t = 2\int (t^2+3)\,\mathrm{d}t = 2\left(\frac{t^3}{3}+3t\right)+C.$$

再将 $t = \sqrt{x-3}$ 代回，并整理得

$$\int \frac{x\mathrm{d}x}{\sqrt{x-3}} = \frac{2}{3}(x+6)(x-3)^{\frac{1}{2}}+C.$$

注 在使用第二类换元积分法后，请一定记得将原变量代回.

例21 求 $\int \dfrac{\mathrm{d}x}{\sqrt{x}+\sqrt[3]{x}}$.

解 要去掉被积函数中的两个根号，故令 $x = t^6$，于是

$$\int \frac{\mathrm{d}x}{\sqrt{x}+\sqrt[3]{x}} = \int \frac{6t^5}{t^3+t^2}\mathrm{d}t = 6\int \frac{t^3}{t+1}\mathrm{d}t = 6\int \left(t^2-t+1-\frac{1}{t+1}\right)\mathrm{d}t$$

$$= 6\left(\frac{t^3}{3}-\frac{t^2}{2}+t-\ln|t+1|\right)+C = 2\sqrt{x}-3\sqrt[3]{x}+6\sqrt[6]{x}-6\ln(\sqrt[6]{x}+1)+C.$$

例22 求 $\int \sqrt{a^2-x^2}\mathrm{d}x$ （常数 $a > 0$）.

解 为了去根号，故令 $x = a\sin t\left(|t| < \dfrac{\pi}{2}\right)$，则 $\sqrt{a^2-x^2} = a|\cos t| = a\cos t$，$\mathrm{d}x = a\cos t\mathrm{d}t$，于是

$$\int \sqrt{a^2-x^2}\mathrm{d}x = \int a\cos t \cdot a\cos t\mathrm{d}t = a^2\int \cos^2 t\mathrm{d}t.$$

利用例14的结果，得

$$a^2\int \cos^2 t\mathrm{d}t = a^2\left(\frac{1}{2}t+\frac{1}{4}\sin 2t\right)+C = \frac{a^2}{2}(t+\sin t\cos t)+C.$$

由于 $x = a\sin t$，因此当 $|t| < \dfrac{\pi}{2}$ 时有 $t = \arcsin \dfrac{x}{a}$，且

$$\sin t = \frac{x}{a}, \ \cos t = \frac{\sqrt{a^2 - x^2}}{a},$$

所以

$$\int \sqrt{a^2 - x^2} \, \mathrm{d}x = \frac{a^2}{2} \arcsin \frac{x}{a} + \frac{1}{2} x \sqrt{a^2 - x^2} + C.$$

注 例 22 中由 $\sin t = \dfrac{x}{a}$ 得 $\cos t$ 的表达式,也可作辅助直角

三角形(见图 5-6),从辅助直角三角形可得 $\cos t = \dfrac{\sqrt{a^2 - x^2}}{a}$.

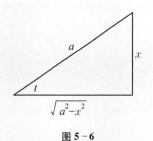

图 5-6

例 23 求 $\displaystyle\int \frac{\mathrm{d}x}{\sqrt{a^2 + x^2}}$ (常数 $a > 0$).

解 令 $x = a \tan t$, $|t| < \dfrac{\pi}{2}$, 则

$$\sqrt{a^2 + x^2} = a\, |\sec t| = a \sec t, \ \mathrm{d}x = a \sec^2 t \, \mathrm{d}t,$$

于是

$$\int \frac{\mathrm{d}x}{\sqrt{a^2 + x^2}} = \int \frac{a \sec^2 t}{a \sec t} \, \mathrm{d}t = \int \sec t \, \mathrm{d}t = \ln |\sec t + \tan t| + C.$$

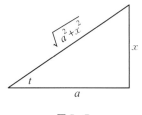

图 5-7

借助图 5-7 中的辅助直角三角形知,若 $\tan t = \dfrac{x}{a}$, 则 $\sec t = \dfrac{\sqrt{a^2 + x^2}}{a}$. 代入上式,并注意到 $x + \sqrt{a^2 + x^2} > 0$, 即得

$$\int \frac{\mathrm{d}x}{\sqrt{a^2 + x^2}} = \ln \left| \frac{\sqrt{a^2 + x^2}}{a} + \frac{x}{a} \right| + C' = \ln(x + \sqrt{a^2 + x^2}) + C,$$

其中 $C = C' - \ln a$.

例 24 求 $\displaystyle\int \frac{\mathrm{d}x}{\sqrt{x^2 - a^2}}$ (常数 $a > 0$).

解 被积函数的定义域为 $|x| > a$,对 $x > a$ 和 $x < -a$ 两个区间分别进行讨论.

当 $x > a$ 时,令 $x = a\sec t$, $0 < t < \dfrac{\pi}{2}$,则

$$\sqrt{x^2 - a^2} = a\tan t, \text{且 } \mathrm{d}x = a\sec t \tan t \mathrm{d}t.$$

于是

$$\int \frac{\mathrm{d}x}{\sqrt{x^2 - a^2}} = \int \frac{a\sec t \tan t}{a\tan t} \mathrm{d}t = \int \sec t \mathrm{d}t = \ln|\sec t + \tan t| + C.$$

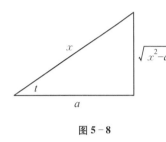

借助图 5-8 中的直角三角形可知,若 $\sec t = \dfrac{x}{a}$,则 $\tan t =$

$\dfrac{\sqrt{x^2 - a^2}}{a}$. 代入上式,即得

图 5-8

$$\int \frac{\mathrm{d}x}{\sqrt{x^2 - a^2}} = \ln\left| \frac{x}{a} + \frac{\sqrt{x^2 - a^2}}{a} \right| + C' = \ln|x + \sqrt{x^2 - a^2}| + C,$$

其中 $C = C' - \ln a$.

当 $x < -a$ 时,可令

$$x = a\sec t, \quad \frac{\pi}{2} < t < \pi,$$

作类似计算,可得到上述相同的结果.

例 22~24 所得不定积分的结果也可作为基本积分公式,记住以后可以直接运用.

能应用第二类换元积分法的积分类型中,所用变量代换还经常用到倒代换 $\left(\text{即令 } x = \dfrac{1}{t}\right)$、指数代换(即令 $a^x = t$)等.

例 25　求下列不定积分:

(1) $\displaystyle\int \frac{\mathrm{d}x}{x^2\sqrt{a^2 + x^2}}$　(常数 $a > 0$); 　　　　(2) $\displaystyle\int \frac{\mathrm{d}x}{x(x^7 + 2)}$.

解　(1) 令 $x = \dfrac{1}{t}$,则 $\mathrm{d}x = -\dfrac{1}{t^2}\mathrm{d}t$,于是

$$\int \frac{\mathrm{d}x}{x^2\sqrt{a^2 + x^2}} = \int \frac{t^2}{\sqrt{a^2 + \left(\dfrac{1}{t}\right)^2}}\left(-\frac{1}{t^2}\right)\mathrm{d}t = -\int \frac{|t|}{\sqrt{a^2 t^2 + 1}}\mathrm{d}t.$$

当 $x > 0$ 时,$t > 0$,故

$$\int \frac{\mathrm{d}x}{x^2 \sqrt{a^2 + x^2}} = -\frac{1}{2a^2} \int \frac{\mathrm{d}(a^2 t^2 + 1)}{\sqrt{a^2 t^2 + 1}} = -\frac{\sqrt{a^2 t^2 + 1}}{a^2} + C = -\frac{\sqrt{x^2 + a^2}}{a^2 x} + C.$$

当 $x < 0$ 时，也有相同的结果.

（2）令 $x = \dfrac{1}{t}$，则 $\mathrm{d}x = -\dfrac{1}{t^2} \mathrm{d}t$，于是

$$\int \frac{\mathrm{d}x}{x(x^7 + 2)} = \int \frac{t}{\left(\dfrac{1}{t}\right)^7 + 2} \left(-\frac{1}{t^2}\right) \mathrm{d}t = -\int \frac{t^6}{1 + 2t^7} \mathrm{d}t$$

$$= -\frac{1}{14} \int \frac{1}{1 + 2t^7} \mathrm{d}(1 + 2t^7) = -\frac{1}{14} \ln|1 + 2t^7| + C$$

$$= -\frac{1}{14} \ln\left|1 + \frac{2}{x^7}\right| + C.$$

例 26　求 $\displaystyle\int \frac{\mathrm{d}x}{\mathrm{e}^x(1 + \mathrm{e}^{2x})}$.

解　令 $\mathrm{e}^x = t$，$\mathrm{d}x = \dfrac{\mathrm{d}t}{t}$，于是

$$\int \frac{\mathrm{d}x}{\mathrm{e}^x(1 + \mathrm{e}^{2x})} = \int \frac{1}{t(1 + t^2)} \frac{\mathrm{d}t}{t} = \int \left(\frac{1}{t^2} - \frac{1}{1 + t^2}\right) \mathrm{d}t$$

$$= -\frac{1}{t} - \arctan t + C = -\mathrm{e}^{-x} - \arctan \mathrm{e}^x + C.$$

例 27　求 $\displaystyle\int \frac{\mathrm{e}^x(1 + \mathrm{e}^x)}{\sqrt{1 - \mathrm{e}^{2x}}} \mathrm{d}x$.

解　因被积函数中有 $\sqrt{1 - \mathrm{e}^{2x}}$，故可设 $\mathrm{e}^x = \sin t$，则 $\mathrm{d}x = \cot t \mathrm{d}t$，于是

$$\int \frac{\mathrm{e}^x(1 + \mathrm{e}^x)}{\sqrt{1 - \mathrm{e}^{2x}}} \mathrm{d}x = \int \frac{\sin t(1 + \sin t)}{\cos t} \cot t \mathrm{d}t = \int (1 + \sin t) \mathrm{d}t$$

$$= t - \cos t + C = \arcsin \mathrm{e}^x - \sqrt{1 - \mathrm{e}^{2x}} + C.$$

5.3　扩充的基本积分公式

倒代换对于分母次数较高时是比较好的选择，可通过练习积累选择变量代换的经验.

五、不定积分的分部积分法

如果 $u = u(x)$ 与 $v = v(x)$ 都有连续的导数,则由函数乘积的微分公式 $\mathrm{d}(uv) = v\mathrm{d}u + u\mathrm{d}v$,得 $u\mathrm{d}v = \mathrm{d}(uv) - v\mathrm{d}u$,所以有

$$\int u\mathrm{d}v = uv - \int v\mathrm{d}u. \tag{①}$$

或写成

$$\int u(x)v'(x)\mathrm{d}x = u(x)v(x) - \int v(x)u'(x)\mathrm{d}x \tag{②}$$

公式①和②称为不定积分的**分部积分公式**,用公式①和②求不定积分的方法称为不定积分的分部积分法. 当积分 $\int u\mathrm{d}v$ 不易计算,而积分 $\int v\mathrm{d}u$ 比较容易计算时,就可以使用公式①或②.

例 28 求 $\int x\ln x\mathrm{d}x$.

解 若令 $\ln x = u$,$\mathrm{d}v = x\mathrm{d}x = \mathrm{d}\dfrac{x^2}{2}$,则

$$\int x\ln x\mathrm{d}x = \int \ln x\mathrm{d}\frac{x^2}{2} = \frac{x^2}{2}\ln x - \int \frac{x^2}{2}\mathrm{d}(\ln x) = \frac{x^2}{2}\ln x - \int \frac{x^2}{2}\frac{1}{x}\mathrm{d}x$$

$$= \frac{x^2}{2}\ln x - \frac{1}{2}\int x\mathrm{d}x = \frac{x^2}{2}\ln x - \frac{x^2}{4} + C.$$

例 29 求 $\int x\cos x\mathrm{d}x$.

解 $\int x\cos x\mathrm{d}x = \int x\mathrm{d}(\sin x) = x\sin x - \int \sin x\mathrm{d}x$

$$= x\sin x + \cos x + C.$$

有时被积函数比较复杂,需要多次运用分部积分公式才能求得结果.

例 30 求 $\int x^2 \mathrm{e}^x\mathrm{d}x$.

解 $\int x^2 \mathrm{e}^x\mathrm{d}x = \int x^2\mathrm{d}(\mathrm{e}^x) = x^2\mathrm{e}^x - \int \mathrm{e}^x\mathrm{d}(x^2) = x^2\mathrm{e}^x - 2\int x\mathrm{e}^x\mathrm{d}x$

$$= x^2\mathrm{e}^x - 2\int x\mathrm{d}(\mathrm{e}^x) = x^2\mathrm{e}^x - 2\left(x\mathrm{e}^x - \int \mathrm{e}^x\mathrm{d}x\right)$$

$$= x^2\mathrm{e}^x - 2(x\mathrm{e}^x - \mathrm{e}^x) + C = \mathrm{e}^x(x^2 - 2x + 2) + C.$$

例 31　求 $\int \arctan x \mathrm{d}x$.

解　$\int \arctan x \mathrm{d}x = x\arctan x - \int x\mathrm{d}(\arctan x) = x\arctan x - \int \dfrac{x}{1+x^2}\mathrm{d}x$

$$= x\arctan x - \frac{1}{2}\ln(1+x^2) + C.$$

例 32　求 $\int x\arcsin x \mathrm{d}x$.

解　$\int x\arcsin x \mathrm{d}x = \int \arcsin x \mathrm{d}\dfrac{x^2}{2} = \dfrac{x^2}{2}\arcsin x - \dfrac{1}{2}\int x^2 \mathrm{d}(\arcsin x)$

$$= \frac{x^2}{2}\arcsin x - \frac{1}{2}\int \frac{x^2}{\sqrt{1-x^2}}\mathrm{d}x.$$

再用第二类换元积分法, 令 $x = \sin t$, 得

$$\int \frac{x^2}{\sqrt{1-x^2}}\mathrm{d}x = \int \frac{\sin^2 t}{\cos t}\cos t \mathrm{d}t = \int \frac{1-\cos 2t}{2}\mathrm{d}t = \frac{1}{2}\left(t - \frac{\sin 2t}{2}\right) + C$$

$$= \frac{1}{2}(t - \sin t\cos t) + C = \frac{1}{2}(\arcsin x - x\sqrt{1-x^2}) + C,$$

于是

$$\int x\arcsin x \mathrm{d}x = \frac{1}{4}\left[(2x^2 - 1)\arcsin x + x\sqrt{1-x^2}\right] + C.$$

有些不定积分在接连几次分部积分公式后, 会出现与原来不定积分类型相同的项, 经移项合并后可得结果.

例 33　求 $\int \mathrm{e}^x \sin x \mathrm{d}x$.

解　$\int \mathrm{e}^x \sin x \mathrm{d}x = \int \sin x \mathrm{d}(\mathrm{e}^x) = \mathrm{e}^x \sin x - \int \mathrm{e}^x \cos x \mathrm{d}x = \mathrm{e}^x \sin x - \int \cos x \mathrm{d}\mathrm{e}^x$

$$= \mathrm{e}^x \sin x - \left[\mathrm{e}^x \cos x - \int \mathrm{e}^x(-\sin x)\mathrm{d}x\right] = \mathrm{e}^x \sin x - \mathrm{e}^x \cos x - \int \mathrm{e}^x \sin x \mathrm{d}x,$$

于是

$$\int \mathrm{e}^x \sin x \mathrm{d}x = \frac{1}{2}\mathrm{e}^x(\sin x - \cos x) + C.$$

例34 求 $\int \sec^3 x \mathrm{d}x$.

解 $\int \sec^3 x \mathrm{d}x = \int \sec x \mathrm{d}(\tan x) = \sec x \tan x - \int \tan x \mathrm{d}(\sec x)$

$$= \sec x \tan x - \int \tan^2 x \sec x \mathrm{d}x$$

$$= \sec x \tan x - \int (\sec^2 x - 1) \sec x \mathrm{d}x$$

$$= \sec x \tan x + \int \sec x \mathrm{d}x - \int \sec^3 x \mathrm{d}x$$

$$= \sec x \tan x + \ln|\sec x + \tan x| - \int \sec^3 x \mathrm{d}x,$$

于是

$$\int \sec^3 x \mathrm{d}x = \frac{1}{2}(\sec x \tan x + \ln|\sec x + \tan x|) + C.$$

注 对于分部积分公式,恰当选取 u 和 $\mathrm{d}v$ 是解题的关键,就是要使 $\int v \mathrm{d}u$ 比 $\int u \mathrm{d}v$ 更容易积出. 一般来说当被积函数为幂函数与对数函数或反三角函数相乘时,用幂函数和 $\mathrm{d}x$ 来凑成 $\mathrm{d}v$,对数函数或反三角函数作为 u,因为 u 求导之后就不再有对数函数或反三角函数了(如例28、例31、例32);而被积函数为幂函数与三角函数或指数函数相乘时,用三角函数或指数函数先和 $\mathrm{d}x$ 凑成 $\mathrm{d}v$,幂函数做为 u(如例29、例30);当被积函数为三角函数与指数函数相乘时,有时需多次使用分部积分公式,当出现循环项时,用移项可得结果(如例33、例34).

思考 请读者认真总结使用换元积分法和分部积分法的经验,探索出一些规律.

例35 求 $\int \frac{\ln x}{(1-x)^2} \mathrm{d}x$.

解 根据 u 和 $\mathrm{d}v$ 的选取原则,可选 $u = \ln x$, $\mathrm{d}v = \frac{\mathrm{d}x}{(1-x)^2}$,于是

$$\int \frac{\ln x}{(1-x)^2} \mathrm{d}x = \int \ln x \mathrm{d}\frac{1}{1-x} = \frac{\ln x}{1-x} - \int \frac{\mathrm{d}x}{x(1-x)} = \frac{\ln x}{1-x} - \int \left(\frac{1}{x} + \frac{1}{1-x}\right) \mathrm{d}x$$

$$= \frac{\ln x}{1-x} - \ln|x| + \ln|1-x| + C$$

例 36　求 $\int \dfrac{x\cos x}{\sin^3 x}\mathrm{d}x$.

解　可考虑用三角函数凑微分, 所谓凑微分, 实质是先求一个不定积分:

$$\int \frac{\cos x}{\sin^3 x}\mathrm{d}x = \int \frac{\mathrm{d}(\sin x)}{\sin^3 x} = -\frac{1}{2\sin^2 x} + c,$$

于是

$$\int \frac{x\cos x}{\sin^3 x}\mathrm{d}x = \int x\mathrm{d}\left(-\frac{1}{2\sin^2 x}\right) = -\frac{x}{2\sin^2 x} + \int \frac{\mathrm{d}x}{2\sin^2 x}$$

$$= -\frac{x}{2\sin^2 x} - \frac{1}{2}\cot x + C.$$

例 37　求 $\int \dfrac{x^2 \mathrm{e}^x}{(x+2)^2}\mathrm{d}x$.

解　若凑 $\mathrm{e}^x\mathrm{d}x = \mathrm{d}\mathrm{e}^x$, 则用分部积分公式后得 $\mathrm{e}^x\mathrm{d}\dfrac{x^2}{(x+2)^2}$, 不易运算. 因此可考虑凑微分 $\dfrac{\mathrm{d}x}{(x+2)^2} = \mathrm{d}\dfrac{-1}{x+2}$, 于是

$$\int \frac{x^2 \mathrm{e}^x}{(x+2)^2}\mathrm{d}x = \int x^2 \mathrm{e}^x \mathrm{d}\frac{-1}{x+2} = -\frac{x^2 \mathrm{e}^x}{x+2} + \int \frac{1}{x+2}(x^2 \mathrm{e}^x)'\mathrm{d}x$$

$$= -\frac{x^2 \mathrm{e}^x}{x+2} + \int \frac{1}{x+2}(2x\mathrm{e}^x + x^2 \mathrm{e}^x)\mathrm{d}x = -\frac{x^2 \mathrm{e}^x}{x+2} + \int x\mathrm{e}^x\mathrm{d}x$$

$$= -\frac{x^2 \mathrm{e}^x}{x+2} + \int x\mathrm{d}(\mathrm{e}^x) = -\frac{x^2 \mathrm{e}^x}{x+2} + x\mathrm{e}^x - \mathrm{e}^x + C.$$

用分部积分法还可以得出递推公式.

例 38　求 $I_n = \int \dfrac{\mathrm{d}x}{(x^2 + a^2)^n}$, 其中 n 为正整数.

解　$I_n = \dfrac{1}{a^2}\int \dfrac{(x^2 + a^2) - x^2}{(x^2 + a^2)^n}\mathrm{d}x = \dfrac{1}{a^2}I_{n-1} - \dfrac{1}{a^2}\int \dfrac{x^2}{(x^2 + a^2)^n}\mathrm{d}x$, 又

$$\int \frac{x^2}{(x^2 + a^2)^n}\mathrm{d}x = -\frac{1}{2(n-1)}\int x\mathrm{d}\frac{1}{(x^2 + a^2)^{n-1}}$$

$$= -\frac{1}{2(n-1)}\left[\frac{x}{(x^2 + a^2)^{n-1}} - \int \frac{\mathrm{d}x}{(x^2 + a^2)^{n-1}}\right]$$

$$= -\frac{1}{2(n-1)}\left[\frac{x}{(x^2 + a^2)^{n-1}} - I_{n-1}\right],$$

将上式代入 I_n 的表达式中,得

$$I_n = \frac{1}{a^2}I_{n-1} + \frac{1}{2(n-1)a^2}\left[\frac{x}{(x^2+a^2)^{n-1}} - I_{n-1}\right],$$

整理得

$$I_n = \frac{x}{2(n-1)a^2(x^2+a^2)^{n-1}} + \frac{2n-3}{2(n-1)a^2}I_{n-1},$$

以此作递推公式,并由 $I_1 = \frac{1}{a}\arctan\frac{x}{a} + C$,不难得到 I_n.

*六、有理函数的不定积分

有理函数指的是形如 $\frac{P(x)}{Q(x)}$ 的有理分式(其中 $P(x)$ 为 n 次多项式,$Q(x)$ 为 m 次多项式,且 $P(x)$ 与 $Q(x)$ 之间没有公因式),当 $n < m$ 时,称 $\frac{P(x)}{Q(x)}$ 为有理真分式. 当 $n \geq m$ 时,称 $\frac{P(x)}{Q(x)}$ 为有理假分式. 有理假分式总可利用多项式的除法化为多项式与有理真分式之和,而多项式的不定积分是容易计算的,因此,求有理函数的不定积分最后归结为求有理真分式的不定积分.

设 $R(x) = \frac{P(x)}{Q(x)}$ 为既约($P(x)$ 与 $Q(x)$ 之间没有公因式)有理真分式,由代数学可知,$Q(x)$ 在实数范围内总可以分解为一些因式(一次式或有虚根的二次式)的乘积,若

$$Q(x) = b_0(x-a)^\alpha \cdots (x-b)^\beta (x^2+px+q)^\gamma \cdots (x^2+rx+s)^\mu,$$

此时有理真分式 $\frac{P(x)}{Q(x)}$ 可以分解成如下部分分式之和.

$$\begin{aligned}
\frac{P(x)}{Q(x)} = &\frac{A_1}{x-a} + \frac{A_2}{(x-a)^2} + \cdots + \frac{A_\alpha}{(x-a)^\alpha} + \cdots + \\
&\frac{B_1}{x-b} + \frac{B_2}{(x-b)^2} + \cdots + \frac{B_\beta}{(x-b)^\beta} + \\
&\frac{C_1x+D_1}{x^2+px+q} + \frac{C_2x+D_2}{(x^2+px+q)^2} + \cdots + \frac{C_\lambda x+D_\lambda}{(x^2+px+q)^\lambda} + \cdots + \\
&\frac{E_1x+F_1}{x^2+rx+s} + \frac{E_2x+F_2}{(x^2+rx+s)^2} + \cdots + \frac{E_\mu x+F_\mu}{(x^2+rx+s)^\mu}.
\end{aligned}$$

③

其中 $A_1, A_2, \cdots, A_\alpha, \cdots, B_1, B_2, \cdots, B_\beta, C_1, C_2, \cdots, C_\lambda, D_1, D_2, \cdots, D_\lambda, \cdots, E_1, E_2, \cdots, E_\mu, F_1, F_2, \cdots, F_\mu$ 都是常数. 确定这些常数通常用**待定系数法**.

从上面的分解看到,求有理函数的不定积分,可归结为求下列四类最简分式的不定积分,其

中 m、n 为大于 1 的正整数.

(1) $\dfrac{A}{x-a}$;　　(2) $\dfrac{A}{(x-a)^m}$;　　(3) $\dfrac{Ax+B}{x^2+px+q}$;　　(4) $\dfrac{Ax+B}{(x^2+px+q)^n}$.

容易看到(1)类与(2)类的不定积分可用基本积分公式直接得到,而(3)类的不定积分可以参照例 16 的方法求得.

思考　(4)类的不定积分怎么计算?

例 39　求 $\displaystyle\int \dfrac{3x+4}{x^2+x-6}\mathrm{d}x$.

解　由于被积函数是有理分式,其分母 $x^2+x-6=(x+3)(x-2)$,因而被积函数可以写成

$$\frac{3x+4}{x^2+x-6}=\frac{A_1}{x+3}+\frac{A_2}{x-2}.$$

为确定常数 A_1、A_2,在等式两边同乘以 $(x+3)(x-2)$,得

$$3x+4=A_1(x-2)+A_2(x+3)=(A_1+A_2)x+(-2A_1+3A_2). \qquad ④$$

比较等式两边 x 的同次幂的系数,得

$$\begin{cases} 3=A_1+A_2, \\ 4=-2A_1+3A_2, \end{cases}$$

解得 $A_1=1$,$A_2=2$. 因此

$$\frac{3x+4}{x^2+x-6}=\frac{1}{x+3}+\frac{2}{x+3},$$

于是

$$\int \frac{3x+4}{x^2+x-6}\mathrm{d}x=\int \frac{\mathrm{d}x}{x+3}+2\int \frac{\mathrm{d}x}{x-2}=\ln|x+3|+2\ln|x-2|+C.$$

例 39 中另一种确定常数 A_1、A_2 的方法是在④式中分别令 $x=2$ 和 $x=-3$,可得

$$\begin{cases} 6+4=5A_2, \\ -9+4=-5A_1, \end{cases}$$

同样可解得 $A_1=1$,$A_2=2$.

例 40　求 $\displaystyle\int \frac{2x + 2}{(x - 1)(x^2 + 1)^2}\mathrm{d}x.$

解　设 $\displaystyle\frac{2x + 2}{(x - 1)(x^2 + 1)^2} = \frac{A}{x - 1} + \frac{Bx + C}{x^2 + 1} + \frac{Dx + E}{(x^2 + 1)^2},$ 两边同乘以 $(x - 1)(x^2 + 1)^2,$

整理得

$$2x + 2 = A(x^2 + 1)^2 + (Bx + C)(x - 1)(x^2 + 1) + (Dx + E)(x - 1).$$

比较等式两边 x 的同次幂的系数,得

$$\begin{cases} 0 = A + B, \\ 0 = C - B, \\ 0 = 2A + B - C + D, \\ 2 = C - B + E - D, \\ 2 = A - C - E, \end{cases}$$

由此解出 $A = 1, B = C = -1, D = -2, E = 0,$ 故

$$\frac{2x + 2}{(x - 1)(x^2 + 1)^2} = \frac{1}{x - 1} - \frac{x + 1}{x^2 + 1} - \frac{2x}{(x^2 + 1)^2},$$

于是

$$\int \frac{2x + 2}{(x - 1)(x^2 + 1)^2}\mathrm{d}x = \int \frac{\mathrm{d}x}{x - 1} - \int \frac{x + 1}{x^2 + 1}\mathrm{d}x - \int \frac{2x\mathrm{d}x}{(x^2 + 1)^2}$$

$$= \ln|x - 1| - \frac{1}{2}\ln(x^2 + 1) - \arctan x + \frac{1}{x^2 + 1} + C.$$

下面讨论求 $\displaystyle\int \frac{Ax + B}{(x^2 + px + q)^n}\mathrm{d}x$ 的方法.

当 $n = 1$ 时,由例 16 得

$$\int \frac{Ax + B}{x^2 + px + q}\mathrm{d}x = \frac{A}{2}\int \frac{\mathrm{d}(x^2 + px + q)}{x^2 + px + q} + \left(B - \frac{Ap}{2}\right)\int \frac{\mathrm{d}x}{x^2 + px + q}.$$

当 $n > 1$ 时,把分母中的二次因式配方后得 $x^2 + px + q = \left(x - \dfrac{p}{2}\right)^2 + q - \dfrac{p^2}{4},$ 此时一定有

$q - \dfrac{p^2}{4} > 0.$ 令 $x + \dfrac{p}{2} = t, q - \dfrac{p^2}{4} = a^2, B - \dfrac{Ap}{2} = b,$ 则 $Ax + B = At + b,$ 于是

$$\int \frac{Ax + B}{(x^2 + px + q)^n}\mathrm{d}x = \int \frac{At\mathrm{d}t}{(t^2 + a^2)^n} + \int \frac{b\mathrm{d}t}{(t^2 + a^2)^n}$$

$$= -\frac{A}{2(n - 1)(t^2 + a^2)^{n-1}} + b\int \frac{\mathrm{d}t}{(t^2 + a^2)^n}$$

而 $\int \dfrac{\mathrm{d}t}{(t^2 + a^2)^n}$ 的求法可由例 38 得到.

由此,从理论上讲,一切有理函数的不定积分总可以用初等函数表示出来,但一般来讲,把有理真分式分解成部分分式后再求不定积分的方法,其计算繁琐,工作量大,因此在实际计算中,尽量采用一些特殊的技巧.

例 41 求 $\int \dfrac{\mathrm{d}x}{x^4(x^2 + 1)}$.

解 方法一:设 $\dfrac{1}{x^4(x^2 + 1)} = \dfrac{A}{x} + \dfrac{B}{x^2} + \dfrac{C}{x^3} + \dfrac{D}{x^4} + \dfrac{Ex + F}{x^2 + 1}$,去分母并比较两端 x 的同次幂的系数可得,$A = C = E = 0, B = -1, D = F = 1$,于是

$$\int \frac{\mathrm{d}x}{x^4(x^2 + 1)} = \int \frac{-1}{x^2}\mathrm{d}x + \int \frac{1}{x^4}\mathrm{d}x + \int \frac{1}{x^2 + 1}\mathrm{d}x$$

$$= \frac{1}{x} - \frac{1}{3x^3} + \arctan x + C.$$

方法二:设 $x = \dfrac{1}{t}, \mathrm{d}x = -\dfrac{1}{t^2}\mathrm{d}t$,于是

$$\int \frac{\mathrm{d}x}{x^4(x^2 + 1)} = -\int \frac{t^4}{t^2 + 1}\mathrm{d}t = -\int \left(t^2 - 1 + \frac{1}{t^2 + 1}\right)\mathrm{d}t$$

$$= -\frac{t^3}{3} + t - \arctan t + C = -\frac{1}{3x^3} + \frac{1}{x} - \arctan \frac{1}{x} + C.$$

方法三:设 $x = \tan t, \mathrm{d}x = \sec^2 t\mathrm{d}t$,于是

$$\int \frac{\mathrm{d}x}{x^4(x^2 + 1)} = \int \frac{\mathrm{d}t}{\tan^4 t} = \int \cot^2 t(\csc^2 t - 1)\mathrm{d}t = -\frac{1}{3}\cot^3 t - \int \cot^2 t\mathrm{d}t$$

$$= -\frac{1}{3}\cot^3 t + \cot t + t + C = -\frac{1}{3x^3} + \frac{1}{x} + \arctan x + C.$$

例 42 求 $\int \dfrac{x^9 - 8}{x^{10} + 8x}\mathrm{d}x$.

解 $\int \dfrac{x^9 - 8}{x^{10} + 8x}\mathrm{d}x = \int \dfrac{(x^9 - 8)x^8}{x^9(x^9 + 8)}\mathrm{d}x = \dfrac{1}{9}\int \dfrac{2x^9 - (x^9 + 8)}{x^9(x^9 + 8)}\mathrm{d}x^9$

$$= \frac{2}{9}\ln|x^9 + 8| - \ln|x| + C.$$

*七、三角函数有理式的不定积分

三角函数有理式是指由三角函数和常数经过有限次四则运算构成的函数. 根据三角学知识可知, $\sin x$ 和 $\cos x$ 都可以用 $\tan\dfrac{x}{2}$ 的有理式表示, 即

$$\sin x = 2\sin\frac{x}{2}\cos\frac{x}{2} = \frac{2\tan\dfrac{x}{2}}{\sec^2\dfrac{x}{2}} = \frac{2\tan\dfrac{x}{2}}{1+\tan^2\dfrac{x}{2}},$$

$$\cos x = \cos^2\frac{x}{2} - \sin^2\frac{x}{2} = \frac{1-\tan^2\dfrac{x}{2}}{1+\tan^2\dfrac{x}{2}},$$

所以, 如果作代换 $t = \tan\dfrac{x}{2}$, 则 $x = 2\arctan t$, 那么

$$\sin x = \frac{2t}{1+t^2}, \ \cos x = \frac{1-t^2}{1+t^2}, \ \mathrm{d}x = \frac{2}{1+t^2}\mathrm{d}t,$$

于是, 三角函数有理式的不定积分就化为 t 的有理函数的不定积分, 上述代换 $t = \tan\dfrac{x}{2}$ 又称为**万能代换**.

例 43 求 $\displaystyle\int \frac{\mathrm{d}x}{a+b\cos x}$ (a、b 为正常数).

解 令 $t = \tan\dfrac{x}{2}$, 可得

$$\int \frac{\mathrm{d}x}{a+b\cos x} = \int \frac{\dfrac{2}{1+t^2}}{a+b\dfrac{1-t^2}{1+t^2}}\mathrm{d}t = \frac{2}{\sqrt{a^2-b^2}}\int \frac{\sqrt{\dfrac{a-b}{a+b}}}{1+\dfrac{a-b}{a+b}t^2}\mathrm{d}t$$

$$= \frac{2}{\sqrt{a^2-b^2}}\arctan\left(\sqrt{\frac{a-b}{a+b}}\tan\frac{x}{2}\right) + C.$$

虽然三角函数有理式的不定积分都可以用万能代换 $t = \tan\dfrac{x}{2}$ 化成有理函数的不定积分, 但是求所得的有理函数的不定积分的计算工作量往往比较大, 在很多情况下可以用其他更简便的方法来解.

例 44　求 $\displaystyle\int \frac{\sin x}{1 + \sin x}\mathrm{d}x.$

解　$\displaystyle\int \frac{\sin x}{1 + \sin x}\mathrm{d}x = \int \frac{\sin x(1 - \sin x)}{\cos^2 x}\mathrm{d}x = \int \frac{\sin x}{\cos^2 x}\mathrm{d}x - \int \frac{1 - \cos^2 x}{\cos^2 x}\mathrm{d}x$

$$= \sec x - \tan x + x + C.$$

例 45　求 $\displaystyle\int \frac{\mathrm{d}x}{1 + \sin^2 x}.$

解　方法一: $\displaystyle\int \frac{\mathrm{d}x}{1 + \sin^2 x} = \int \frac{1}{\dfrac{1}{\cos^2 x} + \tan^2 x}\mathrm{d}(\tan x) = \int \frac{1}{1 + 2\tan^2 x}\mathrm{d}(\tan x)$

$$= \frac{1}{\sqrt{2}}\arctan(\sqrt{2}\tan x) + C.$$

方法二:令 $u = \tan x$(修改的万能代换),则 $\sin x = \dfrac{u}{\sqrt{1 + u^2}}$, $\mathrm{d}x = \dfrac{1}{1 + u^2}\mathrm{d}u$, 于是

$$\int \frac{\mathrm{d}x}{1 + \sin^2 x} = \int \frac{1}{1 + \dfrac{u^2}{1 + u^2}}\frac{1}{1 + u^2}\mathrm{d}x = \int \frac{1}{1 + 2u^2}\mathrm{d}x$$

$$= \frac{1}{\sqrt{2}}\arctan(\sqrt{2}u) + C = \frac{1}{\sqrt{2}}\arctan(\sqrt{2}\tan x) + C.$$

例 46　求 $\displaystyle\int \frac{\mathrm{d}x}{\sin^3 x\cos x}.$

解　由于 $\dfrac{1}{\sin^3 x\cos x} = \dfrac{\sin^2 x + \cos^2 x}{\sin^3 x\cos x} = \dfrac{1}{\sin x\cos x} + \dfrac{\cos x}{\sin^3 x} = 2\csc 2x + \dfrac{\cos x}{\sin^3 x}$, 于是

$$\int \frac{\mathrm{d}x}{\sin^3 x\cos x} = 2\int \csc 2x\mathrm{d}x + \int \frac{\mathrm{d}\sin x}{\sin^3 x} = \ln|\csc 2x - \cot 2x| + \int \frac{\mathrm{d}\sin x}{\sin^3 x}$$

$$= \ln|\csc 2x - \cot 2x| - \frac{1}{2\sin^2 x} + C.$$

例 47　求 $\displaystyle\int \frac{\sin x}{\sin x + \cos x}\mathrm{d}x.$

解　$\displaystyle\int \frac{\sin x}{\sin x + \cos x}\mathrm{d}x = \int \frac{(\sin x + \cos x) - (\cos x - \sin x) - \sin x}{\sin x + \cos x}\mathrm{d}x$

$$= \int \mathrm{d}x - \int \frac{\mathrm{d}(\sin x + \cos x)}{\sin x + \cos x} - \int \frac{\sin x}{\sin x + \cos x} \mathrm{d}x$$

$$= x - \ln|\sin x + \cos x| - \int \frac{\sin x}{\sin x + \cos x} \mathrm{d}x,$$

移项后,再除以 2,可得

$$\int \frac{\sin x}{\sin x + \cos x} \mathrm{d}x = \frac{x}{2} - \frac{1}{2} \ln|\sin x + \cos x| + C.$$

*八、简单无理函数的不定积分

下面通过例子介绍由 $\sqrt[n]{\dfrac{ax+b}{cx+d}}$、$x$ 和常数经过有限次四则运算构成的简单无理函数(即

$\sqrt[n]{\dfrac{ax+b}{cx+d}}$ 和 x 的有理式)的不定积分. 这种简单无理函数的不定积分往往可以通过变换 $t=$

$\sqrt[n]{\dfrac{ax+b}{cx+d}}$,化成 t 的有理函数的不定积分.

例 48 求 $\displaystyle\int \frac{1}{x} \sqrt{\frac{1+x}{x}} \mathrm{d}x$.

解 令 $t = \sqrt{\dfrac{1+x}{x}}$,于是 $t^2 = \dfrac{1+x}{x}$, $x = \dfrac{1}{t^2-1}$, $\mathrm{d}x = -\dfrac{2t}{(t^2-1)^2}\mathrm{d}t$,从而

$$\int \frac{1}{x}\sqrt{\frac{1+x}{x}}\mathrm{d}x = \int (t^2-1)t \frac{-2t}{(t^2-1)^2}\mathrm{d}t = -2\int \frac{t^2}{t^2-1}\mathrm{d}t = -2\int\left(1+\frac{1}{t^2-1}\right)\mathrm{d}t$$

$$= -2t - \ln\left|\frac{t-1}{t+1}\right| + C = -2t + 2\ln(t+1) - \ln|t^2-1| + C$$

$$= -2\sqrt{\frac{1+x}{x}} + 2\ln\left(\sqrt{\frac{1+x}{x}}+1\right) + \ln|x| + C.$$

例 49 求 $\displaystyle\int \frac{\mathrm{d}x}{\sqrt[3]{(x-1)^2(x+2)}}$.

解 由于 $\sqrt[3]{(x-1)^2(x+2)} = (x+2)\sqrt[3]{\left(\dfrac{x-1}{x+2}\right)^2}$,若令 $t^3 = \dfrac{x-1}{x+2}$,则有 $x = \dfrac{1+2t^3}{1-t^3}$, $\mathrm{d}x$

$= \dfrac{9t^2}{(1-t^3)^2}\mathrm{d}t$,从而

$$\int \frac{\mathrm{d}x}{\sqrt[3]{(x-1)^2(x+2)}} = \int \frac{3}{1-t^3}\mathrm{d}t = \int\left(\frac{1}{1-t} + \frac{t+2}{1+t+t^2}\right)\mathrm{d}t$$

$$= -\ln|1-t| + \frac{1}{2}\int\frac{1+2t}{1+t+t^2}\mathrm{d}t + \frac{3}{2}\int\frac{\mathrm{d}t}{\frac{3}{4} + \left(\frac{1}{2}+t\right)^2}$$

$$= -\ln|1-t| + \frac{1}{2}\ln|1+t+t^2| + \sqrt{3}\arctan\frac{1+2t}{\sqrt{3}} + C'$$

$$= -\frac{3}{2}\ln\left|\sqrt[3]{x+2} - \sqrt[3]{x-1}\right| + \sqrt{3}\arctan\frac{\sqrt[3]{x+2} + 2\sqrt[3]{x-1}}{\sqrt{3}\sqrt[3]{x+2}} + C.$$

5.3 学习要点

习题 5.3

1. 求下列不定积分:

(1) $\int\left(\sqrt[3]{x} - \frac{1}{\sqrt{x}}\right)\mathrm{d}x$;

(2) $\int(2^x + x^2)\mathrm{d}x$;

(3) $\int\left(1 - \frac{1}{x}\right)\sqrt{x\sqrt{x}}\,\mathrm{d}x$;

(4) $\int\frac{\sqrt{x^2 + x^{-2} + 2}}{x^2}\mathrm{d}x$;

(5) $\int\frac{3x^4 + 3x^2 + 1}{x^2 + 1}\mathrm{d}x$;

(6) $\int\frac{x^2}{1+x^2}\mathrm{d}x$;

(7) $\int e^x\left(1 - \frac{e^{-x}}{x}\right)\mathrm{d}x$;

(8) $\int a^x(1 + e^{-x})\mathrm{d}x$;

(9) $\int\sec x(\sec x - \tan x)\mathrm{d}x$;

(10) $\int\cot^2 x\mathrm{d}x$;

(11) $\int\cos^2\frac{x}{2}\mathrm{d}x$;

(12) $\int\frac{\cos 2x}{\cos x + \sin x}\mathrm{d}x$;

(13) $\int\frac{\mathrm{d}x}{1 - \cos 2x}$;

(14) $\int\frac{\cos 2x}{\cos^2 x\sin^2 x}\mathrm{d}x$.

2. 用第一类换元积分法求下列不定积分:

(1) $\int e^{3x}\mathrm{d}x$;

(2) $\int(3x + 2)^5\mathrm{d}x$;

(3) $\int\frac{\mathrm{d}x}{1 - 2x}$;

(4) $\int\frac{\mathrm{d}x}{\sqrt[3]{2 - 3x}}$;

(5) $\int\frac{x}{\sqrt{2 - 3x^2}}\mathrm{d}x$;

(6) $\int\frac{\sin\sqrt{x}}{\sqrt{x}}\mathrm{d}x$;

(7) $\int\frac{1}{x^2}\sin\frac{1}{x}\mathrm{d}x$;

(8) $\int\frac{\tan\sqrt{x}}{\sqrt{x}}\mathrm{d}x$;

$(9) \int \dfrac{\mathrm{d}x}{x\ln x};$ $(10) \int \dfrac{x}{\sqrt{9-x}}\mathrm{d}x;$

$(11) \int \dfrac{\mathrm{e}^x}{\sqrt{1-\mathrm{e}^{2x}}}\mathrm{d}x;$ $(12) \int \dfrac{x}{16+x^4}\mathrm{d}x;$

$(13) \int \dfrac{\mathrm{e}^x}{1+4\mathrm{e}^{2x}}\mathrm{d}x;$ $(14) \int \dfrac{\mathrm{d}x}{2x^2-1};$

$(15) \int \dfrac{\mathrm{e}^x}{1+\mathrm{e}^x}\mathrm{d}x;$ $(16) \int \dfrac{1}{1+\mathrm{e}^x}\mathrm{d}x;$

$(17) \int \dfrac{\mathrm{d}x}{\mathrm{e}^x+\mathrm{e}^{-x}};$ $(18) \int \sin^5 x\cos x\,\mathrm{d}x;$

$(19) \int \sin^3 x\cos^2 x\,\mathrm{d}x;$ $(20) \int \tan^{10} x\sec^2 x\,\mathrm{d}x;$

$(21) \int \dfrac{\sin x+\cos x}{\sqrt[3]{\sin x-\cos x}}\mathrm{d}x;$ $(22) \int \tan^3 x\sec x\,\mathrm{d}x;$

$(23) \int \sin^2 x\,\mathrm{d}x;$ $(24) \int \cos^3 x\,\mathrm{d}x;$

$(25) \int \sin 2x\cos 3x\,\mathrm{d}x;$ $(26) \int \sin 5x\sin 7x\,\mathrm{d}x;$

$(27) \int \dfrac{\mathrm{d}x}{x^2+4x+5};$ $(28) \int \dfrac{x+3}{x^2+6x+1}\mathrm{d}x;$

$(29) \int \dfrac{x+1}{x^2+x+1}\mathrm{d}x;$ $(30) \int \dfrac{10^{2\arccos x}}{\sqrt{1-x^2}}\mathrm{d}x;$

$(31) \int \dfrac{\mathrm{d}x}{(\arcsin x)^2\sqrt{1-x^2}};$ $(32) \int \dfrac{\arctan\sqrt{x}}{\sqrt{x}(1+x)}\mathrm{d}x.$

3. 用第二类换元积分法求下列不定积分:

$(1) \int \dfrac{\mathrm{d}x}{1+\sqrt{x}};$ $(2) \int x\sqrt[3]{1+x}\,\mathrm{d}x;$

$(3) \int \dfrac{x}{\sqrt{2+4x}}\mathrm{d}x;$ $(4) \int \dfrac{\mathrm{d}x}{\sqrt{2x-3}+1};$

$(5) \int \sqrt{\mathrm{e}^x-1}\,\mathrm{d}x;$ $(6) \int \dfrac{\mathrm{d}x}{\sqrt{1+\mathrm{e}^x}};$

$(7) \int \dfrac{\mathrm{d}x}{(1-x^2)^{\frac{3}{2}}};$ $(8) \int x\sqrt[3]{1+x^2}\,\mathrm{d}x;$

$(9) \int \dfrac{x^2}{\sqrt{1-x^2}}\mathrm{d}x;$ $(10) \int \dfrac{\mathrm{d}x}{x^2\sqrt{1-x^2}};$

（11）$\displaystyle\int \frac{\mathrm{d}x}{\sqrt{(x^2+1)^3}}$；

（12）$\displaystyle\int \frac{\mathrm{d}x}{(a^2+x^2)^{\frac{3}{2}}}$；

（13）$\displaystyle\int \frac{\mathrm{d}x}{x^4\sqrt{1+x^2}}$；

（14）$\displaystyle\int \frac{\mathrm{d}x}{(1+x^2)^2}$；

（15）$\displaystyle\int \frac{\sqrt{x^2-a^2}}{x}\mathrm{d}x$；

（16）$\displaystyle\int \frac{\mathrm{d}x}{x\sqrt{x^2-1}}$；

（17）$\displaystyle\int \frac{\mathrm{d}x}{(x^2-9)^{\frac{3}{2}}}$；

（18）$\displaystyle\int \frac{\mathrm{d}x}{x^2\sqrt{4x^2-1}}$；

（19）$\displaystyle\int \frac{\sqrt{a^2-x^2}}{x^4}\mathrm{d}x$ （常数 $a>0$）；

（20）$\displaystyle\int \frac{x+1}{x^2\sqrt{x^2-1}}\mathrm{d}x$；

（21）$\displaystyle\int \frac{2^x}{1+2^x+4^x}\mathrm{d}x$.

4. 用分部积分法求下列不定积分：

（1）$\displaystyle\int \ln x\mathrm{d}x$；

（2）$\displaystyle\int \ln^2 x\mathrm{d}x$；

（3）$\displaystyle\int \frac{\ln^3 x}{x^2}\mathrm{d}x$；

（4）$\displaystyle\int x^2\cos^2\frac{x}{2}\mathrm{d}x$；

（5）$\displaystyle\int x^n\ln x\mathrm{d}x$；

（6）$\displaystyle\int x\sin x\mathrm{d}x$；

（7）$\displaystyle\int x^2\cos x\mathrm{d}x$；

（8）$\displaystyle\int x\tan^2 x\mathrm{d}x$；

（9）$\displaystyle\int \frac{x}{\cos^2 x}\mathrm{d}x$；

（10）$\displaystyle\int \arcsin x\mathrm{d}x$；

（11）$\displaystyle\int x\arctan x\mathrm{d}x$；

（12）$\displaystyle\int x^2\arctan x\mathrm{d}x$；

（13）$\displaystyle\int \frac{\arcsin\sqrt{x}}{\sqrt{x}}\mathrm{d}x$；

（14）$\displaystyle\int \frac{\arcsin\sqrt{x}}{\sqrt{1-x}}\mathrm{d}x$；

（15）$\displaystyle\int \arcsin^2 x\mathrm{d}x$；

（16）$\displaystyle\int x\mathrm{e}^{-x}\mathrm{d}x$；

（17）$\displaystyle\int x^2\mathrm{e}^x\mathrm{d}x$；

（18）$\displaystyle\int \mathrm{e}^{2x}\cos 3x\mathrm{d}x$；

（19）$\displaystyle\int \mathrm{e}^{-2x}\sin\frac{x}{2}\mathrm{d}x$；

（20）$\displaystyle\int \cos(\ln x)\mathrm{d}x$；

（21）$\displaystyle\int \mathrm{e}^x\sin^2 x\mathrm{d}x$；

（22）$\displaystyle\int xf''(x)\mathrm{d}x$.

*5. 求下列有理函数的不定积分：

(1) $\displaystyle\int \frac{\mathrm{d}x}{x^2 - x - 6}$;

(2) $\displaystyle\int \frac{x - 2}{x^2 + 2x + 3}\mathrm{d}x$;

(3) $\displaystyle\int \frac{\mathrm{d}x}{(1 + 2x)(1 + x^2)}$;

(4) $\displaystyle\int \frac{\mathrm{d}x}{x + x^3}$;

(5) $\displaystyle\int \frac{x^4 - x^3}{x^2 + 1}\mathrm{d}x$;

(6) $\displaystyle\int \frac{x^2 + 1}{(x + 1)^2(x - 1)}\mathrm{d}x$;

(7) $\displaystyle\int \frac{\mathrm{d}x}{(x^2 + 1)(x^2 + x + 1)}$;

(8) $\displaystyle\int \frac{x^2 + 2}{(x^2 + x + 1)^2}\mathrm{d}x$.

*6. 求下列三角函数有理式的不定积分:

(1) $\displaystyle\int \frac{\mathrm{d}x}{3 + \cos x}$;

(2) $\displaystyle\int \frac{\mathrm{d}x}{2 - \sin x}$;

(3) $\displaystyle\int \frac{\mathrm{d}x}{3\sin x + 4\cos x}$;

(4) $\displaystyle\int \frac{\cot x}{1 + \cos x}\mathrm{d}x$;

(5) $\displaystyle\int \frac{\mathrm{d}x}{1 + \sin x + \cos x}$;

(6) $\displaystyle\int \frac{\sin^2 x}{1 + \sin^2 x}\mathrm{d}x$;

(7) $\displaystyle\int \frac{2 - \sin x}{2 + \cos x}\mathrm{d}x$;

(8) $\displaystyle\int \frac{\mathrm{d}x}{\sin^2 x + 2\cos^2 x}$.

*7. 求下列简单无理函数的不定积分:

(1) $\displaystyle\int \sqrt{\frac{1 - x}{1 + x}}\mathrm{d}x$;

(2) $\displaystyle\int \frac{\mathrm{d}x}{\sqrt{x^2 - 2x - 3}}$;

(3) $\displaystyle\int \frac{\sqrt{x + 1} - \sqrt{x - 1}}{\sqrt{x + 1} + \sqrt{x - 1}}\mathrm{d}x$;

(4) $\displaystyle\int \frac{\mathrm{d}x}{\sqrt[3]{(x + 1)^2(x - 1)^4}}$.

5.4　定积分的积分法

由牛顿-莱布尼茨公式知,求定积分的问题可以归结为求被积函数的原函数或不定积分的问题,因此与不定积分的积分法相对应,定积分也有相应的积分法.

一、直接利用牛顿-莱布尼茨公式

例1　计算 $\displaystyle\int_{-1}^{1} \frac{\mathrm{d}x}{1 + x^2}$.

解　根据基本积分公式和牛顿-莱布尼茨公式,得

$$\int_{-1}^{1} \frac{dx}{1+x^2} = \arctan x \Big|_{-1}^{1} = \arctan 1 - \arctan(-1)$$

$$= \frac{\pi}{4} - \left(-\frac{\pi}{4}\right) = \frac{\pi}{2}.$$

例 2 计算 $\int_{-1}^{3} |2-x| dx.$

解 由于被积函数带有绝对值,先将绝对值去掉,再分区间积分. 因为

$$|2-x| = \begin{cases} 2-x, & x \leqslant 2, \\ x-2, & x > 2 \end{cases}$$

由定积分的可加性,得

$$\int_{-1}^{3} |2-x| dx = \int_{-1}^{2} (2-x) dx + \int_{2}^{3} (x-2) dx$$

$$= \left(2x - \frac{1}{2}x^2\right) \Big|_{-1}^{2} + \left(\frac{x^2}{2} - 2x\right) \Big|_{2}^{3}$$

$$= 4\frac{1}{2} + \frac{1}{2} = 5.$$

例 3 计算 $\int_{0}^{\pi} \sqrt{1 - \sin^2 x} \, dx.$

解 $\int_{0}^{\pi} \sqrt{1 - \sin^2 x} \, dx = \int_{0}^{\pi} \sqrt{\cos^2 x} \, dx = \int_{0}^{\pi} |\cos x| \, dx = \int_{0}^{\frac{\pi}{2}} \cos x \, dx + \int_{\frac{\pi}{2}}^{\pi} (-\cos x) \, dx$

$$= \sin x \Big|_{0}^{\frac{\pi}{2}} - \sin x \Big|_{\frac{\pi}{2}}^{\pi} = 2.$$

二、定积分的换元积分法

设函数 $f(x)$ 在 $[a, b]$ 上连续,函数 $\varphi(t)$ 满足 $\varphi(\alpha) = a$, $\varphi(\beta) = b$, $\varphi'(t)$ 在 $[\alpha, \beta]$(或 $[\beta, \alpha]$)上连续,且当 t 在 $[\alpha, \beta]$(或 $[\beta, \alpha]$)上变化时,有 $a \leqslant \varphi(t) \leqslant b$,则

$$\int_{a}^{b} f(x) dx = \int_{\alpha}^{\beta} f[\varphi(t)] \varphi'(t) dt. \qquad ①$$

从左到右使用公式①,相当于不定积分的第二类换元积分法,从右到左使用公式①,相当于不定积分的第一类换元积分法. 公式①称为**定积分的换元积分公式**. 用公式①计算定积分的方法称为定积分的换元积分法.

注 变换函数 $x = \varphi(t)$ 若取单调函数,就可以保证满足换元积分公式的条件:当 $\alpha \leqslant t \leqslant \beta$(或 $\beta \leqslant t \leqslant \alpha$)时,$a \leqslant \varphi(t) \leqslant b$.

思考 定积分的换元积分法与不定积分的换元积分法的区别在哪里?请从下面的例题中总结两者之间的区别.

例4 计算 $\displaystyle\int_0^4 \frac{x+2}{\sqrt{2x+1}}\mathrm{d}x$.

解 无法用基本积分公式,由于被积函数分母含有根号,因此尝试用变换去掉根号.

设 $\sqrt{2x+1} = t$,则 $x = \dfrac{t^2-1}{2}$,$\mathrm{d}x = t\mathrm{d}t$,当 $x = 0$ 时,$t = 1$;当 $x = 4$ 时,$t = 3$;于是

$$\int_0^4 \frac{x+2}{\sqrt{2x+1}}\mathrm{d}x = \int_1^3 \frac{\dfrac{t^2-1}{2}+2}{t}t\mathrm{d}t = \frac{1}{2}\int_1^3 (t^2+3)\mathrm{d}t$$

$$= \frac{1}{2}\left(\frac{t^3}{3}+3t\right)\Bigg|_1^3 = \frac{22}{3}.$$

注 本题是从左到右使用公式①,下题则是从右到左使用公式①.

例5 计算 $\displaystyle\int_0^\pi \sqrt{\sin^3 x - \sin^5 x}\,\mathrm{d}x$.

解 $\displaystyle\int_0^\pi \sqrt{\sin^3 x - \sin^5 x}\,\mathrm{d}x = \int_0^\pi |\cos x|(\sin x)^{\frac{3}{2}}\mathrm{d}x$

$$= \int_0^{\frac{\pi}{2}} \cos x(\sin x)^{\frac{3}{2}}\mathrm{d}x - \int_{\frac{\pi}{2}}^\pi \cos x(\sin x)^{\frac{3}{2}}\mathrm{d}x$$

$$= \int_0^{\frac{\pi}{2}} (\sin x)^{\frac{3}{2}}\mathrm{d}\sin x - \int_{\frac{\pi}{2}}^\pi (\sin x)^{\frac{3}{2}}\mathrm{d}\sin x$$

$$= \frac{2}{5}(\sin x)^{\frac{5}{2}}\Bigg|_0^{\frac{\pi}{2}} - \frac{2}{5}(\sin x)^{\frac{5}{2}}\Bigg|_{\frac{\pi}{2}}^\pi$$

$$= \frac{2}{5} + \frac{2}{5} = \frac{4}{5}.$$

例6 证明:若 $f(x)$ 在 $[-a, a]$ 上连续且为偶函数,则

$$\int_{-a}^a f(x)\mathrm{d}x = 2\int_0^a f(x)\mathrm{d}x.$$

证 因为 $\displaystyle\int_{-a}^{a}f(x)\mathrm{d}x = \int_{-a}^{0}f(x)\mathrm{d}x + \int_{0}^{a}f(x)\mathrm{d}x$，对右边第一个积分作变量代换 $x = -t$，则有

$\mathrm{d}x = -\mathrm{d}t$. 当 x 从 $-a$ 变到 0 时，t 由 a 单调减到 0，注意到 $f(x)$ 在 $[-a, a]$ 上是偶函数，可得

$$\int_{-a}^{0}f(x)\mathrm{d}x = -\int_{a}^{0}f(-t)\mathrm{d}t = \int_{0}^{a}f(t)\mathrm{d}t = \int_{0}^{a}f(x)\mathrm{d}x,$$

所以

$$\int_{-a}^{a}f(x)\mathrm{d}x = 2\int_{0}^{a}f(x)\mathrm{d}x.$$

类似地可以证明：若 $f(x)$ 在 $[-a, a]$ 上连续且为奇函数，则

$$\int_{-a}^{a}f(x)\mathrm{d}x = 0.$$

利用上述结论，常可简化偶函数或奇函数在对称于原点的区间上的定积分的计算.

例 7 计算 $\displaystyle\int_{-1}^{1}\frac{1 + \sin x}{1 + x^2}\mathrm{d}x$.

解 $\dfrac{1 + \sin x}{1 + x^2} = \dfrac{1}{1 + x^2} + \dfrac{\sin x}{1 + x^2}$，因为 $\dfrac{1}{1 + x^2}$ 是偶函数，$\dfrac{\sin x}{1 + x^2}$ 是奇函数，所以

$$\int_{-1}^{1}\frac{1 + \sin x}{1 + x^2}\mathrm{d}x = 2\int_{0}^{1}\frac{\mathrm{d}x}{1 + x^2} = 2\arctan x\,\Big|_{0}^{1} = \frac{\pi}{2}.$$

例 8 证明：若 $f(x)$ 在 $[0, 1]$ 上连续，则

（1）$\displaystyle\int_{0}^{\frac{\pi}{2}}f(\sin x)\mathrm{d}x = \int_{0}^{\frac{\pi}{2}}f(\cos x)\mathrm{d}x$；

（2）$\displaystyle\int_{0}^{\pi}xf(\sin x)\mathrm{d}x = \frac{\pi}{2}\int_{0}^{\pi}f(\sin x)\mathrm{d}x$.

证 （1）设 $x = \dfrac{\pi}{2} - t$，则 $\mathrm{d}x = -\mathrm{d}t$，当 $x = 0$ 时，$t = \dfrac{\pi}{2}$；$x = \dfrac{\pi}{2}$ 时，$t = 0$. 于是

$$\int_{0}^{\frac{\pi}{2}}f(\sin x)\mathrm{d}x = -\int_{\frac{\pi}{2}}^{0}f\left[\sin\left(\frac{\pi}{2} - t\right)\right]\mathrm{d}t = \int_{0}^{\frac{\pi}{2}}f(\cos t)\mathrm{d}t = \int_{0}^{\frac{\pi}{2}}f(\cos x)\mathrm{d}x.$$

（2）设 $x = \pi - t$，则 $\mathrm{d}x = -\mathrm{d}t$，当 $x = 0$ 时，$t = \pi$；$x = \pi$ 时，$t = 0$. 于是

$$\int_{0}^{\pi}xf(\sin x)\mathrm{d}x = -\int_{\pi}^{0}(\pi - t)f[\sin(\pi - t)]\mathrm{d}t = \int_{0}^{\pi}(\pi - t)f(\sin t)\mathrm{d}t$$

$$= \pi\int_{0}^{\pi}f(\sin t)\mathrm{d}t - \int_{0}^{\pi}tf(\sin t)\mathrm{d}t$$

$$= \pi\int_{0}^{\pi}f(\sin x)\mathrm{d}x - \int_{0}^{\pi}xf(\sin x)\mathrm{d}x,$$

所以

$$\int_0^\pi x f(\sin x)\,dx = \frac{\pi}{2}\int_0^\pi f(\sin x)\,dx.$$

注 由于在第一象限内 $\cos x = \sqrt{1-\sin^2 x}$，$\sin x = \sqrt{1-\cos^2 x}$，因此若被积函数为 $\sin x$ 与 $\cos x$ 的函数，则在 0 到 $\frac{\pi}{2}$ 积分时，被积函数中的 $\sin x$ 和 $\cos x$ 互换后的定积分相等.

例 9 计算 $I = \displaystyle\int_0^{\frac{\pi}{2}} \frac{\sin^3 x - \cos^3 x}{2 - \sin x - \cos x}\,dx$.

解 由例 8 可得 $I = \displaystyle\int_0^{\frac{\pi}{2}} \frac{\cos^3 x - \sin^3 x}{2 - \cos x - \sin x}\,dx = -I$，因此

$$I = 0.$$

例 10 计算下列定积分：

$(1)\ I = \displaystyle\int_0^{\frac{\pi}{2}} \frac{\cos x}{\sin x + \cos x}\,dx;$ $(2)\ I = \displaystyle\int_0^\pi \frac{x\sin x}{1 + \cos^2 x}\,dx.$

解 （1）由例 8(1) 可得

$$I = \int_0^{\frac{\pi}{2}} \frac{\cos x}{\sin x + \cos x}\,dx = \int_0^{\frac{\pi}{2}} \frac{\sin x}{\cos x + \sin x}\,dx,$$

所以

$$2I = \int_0^{\frac{\pi}{2}} \frac{\cos x}{\sin x + \cos x}\,dx + \int_0^{\frac{\pi}{2}} \frac{\sin x}{\cos x + \sin x}\,dx$$

$$= \int_0^{\frac{\pi}{2}} \frac{\cos x + \sin x}{\sin x + \cos x}\,dx = \int_0^{\frac{\pi}{2}} dx = \frac{\pi}{2},$$

于是

$$I = \frac{\pi}{4}.$$

（2）由例 8(2) 可得

$$I = \int_0^\pi \frac{x\sin x}{1 + \cos^2 x} dx = \frac{\pi}{2} \int_0^\pi \frac{\sin x}{1 + \cos^2 x} dx = -\frac{\pi}{2} \int_0^\pi \frac{1}{1 + \cos^2 x} d(\cos x)$$

$$= -\frac{\pi}{2} \arctan(\cos x) \Big|_0^\pi = -\frac{\pi}{2} \left(-\frac{\pi}{4} - \frac{\pi}{4} \right) = \frac{\pi^2}{4}.$$

三、定积分的分部积分法

由不定积分的分部积分公式,可得定积分的分部积分公式

$$\int_a^b u(x) dv(x) = \left[u(x)v(x) \right] \Big|_a^b - \int_a^b v(x) du(x). \qquad ②$$

分部积分法的要点就是通过微分交换,使得右边的定积分比左边的定积分中的被积函数容易找到原函数. 定积分的分部积分法与不定积分的分部积分法,选取 u 和 v 的原则是一样的,读者可参看例 34 后的注.

例 11 计算 $\int_0^2 xe^x dx$.

解 $\int_0^2 xe^x dx = \int_0^2 x d(e^x) = xe^x \Big|_0^2 - \int_0^2 e^x dx = 2e^2 - e^x \Big|_0^2 = e^2 + 1.$

思考 计算 $\int_0^{\frac{\pi}{2}} x^2 \cos x dx$.

例 12 计算 $\int_{\frac{1}{e}}^e |\ln x| dx$.

解 $\int_{\frac{1}{e}}^e |\ln x| dx = -\int_{\frac{1}{e}}^1 \ln x dx + \int_1^e \ln x dx$

$$= -\left(x\ln x \Big|_{\frac{1}{e}}^1 - \int_{\frac{1}{e}}^1 dx \right) + x\ln x \Big|_1^e - \int_1^e dx$$

$$= \frac{1}{e} + \left(1 - \frac{1}{e} \right) + e - (e - 1) = 2 - \frac{2}{e}.$$

思考 计算 $\int_1^e x^2 \ln x dx$.

例 13 设 $I_n = \int_0^{\frac{\pi}{2}} \sin^n x dx$, 证明:

$$I_n = \begin{cases} \dfrac{n-1}{n} \cdot \dfrac{n-3}{n-2} \cdot \cdots \cdot \dfrac{3}{4} \cdot \dfrac{1}{2} \cdot \dfrac{\pi}{2}, & n \text{ 为正偶数}, \\[3mm] \dfrac{n-1}{n} \cdot \dfrac{n-3}{n-2} \cdot \cdots \cdot \dfrac{4}{5} \cdot \dfrac{2}{3}, & n \text{ 为大于 } 1 \text{ 的正奇数}. \end{cases}$$

证 当 $n \geq 2$ 时,有

$$I_n = \int_0^{\frac{\pi}{2}} \sin^{n-1}x \, d(-\cos x)$$

$$= -\left(\sin^{n-1}x\cos x\right)\Big|_0^{\frac{\pi}{2}} + (n-1)\int_0^{\frac{\pi}{2}} \cos^2 x \sin^{n-2}x \, dx$$

$$= (n-1)\int_0^{\frac{\pi}{2}} (1-\sin^2 x)\sin^{n-2}x \, dx$$

$$= (n-1)\int_0^{\frac{\pi}{2}} \sin^{n-2}x \, dx - (n-1)\int_0^{\frac{\pi}{2}} \sin^n x \, dx$$

$$= (n-1)I_{n-2} - (n-1)I_n,$$

因此

$$I_n = \frac{n-1}{n}I_{n-2}.$$

由此递推公式可得

$$I_n = \frac{n-1}{n}I_{n-2} = \frac{n-1}{n} \cdot \frac{n-3}{n-2}I_{n-4} = \cdots =$$

$$\begin{cases} \dfrac{n-1}{n} \cdot \dfrac{n-3}{n-2} \cdot \cdots \cdot \dfrac{3}{4} \cdot \dfrac{1}{2}I_0, & n \text{ 为正偶数}, \\[3mm] \dfrac{n-1}{n} \cdot \dfrac{n-3}{n-2} \cdot \cdots \cdot \dfrac{4}{5} \cdot \dfrac{2}{3}I_1, & n \text{ 为大于 } 1 \text{ 的正奇数}. \end{cases}$$

由于 $I_0 = \int_0^{\frac{\pi}{2}} dx = \dfrac{\pi}{2}$, $I_1 = \int_0^{\frac{\pi}{2}} \sin x \, dx = 1$, 所以

$$I_n = \begin{cases} \dfrac{n-1}{n} \cdot \dfrac{n-3}{n-2} \cdot \cdots \cdot \dfrac{3}{4} \cdot \dfrac{1}{2} \cdot \dfrac{\pi}{2}, & n \text{ 为正偶数}, \\[3mm] \dfrac{n-1}{n} \cdot \dfrac{n-3}{n-2} \cdot \cdots \cdot \dfrac{4}{5} \cdot \dfrac{2}{3}, & n \text{ 为大于 } 1 \text{ 的正奇数}. \end{cases}$$

由例 8 可得 $\int_0^{\frac{\pi}{2}} \sin^n x \, dx = \int_0^{\frac{\pi}{2}} \cos^n x \, dx$, 再利用例 13 的结果可得

$$\int_0^{\frac{\pi}{2}} \sin^4 x \, dx = \frac{3}{4} \cdot \frac{1}{2} \cdot \frac{\pi}{2} = \frac{3\pi}{16};$$

$$\int_0^{\frac{\pi}{2}} \cos^5 x \mathrm{d}x = \frac{4}{5} \cdot \frac{2}{3} = \frac{8}{15}.$$

例 14 计算 $\int_0^{\pi} \sin^4 \frac{x}{2} \mathrm{d}x$.

解 令 $x = 2t$,则 $\mathrm{d}x = 2\mathrm{d}t$. 当 $x = 0$ 时,$t = 0$;$x = \pi$ 时,$t = \frac{\pi}{2}$,于是

$$\int_0^{\pi} \sin^4 \frac{x}{2} \mathrm{d}x = 2\int_0^{\frac{\pi}{2}} \sin^4 t \mathrm{d}t = 2 \cdot \frac{3}{4} \cdot \frac{1}{2} \cdot \frac{\pi}{2} = \frac{3}{8}\pi.$$

例 15 计算 $\int_0^1 \frac{f(x)}{\sqrt{x}} \mathrm{d}x$,其中 $f(x) = \int_1^x \frac{\ln(1+t)}{t} \mathrm{d}t$.

解
$$\int_0^1 \frac{f(x)}{\sqrt{x}} \mathrm{d}x = 2\int_0^1 f(x) \mathrm{d}\sqrt{x} = 2f(x)\sqrt{x} \Big|_0^1 - 2\int_0^1 \sqrt{x} f'(x) \mathrm{d}x$$

$$= 2f(1) - 2\int_0^1 \sqrt{x} \frac{\ln(1+x)}{x} \mathrm{d}x = -2\int_0^1 \frac{\ln(1+x)}{\sqrt{x}} \mathrm{d}x$$

$$= -4\int_0^1 \ln(1+x) \mathrm{d}\sqrt{x} = -4\sqrt{x}\ln(1+x) \Big|_0^1 + 4\int_0^1 \frac{\sqrt{x}}{1+x} \mathrm{d}x$$

$$= -4\ln 2 + 4\int_0^1 \frac{\sqrt{x}}{1+x} \mathrm{d}x,$$

令 $u = \sqrt{x}$,则有

$$\int_0^1 \frac{\sqrt{x}}{1+x} \mathrm{d}x = 2\int_0^1 \frac{u^2}{1+u^2} \mathrm{d}u = 2\left(\int_0^1 \mathrm{d}u - \int_0^1 \frac{1}{1+u^2} \mathrm{d}u\right)$$

$$= 2(u - \arctan u) \Big|_0^1 = 2 - \frac{\pi}{2},$$

5.4 学习要点

于是

$$\int_0^1 \frac{f(x)}{\sqrt{x}} \mathrm{d}x = 8 - 2\pi - 4\ln 2.$$

注 使用分部积分法是解这类题目的关键.

习题 5.4

1. 计算下列定积分:

(1) $\int_1^2 \left(x^2 + \dfrac{1}{x^4} \right) \mathrm{d}x$;

(2) $\int_{-\frac{1}{2}}^{\frac{1}{2}} \dfrac{\mathrm{d}x}{\sqrt{1-x^2}}$;

(3) $\int_0^1 \dfrac{\mathrm{e}^x - \mathrm{e}^{-x}}{2} \mathrm{d}x$;

(4) $\int_0^2 |1-x| \mathrm{d}x$;

(5) $\int_0^{2\pi} |\sin x| \mathrm{d}x$;

(6) $\int_0^2 \max\{x, x^2\} \mathrm{d}x$.

2. 计算下列定积分:

(1) $\int_{-1}^1 \dfrac{x}{5-4x} \mathrm{d}x$;

(2) $\int_{\frac{1}{e}}^{e} \dfrac{\ln^2 x}{x} \mathrm{d}x$;

(3) $\int_0^{\frac{\pi}{2}} \sin x \cos^3 x \mathrm{d}x$;

(4) $\int_0^1 \dfrac{\mathrm{d}x}{1+\mathrm{e}^x}$;

(5) $\int_0^{\pi} (1 - \sin^3 x) \mathrm{d}x$;

(6) $\int_0^{\frac{\pi}{2}} \dfrac{\cos x}{1+\sin^2 x} \mathrm{d}x$;

(7) $\int_0^{\pi} \sqrt{\sin^3 x - \sin^5 x} \mathrm{d}x$;

(8) $\int_0^{\sqrt{2}} \sqrt{2-x^2} \mathrm{d}x$;

(9) $\int_{\frac{1}{\sqrt{2}}}^1 \dfrac{\sqrt{1-x^2}}{x^2} \mathrm{d}x$;

(10) $\int_1^{\sqrt{3}} \dfrac{\mathrm{d}x}{x^2 \sqrt{1+x^2}}$;

(11) $\int_{\frac{1}{2}}^1 \dfrac{\mathrm{d}x}{x\sqrt{1-x^2}}$;

(12) $\int_1^{\mathrm{e}^2} \dfrac{\mathrm{d}x}{x\sqrt{1+\ln x}}$;

(13) $\int_{\frac{3}{4}}^1 \dfrac{\mathrm{d}x}{\sqrt{1-x}-1}$;

(14) $\int_{-2}^0 \dfrac{\mathrm{d}x}{x^2+2x+2}$;

(15) $\int_{\frac{1}{4}}^{\frac{1}{2}} \dfrac{\arcsin \sqrt{x}}{\sqrt{x(1-x)}} \mathrm{d}x$;

(16) $\int_a^{2a} \dfrac{\sqrt{x^2-a^2}}{x^4} \mathrm{d}x$ (常数 $a>0$);

(17) $\int_0^{\ln 2} \sqrt{1-\mathrm{e}^{-2x}} \mathrm{d}x$;

(18) $\int_0^a \dfrac{\mathrm{d}x}{x+\sqrt{a^2-x^2}}$ (常数 $a>0$).

3. 利用函数的奇偶性计算下列定积分:

(1) $\int_{-2}^2 x^2 \ln(x+\sqrt{1+x^2}) \mathrm{d}x$;

(2) $\int_{-\frac{\pi}{2}}^{\frac{\pi}{2}} x^2 \arctan x \mathrm{d}x$;

(3) $\int_{-\frac{\pi}{2}}^{\frac{\pi}{2}} 4\cos^4 x \mathrm{d}x$;

(4) $\int_{-\frac{1}{2}}^{\frac{1}{2}} \dfrac{(\arcsin x)^2}{\sqrt{1-x^2}} \mathrm{d}x$.

4. 设 $f(x)$ 是在 $(-\infty, +\infty)$ 上以 T 为周期的连续函数,证明:对任意实数 a,有

$$\int_a^{a+T} f(x)\,dx = \int_0^T f(x)\,dx.$$

5. 设 $f(x)$ 在 $[a,b]$ 上连续,证明:$\int_a^b f(x)\,dx = \int_a^b f(a+b-x)\,dx.$

6. 计算下列定积分:

(1) $\int_0^1 x e^{-x}\,dx$;

(2) $\int_0^{e-1} x\ln(x+1)\,dx$;

(3) $\int_0^{\frac{\pi}{2}} e^{2x}\cos x\,dx$;

(4) $\int_{\frac{\pi}{4}}^{\frac{\pi}{3}} \dfrac{x}{\sin^2 x}\,dx$;

(5) $\int_0^1 x\arctan x\,dx$;

(6) $\int_0^\pi (x\sin x)^2\,dx$;

(7) $\int_1^e \sin(\ln x)\,dx$;

(8) $\int_0^1 \dfrac{\ln(1+x)}{(2-x)^2}\,dx.$

7. 证明:$\int_0^1 x^m(1-x)^n\,dx = \int_0^1 x^n(1-x)^m\,dx$,其中 m、n 为正常数.

8. 已知 $f(x)$ 是连续函数,证明:$\int_0^\pi f(\sin x)\,dx = 2\int_0^{\frac{\pi}{2}} f(\sin x)\,dx.$

9. 设 $f(x)$ 在 $[a,b]$ 上有二阶连续导数,又 $f(a)=f'(a)=0$,证明:$\int_b^a f(x)\,dx = \dfrac{1}{2}\int_b^a f''(x)(x-b)^2\,dx.$

10. 设 $f(x)$ 在 $(-\infty,+\infty)$ 上可导,且 $f'(x)<0$,试确定函数 $F(x)=\int_0^x (x-2t)f(t)\,dt$ 在 $(-\infty,+\infty)$ 上的单调性.

11. 设 $f(x)$ 在 $[a,b]$ 上连续,且函数 $y=f(x)$ 的图形关于直线 $x=\dfrac{a+b}{2}$ 对称,证明:$\int_a^b xf(x)\,dx = \dfrac{a+b}{2}\int_a^b f(x)\,dx.$

*5.5 定积分的近似计算

牛顿-莱布尼茨公式是计算定积分的基本公式,利用该公式的关键在于要找到被积函数的原函数. 而很多初等函数的原函数却不易求得,甚至不能用初等函数表示,这就导致一些看似简单的定积分 $\int_0^1 \dfrac{\sin x}{x}\,dx$ 和 $\int_0^1 e^{-x^2}\,dx$ 也不能用牛顿-莱布尼茨公式计算. 另外,许多实际问题通常会归结为复杂的数学模型,并且这些模型的解析解一般很难求得,由于在多数情况下也不需要知道解析解,因此,用数值计算的方法求定积分的近似值是解决这个问题的一个有效途径,随着计算机运算能力的快速提高,近似计算越来越受到关注.下面介绍三种计算定积分近似值的公式.

一、矩形法

矩形法是指在计算定积分 $\int_a^b f(x)\,\mathrm{d}x$ 时,将曲边 $y=f(x)$ 与直线 $x=a$、直线 $x=b$、x 轴围成的曲边梯形分成若干个窄的小曲边梯形,把用直边代替小曲边梯形的曲边所得的积分和式作为定积分的近似值(见图 5–9).具体方法如下:

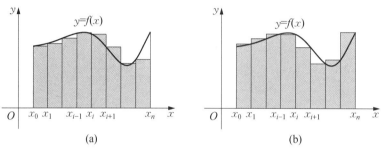

(a) (b)

图 5–9

将积分区间 $[a,b]$ n 等分,分点为

$$a = x_0 < x_1 < \cdots < x_{i-1} < x_i < \cdots < x_{n-1} < x_n = b,$$

每个小区间长度为 $\Delta x = \dfrac{b-a}{n}$.设 $y_i = f(x_i)$ $(i = 1, 2, \cdots, n)$ 是分点 x_i 的函数值,取小区间 $[x_{i-1}, x_i]$ 的左端点 x_{i-1} 或右端点 x_i 的函数值 $y_{i-1}\Delta x$ 或 $y_i\Delta x$ $(i = 1, 2, \cdots, n)$ 作为 $f(x)$ 在 $[x_{i-1}, x_i]$ 上的近似值,于是

$$\int_a^b f(x)\,\mathrm{d}x \approx \sum_{i=1}^n y_{i-1}\Delta x = \Delta x \sum_{i=1}^n y_{i-1} = \frac{b-a}{n}(y_0 + y_1 + \cdots + y_{n-1}), \qquad ①$$

或

$$\int_a^b f(x)\,\mathrm{d}x \approx \frac{b-a}{n}(y_1 + y_2 + \cdots + y_n). \qquad ①'$$

公式①与①′都称为定积分的矩形近似公式.

二、梯形法

如果在每个小区间 $[x_{i-1}, x_i]$ 上用 $\dfrac{\Delta x}{2}(y_{i-1} + y_i)$ 作为 $f(x)$ 在 $[x_{i-1}, x_i]$ 上任意点的函数值,就得到了定积分的梯形近似公式(见图 5–10):

$$\int_a^b f(x)\,dx \approx \frac{\Delta x}{2} \sum_{i=1}^n (y_{i-1} + y_i)$$

②

$$= \frac{b-a}{n}\left(\frac{y_0 + y_n}{2} + y_1 + y_2 + \cdots + y_{n-1}\right).$$

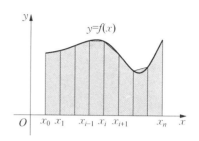

图 5 − 10

梯形近似公式②可以由两个矩形近似公式①和①′求平均值得到,所以梯形近似公式比矩形近似公式的精度更高一些.

例 1 用矩形近似公式和梯形近似公式求 $\int_0^1 e^{-x^2}\,dx$ 的近似值(取 $n = 10$).

解 将 $[0, 1]$ 分成 10 等分,分点为 $x_i = \dfrac{i}{10}(i = 1, 2, \cdots, 10)$,小区间长度 $\Delta x = \dfrac{1}{10}$,分点的函数值 $y_i = e^{-x_i^2}(i = 1, 2, \cdots, n)$,用计算器计算可得

$$y_0 = 1.000\,00,\ y_1 = 0.990\,05,\ y_2 = 0.960\,79,\ y_3 = 0.913\,93,$$

$$y_4 = 0.852\,14,\ y_5 = 0.778\,80,\ y_6 = 0.697\,68,\ y_7 = 0.612\,63,$$

$$y_8 = 0.527\,29,\ y_9 = 0.444\,86,\ y_{10} = 0.367\,88.$$

由矩形近似公式①得

$$\int_0^1 e^{-x^2}\,dx \approx \frac{1}{10}(y_0 + y_1 + \cdots + y_9) \approx 0.777\,82.$$

由矩形近似公式①′得

$$\int_0^1 e^{-x^2}\,dx \approx \frac{1}{10}(y_1 + y_2 + \cdots + y_{10}) \approx 0.714\,61.$$

求上面两式的平均值,得用梯形近似公式所得的近似值为

$$\int_0^1 e^{-x^2}\,dx \approx \frac{1}{2}(0.777\,82 + 0.714\,61) \approx 0.746\,21.$$

如果在矩形近似公式中不是用小区间的端点的函数值而是用小区间的中点的函数值作为小区间上任意点的函数值的近似值,那么近似计算的精度将大大提高.设 $\bar{x}_i = \dfrac{x_{i-1} + x_i}{2}(i = 1, 2, \cdots, n)$,则

$$\int_0^1 f(x)\,dx = \Delta x \sum_{i=1}^n f(\bar{x}_i).$$

③

公式③称为矩形中点近似公式.

关于梯形近似公式②和矩形中点近似公式③的计算精度,有下面的定理.

定理 1 设 $x \in [a, b]$ 时,有 $|f''(x)| \leqslant K$,用 E_T 和 E_M 分别表示梯形近似公式②和矩形中点近似公式③的绝对误差,则有估计式:

$$|E_T| \leqslant \frac{K(b-a)^3}{12n^2}, \quad |E_M| \leqslant \frac{K(b-a)^3}{24n^2}.$$

可见求定积分的近似值时,用矩形中点公式③的精度要高于用梯形近似公式②的精度. 下面用矩形中点近似公式③计算 $\int_0^1 e^{-x^2} dx$.

$$\int_0^1 e^{-x^2} dx \approx \frac{1}{10}(e^{-0.05^2} + e^{-0.15^2} + e^{-0.25^2} + e^{-0.35^2} + e^{-0.45^2} + e^{-0.55^2} +$$

$$e^{-0.65^2} + e^{-0.75^2} + e^{-0.85^2} + e^{-0.95^2})$$

$$\approx 0.1 \times (0.99750 + 0.97775 + 0.93941 + 0.88471 + 0.81669 +$$

$$0.73897 + 0.65541 + 0.56978 + 0.48554 + 0.40556)$$

$$\approx 0.74713$$

由于 $(e^{-x^2})'' = (4x^2 - 2)e^{-x^2}$,当 $x \in [0, 1]$ 时,$0 \leqslant x^2 \leqslant 1$,因此

$$0 \leqslant |(4x^2 - 2)e^{-x^2}| \leqslant 2,$$

根据定理①,取 $K = 2$,得到绝对误差限

$$|E_M| \leqslant \frac{2(1-0)^3}{24 \times 10^2} \approx 0.00083.$$

根据定理 1 得梯形公式的绝对误差限为

$$|E_T| \leqslant \frac{2(1-0)^3}{12 \times 10^2} \approx 0.00167.$$

三、抛物线法

前面的近似公式①②③都是用直线段代替曲线段进行近似计算的,因此,近似计算精度不可能很高. 虽然现在计算机运算速度已经很高,但是提高近似公式的精度仍然很有必要,下面介绍用抛物线近似代替曲边梯形的曲边而得到的近似计算公式,这个公式称为辛普森(Simpson)公式或抛物线近似公式.

将区间 $[a, b]$ 分成 $2n$ 等分(一定要偶数!),设分点为

$$a = x_0 < x_1 < x_2 < \cdots < x_{2n-1} < x_{2n} = b.$$

各分点对应的函数值记为 $y_0, y_1, y_2, \cdots, y_{2n}$,现在用简单的曲线——抛物线近似代替曲边梯形的曲边进行近似计算. 抛物线是二次曲线,因此可以用三个点确定一条抛物线. 对于相邻的两

个小区间,如 $[x_0, x_1]$ 与 $[x_1, x_2]$ 上的曲边 $y = f(x)$,用过三点 (x_0, y_0),(x_1, y_1),(x_2, y_2) 的抛物线代替,由于抛物线的定积分很容易计算,所以这个代替是可行的. 下面省略推导过程,直接给出抛物线近似公式:

$$\int_a^b f(x) \, dx \approx \frac{b-a}{3n} \sum_{i=1}^n (y_{2i-2} + 4y_{2i-1} + y_{2i})$$

④

$$= \frac{b-a}{3n} \left[y_0 + y_{2n} + 2(y_2 + y_4 + \cdots + y_{2n-2}) + 4(y_1 + y_3 + \cdots + y_{2n-1}) \right]$$

例 2 用抛物线近似公式计算 $\int_0^1 e^{-x^2} dx$(取 $2n = 10$).

解 根据公式④,有

$$\int_0^1 e^{-x^2} dx \approx \frac{1}{3 \times 10} \left[y_0 + y_{10} + 2(y_2 + y_4 + y_6 + y_8) + 4(y_1 + y_3 + y_5 + y_7 + y_9) \right]$$

$$= \frac{1}{30} (1.36788 + 2 \times 3.03790 + 4 \times 3.74027)$$

$$= 0.74683.$$

定理 2 设在区间 $[a, b]$ 上,有 $|f^{(4)}(x)| \leqslant K$,用 E_S 表示用抛物线近似公式的绝对误差,则

$$|E_S| \leqslant \frac{K(b-a)^5}{180n^4}.$$

注 上面四个近似计算公式可以用来计算一些难以求得被积函数原函数的定积分的近似值. 从这四个公式还可看出,只要知道被积函数在一系列等距离点上的函数值甚至都不必知道被积函数的表达式,这在应用时是很有用的,如当我们知道了某河床截面上若干个等距离点的深度,就可以求出河床的截面积的近似值,并以此可计算出河床的最大流量. 所以定积分的近似计算公式很有实用价值.

习题 5.5

1. 根据 $\int_1^2 \frac{dx}{x} = \ln 2$,利用定积分的梯形近似公式和矩形中点近似公式,求 $\ln 2$ 的值(取 $n = 10$,精确到小数后 4 位).

2. 已知 $\int_0^1 \frac{dx}{1+x^2} = \frac{\pi}{4}$,用梯形近似公式和抛物线近似公式估计 π 的近似值(取 $n = 10$,

精确到小数后 4 位).

3. 某河床的横断面的数据如图所示, 请根据图示的尺寸用梯形近似公式计算出横断面的面积.

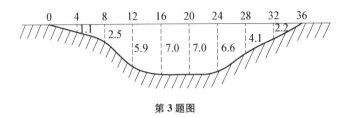

第 3 题图

5.6 广义积分、Γ 函数

回想一下定积分的定义, 定义中要求积分区间有限、被积函数在积分区间上有界. 这是因为积分和中的点是任意取的, 如果积分区间是无限区间或函数在积分区间上无界, 就会造成积分和不存在. 但是, 为了解决某些问题, 有时不得不考察无限区间上的积分或无界函数的积分. 而且, 从几何意义上考虑, 即便积分区间是无限或被积函数无界, 如果曲线 $y = f(x)$、$y = a$、$y = b$ 与 x 轴所围成的曲边梯形的面积有确定的值, 也应该有适当的方法计算相应的 $\int_a^b f(x)\,dx$, 这便是下面要讨论的广义积分.

一、无限区间上的广义积分

定义 1 设函数 $f(x)$ 在 $[a, +\infty)$ 上有定义, 且对任意实数 $A(A > a)$, $f(x)$ 在 $[a, A]$ 上可积, 若 $\lim\limits_{A \to +\infty} \int_a^A f(x)\,dx$ 存在, 则称其极限值 I 为函数 $f(x)$ 在无限区间 $[a, +\infty)$ 上的**广义积分**, 记作 $\int_a^{+\infty} f(x)\,dx$, 即

$$\int_a^{+\infty} f(x)\,dx = \lim_{A \to +\infty} \int_a^A f(x)\,dx = I.$$

此时, 也称广义积分 $\int_a^{+\infty} f(x)\,dx$ 收敛. 若 $\lim\limits_{A \to +\infty} \int_a^A f(x)\,dx$ 不存在, 则称广义积分 $\int_a^{+\infty} f(x)\,dx$ 发散.

类似地, 设函数 $f(x)$ 在 $(-\infty, a]$ 上有定义, 且对任意的实数 $A(A < a)$, $f(x)$ 在 $[A, a]$ 上可

积,若 $\lim\limits_{A\to-\infty}\int_A^a f(x)\,\mathrm{d}x$ 存在,则称其极限值 I 为函数 $f(x)$ 在无限区间 $(-\infty,\,a]$ 上的广义积分,记作

$\int_{-\infty}^a f(x)\,\mathrm{d}x$,即

$$\int_{-\infty}^a f(x)\,\mathrm{d}x = \lim_{A\to-\infty}\int_A^a f(x)\,\mathrm{d}x = I.$$

此时,也称广义积分 $\int_{-\infty}^a f(x)\,\mathrm{d}x$ 收敛. 若 $\lim\limits_{A\to-\infty}\int_A^a f(x)\,\mathrm{d}x$ 不存在,则称广义积分 $\int_{-\infty}^a f(x)\,\mathrm{d}x$ 发散.

对于在 $(-\infty,\,+\infty)$ 上的广义积分 $\int_{-\infty}^{+\infty} f(x)\,\mathrm{d}x$,其收敛性这样定义:对某一确定的 a,若广义积分 $\int_{-\infty}^a f(x)\,\mathrm{d}x$ 与 $\int_a^{+\infty} f(x)\,\mathrm{d}x$ 都收敛,则称广义积分 $\int_{-\infty}^{+\infty} f(x)\,\mathrm{d}x$ 收敛,且

$$\int_{-\infty}^{+\infty} f(x)\,\mathrm{d}x = \int_{-\infty}^a f(x)\,\mathrm{d}x + \int_a^{+\infty} f(x)\,\mathrm{d}x.$$

否则(即广义积分 $\int_{-\infty}^a f(x)\,\mathrm{d}x$ 与 $\int_a^{+\infty} f(x)\,\mathrm{d}x$ 中至少有一个发散),则称广义积分 $\int_{-\infty}^{+\infty} f(x)\,\mathrm{d}x$ 发散.

上述广义积分统称为无限区间上的广义积分. 由定义,计算无限区间上的广义积分时,一般应先在有限区间上计算定积分,然后再取极限,为方便起见,这两个步骤可以简写成

$$\int_a^{+\infty} f(x)\,\mathrm{d}x = F(x)\,\Big|_a^{+\infty} = F(+\infty) - F(a).$$

其中 $F(+\infty)$ 应理解为 $\lim\limits_{A\to+\infty} F(A)$.

例 1　计算 $\int_0^{+\infty} x\mathrm{e}^{-x^2}\,\mathrm{d}x$.

解　$\int_0^{+\infty} x\mathrm{e}^{-x^2}\,\mathrm{d}x = -\dfrac{1}{2}\int_0^{+\infty}\mathrm{e}^{-x^2}\,\mathrm{d}(-x^2) = -\dfrac{1}{2}\mathrm{e}^{-x^2}\,\Big|_0^{+\infty} = 0 - \left(-\dfrac{1}{2}\right) = \dfrac{1}{2}.$

例 2　计算 $\int_{-\infty}^{+\infty}\dfrac{\mathrm{d}x}{x^2+4x+9}$.

解　$\displaystyle\int_{-\infty}^{+\infty}\frac{\mathrm{d}x}{x^2+4x+9} = \int_{-\infty}^0\frac{\mathrm{d}x}{(x+2)^2+5} + \int_0^{+\infty}\frac{\mathrm{d}x}{(x+2)^2+5}$

$\qquad\qquad = \dfrac{1}{\sqrt{5}}\arctan\dfrac{x+2}{\sqrt{5}}\,\Big|_{-\infty}^0 + \dfrac{1}{\sqrt{5}}\arctan\dfrac{x+2}{\sqrt{5}}\,\Big|_0^{+\infty}$

$\qquad\qquad = \dfrac{1}{\sqrt{5}}\arctan\dfrac{2}{\sqrt{5}} - \left(-\dfrac{\pi}{2\sqrt{5}}\right) + \dfrac{\pi}{2\sqrt{5}} - \dfrac{1}{\sqrt{5}}\arctan\dfrac{2}{\sqrt{5}}$

$\qquad\qquad = \dfrac{\pi}{\sqrt{5}}.$

例 3 讨论 $\int_a^{-\infty} \dfrac{\mathrm{d}x}{x^p}$（$p$ 为常数,且 $a > 0$）的收敛性.

解 当 $p \neq 1$ 时,有

$$\int_a^{+\infty} \frac{\mathrm{d}x}{x^p} = \frac{x^{1-p}}{1-p} \bigg|_a^{+\infty} = \begin{cases} +\infty, & p < 1, \\[2mm] -\dfrac{a^{1-p}}{1-p}, & p > 1 \end{cases}$$

当 $p = 1$ 时,有

$$\int_a^{+\infty} \frac{\mathrm{d}x}{x} = \ln x \bigg|_a^{+\infty} = +\infty.$$

故当 $p > 1$ 时,$\int_a^{+\infty} \dfrac{\mathrm{d}x}{x^p}$ 收敛,其值为 $\dfrac{a^{1-p}}{p-1}$;当 $p \leqslant 1$ 时,$\int_a^{+\infty} \dfrac{\mathrm{d}x}{x^p}$ 发散.

对于无限区间上的广义积分的收敛性,也可以通过被积函数的本身性质来判定.

定理 1 设函数 $f(x)$ 在区间 $[a, +\infty)$ 上连续,且 $f(x) \geqslant 0$,若存在常数 $p(>1)$,使得 $\lim\limits_{x \to +\infty} x^p f(x) = k(<+\infty)$,则 $\int_a^{+\infty} f(x)\mathrm{d}x$ 收敛;若 $\lim\limits_{x \to +\infty} xf(x) = k(<+\infty)$ 或 $\lim\limits_{x \to +\infty} xf(x) = \infty$,则 $\int_a^{+\infty} f(x)\mathrm{d}x$ 发散.

例 4 讨论 $\int_1^{+\infty} \dfrac{1}{x\sqrt[3]{1+x^2}}\mathrm{d}x$ 的收敛性.

解 因为

$$\lim_{x \to +\infty} x^{\frac{5}{3}} \cdot \frac{1}{x\sqrt[3]{1+x^2}} = \lim_{x \to +\infty} \frac{1}{\sqrt[3]{\dfrac{1}{x^2}+1}} = 1,$$

由于 $\dfrac{5}{3} > 1$,根据定理 1 知,$\int_1^{+\infty} \dfrac{1}{x\sqrt[3]{1+x^2}}\mathrm{d}x$ 收敛.

二、无界函数的广义积分

定义 2 设 $\lim\limits_{x \to b^-}f(x) = \infty$（或 $\lim\limits_{x \to a^+}f(x) = \infty$）,对任意小的正数 ε,$f(x)$ 在 $[a, b-\varepsilon]$（或在 $[a+\varepsilon, b]$）上可积,若 $\lim\limits_{\varepsilon \to 0^+}\int_a^{b-\varepsilon}f(x)\mathrm{d}x$（或 $\lim\limits_{\varepsilon \to 0^+}\int_{a+\varepsilon}^b f(x)\mathrm{d}x$）存在,则称其极限值 I 为无界函数

$f(x)$ 在区间 $[a,b)$（或 $(a,b]$）上的广义积分，记为 $\int_a^b f(x)\,dx$，即 $\int_a^b f(x)\,dx = I$. 此时，也称 $\int_a^b f(x)\,dx$ 收敛.

若 $\lim\limits_{\varepsilon \to 0^+} \int_a^b f(x)\,dx$（或 $\lim\limits_{\varepsilon \to 0^+} \int_{a+\varepsilon}^b f(x)\,dx$）不存在，则称 $\int_a^b f(x)\,dx$ 发散.

无界函数的广义积分有时也称为**瑕积分**，被积函数的无穷大间断点称为**瑕点**.

设 c 是区间 (a,b) 上的一点，且 $\lim\limits_{x \to c} f(x) = \infty$，如果无界函数的广义积分 $\int_a^c f(x)\,dx$ 与 $\int_c^b f(x)\,dx$ 都收敛，则称无界函数广义积分 $\int_a^b f(x)\,dx$ 收敛，且

$$\int_a^b f(x)\,dx = \int_a^c f(x)\,dx + \int_c^b f(x)\,dx.$$

若无界函数的广义积分 $\int_a^c f(x)\,dx$ 与 $\int_c^b f(x)\,dx$ 中至少有一个发散，则称无界函数广义积分 $\int_a^b f(x)\,dx$ 发散.

当 $\lim\limits_{x \to b^-} f(x) = \infty$（或 $\lim\limits_{x \to a^+} f(x) = \infty$）时，无界函数的广义积分

$$\int_a^b f(x)\,dx = \lim_{\varepsilon \to 0^+} F(x)\ \Big|_a^{b-\varepsilon} \ \left(\text{或} \lim_{\varepsilon \to 0^+} F(x)\ \Big|_{a+\varepsilon}^b\right)$$

也可简写成

$$\int_a^b f(x)\,dx = F(x)\ \Big|_a^b.$$

当用 b（或 a）代入 $F(x)$ 无意义时，应理解为 $F(b) = \lim\limits_{x \to b^-} F(x)$（或 $F(a) = \lim\limits_{x \to a^+} F(x)$）.

例 5 计算 $\int_0^1 \ln x\,dx$.

解 $\int_0^1 \ln x\,dx = x\ln x\ \Big|_0^1 - \int_0^1 dx$，因为

$$\lim_{x \to 0^+} x\ln x = \lim_{x \to 0^+} \frac{\ln x}{\frac{1}{x}} = \lim_{x \to 0^+} \frac{\frac{1}{x}}{-\frac{1}{x^2}} = \lim_{x \to 0^+}(-x) = 0,$$

所以 $\int_0^1 \ln x\,dx = 0 - 0 - 1 = -1$.

例 6 讨论 $\int_{-1}^{1} \dfrac{dx}{x^2}$ 的收敛性.

解 因为 $\lim\limits_{x \to 0} \dfrac{1}{x^2} = \infty$, 由于

$$\int_0^1 \frac{dx}{x^2} = -\frac{1}{x} \Big|_0^1 = +\infty .$$

所以 $\int_0^1 \dfrac{1}{x^2} dx$ 发散, 从而 $\int_{-1}^1 \dfrac{dx}{x^2}$ 发散.

在例 6 中, 如果忽略了点 $x = 0$ 是被积函数的无穷间断点就会得到以下错误的结论:

$$\int_{-1}^1 \frac{dx}{x^2} = -\frac{1}{x} \Big|_{-1}^1 = -2 .$$

由于无界函数的广义积分与常义定积分形式上完全一致, 因此, 在计算有限区间积分时应注意被积函数是否有界, 如果错把这类广义积分当定积分计算, 就可能得出错误的结论. 一般来说, 若在积分区间内有被积函数的无穷间断点, 应该用无穷间断点将原积分区间分割成若干个小区间, 使每个无穷间断点为积分区间的端点, 然后再在每个小区间上讨论无界函数的广义积分的收敛性.

例 7 讨论 $\int_0^1 \dfrac{dx}{x^p}$ (p 为常数)的收敛性.

解 当 $p = 1$ 时, $\int_0^1 \dfrac{dx}{x} = \ln x \Big|_0^1 = +\infty$.

当 $p < 1$ 时, $\int_0^1 \dfrac{1}{x^p} dx = \dfrac{x^{1-p}}{1-p} \Big|_0^1 = \dfrac{1}{1-p}$.

当 $p > 1$ 时, $\int_0^1 \dfrac{1}{x^p} dx = \dfrac{x^{1-p}}{1-p} \Big|_0^1 = +\infty$.

因此, 当 $p < 1$ 时, 广义积分 $\int_0^1 \dfrac{dx}{x^p}$ 收敛, 其值为 $\dfrac{1}{1-p}$; 当 $p \geq 1$ 时, 广义积分 $\int_0^1 \dfrac{dx}{x^p}$ 发散.

请读者将例 7 与例 3 进行比较, 记住这两个结论.

定理 2 设函数 $f(x)$ 在区间 $(a, b]$ 上连续, 且 $f(x) \geq 0$, $\lim\limits_{x \to a^+} f(x) = \infty$. 若存在常数 $q (0 < q < 1)$, 使得 $\lim\limits_{x \to a^+} (x-a)^q f(x) = k (< +\infty)$, 则无界函数的广义积分 $\int_a^b f(x) dx$ 收敛; 若 $\lim\limits_{x \to a^+} (x-a) f(x) = k (< +\infty)$ 或 $\lim\limits_{x \to a^+} (x-a) f(x) = \infty$, 则无界函数的广义积分 $\int_a^b f(x) dx$ 发散.

例 8 讨论 $\int_0^1 \frac{1}{\sqrt{x}} \sin \frac{1}{x} \mathrm{d}x$ 的收敛性.

解 因为 $\lim\limits_{x \to 0^+} x^{\frac{3}{4}} \cdot \frac{1}{\sqrt{x}} \sin \frac{1}{x} = \lim\limits_{x \to 0^+} x^{\frac{1}{4}} \sin \frac{1}{x} = 0$，根据定理 2 知，无界函数的广义积分 $\int_0^1 \frac{1}{\sqrt{x}} \sin \frac{1}{x} \mathrm{d}x$ 收敛.

*三、Γ 函数

在数理方程、概率论等学科中常常遇到形如

$$\int_0^{+\infty} x^{s-1} \mathrm{e}^{-x} \mathrm{d}x$$

的广义积分. 可以证明，当 $s > 0$ 时，广义积分 $\int_0^{+\infty} x^{s-1} \mathrm{e}^{-x} \mathrm{d}x$ 收敛；当 $s \leqslant 0$ 时，广义积分 $\int_0^{+\infty} x^{s-1} \mathrm{e}^{-x} \mathrm{d}x$ 发散. 因此，当 s 在 $(0, +\infty)$ 内取值时，广义积分 $\int_0^{+\infty} x^{s-1} \mathrm{e}^{-x} \mathrm{d}x$ 有唯一确定的值与之对应，因而它是 s 的函数，称为 **Γ 函数**，记作

$$\Gamma(s) = \int_0^{+\infty} x^{s-1} \mathrm{e}^{-x} \mathrm{d}x.$$

Γ 函数在自然科学和工程技术方面有着广泛的应用.

例 9 证明 Γ 函数的递推公式 $\Gamma(s+1) = s\Gamma(s)$（其中 $s > 0$）.

证 $\Gamma(s+1) = \int_0^{+\infty} x^s \mathrm{e}^{-x} \mathrm{d}x = \lim\limits_{A \to +\infty} \int_0^A x^s \mathrm{e}^{-x} \mathrm{d}x$

$\qquad = \lim\limits_{A \to +\infty} \left(-x^s \mathrm{e}^{-x} \big|_0^A + s \int_0^A x^{s-1} \mathrm{e}^{-x} \mathrm{d}x \right)$

$\qquad = s \lim\limits_{A \to +\infty} \int_0^A x^{s-1} \mathrm{e}^{-x} \mathrm{d}x = s\Gamma(s).$

当 n 为正整数时，$\Gamma(n+1) = n\Gamma(n)$，反复运用这个公式得

$$\Gamma(n+1) = n\Gamma(n) = n(n-1)\Gamma(n-1) = \cdots = n!\,\Gamma(1),$$

由于

$$\Gamma(1) = \int_0^{+\infty} \mathrm{e}^{-x} \mathrm{d}x = \lim\limits_{A \to +\infty} \int_0^A \mathrm{e}^{-x} \mathrm{d}x = \lim\limits_{A \to +\infty} (1 - \mathrm{e}^{-A}) = 1,$$

因此

$$\Gamma(n+1) = n!.$$

若在 $\Gamma(s) = \int_0^{+\infty} x^{s-1} \mathrm{e}^{-x} \mathrm{d}x$ 中,令 $x = \alpha u$(其中常数 $\alpha > 0$),则得

$$\Gamma(s) = \alpha^s \int_0^{+\infty} u^{s-1} \mathrm{e}^{-\alpha u} \mathrm{d}u. \tag{①}$$

若令 $x = u^2$,则得

$$\Gamma(s) = 2\int_0^{+\infty} u^{2s-1} \mathrm{e}^{-u^2} \mathrm{d}u. \tag{②}$$

式①②都是 Γ 函数的其他表达式.

在②式中,若令 $s = \dfrac{1}{2}$,则 $\Gamma\left(\dfrac{1}{2}\right) = 2\int_0^{+\infty} \mathrm{e}^{-u^2} \mathrm{d}u.$

广义积分 $\int_0^{+\infty} \mathrm{e}^{-u^2} \mathrm{d}u$ 在概率论中有重要作用,可以证明

$$\int_0^{+\infty} \mathrm{e}^{-u^2} \mathrm{d}u = \frac{\sqrt{\pi}}{2}.$$

由此可得

$$\Gamma\left(\frac{1}{2}\right) = \sqrt{\pi}.$$

例 10 计算 $\int_0^1 \left(\ln \dfrac{1}{x}\right)^2 \mathrm{d}x.$

解 令 $\ln \dfrac{1}{x} = u$,则 $\dfrac{1}{x} = \mathrm{e}^u$,$x = \mathrm{e}^{-u}$,$\mathrm{d}x = -\mathrm{e}^{-u} \mathrm{d}u.$ 当 $x = 1$ 时,$u = 0$;当 $x \to 0^+$ 时,$u \to +\infty$.

于是

$$\int_0^1 \left(\ln \frac{1}{x}\right)^2 \mathrm{d}x = -\int_{+\infty}^0 u^2 \mathrm{e}^{-u} \mathrm{d}u = \int_0^{+\infty} u^2 \mathrm{e}^{-u} \mathrm{d}u = \Gamma(3) = 2! = 2.$$

例 11 证明 $\int_0^{+\infty} \mathrm{e}^{-x^k} \mathrm{d}x = \Gamma\left(\dfrac{1}{k} + 1\right)$ (其中常数 $k > 0$).

证 令 $x^k = u$,$x = u^{\frac{1}{k}}$,$\mathrm{d}x = \dfrac{1}{k} u^{\frac{1}{k}-1} \mathrm{d}u$,于是

$$\int_0^{+\infty} \mathrm{e}^{-x^k} \mathrm{d}x = \frac{1}{k} \int_0^{+\infty} u^{\frac{1}{k}-1} \mathrm{e}^{-u} \mathrm{d}u = \frac{1}{k} \Gamma\left(\frac{1}{k}\right),$$

再由递推公式 $\Gamma\left(\dfrac{1}{k} + 1\right) = \dfrac{1}{k}\Gamma\left(\dfrac{1}{k}\right)$，得

$$\int_0^{+\infty} e^{-x^k}dx = \Gamma\left(\dfrac{1}{k} + 1\right).$$

5.6 学习要点

习题 5.6

1. 判断下列广义积分的收敛性,若收敛,则求其值:

(1) $\displaystyle\int_1^{+\infty} e^x dx$;

(2) $\displaystyle\int_0^{+\infty} xe^{-x} dx$;

(3) $\displaystyle\int_{-\infty}^{+\infty} \dfrac{dx}{e^x + e^{-x}}$;

(4) $\displaystyle\int_0^{+\infty} \dfrac{\sin x}{e^x} dx$;

(5) $\displaystyle\int_{-\infty}^{+\infty} \dfrac{dx}{x^2 + 2x + 2}$;

(6) $\displaystyle\int_0^{+\infty} e^{-\sqrt{x}} dx$;

(7) $\displaystyle\int_{-1}^1 \dfrac{1}{\sqrt{1 - x^2}} dx$;

(8) $\displaystyle\int_0^1 \dfrac{x}{\sqrt{1 - x^2}} dx$;

(9) $\displaystyle\int_1^2 \dfrac{x}{\sqrt{x - 1}} dx$;

(10) $\displaystyle\int_1^e \dfrac{dx}{x\sqrt{1 - (\ln x)^2}}$;

(11) $\displaystyle\int_{-3}^2 \dfrac{dx}{x^2}$;

(12) $\displaystyle\int_0^2 \dfrac{dx}{(1 - x)^3}$.

2. 计算 $I_n = \displaystyle\int_0^{+\infty} x^n e^{-x} dx$ (n 为自然数).

3. 当 k 为何值时, $\displaystyle\int_2^{+\infty} \dfrac{dx}{x(\ln x)^k}$ 收敛? 当 k 为何值时, $\displaystyle\int_2^{+\infty} \dfrac{dx}{x(\ln x)^k}$ 发散?

4. 设 $\displaystyle\int_1^{+\infty} \dfrac{(b - a)x + a}{2x^2 + ax} dx = 0$, 求常数 a、b.

5. 判断下列广义积分的收敛性:

(1) $\displaystyle\int_0^{+\infty} \dfrac{x^2}{x^4 + x^2 + 2} dx$;

(2) $\displaystyle\int_0^{+\infty} \dfrac{dx}{1 + x|\sin x|}$;

(3) $\displaystyle\int_1^{+\infty} \dfrac{x\arctan x}{1 + x^3} dx$;

(4) $\displaystyle\int_0^1 \dfrac{x^2}{\sqrt{1 - x^4}} dx$;

(5) $\displaystyle\int_1^2 \dfrac{1}{\ln^3 x} dx$.

*6. 计算下列广义积分:

(1) $\displaystyle\int_0^1 \left(\ln\dfrac{1}{x}\right)^n dx$;

(2) $\displaystyle\int_0^{+\infty} e^{-\sqrt[3]{x}} dx$;

(3) $\displaystyle\int_{-1}^{+\infty} \mathrm{e}^{-(x^2+2x+1)}\mathrm{d}x.$

总练习题

1. 求下列不定积分：

(1) $\displaystyle\int \frac{1}{x^2}\mathrm{e}^{\frac{1}{x}}\mathrm{d}x;$

(2) $\displaystyle\int \frac{x}{(1-x)^3}\mathrm{d}x;$

(3) $\displaystyle\int \frac{x}{(1+x^2)^{\frac{3}{2}}}\mathrm{d}x;$

(4) $\displaystyle\int \frac{(\ln x + 1)^2}{x}\mathrm{d}x;$

(5) $\displaystyle\int \frac{1}{(1+x^2)\arctan x}\mathrm{d}x;$

(6) $\displaystyle\int \frac{1+\cos x}{x+\sin x}\mathrm{d}x;$

(7) $\displaystyle\int \tan^4 x\,\mathrm{d}x;$

(8) $\displaystyle\int \sec^4 x\,\mathrm{d}x;$

(9) $\displaystyle\int \frac{\sin x\cos x}{1+\sin^4 x}\mathrm{d}x;$

(10) $\displaystyle\int \frac{\cos 2x}{1+\sin x\cos x}\mathrm{d}x;$

(11) $\displaystyle\int \frac{\mathrm{d}x}{\sin 2x\cos x};$

(12) $\displaystyle\int \frac{1-\sin x}{1+\sin x}\mathrm{d}x;$

(13) $\displaystyle\int \frac{\mathrm{d}x}{\sin^2 x\cos x};$

(14) $\displaystyle\int \frac{\sin^2 x}{(x\cos x-\sin x)^2}\mathrm{d}x;$

(15) $\displaystyle\int \frac{1+\tan x}{\sin 2x}\mathrm{d}x;$

(16) $\displaystyle\int \frac{\ln(x+1)-\ln x}{x(x+1)}\mathrm{d}x;$

(17) $\displaystyle\int \frac{\arctan\sqrt{x}}{\sqrt{x}(1+x)}\mathrm{d}x;$

(18) $\displaystyle\int \frac{1+\ln x}{(x\ln x)^2}\mathrm{d}x;$

(19) $\displaystyle\int \frac{\mathrm{d}x}{(a^2-x^2)^{\frac{5}{2}}};$

(20) $\displaystyle\int \frac{\mathrm{d}x}{x+\sqrt{1-x^2}};$

(21) $\displaystyle\int \frac{\sqrt{x^2+a^2}}{x^2}\mathrm{d}x;$

(22) $\displaystyle\int \frac{\mathrm{d}x}{x^2\sqrt{x^2-a^2}};$

(23) $\displaystyle\int \frac{\mathrm{d}x}{x(x^6+4)};$

(24) $\displaystyle\int \frac{\mathrm{d}x}{x\sqrt{1-x^4}};$

(25) $\displaystyle\int (x\sin x)^2\mathrm{d}x;$

(26) $\displaystyle\int \mathrm{e}^{2x}(\tan x+1)^2\mathrm{d}x;$

(27) $\displaystyle\int \sqrt{1-x^2}\arcsin x\,\mathrm{d}x;$

(28) $\displaystyle\int \frac{\arctan \mathrm{e}^x}{\mathrm{e}^{2x}}\mathrm{d}x;$

(29) $\displaystyle\int \frac{x\mathrm{e}^x}{(1+\mathrm{e}^x)^2}\mathrm{d}x;$

(30) $\displaystyle\int \ln^2(x+\sqrt{1+x^2})\mathrm{d}x;$

（31）$\int \dfrac{\ln x}{\left(1 + x^2\right)^{\frac{3}{2}}} \mathrm{d}x$；

（32）$\int \dfrac{x^{11}}{x^8 + 3x^4 + 2} \mathrm{d}x$；

（33）$\int \dfrac{\mathrm{d}x}{x\left(x^{10} + 1\right)^2}$；

（34）$\int \dfrac{1}{x} \sqrt{\dfrac{x + 1}{x - 1}} \mathrm{d}x$；

（35）$\int \dfrac{\mathrm{d}x}{1 + \sqrt{x} + \sqrt{1 + x}}$；

（36）$\int \sqrt{\dfrac{\mathrm{e}^x - 1}{\mathrm{e}^x + 1}} \mathrm{d}x$．

2. 设 $f(x)$ 的一个原函数为 $\dfrac{\sin x}{x}$，求 $\int x f'(2x) \mathrm{d}x$．

3. 设 $f(x) = \mathrm{e}^{-x}$，求 $\int \dfrac{f'(\ln x)}{x} \mathrm{d}x$．

4. 设 $f(x^2 - 1) = \ln \dfrac{x^2}{x^2 - 2}$，且 $f[\varphi(x)] = \ln x$，求 $\int \varphi(x) \mathrm{d}x$．

5. 设 $f'(\ln x) = (x + 1) \ln x$，求 $f(x)$．

6. 设 $\int f'(\sqrt{x}) \mathrm{d}x = x(\mathrm{e}^{\sqrt{x}} + 1) + C$，求 $f(x)$．

7. 求下列极限：

（1）$\lim\limits_{n \to \infty} \dfrac{1}{n} \sum\limits_{i=1}^{n} \sqrt{1 + \dfrac{i}{n}}$；

（2）$\lim\limits_{n \to \infty} \sum\limits_{i=1}^{n} \dfrac{\mathrm{e}^{\frac{i}{n}}}{n + n\mathrm{e}^{\frac{2i}{n}}}$；

（3）$\lim\limits_{n \to \infty} \dfrac{1}{n} \left(\sqrt{1 + \cos \dfrac{\pi}{n}} + \sqrt{1 + \cos \dfrac{2\pi}{n}} + \cdots + \sqrt{1 + \cos \dfrac{n\pi}{n}} \right)$；

（4）$\lim\limits_{n \to \infty} \left(\dfrac{\sin \dfrac{\pi}{n}}{n + 1} + \dfrac{\sin \dfrac{2\pi}{n}}{n + \dfrac{1}{2}} + \cdots + \dfrac{\sin \dfrac{n\pi}{n}}{n + \dfrac{1}{n}} \right)$．

8. 求 $\dfrac{\mathrm{d}}{\mathrm{d}x} \displaystyle\int_0^x \sin(x - t)^2 \mathrm{d}t$．

9. 设 $f(x)$ 连续，求 $\dfrac{\mathrm{d}}{\mathrm{d}x} \displaystyle\int_0^x t f(x^2 - t^2) \mathrm{d}t$．

10. 求 $\dfrac{\mathrm{d}}{\mathrm{d}x} \displaystyle\int_{x^2}^0 x \cos t^2 \mathrm{d}t$．

11. 设 $f(x)$ 连续，$\varphi(x) = \displaystyle\int_0^1 f(xt) \mathrm{d}t$，且 $\lim\limits_{x \to 0} \dfrac{f(x)}{x} = A$，求 $\varphi'(x)$，并讨论 $\varphi'(x)$ 在点 $x = 0$ 的连续性．

12. 计算下列定积分：

（1）$\displaystyle\int_0^1 \sqrt{2x - x^2} \mathrm{d}x$；

（2）$\displaystyle\int_0^{\frac{\pi}{4}} \dfrac{x}{1 + \cos 2x} \mathrm{d}x$；

(3) $\displaystyle\int_0^1 x(1 - x^4)^{\frac{3}{2}}\mathrm{d}x$;

(4) $\displaystyle\int_{-1}^1 \left(x + \sqrt{1 - x^2}\right)^2\mathrm{d}x$;

(5) $\displaystyle\int_{-2}^2 \max\{1, x^2\}\mathrm{d}x$;

(6) $\displaystyle\int_0^\pi f(x)\mathrm{d}x$, 其中 $f(x) = \displaystyle\int_0^x \dfrac{\sin t}{\pi - t}\mathrm{d}t$;

(7) $\displaystyle\int_1^3 f(x - 2)\mathrm{d}x$, 其中 $f(x) = \begin{cases} 1 + x^2, & x \leqslant 0, \\ \mathrm{e}^{-x}, & x > 0. \end{cases}$

13. 设 $f(x)$ 在 $[0, 1]$ 上连续, 在 $(0, 1)$ 内可导, 且 $3\displaystyle\int_{\frac{2}{3}}^1 f(x)\mathrm{d}x = f(0)$, 证明: 在 $(0, 1)$ 内至少存在一点 c, 使得 $f'(c) = 0$.

14. 设 $f(x)$ 在 $[0, 1]$ 上连续且单调减, 证明: 当 $0 < \lambda < 1$ 时, 有 $\displaystyle\int_0^\lambda f(x)\mathrm{d}x \geqslant \lambda\displaystyle\int_0^1 f(x)\mathrm{d}x$.

15. 设 $a_n = \displaystyle\int_0^1 x^n\sqrt{1 - x^2}\mathrm{d}x\,(n = 0, 1, 2, \cdots)$:

(1) 证明: 数列 $\{a_n\}$ 单调减, 且 $a_n = \dfrac{n - 1}{n + 2}a_{n-2}\,(n = 2, 3, \cdots)$;

(2) 求 $\displaystyle\lim_{n\to\infty}\dfrac{a_n}{a_{n-1}}$.

16. 设 $S(x) = \displaystyle\int_0^x |\cos t|\mathrm{d}t$, n 为正整数:

(1) 证明: 当 $n\pi \leqslant x < (n + 1)\pi$ 时, 有 $2n \leqslant S(x) \leqslant 2(n + 1)$;

(2) 求 $\displaystyle\lim_{x\to\infty}\dfrac{S(x)}{x}$.

17. 设 $f(x)$ 在 $[0, \pi]$ 上可导, 且 $\displaystyle\int_0^\pi f(x)\mathrm{d}x = \displaystyle\int_0^\pi f(x)\cos x\mathrm{d}x = 0$, 证明: 在 $(0, \pi)$ 内至少存在一点 ξ, 使得 $f''(\xi) = 0$.

18. 计算下列广义积分:

(1) $\displaystyle\int_0^{+\infty} \dfrac{\mathrm{d}x}{x^2 + 4x + 8}$;

(2) $\displaystyle\int_2^{+\infty} \dfrac{\mathrm{d}x}{(x + 7)\sqrt{x - 2}}$;

(3) $\displaystyle\int_1^{+\infty} \dfrac{\arctan x}{x^2}\mathrm{d}x$;

(4) $\displaystyle\int_1^{\mathrm{e}} \dfrac{\mathrm{d}x}{x\sqrt{\ln x}}$;

(5) $\displaystyle\int_{\frac{1}{2}}^{\frac{3}{2}} \dfrac{\mathrm{d}x}{\sqrt{|x - x^2|}}$.

第 6 章　定积分的应用

定积分在科学技术中有着广泛的应用,许多实际问题都可以归结为定积分的问题. 本章将用定积分的理论来解决一些几何与物理中的具体问题,并学习将一个几何与物理量表示为定积分的数学思想和方法.

6.1　微　元　法

定积分定义中的被积表达式 $f(x)\mathrm{d}x$ 从形式上看是 $f(x)$ 和微分 $\mathrm{d}x$ 的乘积,将 $f(x)\mathrm{d}x$ 称之为微元. 对定积分定义中的和式 $\sum\limits_{i=1}^{n}f(\xi_i)\Delta x_i$ 取极限,不妨看作是微元 $f(x)\mathrm{d}x$ 的求和,定积分定义中的符号 $\int_a^b f(x)\mathrm{d}x$ 可理解为求和的结果. 上述用微元求和的方法称为**微元法**. 用微元观点看定积分的定义及概念,虽然不大严格,但是却体现了定积分的数学思想,也是定积分在实际应用中的有效方法.

微元法的具体做法是:如果所求量 F 在 $[a,b]$ 上具有可加性: $F=\sum\Delta F$,并且存在函数 $f(x)$,使得 $\Delta F\approx\mathrm{d}F=f(x)\mathrm{d}x(f(x)\mathrm{d}x$ 称为所求量 F 的**微元**),则在 $[a,b]$ 上,有

$$F=\int_a^b f(x)\mathrm{d}x. \qquad ①$$

历史上, $\int_a^b f(x)\mathrm{d}x$ 就是表示在 $[a,b]$ 这个区间将这些微元加起来的意思,积分号 $\int$ 就是英文字母 Sum(和)的第一个字母 S 演变而来.

使用微元法的关键是:实际问题中所得的 $f(x)\mathrm{d}x$ 确实为所求量 F 在 $[x,x+\mathrm{d}x]$ 上的近似值(线性主部),并且舍去的是关于 $\mathrm{d}x$ 的高阶无穷小,即 $f(x)\mathrm{d}x$ 是 F 的微分. 通常要验证这个是比较困难的,故在实际应用中需注意 $f(x)\mathrm{d}x$ 选取的合理性.

微元法的一个好处是在一个极小的局部范围内,将有关变量的计算问题化为常量的计算问题. 这是微分的基本思想.

6.2　平面图形的面积

一、直角坐标系下的面积公式

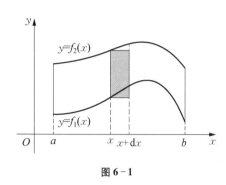

图 6-1

求由两条连续曲线 $y = f_1(x)$、$y = f_2(x)$ 以及直线 $x = a$、$x = b$ 所围成的平面图形的面积 A(见图 6-1).

可用微元法:在 $[a, b]$ 上任取微小区间 $[x, x + dx]$,根据定积分的定义,在 $[x, x + dx]$ 上的面积微元为 $dA = |f_2(x) - f_1(x)| dx$,于是根据公式①,所求面积为

$$A = \int_a^b \left| f_2(x) - f_1(x) \right| dx. \qquad ②$$

求由两条连续曲线 $x = g_1(y)$、$x = g_2(y)$ 以及直线 $y = c$、$y = d$ 所围成的平面图形的面积 A(见图 6-2). 可用微元法:在 $[c, d]$ 上任取微小区间 $[y, y + dy]$,得到面积微元为 $\left| g_2(y) - g_1(y) \right| dy$,于是根据公式①,所求面积为

$$A = \int_c^d \left| g_2(y) - g_1(y) \right| dy. \qquad ③$$

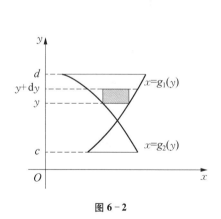

图 6-2

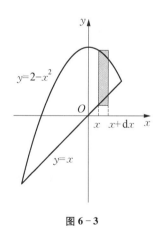

图 6-3

例 1　求由曲线 $y = 2 - x^2$ 和直线 $y = x$ 所围成的平面图形的面积 A(见图 6-3).

解　先求出曲线与直线的交点坐标,即解方程组

$$\begin{cases} y = 2 - x^2, \\ y = x, \end{cases}$$

得交点 $(-2, -2)$ 和 $(1, 1)$,从而该平面图形在直线 $x = -2$ 和直线 $x = 1$ 之间. 取横坐标 x 为积分变量,x 的变化区间为 $[-2, 1]$,相应于 $[-2, 1]$ 上的任一微小区间 $[x, x + \mathrm{d}x]$ 上的窄条的面积近似于高为 $[(2 - x^2) - x]$、底为 $\mathrm{d}x$ 的窄矩形面积,从而得到面积微元

$$\mathrm{d}A = [(2 - x^2) - x]\mathrm{d}x.$$

以 $[(2 - x^2) - x]\mathrm{d}x$ 为被积表达式,在 $[-2, 1]$ 上作定积分,得所求面积

$$A = \int_{-2}^{1} [(2 - x^2) - x]\mathrm{d}x = \left(2x - \frac{x^3}{3} - \frac{x^2}{2}\right)\Big|_{-2}^{1} = \frac{9}{2}.$$

例 2　求由曲线 $y = \sqrt{x - 1}$、直线 $y = \dfrac{1}{2}x$ 及 x 轴所围成的平面图形的面积 A(见图 $6 - 4$).

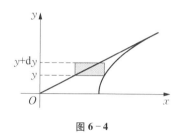

图 $6 - 4$

解　根据平面图形的特点,取 y 作为积分变量.

先求曲线 $y = \sqrt{x - 1}$ 与直线 $y = \dfrac{1}{2}x$ 的交点坐标. 即解方程组

$$\begin{cases} y = \sqrt{x - 1}, \\ y = \dfrac{1}{2}x, \end{cases}$$

得交点 $(2, 1)$,从而知道该平面图形在直线 $y = 0$ 和直线 $y = 1$ 之间.

先将 $y = \sqrt{x - 1}$ 与 $y = \dfrac{1}{2}x$ 写成 $x = g(y)$ 的形式: $x = y^2 + 1$ 和 $x = 2y$. 根据公式③,得所求面积

$$A = \int_{0}^{1} [(y^2 + 1) - 2y]\mathrm{d}y = \left(\frac{y^3}{3} + y - y^2\right)\Big|_{0}^{1} = \frac{1}{3}.$$

注　积分变量的选择有时会影响计算的过程,正确选取积分变量很重要.

思考　如果例 2 取 x 为积分变量,该如何计算? 同样,如果例 1 取 y 为积分变量,该如何计算?

下面讨论曲线方程为参数方程的情形.

设平面曲线 L 由参数方程 $\begin{cases} x = \varphi(t), \\ y = \psi(t) \end{cases}$ 给出,求由曲线 L 与直线 $x = a$、$x = b$ 和 x 轴所围成的曲边梯形的面积 A.

若记 $a = \varphi(\alpha)$，$b = \varphi(\beta)$，设 $\varphi(t)$、$\psi(t)$ 和 $\varphi'(t)$ 在 $[\alpha, \beta]$（或 $[\beta, \alpha]$）上连续，且 $\varphi'(t) > 0$（或 <0），则所求曲边梯形的面积 A 为

$$A = \int_a^b |y| \, dx = \int_\alpha^\beta |\psi(t)| \, \varphi'(t) \, dt. \tag{④}$$

例 3 求椭圆 $\begin{cases} x = a\cos t, \\ y = b\sin t \end{cases}$（$a$、$b$ 为正常数）所围成的平面图形的面积 A.

解 因为椭圆关于 x 轴和 y 轴对称，所以所求面积 A 为其在第一象限部分图形面积的四倍，又当 t 由 $\dfrac{\pi}{2}$ 变到 0 时，x 由 0 单调增到 a，运用公式④，得

$$A = 4\int_{\frac{\pi}{2}}^0 |b\sin t| (a\cos t)' \, dt = 4ab\int_0^{\frac{\pi}{2}} \sin^2 t \, dt$$

$$= 4ab \cdot \frac{1}{2} \cdot \frac{\pi}{2} = \pi ab.$$

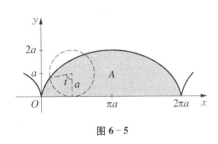

图 6-5

例 4 求旋轮线 $\begin{cases} x = a(t - \sin t), \\ y = a(1 - \cos t) \end{cases}$（常数 $a > 0$）的一拱与 x 轴所围成的平面图形的面积 A（见图 6-5）.

解 旋轮线的一拱对应 t 由 0 变到 2π，于是

$$A = \int_0^{2\pi} a(1 - \cos t)[a(t - \sin t)]' \, dt = a^2 \int_0^{2\pi} (1 - \cos t)^2 \, dt$$

$$= a^2 \int_0^{2\pi} (1 - 2\cos t + \cos^2 t) \, dt = a^2 \int_0^{2\pi} \left(\frac{3}{2} - 2\cos t + \frac{1}{2}\cos 2t\right) dt$$

$$= a^2 \left(\frac{3}{2}t - 2\sin t + \frac{1}{4}\sin 2t\right) \Big|_0^{2\pi} = 3\pi a^2.$$

二、极坐标系下的面积公式

设连续曲线的极坐标方程为 $r = r(\theta)$，求由曲线 $r = r(\theta)$ 与两条射线 $\theta = \alpha$、$\theta = \beta$（$0 \leqslant \alpha \leqslant \beta \leqslant 2\pi$）所围成的平面图形（简称曲边扇形）的面积 A（见图 6-6）.

为了求出极坐标系下的面积微元，在极角的变化区间 $[\alpha, \beta]$ 内任取小区间 $[\theta, \theta + d\theta]$，相应于 $[\theta, \theta + d\theta]$ 的微小曲边扇形面积 ΔA 近似等于半径为 $r(\theta)$、圆心角为 $d\theta$ 的小扇形面积，所以极坐标

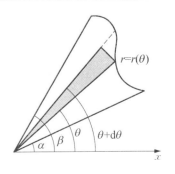

图 6-6

系下的面积微元为

$$dA = \frac{1}{2} r^2(\theta) d\theta.$$

于是，所求面积为

$$A = \frac{1}{2} \int_\alpha^\beta r^2(\theta) d\theta.$$ ⑤

例 5　求心形线 $r = a(1 + \cos\theta)$（常数 $a > 0$）所围成的平面图形的面积 A（见图 6-7）.

解　极角 θ 位于极轴上方图形的取值范围是 $[0, \pi]$，由图形的对称性可得

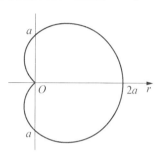

$$A = 2 \cdot \frac{1}{2} \int_0^\pi a^2(1 + \cos\theta)^2 d\theta = a^2 \int_0^\pi (1 + 2\cos\theta + \cos^2\theta) d\theta$$

$$= a^2 \left(\frac{3}{2}\theta + 2\sin\theta + \frac{1}{4}\sin 2\theta \right) \Big|_0^\pi = \frac{3}{2}\pi a^2.$$

图 6-7

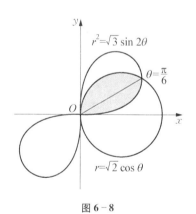

图 6-8

例 6　求两曲线 $r = \sqrt{2}\cos\theta$ 及 $r^2 = \sqrt{3}\sin 2\theta$ 所围成的平面图形公共部分的面积 A（见图 6-8）.

解　先求两曲线的交点坐标：

由 $\begin{cases} r = \sqrt{2}\cos\theta, \\ r^2 = \sqrt{3}\sin 2\theta \end{cases}$ 解方程组可得 $\tan\theta = \frac{1}{\sqrt{3}}$，因此 $\theta = \frac{\pi}{6}$. 于是面积 A 为

$$A = \frac{1}{2} \int_0^{\frac{\pi}{6}} \sqrt{3}\sin 2\theta d\theta + \frac{1}{2} \int_{\frac{\pi}{6}}^{\frac{\pi}{2}} 2\cos^2\theta d\theta = \frac{\pi}{6}.$$

习题 6.2

1. 求下列各曲线所围成的平面图形的面积：

(1) $y = 1 - x^2$、$y = x + 1$；

(2) $y = e^x$、$y = e^{-x}$、$x = 1$；

(3) $y = \sin x (x \in [0, \pi])$、$y = 0$、$y = \frac{1}{2}$；

(4) $y = x$、$y = x^2$、$y = 2x$；

(5) $y = \frac{1}{x}$、$y = 4x$、$x = 2$.

2. 求由曲线 $y = x^4 - 2x^2 + 3$、x 轴及过横坐标为函数 $y = x^4 - 2x^2 + 3$ 的极小值两个点且

与 y 轴平行的直线所围成的平面图形的面积.

3. 在区间 $(2,6)$ 内求一点 x_0,使曲线 $y = \ln x$、直线 $x = 2$、直线 $x = 6$ 以及曲线 $y = \ln x$ 上过点 $(x_0, \ln x_0)$ 的切线所围成的平面图形的面积最小.

4. 求星形线 $\begin{cases} x = a\cos^3 t, \\ y = a\sin^3 t \end{cases}$ (常数 $a > 0$) 所围成的平面图形的面积.

5. 求由下列曲线所围成的平面图形的面积(常数 $a > 0$):

(1) $r^2 = a^2\cos 2\theta$;　　　　(2) $r = a\sin 3\theta$;　　　　(3) $r = 2a\cos\theta$.

6. 求对数螺线 $r = ae^{\theta}(-\pi \leqslant \theta \leqslant \pi)$ 及射线 $\theta = \pi$ 所围成的平面图形的面积.

7. 求两曲线 $r = \sqrt{2}\sin\theta$ 及 $r^2 = \cos 2\theta$ 所围成的平面图形公共部分的面积.

8. 设曲线 $y = 1 - x^2(0 \leqslant x \leqslant 1)$、$x$ 轴与 y 轴所围成的平面图形被曲线 $y = ax^2$ 分成面积相等的两部分,其中常数 $a > 0$,试确定 a 的值.

6.3　体　　积

一、平行截面面积为已知的立体的体积

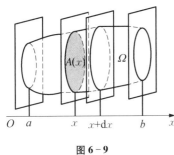

图 6-9

设立体 Ω 介于垂直于 x 轴的两平面 $x = a$ 与 $x = b(a < b)$ 之间(见图 6-9).

为了求出立体 Ω 的体积,设过 x 轴上任一点 $x(a \leqslant x \leqslant b)$ 作垂直于 x 轴的平面,截立体 Ω 所得的截面面积是 x 的连续函数 $A(x)$,在 $[a, b]$ 上任取一小区间 $[x, x + dx]$,与 $[x, x + dx]$ 对应的薄片的体积近似地等于底面积为 $A(x)$,高为 dx 的柱体的体积,从而得到体积微元 $dV = A(x)dx$,于是,立体 Ω 的体积为

$$V = \int_a^b A(x)\,dx. \qquad ①$$

在公式①中,关键是要求出截面面积 $A(x)$.

公式①还告诉我们,两个介于 $x = a$ 与 $x = b(a < b)$ 之间的立体,不管它们的形状如何,只要它们在 $[a, b]$ 上的任何一点 x 的截面面积相同,就有相同的体积. 最早发现这个原理的是我国南北朝时期数学家祖暅[1].

---

[1]　祖暅是南北朝著名数学家祖冲之(429—500)的儿子. 父子俩共同发现了祖暅原理:"幂势既同,则积不容异",意即:等高处横截面积相等的两个立体,其体积也必然相等. 该原理在欧洲由意大利数学家卡瓦列里于17世纪重新发现,所以西文文献一般称该原理为卡瓦里原理.

例 1　一平面经过半径为 a 的圆柱体的底圆中心并与底面交成角 α，计算这平面截圆柱体所得的立体的体积.

解　如图 6 - 10 所示，取这平面与圆柱体底面的交线为 x 轴，底面上过圆心且垂直于 x 轴的直线为 y 轴，那么，底圆方程为 $x^2 + y^2 = a^2$，过点 $(x, 0)$ 且垂直于 x 轴的截面是一个直角三角形，它的两条直角边的长分别为 $\sqrt{a^2 - x^2}$ 及 $\sqrt{a^2 - x^2}\tan\alpha$，故直角三角形截面的面积为

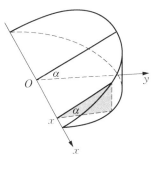

$$A(x) = \frac{1}{2}(a^2 - x^2)\tan\alpha,$$

图 6 - 10

于是，所求立体的体积为

$$V = 2\int_0^a \frac{1}{2}(a^2 - x^2)\tan\alpha\,\mathrm{d}x = \tan\alpha\left(a^2 x - \frac{x^3}{3}\right)\Big|_0^a = \frac{2}{3}a^3\tan\alpha.$$

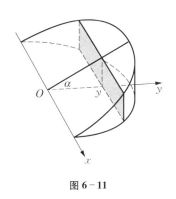

图 6 - 11

本题也可以这样解（见图 6 - 11）：过点 $(0, y)$ 且垂直于 y 轴的截面是一个矩形，它的底边长为 $2\sqrt{a^2 - y^2}$，高为 $y\tan\alpha$，故矩形截面的面积为

$$A(y) = 2y\tan\alpha \cdot \sqrt{a^2 - y^2},$$

于是，所求立体体积为

$$V = \int_0^a 2y\tan\alpha \cdot \sqrt{a^2 - y^2}\,\mathrm{d}y = -\tan\alpha \cdot \int_0^a \sqrt{a^2 - y^2}\,\mathrm{d}(a^2 - y^2)$$

$$= -\tan\alpha \cdot \frac{2}{3}(a^2 - y^2)^{\frac{3}{2}}\Big|_0^a = \frac{2}{3}a^3\tan\alpha.$$

二、旋转体的体积

旋转体就是由一个平面图形绕这平面内一条直线旋转一周而成的立体，所以旋转体的截面面积是容易求出的.

设旋转体是由连续曲线 $y = f(x)$、直线 $x = a$、直线 $x = b$ 及 x 轴所围成的曲边梯形绕 x 轴旋转一周而成的（见图 6 - 12），过 $[a, b]$ 上任一点 x 作垂直于 x 轴的平面截旋转体所得的截面是半径为 $f(x)$ 的圆，因而截面面积为 $A(x) = \pi f^2(x)$，由此得旋转体的体积公式为

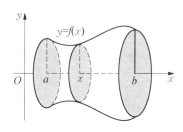

图 6 - 12

$$V = \pi\int_a^b f^2(x)\,\mathrm{d}x. \qquad ②$$

类似地,由曲线 $x = \varphi(y)$,直线 $y = c$、直线 $y = d(c < d)$ 及 y 轴所围成的曲边梯形绕 y 轴旋转一周而成的旋转体的体积为

$$V = \pi \int_c^d \varphi^2(y)\,dy. \qquad ③$$

例2 计算由摆线 $\begin{cases} x = a(t - \sin t), \\ y = a(1 - \cos t) \end{cases}$ 的一拱与 x 轴所围成的平面图形分别绕 x 轴、y 轴旋转一周而成的旋转体的体积.

解 根据公式②,由摆线与 x 轴所围成的平面图形绕 x 轴旋转一周而成的旋转体的体积为

$$V_x = \int_0^{2\pi a} \pi y^2(x)\,dx = \pi \int_0^{2\pi} a^2(1 - \cos t)^2 a(1 - \cos t)\,dt$$

$$= \pi a^3 \int_0^{2\pi} (1 - 3\cos t + 3\cos^2 t - \cos^3 t)\,dt = 5\pi^2 a^3.$$

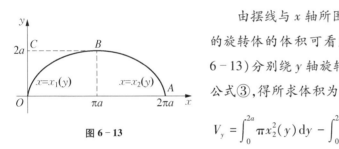

图 6-13

由摆线与 x 轴所围成的平面图形绕 y 轴旋转一周而成的旋转体的体积可看成是平面图形 $OABC$ 与 OBC(见图 6-13)分别绕 y 轴旋转一周而成的旋转体的体积之差,由公式③,得所求体积为

$$V_y = \int_0^{2a} \pi x_2^2(y)\,dy - \int_0^{2a} \pi x_1^2(y)\,dy$$

$$= \pi \int_{2\pi}^{\pi} a^2(t - \sin t)^2 a\sin t\,dt - \pi \int_0^{\pi} a^2(t - \sin t)^2 a\sin t\,dt$$

$$= -\pi a^3 \int_0^{2\pi} (t - \sin t)^2 \sin t\,dt = 6\pi^3 a^3.$$

注 由连续曲线 $y = f(x)$ $(f(x) \geqslant 0)$、直线 $x = a$、直线 $x = b$ 及 x 轴围成的曲边梯形绕 y 轴旋转一周所得的旋转体的体积还可以这样计算(见图 6-14):

在 $[a, b]$ 上任取一微小区间 $[x, x + dx]$,以 $[x, x + dx]$ 为底边、以 $f(x)$ 为高的矩形绕 y 轴旋转一周而成的旋转体的体积微元为 $dv = 2\pi x f(x)\,dx$,于是,该曲边梯形绕 y 轴旋转一周而成的旋转体的体积为

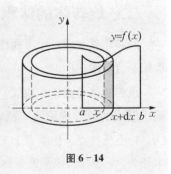

图 6-14

$$V = \int_a^b 2\pi x f(x)\,dx. \qquad ④$$

因此, 例 2 中体积 V_y 也可用公式④求出.

$$V_y = \int_0^{2\pi} 2\pi x y(x) \mathrm{d}x = 2\pi \int_0^{2\pi} a(t - \sin t) a(1 - \cos t) a(1 - \cos t) \mathrm{d}t = 6\pi^3 a^3.$$

例 3 设平面图形 D 是由曲线 $y = \sqrt[3]{x}$、直线 $x = a(a > 0)$ 及 x 轴所围成, V_x、V_y 分别是平面图形 D 绕 x 轴、y 轴旋转一周而成的旋转体的体积, 若 $V_y = 10V_x$, 求常数 a (见图 6 - 15).

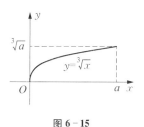

图 6 - 15

解 根据公式②, 得

$$V_x = \pi \int_0^a (\sqrt[3]{x})^2 \mathrm{d}x = \pi \int_0^a x^{\frac{2}{3}} \mathrm{d}x = \frac{3}{5}\pi a^{\frac{5}{3}}.$$

根据公式④, 得

$$V_y = 2\pi \int_0^a x \sqrt[3]{x} \mathrm{d}x = 2\pi \frac{3}{7} x^{\frac{7}{3}} \bigg|_0^a = \frac{6}{7}\pi a^{\frac{7}{3}}.$$

由 $V_y = 10V_x$, 得 $\frac{6}{7}\pi a^{\frac{7}{3}} = 10 \cdot \frac{3}{5}\pi a^{\frac{5}{3}}$, 故 $a = 7\sqrt{7}$.

习题 6.3

1. 在半径为 a 的球内, 求高为 h ($h \leqslant a$) 的球缺的体积.

2. 设一立体, 其底面是半径为 a 的圆, 垂直于底面某一直径的截面都是高为 h 的等腰三角形, 求这立体的体积.

3. 求两个半径都为 a 且直交的圆柱体的公共部分的体积.

4. 试求由正弦曲线的一段 ($0 \leqslant x \leqslant \pi$) 与 x 轴所围成的平面图形分别绕 x 轴和 y 轴旋转一周所得的旋转体的体积.

5. 求由曲线 $y = 4x^2$ 及直线 $y = 4x$ 所围成的平面图形绕 x 轴旋转一周所得的旋转体的体积.

6. 设 D 是由曲线 $x^2 + y^2 = 2x$ 与直线 $y = x$ 所围成的在第一象限的平面图形, 求 D 绕直线 $x = 2$ 旋转一周所得的旋转体的体积.

7. 求星形线 $x^{\frac{2}{3}} + y^{\frac{2}{3}} = a^{\frac{2}{3}}$ 所围成的平面图形绕 x 轴旋转一周所得的旋转体的体积.

8. 求摆线 $\begin{cases} x = a(t - \sin t), \\ y = a(1 - \cos t) \end{cases}$ 的一拱与 x 轴所围的平面图形绕直线 $y = 2a$ 旋转一周所得的旋转体的体积.

6.4　平面曲线的弧长与旋转曲面的面积

一、平面曲线的弧长

我们知道,圆周长是用其内接正 n 边形的周长当 n 趋于 $+\infty$ 时的极限来定义的,因此,平面曲线的弧长的概念也可用类似的方法来建立.

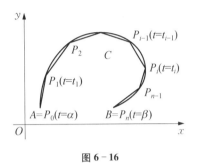

图 6-16

设 A、B 是曲线弧 $\overset{\frown}{AB}$ 上的两个端点,在曲线弧 $\overset{\frown}{AB}$ 上依次任取分点 $A = P_0$,P_1,$\cdots$,P_{i-1},P_i,$\cdots$,$P_n = B$,用弦将相邻两点连结起来,得到一条内接折线(见图 6-16)

记每段弦的长度为 $|p_{i-1}p_i|$($i = 1, 2, \cdots, n$),且令 $\lambda = \max\limits_{1 \le i \le n} |p_{i-1}p_i|$,当分点无限增加,且 $\lambda \to 0$ 时,若折线长度的极限存在,则称此极限值为曲线弧 $\overset{\frown}{AB}$ 的长度或弧长. 这时,称这段曲线弧为可求长的.

当曲线上每一点处都有切线,且切线随切点的移动而连续转动,这样的曲线称为**光滑曲线**,可以证明光滑曲线弧一定是可求长的.

1. 直角坐标情形

设曲线弧 $\overset{\frown}{AB}$ 由直角坐标方程

$$y = f(x) \quad (a \le x \le b)$$

给出,其中 $f(x)$ 在 $[a, b]$ 上具有一阶连续导数(曲线弧 $\overset{\frown}{AB}$ 是光滑曲线并且是可求长的),如图 6-17 所示,现在来计算这曲线弧 $\overset{\frown}{AB}$ 的长度.

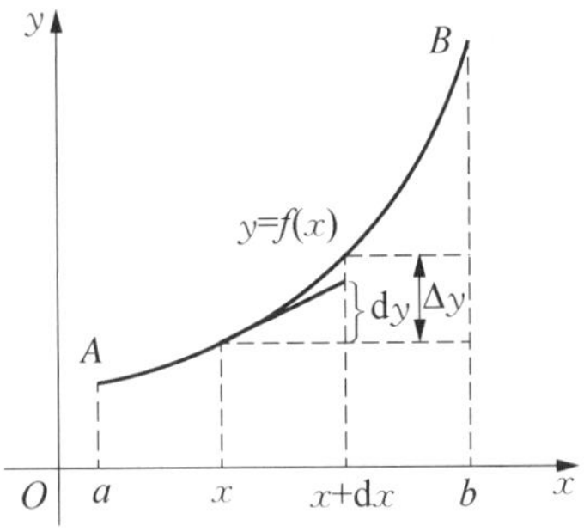

取横坐标 x 为积分变量,它的变化区间为 $[a, b]$,曲线 $y = f(x)$ 上相应于 $[a, b]$ 上任一小区间 $[x, x + \mathrm{d}x]$ 的一段弧的长度,可以用该曲线在点 $(x, f(x))$ 处的切线上相应的一小段的长度来近似代替,从而得到弧长的微分(弧微元)

图 6-17

$$\mathrm{d}s = \sqrt{(\mathrm{d}x)^2 + (\mathrm{d}y)^2} = \sqrt{1 + (y')^2}\,\mathrm{d}x,$$

于是弧长为

$$s = \int_a^b \sqrt{1 + (y')^2}\,\mathrm{d}x. \tag{①}$$

例 1 求悬链线 $y = \dfrac{a}{2}(e^{\frac{x}{a}} + e^{-\frac{x}{a}})$（常数 $a > 0$，$-a \le x \le a$）的

弧长（见图 6 − 18）.

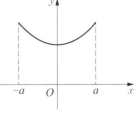

图 6 − 18

解 由于 $\sqrt{1 + y'^2} = \sqrt{1 + \dfrac{1}{4}(e^{\frac{x}{a}} - e^{-\frac{x}{a}})^2} = \dfrac{1}{2}(e^{\frac{x}{a}} + e^{-\frac{x}{a}})$，

因此弧长为

$$s = 2\int_0^a \frac{1}{2}(e^{\frac{x}{a}} + e^{-\frac{x}{a}})\,\mathrm{d}x = a(e^{\frac{x}{a}} - e^{-\frac{x}{a}})\Big|_0^a = a(e - e^{-1}).$$

2. 参数方程情形

设曲线弧由参数方程

$$\begin{cases} x = \varphi(t), \\ y = \psi(t), \end{cases} (\alpha \le t \le \beta)$$

给出，弧微分为

$$\mathrm{d}s = \sqrt{(\mathrm{d}x)^2 + (\mathrm{d}y)^2} = \sqrt{\varphi'^2(t) + \psi'^2(t)}\,\mathrm{d}t,$$

因此，当 $\varphi(t)$、$\psi(t)$ 在 $[\alpha, \beta]$ 上都有连续导数，且 $\varphi'^2(t) + \psi'^2(t) \ne 0$ 时，曲线弧的弧长为

$$s = \int_\alpha^\beta \sqrt{\varphi'^2(t) + \psi'^2(t)}\,\mathrm{d}t. \qquad ②$$

其中 $\varphi'(t)$、$\psi'(t)$ 连续这个条件可保证曲线弧可求长.

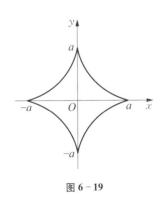

图 6 − 19

例 2 计算星形线 $\begin{cases} x = a\cos^3 t, \\ y = a\sin^3 t, \end{cases}$（其中 $0 \le t \le 2\pi$）的周长（见图

6 − 19）.

解 弧微分为

$$\mathrm{d}x = \sqrt{[(a\cos^3 t')]^2 + [(a\sin^3 t)']^2}\,\mathrm{d}t = 3\,|\sin t\cos t|\,\mathrm{d}t,$$

从而，所求弧长为

$$s = 4\int_0^{\frac{\pi}{2}} 3\sin t\cos t\,\mathrm{d}t = 6a.$$

3. 极坐标情形

设曲线弧由极坐标方程

$$r = r(\theta) \quad (\alpha \le \theta \le \beta)$$

给出,则可用以 θ 为参数的参数方程来表示曲线弧:

$$\begin{cases} x = r(\theta)\cos\theta, \\ y = r(\theta)\sin\theta \end{cases} (\alpha \leqslant \theta \leqslant \beta),$$

于是弧微分为

$$\begin{aligned} \mathrm{d}x &= \sqrt{x'^2(\theta) + y'^2(\theta)}\,\mathrm{d}\theta \\ &= \sqrt{[r'(\theta)\cos\theta - r(\theta)\sin\theta]^2 + [r'(\theta)\sin\theta + r(\theta)\cos\theta]^2}\,\mathrm{d}\theta \\ &= \sqrt{r^2(\theta) + r'^2(\theta)}\,\mathrm{d}\theta. \end{aligned}$$

所求曲线弧的弧长为

$$s = \int_\alpha^\beta \sqrt{r^2(\theta) + r'^2(\theta)}\,\mathrm{d}\theta. \qquad \text{③}$$

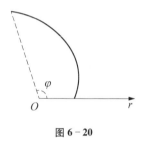

图 6-20

例 3 求对数螺线 $r = \mathrm{e}^{a\theta}$ 相应于 $\theta = 0$ 到 $\theta = \varphi$ 的一段弧的弧长(见图 6-20).

解 弧微分为

$$\begin{aligned} \mathrm{d}x &= \sqrt{r^2(\theta) + r'^2(\theta)}\,\mathrm{d}\theta = \sqrt{(\mathrm{e}^{a\theta})^2 + (a\mathrm{e}^{a\theta})^2}\,\mathrm{d}\theta \\ &= \sqrt{1 + a^2}\,\mathrm{e}^{a\theta}\mathrm{d}\theta, \end{aligned}$$

于是,所求弧长为

$$s = \int_0^\varphi \sqrt{1 + a^2}\,\mathrm{e}^{a\theta}\mathrm{d}\theta = \frac{\sqrt{1 + a^2}}{a}(\mathrm{e}^{a\varphi} - 1).$$

二、旋转曲面的面积

由 $[a, b]$ 上的光滑曲线 $y = f(x)$ $(f(x) \geqslant 0)$ 绕 x 轴旋转一周所得的曲面称为旋转曲面(见图 6-21).

旋转曲面的微分(面积微元) $\mathrm{d}A$ 可看作弧长微分 $\mathrm{d}s$ 旋转一周而得,因此

$$\mathrm{d}A = 2\pi y\mathrm{d}s = 2\pi f(x)\sqrt{1 + f'^2(x)}\,\mathrm{d}x.$$

由此得到旋转曲面的面积为

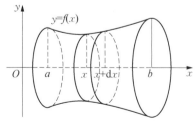

图 6-21

$$A = 2\pi \int_a^b f(x)\sqrt{1 + f'^2(x)}\,dx. \qquad ④$$

注 旋转曲面的面积微元不能取 $2\pi y\,dx$,因为**微元法的关键是微元必须是所求量的线性主部**,它们的差是一个关于 dx 的高阶无穷小. 而 $2\pi y\,dx$ 不是 dA 的线性主部,即两者的差不是一个关于 dx 的高阶无穷小. 所以在运用微元法时一定要十分小心,防止出现这类问题.

例 4 计算半径为 R 的球面的面积.

解 球面可看作是由半径为 R,中心在原点的上半圆周 $y = \sqrt{R^2 - x^2}\,(-R \leqslant x \leqslant R)$ 绕 x 轴旋转一周所得到的旋转曲面,因此球面面积为

$$A = 2 \cdot 2\pi \int_0^R \sqrt{R^2 - x^2}\sqrt{1 + \left(\frac{-x}{\sqrt{R^2 - x^2}}\right)^2}\,dx$$

$$= 2 \cdot 2\pi \int_0^R R \cdot dx = 4\pi R^2.$$

例 5 汽车前灯的反光镜可以近似地看作是由抛物线 $y^2 = 10x$ 上相应于 $x = 0$ 到 $x = 10\,\mathrm{cm}$ 间的一段曲线绕 x 轴旋转一周而成的旋转曲面(见图 6-22),求此反光镜的面积.

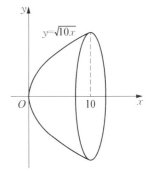

图 6-22

解 由 $y = \sqrt{10x}$,$y' = \dfrac{\sqrt{10}}{2\sqrt{x}}$,可得反光镜面积为

$$A = 2\pi \int_0^{10} \sqrt{10x}\sqrt{1 + \frac{5}{2x}}\,dx = 2\pi \int_0^{10} \sqrt{10x + 25}\,dx$$

$$= \frac{2\pi}{10} \cdot \frac{2}{3}(10x + 25)^{\frac{3}{2}}\Big|_0^{10} = \frac{2\pi}{15}\left(125^{\frac{3}{2}} - 25^{\frac{3}{2}}\right)$$

$$\approx 533\,(\mathrm{cm}^2).$$

习题 6.4

1. 求下列曲线段的长度:

(1) $y^2 = 4x$,$0 \leqslant x \leqslant 1$;

(2) $y = x^{\frac{3}{2}}$,$0 \leqslant x \leqslant 5$;

(3) $y = \ln x$,$\sqrt{3} \leqslant x \leqslant \sqrt{8}$;

(4) $x = \dfrac{1}{4}y^2 - \dfrac{1}{2}\ln y$,$1 \leqslant y \leqslant \mathrm{e}$;

(5) $\begin{cases} x = t - \sin t, \\ y = 1 - \cos t, \end{cases} 0 \leqslant t \leqslant 2\pi;$ (6) $r = a(1 + \cos\theta)$,常数 $a > 0$.

2. 求半立方抛物线 $y^2 = \dfrac{2}{3}(x-1)^3$ 被抛物线 $y^2 = \dfrac{x}{3}$ 截得的一段弧的长度.

3. 求阿基米德螺线 $r = a\theta$(常数 $a > 0$)相当于 θ 从 0 到 2π 一段弧的弧长.

4. 在摆线 $\begin{cases} x = a(t - \sin t), \\ y = a(1 - \cos t) \end{cases}$ 上,求分摆线的第一拱成 $1:3$ 的点的坐标.

5. 求下列曲线段绕 x 轴旋转一周所得的旋转曲面的面积:

(1) $y = ax$, $0 \leqslant x \leqslant H$;   (2) $y = \sqrt{25 - x^2}$, $-2 \leqslant x \leqslant 3$;

(3) $y = \dfrac{1}{3}x^3$, $1 \leqslant x \leqslant \sqrt{7}$.

6. 过原点作曲线 $y = \sqrt{x-1}$ 的切线,求由曲线 $y = \sqrt{x-1}$ 与该切线及 x 轴所围成的平面图形绕 x 轴旋转一周所得旋转体的表面积.

6.5   若干物理应用

一、物体的质量

由初等物理学知识知道,体(面或线)密度为常数 μ、体积(面积或长度)为 A 的物体质量为 $m = \mu A$. 当其密度 μ 不是常数,而是位置的函数,则需用微元法求得物体的质量.

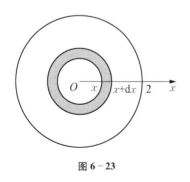

图 6-23

例 1   一半径为 $R = 2\,\mathrm{cm}$ 的圆片(见图 6-22),其上各点的面密度与该点到圆心的距离的平方成正比,已知圆片边沿处之面密度为 $8\,\mathrm{g/cm^2}$,求该圆片的质量.

解   由题设,到圆心的距离为 x 的点的面密度为 $\mu = kx^2$. 又因为圆片边沿处之面密度为 $8\,\mathrm{g/cm^2}$,即当 $x = 2$ 时,$\mu = 8$,代入上式得 $k = 2$,所以圆片的密度为

$$\mu = 2x^2.$$

为便于求解,取 x 轴,使原点 O 点为圆片中心(见图 6-23). 在 x 轴上的区间 $[0, 2]$ 内任取小区间 $[x, x + \mathrm{d}x]$,将内径为 x、外径为 $x + \mathrm{d}x$ 的圆环上的面密度近似看作常量($\mu \approx 2x^2$),此时圆环的面积近似等于 $2\pi x\mathrm{d}x$,因而圆环的质量微元为

$$\mathrm{d}m = 2x^2 \cdot 2\pi x\mathrm{d}x = 4\pi x^3\mathrm{d}x.$$

于是圆片的质量为

$$m = \int_0^2 4\pi x^3 \mathrm{d}x = 16\pi \, (g).$$

二、引力

质量分别为 m_1、m_2 且相距为 r 的两质点间的引力大小为

$$F = G \frac{m_1 m_2}{r^2}.$$

其中 G 为引力系数,引力的方向为沿着两质点的连线方向.

若要计算一根细棒对一个质点的引力,由于细棒上各点与该质点距离不同,故各点对该质点的引力也不同. 但仍可以利用上述公式先求出引力微元,然后通过计算定积分求得引力.

例2 设有一长度为 l,线密度为 μ 的均匀细棒,在细棒中垂线上、距细棒 a 单位处有一质量为 m 的质点 M,试计算该细棒对质点 M 的引力.

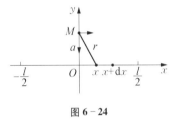

图 6 - 24

解 如图 6 - 24 所示建立坐标系,使细棒位于 x 轴上,质点 M 位于 y 轴上,棒的中点为原点 O,设 $[x, x + \mathrm{d}x]$ 为 $\left[-\dfrac{l}{2}, \dfrac{l}{2} \right]$ 上任一小区间,把细棒上相应于 $[x, x + \mathrm{d}x]$ 上的一小段近似地看成质点,其质量近似等于 $\mu \mathrm{d}x$,该小段与质点 M 的距离可近似看作 $r = \sqrt{a^2 + x^2}$,因此可得引力的大小微元为

$$\mathrm{d}F = G \cdot \frac{m\mu \mathrm{d}x}{a^2 + x^2}.$$

其中 G 为万有引力常数,相应于 $[x, x + \mathrm{d}x]$ 上的一小段对质点 M 的引力方向在坐标为 x 的点与点 M 的连线上,由于细棒上各点 x 对质点 M 的引力方向各不相同,所以求合力时不具有代数可加性,不能直接用微元法. 因此将 $\mathrm{d}F$ 分解到 x 轴(水平方向)和 y 轴(铅直方向). 这样 $\mathrm{d}F$ 在铅直方向的微元为

$$\mathrm{d}F_y = - G \frac{am\mu \mathrm{d}x}{\left(a^2 + x^2 \right)^{\frac{3}{2}}}.$$

于是引力在铅直方向的合力为

$$F_y = -\int_{-\frac{l}{2}}^{\frac{l}{2}} \frac{Gam\mu}{(a^2 + x^2)^{\frac{3}{2}}} \mathrm{d}x = -\frac{2Gm\mu l}{a} \cdot \frac{1}{\sqrt{4a^2 + l^2}}.$$

其中负号表示合力方向与 y 轴方向相反.

由对称性知,引力在水平方向的合力为 $F_x = 0$.

三、液体的压力

若物体表面均匀受压,其压强为 P,物体表面积为 A,则物体表面所受的压力为 $F = PA$,物体放在液体中,因为在液体中深度为 h 处的压强为

$$P = \rho g h.$$

其中 ρ 为液体的密度,$g = 9.8 \text{ N/kg}$. 由于 h 在变,于是 P 不是常量,所以若求物体在液体中所受的压力,应先通过上述公式求出压力微元,然后通过计算定积分求得总压力.

例 3   设一竖直的圆形闸门,其半径为 a 米,当水面与圆的一条直径平齐时,求闸门所受的压力.

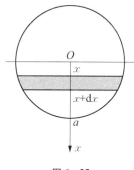

图 6-25

解   如图 6-25 所示建立坐标系,取 x 为积分变量,在 $[0, a]$ 上取小区间 $[x, x + \mathrm{d}x]$,闸门的从水下深度 x 到深度 $x + \mathrm{d}x$ 的小长条(图中阴影部分)上的压强可近似地看成常数 $\rho g x$,而小长条面积近似等于 $2\sqrt{a^2 - x^2}\,\mathrm{d}x$,因而小长条上所受压力的近似值即压力微元为

$$\mathrm{d}F = 2\rho g x\sqrt{a^2 - x^2}\,\mathrm{d}x,$$

于是闸门所受压力为

$$F = 2 \times 9.8 \times \int_0^a x\sqrt{a^2 - x^2}\,\mathrm{d}x$$

$$= -\frac{19.6}{3}(a^2 - x^2)^{\frac{3}{2}}\bigg|_0^a = 6.533a^3 (\text{KN}).$$

四、功

在与物体运动方向一致的恒力 F 作用下,物体移动了距离 S 时,力 F 对物体所作的功为

$$W = F \cdot S.$$

当 F 或 S 不是常数时,就需用微元法来计算.

例 4　一圆柱形水池,池口直径为 4 m,深 3 m,池中盛满了水,求将池中全部水抽到池口外所作的功.

解　如图 6 − 26 所示建立坐标系,取 x 为积分变量,积分区间是 $[0,3]$,在 $[0,3]$ 内取一小区间 $[x,x+\mathrm{d}x]$,相应于 $[x,x+\mathrm{d}x]$ 上的这层薄水与池面的距离可近似看成常量 x,这层薄水的体积近似为 $\pi \cdot 2^2 \mathrm{d}x$ (m^3),其重量为 $9.8\pi \cdot 2^2 \mathrm{d}x(\mathrm{KN})$,抽出这层水所作的功微元就是

$$\mathrm{d}W = 9.8 \cdot 4\pi x \mathrm{d}x,$$

于是将池中全部水抽出池口外所作的功是

$$W = 9.8 \times 4\pi \int_0^3 x \mathrm{d}x = 176.4\pi \approx 554(\mathrm{KJ}).$$

图 6 − 26

例 5　一半径为 R、体密度为 $\rho(\rho > 1)$ 的球沉入深为 $H(H > 2R)$ 的水池底部,现将其从水中取出,需作多少功?

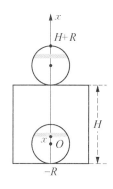

图 6 − 27

解　如图 6 − 27 所示建立坐标系,取 x 为积分变量,在 $[-R,R]$ 内任取一小区间 $[x,x+\mathrm{d}x]$,相应于 $[x,x+\mathrm{d}x]$ 上的这层小薄片体积为 $\pi(R^2-x^2)\mathrm{d}x$,将其移至水面时移动距离为 $H-R-x$,在水中所受力为

$$g(\rho-1)\pi(R^2-x^2)\mathrm{d}x,$$

因而将其移至水面所作的功是

$$\mathrm{d}w_1 = g(\rho-1)(H-R-x)\pi(R^2-x^2)\mathrm{d}x,$$

要将其移出水池,还要移动 $R+x$ 的距离,此时在水面上所受力为重力 $g\rho\pi(R^2-x^2)\mathrm{d}x$. 因此将这层小薄片从水面移出水池所作的功为

$$\mathrm{d}w_2 = g\rho(R+x)\pi(R^2-x^2)\mathrm{d}x,$$

于是这层小薄片的功微元为

$$\mathrm{d}w = \mathrm{d}w_1 + \mathrm{d}w_2 = g\pi[(\rho-1)(H-R-x)+\rho(R+x)](R^2-x^2)\mathrm{d}x$$
$$= \pi g(H\rho - H + R + x)(R^2-x^2)\mathrm{d}x.$$

从而将球从水中取出所作的功为

$$W = \int_{-R}^R \pi g(H\rho - H + R + x)(R^2-x^2)\mathrm{d}x$$

$$= \pi g(H\rho - H + R)\left[R^3 x - \frac{x^3}{3}\right]\Bigg|_{-R}^R$$

$$= \frac{4}{3}\pi g R^3(H\rho - H + R).$$

习题 6.5

1. 一轴长 $l = 8\,\text{m}$,其每点处线密度 μ 与该点到两端的距离之积成正比,已知轴在中点的线密度为 $\mu = 8\,\text{kg/m}$,求轴的质量.

2. 一曲线杆的形状为曲线 $y = x^2 (0 \leqslant x \leqslant 1)$,线密度 $\mu(x) = x$,求曲线杆的质量.

3. 质量为 M_1 的均匀细棒长为 l,在细棒的延长线上,与左端距离为 m 处有一质量为 M_2 的小球,求细棒对小球的引力.

4. 一底为 $8\,\text{cm}$,高为 $6\,\text{cm}$ 的等腰三角形片,铅直地沉没在水中,顶在上,底在下,且底与水面平行、顶离水面 $3\,\text{cm}$,求三角形片每面所受的压力.

5. 圆柱形汽油罐的高为 $3.5\,\text{m}$,底圆半径为 $1.5\,\text{m}$,汽油密度为 $900\,\text{kg/m}^3$,求汽油对罐壁的压力.

6. 一条原长 $100\,\text{cm}$ 的弹簧,每压缩 $1\,\text{cm}$ 需用 $5\,\text{N}$ 的力,求将弹簧从 $80\,\text{cm}$ 的长度压缩到 $60\,\text{cm}$ 的长度时,外力所作的功.

7. 用铁锤将一铁钉击入木板,设木板对铁钉的阻力与铁钉击入木板的深度成正比,在击第一次时,将铁钉击入木板 $1\,\text{cm}$,如果铁锤每次打击所作的功相等,问锤击第二次时,铁钉又击入多少?

8. 半径为 r 米的半球形水池装满水,计算将池中水全部抽出所作的功.

9. 在底面积为 S 的圆柱形容器中盛有一定量的气体.气体压强为 P,在等温条件下,由于气体的膨胀,把容器中的一个活塞(面积为 S)从离底面距离 a 处推移到离底面距离 b 处,求活塞在移动过程中,气体压力所作的功.

第 6 章学习要点

总练习题

1. 设当 $x \in [2, 4]$ 时,有不等式 $ax + b \geqslant \ln x$,其中 a、b 为常数,求使 $\int_2^4 (ax + b - \ln x)\,\text{d}x$ 取得最小值的 a 和 b.

2. 设由曲线 $y = x^2 + \dfrac{1}{2}$、直线 $x = a\,(a > 0)$ 与 x 轴和 y 轴围成的曲边梯形的面积为 D_1,以该曲边梯形的顶点为顶点的梯形面积为 D_2,证明:$\dfrac{D_2}{D_1} < \dfrac{3}{2}$.

3. 求由曲线 $r = 3\cos\theta$ 及 $r = 1 + \cos\theta$ 所围成的平面图形公共部分的面积.

4. 设抛物线 $y = ax^2 + bx + c$ 通过点 $(0, 0)$,且当 $x \in [0, 1]$ 时,$y \geqslant 0$,试确定 a、b、c 的值,使得由抛物线 $y = ax^2 + bx + c$、直线 $x = 1$ 与 x 轴所围成的平面图形的面积为 $\dfrac{4}{9}$,且该平面图形绕 x 轴旋转一周而成的旋转体的体积最小.

5. 求圆 $(x-2)^2 + y^2 = 1$ 所围成的圆盘绕 y 轴旋转一周而成的旋转体的体积.

6. 求曲线 $y = \ln\cos x$ 相应于 $0 \leqslant x \leqslant a < \dfrac{\pi}{2}$ 这一段的长度.

7. 求曲线 $r = \dfrac{1}{1 + \cos\theta}$ 相应于 $-\dfrac{\pi}{2} \leqslant \theta \leqslant \dfrac{\pi}{2}$ 这一段的长度.

8. 设星形线 $\begin{cases} x = a\cos^3 t, \\ y = a\sin^3 t \end{cases}$ 上每一点处的线密度等于该点到原点距离的立方,在原点 O 处有一单位质点,求星形线在第一象限的弧段对该质点的引力.

9. 有一椭圆薄板,长半轴为 a,短半轴为 b,薄板直立于水中,水的密度为 σ,其短半轴与水面相齐,求水对薄板的侧压力.

10. 为消除井底的淤泥,用缆绳将抓斗放入井底,抓起淤泥后提出井口,已知井深 30 m,抓斗自重 400 N,缆绳每米重 50 N,抓斗抓起淤泥重 2 000 N,提升速度为 3 m/s,在提升过程中,淤泥以 20 N/s 的速度从抓斗缝隙中漏掉,现将抓起淤泥的抓斗提升到井口,问克服重力需作多少焦耳的功(抓斗的高度及位于井口上方的缆绳长度忽略不计).

第7章 空间解析几何

解析几何是沟通代数方程与几何图形的学科. 平面解析几何研究的是平面图形与一元函数的关系，比较直观. 而空间解析几何研究的是空间图形（曲线或曲面），是多元微积分的基础，其研究方法与平面解析几何不同，主要是用向量代数的方法. 在空间解析几何中，利用空间直角坐标系，以两个坐标变量表示自变量，一个坐标变量表示函数，就可以用曲面表示二元函数的图像，这样就将二元函数与曲面联系起来了. 至于更多自变量的函数的图像，就可以由二元函数的图像去想象了.

7.1 空间直角坐标系

在空间中以定点 O 为公共原点作三条两两垂直且有相同长度单位的数轴，它们分别称为 x 轴（横轴）、y 轴（纵轴）、z 轴（竖轴），统称为**坐标轴**，这样三条数轴构成了一个**空间直角坐标系**，记作 $O\text{-}xyz$.

画坐标系时，习惯上把 x 轴，y 轴置于水平面上，z 轴垂直向上，且符合右手法则：以右手的拇指和食指分别指向 x 轴和 y 轴的正向，这时中指指向 z 轴的正向. 这样的坐标系称为**右手系**（见图 7-1），否则称为**左手系**. 本书只涉及右手系.

每两条坐标轴确定一个平面，即平面 Oxy、Oyz 和 Ozx，统称为**坐标平面**. 三个坐标平面把整个空间分成八个卦限（见图 7-2）.

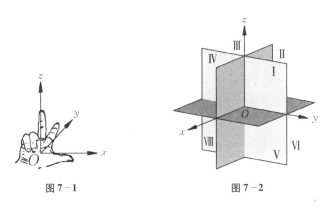

图 7-1　　　　　　　　　　图 7-2

在空间直角坐标系中,过任一点 P 可以作垂直于 x 轴、y 轴和 z 轴的三个平面,这三个平面与各坐标轴的交点记为 A、B 和 C(见图 7-3),这三点在各坐标轴上的坐标依次记为 x、y 和 z,于是点 P 确定了有序数组 (x, y, z). 反之,任意给出一个有序数组 (x, y, z),过三坐标轴上坐标为 x、y 和 z 的点分别作垂直于所在坐标轴的三个平面,这三个平面交于确定的一点. 这样,空间中的点 P 与有序数组 (x, y, z) 就建立了一一对应的关系,称 (x, y, z) 为点 P 的坐标,记作 $P(x, y, z)$. x、y 和 z 依次称为点 P 的横坐标、纵坐标和竖坐标.

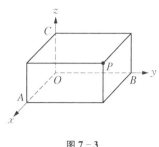

图 7-3

例 1 设空间中两点 $P_1(x_1, y_1, z_1)$ 和 $P_2(x_2, y_2, z_2)$. 求线段 P_1P_2 的中点 P_0 的坐标.

解 设 P_0 的坐标为 (x_0, y_0, z_0),由图 7-4 可见 P_1、P_2 和 P_0 在 x 轴上的射影分别是 A_1、A_2 和 A_0,对应于 x 轴的坐标分别是 x_1、x_2 和 x_0,并且 A_0 是 A_1A_2 的中点. 因此 $x_0 = \dfrac{x_1 + x_2}{2}$,类似地,$y_0 = \dfrac{y_1 + y_2}{2}$,$z_0 = \dfrac{z_1 + z_2}{2}$,故中点 P_0 的坐标为 $\left(\dfrac{x_1 + x_2}{2}, \dfrac{y_1 + y_2}{2}, \dfrac{z_1 + z_2}{2} \right)$.

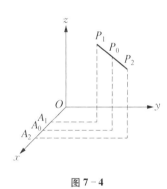

图 7-4

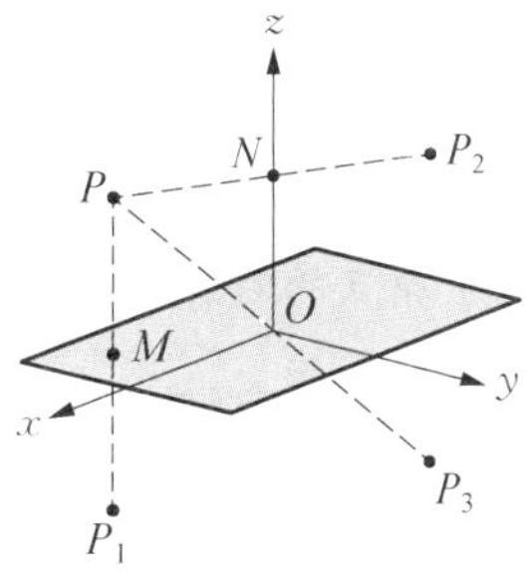

图 7-5

例 2 求点 $P(2, -1, 2)$ 关于坐标平面 Oxy、z 轴、原点的对称点的坐标.

解 如图 7-5 所示.

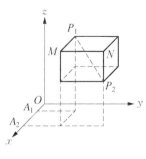

图 7-6

(1) P 在坐标平面 Oxy 上的射影为 $M(2, -1, 0)$,故 P 关于坐标平面 Oxy 的对称点为 $P_1(2, -1, -2)$.

(2) P 在 z 轴上的射影为 $N(0, 0, 2)$,故 P 关于 z 轴对称点为 $P_2(-2, 1, 2)$.

(3) P 关于原点的对称点为 $P_3(-2, 1, -2)$.

设空间两点 $P_1(x_1, y_1, z_1)$ 和 $P_2(x_2, y_2, z_2)$,如图 7-6 所示,过点 P_1 和 P_2 分别作与三坐标轴垂直的平面,这六个平面围成一个长方体. 由于 P_1 和 P_2 的距离等于对角线长,于是**两点 P_1 与 P_2 间的距**

离为

$$|P_1P_2| = \sqrt{|P_1M|^2 + |MN|^2 + |NP_2|^2}.$$

因为 $|P_1M| = |A_1A_2| = |x_2 - x_1|$,同理 $|MN| = |y_2 - y_1|$, $|NP_2| = |z_2 - z_1|$. 故

$$|P_1P_2| = \sqrt{(x_2 - x_1)^2 + (y_2 - y_1)^2 + (z_2 - z_1)^2}.$$

特别地,点 $P(x, y, z)$ 与原点的距离为

$$|OP| = \sqrt{x^2 + y^2 + z^2}.$$

例3 在 y 轴上求一点 P,使点 P 到点 $A(2, 5, 3)$ 与 $B(-3, 1, -6)$ 的距离相等.

解 设点 P 的坐标为 $(0, y, 0)$,由 $|PA| = |PB|$,得

$$\sqrt{(2 - 0)^2 + (5 - y)^2 + (3 - 0)^2} = \sqrt{(-3 - 0)^2 + (1 - y)^2 + (-6 - 0)^2},$$

解上述方程,得 $y = -1$. 故点 P 的坐标为 $(0, -1, 0)$.

习题 7.1

1. 设点 $A(2, -3, 4)$,求:

(1) 点 A 关于坐标平面 Oyz 的对称点的坐标; (2) 点 A 关于 x 轴的对称点的坐标;

(3) 点 A 关于原点的对称点的坐标; (4) 点 A 到坐标平面 Oyz 的距离;

(5) 点 A 到 x 轴的距离; (6) 点 A 到原点的距离.

2. 在 x 轴上求一点 P,使点 P 到点 $A(1, -3, 6)$ 距离等于 7.

3. 设直线过点 $A(6, 4, 2)$ 且垂直于坐标平面 Oyz,在这直线上求一点 P,使点 P 与点 $B(0, 4, 0)$ 距离等于 7.

4. 设 $\triangle ABC$ 的三个顶点分别为 $A(4, 1, 9)$、$B(10, -1, 6)$、$C(2, 4, 3)$,证明:$\triangle ABC$ 是等腰直角三角形.

7.2 向量及其线性运算、向量的坐标

一、向量的基本运算

空间中向量的定义及有关概念,如向量的模、相等的向量、负向量、零向量、单位向量、向量的加法、减法及数乘向量等与平面上的向量完全一样. 这里仅罗列于下,不作详细阐述.

向量——既有大小、又有方向的量,用有向线段表示,记作 $\overrightarrow{AB}$, $\boldsymbol{a}$ 等.

向量的模——向量的大小,即有向线段的长度. 记作 $|\overrightarrow{AB}|$, $|\boldsymbol{a}|$ 等.

相等的向量——模相等且方向相同的向量. 记作 $a = b$.

负向量——模相等且方向相反的向量,记作 $a = - b$.

零向量——模为零的向量,记作 **0**.

单位向量——模为 1 的向量. 特别地,与 $a(\neq \mathbf{0})$ 同向的单位向量记作 a^0.

向量的加法——如图 7－7(a)所示,作平行四边形 $OACB$,使 $\overrightarrow{OA} = a$,$\overrightarrow{OB} = b$,称 $\overrightarrow{OC}$ 是 a 与 b 的和,记作 $a + b$,即 $\overrightarrow{OC} = \overrightarrow{OA} + \overrightarrow{OB}$(平行四边形法则) 或 $\overrightarrow{OC} = \overrightarrow{OA} + \overrightarrow{AC}$(三角形法则).

向量的减法——已知向量 a、b,若有向量 x,使 $b + x = a$,称 x 是 a 与 b 的差,记作 $x = a - b$. 如图 7－7(b) 所示,若 $\overrightarrow{OA} = a$,$\overrightarrow{OB} = b$,则 $\overrightarrow{BA} = a - b$.

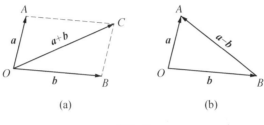

(a)　　　　　　　　(b)

图 7－7

数乘向量——数 λ 与向量 a 的乘积是一个向量,记作 λa,其模 $|\lambda a| = |\lambda||a|$,其方向:当 $\lambda > 0$ 时,与 a 同向;当 $\lambda < 0$ 时,与 a 反向.

向量的加法满足下列性质:

(1) $a + b = b + a$　(交换律);

(2) $(a + b) + c = a + (b + c)$　(结合律);

(3) $a + 0 = a$;

(4) $a + (-a) = 0$.

数乘向量满足下列性质:

(1) $1 \cdot a = a$;

(2) $\lambda(\mu a) = (\lambda\mu)a$　(结合律);

(3) $(\lambda + \mu)a = \lambda a + \mu a$　(分配律);

(4) $\lambda(a + b) = \lambda a + \lambda b$　(分配律).

由上述定义可知:

$$\overrightarrow{OA_1} + \overrightarrow{A_1A_2} + \cdots + \overrightarrow{A_{n-1}A_n} = \overrightarrow{OA_n}(多边形法则),$$

$$(-1) \cdot a = -a; \quad a^0 = \frac{1}{|a|}a.$$

向量的加法运算和数乘运算,统称为向量的**线性运算**.

二、向量的坐标、向量运算的坐标表示

在直角坐标系 $O-xyz$ 中,与 x 轴、y 轴和 z 轴正向相同的三个单位向量称为坐标向量,分别记作 $\boldsymbol{i}$、$\boldsymbol{j}$ 和 $\boldsymbol{k}$.

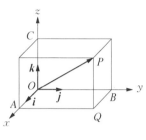

图 7-8

设向量 $\overrightarrow{OP}$ 的终点 $P(x, y, z)$,称 $\overrightarrow{OP}$ 为点 P 的**位置向量**. 由图 7-3 的作法可得图 7-8.

由向量加法的定义,得

$$\overrightarrow{OP} = \overrightarrow{OA} + \overrightarrow{AQ} + \overrightarrow{QP} = \overrightarrow{OA} + \overrightarrow{OB} + \overrightarrow{OC}.$$

由数乘向量的定义,得

$$\overrightarrow{OA} = x\boldsymbol{i}, \ \overrightarrow{OB} = y\boldsymbol{j}, \ \overrightarrow{OC} = z\boldsymbol{k},$$

故得

$$\overrightarrow{OP} = x\boldsymbol{i} + y\boldsymbol{j} + z\boldsymbol{k}.$$

简记为 $\overrightarrow{OP} = (x, y, z)$,并且称**向量** $\overrightarrow{OP}$ **的坐标**为 (x, y, z). 因此,点 P 的位置向量 $\overrightarrow{OP}$ 的坐标与点 P 的坐标相同. 显然

$$\boldsymbol{i} = (1, 0, 0), \boldsymbol{j} = (0, 1, 0), \boldsymbol{k} = (0, 0, 1).$$

下面用坐标来表示向量的线性运算.

设 $\boldsymbol{a} = (a_1, a_2, a_3)$,$\boldsymbol{b} = (b_1, b_2, b_3)$,$\lambda$ 是实数,则

$$\boldsymbol{a} \pm \boldsymbol{b} = (a_1\boldsymbol{i} + a_2\boldsymbol{j} + a_3\boldsymbol{k}) \pm (b_1\boldsymbol{i} + b_2\boldsymbol{j} + b_3\boldsymbol{k})$$
$$= (a_1 \pm b_1)\boldsymbol{i} + (a_2 \pm b_2)\boldsymbol{j} + (a_3 \pm b_3)\boldsymbol{k};$$
$$\lambda\boldsymbol{a} = \lambda(a_1\boldsymbol{i} + a_2\boldsymbol{j} + a_3\boldsymbol{k}) = \lambda a_1\boldsymbol{i} + \lambda a_2\boldsymbol{j} + \lambda a_3\boldsymbol{k}.$$

也即

$$\boldsymbol{a} \pm \boldsymbol{b} = (a_1 \pm b_1, a_2 \pm b_2, a_3 \pm b_3);$$
$$\lambda\boldsymbol{a} = (\lambda a_1, \lambda a_2, \lambda a_3).$$

由数乘向量的定义易知,非零向量 $\boldsymbol{a}$ 与 $\boldsymbol{b}$ 平行的充要条件是存在实数 λ,使得 $\boldsymbol{a} = \lambda\boldsymbol{b}$.

用坐标表示就是 $(a_1, a_2, a_3) = (\lambda b_1, \lambda b_2, \lambda b_3)$,即

$$a_1 = \lambda b_1, \ a_2 = \lambda b_2, \ a_3 = \lambda b_3,$$

或记为

$$\frac{a_1}{b_1} = \frac{a_2}{b_2} = \frac{a_3}{b_3} = \lambda.$$

注　当 b_1、b_2、b_3 中只有一个为零,例如 $b_1 = 0$,$b_2 \neq 0$,$b_3 \neq 0$ 时,$\dfrac{a_1}{b_1} = \dfrac{a_2}{b_2} = \dfrac{a_3}{b_3}$ 应理解

为 $\dfrac{a_2}{b_2} = \dfrac{a_3}{b_3}$ 且 $a_1 = 0$;当 b_1、b_2、b_3 中只有两个为零,例如 $b_1 = b_2 = 0$,$b_3 \neq 0$ 时,$\dfrac{a_1}{b_1} = \dfrac{a_2}{b_2} = \dfrac{a_3}{b_3}$

应理解为 $a_1 = a_2 = 0$,$a_3 \neq 0$.

设两点 $P_1(x_1, y_1, z_1)$ 和 $P_2(x_2, y_2, z_2)$,则由向量减法的定义知

$$\overrightarrow{P_1P_2} = \overrightarrow{OP_2} - \overrightarrow{OP_1}.$$

但 $\overrightarrow{OP_1} = (x_1, y_1, z_1)$,$\overrightarrow{OP_2} = (x_2, y_2, z_2)$,故

$$\overrightarrow{P_1P_2} = (x_2 - x_1, y_2 - y_1, z_2 - z_1).$$

例1　设 $a = (4, -1, 3)$,$b = (5, 2, -2)$,点 $A(6, -3, 3)$,求:

(1) $2a + 3b$;　　　　　　　　　　(2) 使 $\overrightarrow{AB} = -2a$ 的点 B 的坐标;

(3) 坐标平面 Oxy 上使 $\overrightarrow{AC} \parallel a$ 的点 C 的坐标.

解　(1) $2a + 3b = 2(4, -1, 3) + 3(5, 2, -2) = (8, -2, 6) + (15, 6, -6)$
$$= (23, 4, 0).$$

(2) $\overrightarrow{OB} = \overrightarrow{OA} + \overrightarrow{AB} = \overrightarrow{OA} - 2a = (6, -3, 3) - 2(4, -1, 3)$
$$= (6, -3, 3) - (8, -2, 6) = (-2, -1, -3).$$

所以点 B 的坐标为 $(-2, -1, -3)$.

(3) 设点 $C(x, y, 0)$,则 $\overrightarrow{AC} = (x - 6, y + 3, -3)$,因为 $\overrightarrow{AC} \parallel a$,所以

$$\frac{x - 6}{4} = \frac{y + 3}{-1} = \frac{-3}{3},$$

解得 $x = 2$,$y = -2$,所以点 C 的坐标为 $(2, -2, 0)$.

习题 7.2

1. 设 $2a + b = (4, 2, 3)$,$a - b = (-1, 4, 3)$,求:

(1) a、b;　　　　　　　　　　(2) $a + b$;

(3) $|a + b|$;　　　　　　　　　　(4) $|a| + |b|$.

2. 已知两点 $P_1(4, 2, 1)$ 和 $P_2(3, -2, 2)$,求与向量 $\overrightarrow{P_1P_2}$ 平行的单位向量 e.

3. 设点 $A(2, 0, -5)$,$\overrightarrow{AB} = (3, -1, 2)$,求点 B 的坐标.

4. 设空间中有一直线过点 $M(0, 1, -2)$,直线平行于向量 $a = (2, 1, -2)$,求直线上点

N 的坐标,使 $|\overrightarrow{MN}| = 6$.

7.3 向量的数量积、向量积

一、向量的数量积

设向量 a 与 b 的夹角为 θ,则称实数 $|a||b|\cos\theta$ 为向量 a 与 b 的**数量积**,记作 $a \cdot b$,即

$$a \cdot b = |a||b|\cos\theta.$$

数量积也称为**内积**或**点积**.

当 a 或 b 为零向量时,零向量的方向看作是任意的,这时定义中 θ 是不确定的,但因为模等于零,所以总有 $a \cdot b = 0$.

数量积有下列性质:

(1) $a \cdot b = b \cdot a$.

(2) $(\lambda a) \cdot b = a \cdot (\lambda b) = \lambda(a \cdot b)$,其中 λ 是实数(结合律).

(3) $(a + b) \cdot c = a \cdot c + b \cdot c$;$a \cdot (b + c) = a \cdot b + a \cdot c$(分配律).

另外,记 $a \cdot a = a^2$,则因为 $a^2 = |a||a|\cos 0$,所以有

(4) $a^2 = |a|^2$,或 $|a| = \sqrt{a^2}$.

由于零向量的方向可看作是任意的,故认为零向量与任何向量都是垂直的,所以有

(5) $a \perp b \Leftrightarrow a \cdot b = 0$.

这是因为 $a \cdot b = |a||b|\cos\theta$,故

$$a \cdot b = 0 \Leftrightarrow |a| = 0 \text{ 或 } |b| = 0 \text{ 或 } \cos\theta = 0$$

$$\Leftrightarrow a = 0 \text{ 或 } b = 0 \text{ 或 } \theta = 90°.$$

在空间直角坐标系 $O-xyz$ 中,设向量 $a = (a_1, a_2, a_3)$,$b = (b_1, b_2, b_3)$,则

$$a \cdot b = (a_1 i + a_2 j + a_3 k) \cdot (b_1 i + b_2 j + b_3 k)$$

$$= a_1 b_1 i^2 + a_1 b_2 (i \cdot j) + a_1 b_3 (i \cdot k) +$$

$$a_2 b_1 (j \cdot i) + a_2 b_2 j^2 + a_2 b_3 (j \cdot k) +$$

$$a_3 b_1 (k \cdot i) + a_3 b_2 (k \cdot j) + a_3 b_3 k^2.$$

由于坐标向量 i、j、k 是两两垂直的单位向量,所以

$$i^2 = j^2 = k^2 = 1, \quad i \cdot j = j \cdot k = k \cdot i = 0.$$

因此得到

$$\boldsymbol{a} \cdot \boldsymbol{b} = a_1 b_1 + a_2 b_2 + a_3 b_3.$$

由(4)还有 $|\boldsymbol{a}| = \sqrt{a_1^2 + a_2^2 + a_3^2}$.

当 $\boldsymbol{a}$、$\boldsymbol{b}$ 都不为零向量时,记 $\boldsymbol{a}$ 与 $\boldsymbol{b}$ 夹角为 θ,则

$$\cos \theta = \frac{\boldsymbol{a} \cdot \boldsymbol{b}}{|\boldsymbol{a}||\boldsymbol{b}|} = \frac{a_1 b_1 + a_2 b_2 + a_3 b_3}{\sqrt{a_1^2 + a_2^2 + a_3^2}\sqrt{b_1^2 + b_2^2 + b_3^2}}.$$

例 1　设 $\boldsymbol{a} = 2\boldsymbol{i} + 2\boldsymbol{j} - \boldsymbol{k}$, $\boldsymbol{b} = \boldsymbol{i} - \boldsymbol{j} + \boldsymbol{k}$,求:

(1) $\boldsymbol{a} \cdot \boldsymbol{b}$;　　　　　　　　　　　　(2) $\boldsymbol{a}$ 与 $\boldsymbol{b}$ 的夹角 θ.

解　(1) $\boldsymbol{a} \cdot \boldsymbol{b} = 2 \cdot 1 + 2 \cdot (-1) + (-1) \cdot 1 = -1$.

(2) $|\boldsymbol{a}| = \sqrt{2^2 + 2^2 + (-1)^2} = 3$, $|\boldsymbol{b}| = \sqrt{1^2 + (-1)^2 + 1^2} = \sqrt{3}$,故

$$\cos \theta = \frac{\boldsymbol{a} \cdot \boldsymbol{b}}{|\boldsymbol{a}||\boldsymbol{b}|} = \frac{-\sqrt{3}}{9}, \quad \theta = \pi - \arccos \frac{\sqrt{3}}{9}.$$

例 2　设 $\boldsymbol{a}$、$\boldsymbol{b}$ 是非零向量,证明:向量 $\boldsymbol{a} - \lambda \boldsymbol{b}$ 垂直于 $\boldsymbol{b}$,其中 $\lambda = \dfrac{\boldsymbol{a} \cdot \boldsymbol{b}}{|\boldsymbol{b}|^2}$.

证　当 $\lambda = \dfrac{\boldsymbol{a} \cdot \boldsymbol{b}}{|\boldsymbol{b}|^2}$ 时,因为 $(\boldsymbol{a} - \lambda \boldsymbol{b}) \cdot \boldsymbol{b} = \boldsymbol{a} \cdot \boldsymbol{b} - \lambda \boldsymbol{b}^2 = \boldsymbol{a} \cdot \boldsymbol{b} - \dfrac{\boldsymbol{a} \cdot \boldsymbol{b}}{|\boldsymbol{b}|^2}|\boldsymbol{b}|^2 = 0$,故 $\boldsymbol{a} - \lambda \boldsymbol{b}$ 垂直于 $\boldsymbol{b}$.

向量可以用方向、模来描述,这是向量的几何表示法;在空间直角坐标系中向量又可以用坐标来确定,这是向量的代数表示法. 它们之间有何关系呢?

设非零向量 $\boldsymbol{a}$ 与坐标轴 x 轴、y 轴、z 轴正向的夹角分别为 α、β、$\gamma(0 \le \alpha, \beta, \gamma \le \pi)$,则称 α、β、γ 为向量 $\boldsymbol{a}$ 的方向角. 称方向角的余弦 $\cos \alpha$、$\cos \beta$、$\cos \gamma$ 为向量 $\boldsymbol{a}$ 的方向余弦(见图 7-9). 方向角完全确定了向量的方向.

设 $\boldsymbol{a} = (a_1, a_2, a_3)$,则

$$\cos \alpha = \frac{\boldsymbol{a} \cdot \boldsymbol{i}}{|\boldsymbol{a}||\boldsymbol{i}|} = \frac{a_1}{|\boldsymbol{a}|} = \frac{a_1}{\sqrt{a_1^2 + a_2^2 + a_3^2}};$$

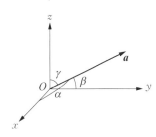

图 7-9

同样地有

$$\cos \beta = \frac{a_2}{|\boldsymbol{a}|} = \frac{a_2}{\sqrt{a_1^2 + a_2^2 + a_3^2}}, \quad \cos \gamma = \frac{a_3}{|\boldsymbol{a}|} = \frac{a_3}{\sqrt{a_1^2 + a_2^2 + a_3^2}}.$$

于是,与向量 $\boldsymbol{a}$ 同向的单位向量为

$$a^0 = \frac{1}{|a|}a = \frac{1}{\sqrt{a_1^2 + a_2^2 + a_3^2}}(a_1, a_2, a_3) = (\cos\alpha, \cos\beta, \cos\gamma),$$

也就是说,与向量 a 同向的单位向量 a^0 的分量就是向量 a 的方向余弦. 由 $|a^0| = 1$,易知

$$\cos^2\alpha + \cos^2\beta + \cos^2\gamma = 1.$$

例3 已知两点 $P_1(1, -2, 3)$, $P_2(-3, 2, 1)$,求向量 $\overrightarrow{P_1P_2}$ 的模、方向余弦和与它同向的单位向量 p^0.

解
$$\overrightarrow{P_1P_2} = (-3-1, 2-(-2), 1-3) = (-4, 4, -2),$$
$$|\overrightarrow{P_1P_2}| = \sqrt{(-4)^2 + 4^2 + (-2)^2} = 6,$$
$$\cos\alpha = -\frac{2}{3}, \cos\beta = \frac{2}{3}, \cos\gamma = -\frac{1}{3},$$
$$p^0 = \left(-\frac{2}{3}, \frac{2}{3}, -\frac{1}{3}\right).$$

二、向量的向量积

设向量 a 与 b 的夹角为 θ,规定向量 a 与 b 的**向量积**是一个向量,记为 $a \times b$,它的模等于 $|a \times b| = |a||b|\sin\theta$,它的方向垂直于 a,又垂直于 b,且 a、b、$a \times b$ 构成**右手系**. 当 a 或 b 为零向量时,$|a \times b| = 0$,故

$$a \times b = 0.$$

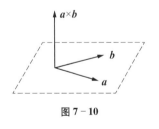

图 7-10

向量积也称为**外积**或**叉积**.

向量的向量积有下列性质:

(1) $a \times b = -b \times a$ (反交换律).

(2) $(\lambda a) \times b = a \times (\lambda b) = \lambda(a \times b)$,其中 λ 是实数(结合律).

(3) $(a+b) \times c = a \times c + b \times c$, $a \times (b+c) = a \times b + a \times c$ (分配律).

由(1)得 $a \times a = -a \times a$,所以

(4) $a \times a = 0$.

由于零向量的方向可看作是任意的,故认为零向量与任何向量都是平行的,则有

(5) $a \,/\!/\, b \Leftrightarrow a \times b = 0$.

这是因为 $a \times b = 0 \Leftrightarrow |a \times b| = |a||b|\sin\theta = 0$

$$\Leftrightarrow |a| = 0 \text{ 或 } |b| = 0 \text{ 或 } \sin\theta = 0$$

$$\Leftrightarrow \boldsymbol{a} = \boldsymbol{0} \text{ 或 } \boldsymbol{b} = \boldsymbol{0} \text{ 或 } \theta = 0, \pi.$$

（6）$|\boldsymbol{a} \times \boldsymbol{b}|$ 等于以向量 $\boldsymbol{a}$、$\boldsymbol{b}$ 为邻边的平行四边形的面积.

在空间直角坐标系 O-xyz 中，设向量 $\boldsymbol{a} = (a_1, a_2, a_3)$，$\boldsymbol{b} = (b_1, b_2, b_3)$，则

$$\boldsymbol{a} \times \boldsymbol{b} = (a_1\boldsymbol{i} + a_2\boldsymbol{j} + a_3\boldsymbol{k}) \times (b_1\boldsymbol{i} + b_2\boldsymbol{j} + b_3\boldsymbol{k})$$
$$= a_1b_1(\boldsymbol{i} \times \boldsymbol{i}) + a_1b_2(\boldsymbol{i} \times \boldsymbol{j}) + a_1b_3(\boldsymbol{i} \times \boldsymbol{k}) +$$
$$a_2b_1(\boldsymbol{j} \times \boldsymbol{i}) + a_2b_2(\boldsymbol{j} \times \boldsymbol{j}) + a_2b_3(\boldsymbol{j} \times \boldsymbol{k}) +$$
$$a_3b_1(\boldsymbol{k} \times \boldsymbol{i}) + a_3b_2(\boldsymbol{k} \times \boldsymbol{j}) + a_3b_3(\boldsymbol{k} \times \boldsymbol{k}).$$

由于 $\boldsymbol{i} \times \boldsymbol{i} = \boldsymbol{j} \times \boldsymbol{j} = \boldsymbol{k} \times \boldsymbol{k} = \boldsymbol{0}$，$\boldsymbol{i} \times \boldsymbol{j} = \boldsymbol{k}$，$\boldsymbol{j} \times \boldsymbol{k} = \boldsymbol{i}$，$\boldsymbol{k} \times \boldsymbol{i} = \boldsymbol{j}$，$\boldsymbol{j} \times \boldsymbol{i} = -\boldsymbol{k}$，$\boldsymbol{k} \times \boldsymbol{j} = -\boldsymbol{i}$，$\boldsymbol{i} \times \boldsymbol{k} = -\boldsymbol{j}$，所以

$$\boldsymbol{a} \times \boldsymbol{b} = (a_2b_3 - a_3b_2)\boldsymbol{i} + (a_3b_1 - a_1b_3)\boldsymbol{j} + (a_1b_2 - a_2b_1)\boldsymbol{k}.$$

为了便于记忆，可用三阶行列式记成

$$\boldsymbol{a} \times \boldsymbol{b} = \begin{vmatrix} \boldsymbol{i} & \boldsymbol{j} & \boldsymbol{k} \\ a_1 & a_2 & a_3 \\ b_1 & b_2 & b_3 \end{vmatrix} = \left(\begin{vmatrix} a_2 & a_3 \\ b_2 & b_3 \end{vmatrix}, -\begin{vmatrix} a_1 & a_3 \\ b_1 & b_3 \end{vmatrix}, \begin{vmatrix} a_1 & a_2 \\ b_1 & b_2 \end{vmatrix} \right)^{[1]}.$$

例 4　设 $\boldsymbol{a} = 2\boldsymbol{i} - 2\boldsymbol{j} - \boldsymbol{k}$，$\boldsymbol{b} = \boldsymbol{i} - \boldsymbol{k}$，求同时垂直于 $\boldsymbol{a}$ 和 $\boldsymbol{b}$ 的单位向量.

解　所求的向量平行于 $\boldsymbol{a} \times \boldsymbol{b}$，而

$$\boldsymbol{a} \times \boldsymbol{b} = \begin{vmatrix} \boldsymbol{i} & \boldsymbol{j} & \boldsymbol{k} \\ 2 & -2 & -1 \\ 1 & 0 & -1 \end{vmatrix} = \left(\begin{vmatrix} -2 & -1 \\ 0 & -1 \end{vmatrix}, -\begin{vmatrix} 2 & -1 \\ 1 & -1 \end{vmatrix}, \begin{vmatrix} 2 & -2 \\ 1 & 0 \end{vmatrix} \right) = (2, 1, 2),$$

$$|\boldsymbol{a} \times \boldsymbol{b}| = \sqrt{2^2 + 1^2 + 2^2} = 3,$$

所以所求的单位向量为 $\pm \dfrac{1}{|\boldsymbol{a} \times \boldsymbol{b}|} \cdot \boldsymbol{a} \times \boldsymbol{b} = \pm \left(\dfrac{2}{3}, \dfrac{1}{3}, \dfrac{2}{3} \right)$.

例 5　设三角形顶点为 $A(0, -2, 1)$、$B(4, 0, -1)$、$C(-1, -2, 3)$，求 $\triangle ABC$ 的面积.

解　三角形的面积 S 等于以 $\overrightarrow{AB}$、$\overrightarrow{AC}$ 为邻边的平行四边形面积的一半，由向量积的模的几何意义可知

---

[1]　二阶行列式和三阶行列式定义分别为 $\begin{vmatrix} a_1 & a_2 \\ b_1 & b_2 \end{vmatrix} = a_1b_2 - a_2b_1$，

$$\begin{vmatrix} a_1 & a_2 & a_3 \\ b_1 & b_2 & b_3 \\ c_1 & c_2 & c_3 \end{vmatrix} = a_1\begin{vmatrix} b_2 & b_3 \\ c_2 & c_3 \end{vmatrix} - a_2\begin{vmatrix} b_1 & b_3 \\ c_1 & c_3 \end{vmatrix} + a_3\begin{vmatrix} b_1 & b_2 \\ c_1 & c_2 \end{vmatrix} = a_1b_2c_3 + a_2b_3c_1 + a_3b_1c_2 - a_1b_3c_2 - a_2b_1c_3 - a_3b_2c_1.$$

$$S = \frac{1}{2} | \overrightarrow{AB} \times \overrightarrow{AC} |.$$

因为 $\overrightarrow{AB} = (4, 2, -2)$，$\overrightarrow{AC} = (-1, 0, 2)$，所以

$$\overrightarrow{AB} \times \overrightarrow{AC} = \begin{vmatrix} \boldsymbol{i} & \boldsymbol{j} & \boldsymbol{k} \\ 4 & 2 & -2 \\ -1 & 0 & 2 \end{vmatrix} = (4, -6, 2),$$

于是

$$S = \frac{1}{2} \sqrt{4^2 + (-6)^2 + 2^2} = \frac{1}{2} \sqrt{56} = \sqrt{14}.$$

*三、向量的混合积

设向量 $\boldsymbol{a}$、$\boldsymbol{b}$、$\boldsymbol{c}$，则称实数 $(\boldsymbol{a} \times \boldsymbol{b}) \cdot \boldsymbol{c}$ 为向量 $\boldsymbol{a}$、$\boldsymbol{b}$、$\boldsymbol{c}$ 的**混合积**.

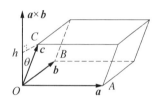

如图，设向量 $\boldsymbol{a}$、$\boldsymbol{b}$、$\boldsymbol{c}$ 有公共起点 O，三个向量张成一个平行六面体. $\boldsymbol{a} \times \boldsymbol{b}$ 是垂直于向量 $\boldsymbol{a}$、$\boldsymbol{b}$ 所确定的底平面 OAB 的向量，记 $\boldsymbol{a} \times \boldsymbol{b}$ 和 $\boldsymbol{c}$ 的夹角为 θ，则

$$(\boldsymbol{a} \times \boldsymbol{b}) \cdot \boldsymbol{c} = | \boldsymbol{a} \times \boldsymbol{b} | | \boldsymbol{c} | \cos \theta.$$

图 7-11

由于 $| \boldsymbol{a} \times \boldsymbol{b} |$ 等于平行六面体的底面的面积 S，$| \boldsymbol{c} | | \cos \theta |$ 等于平行六面体的高 h，所以 $| (\boldsymbol{a} \times \boldsymbol{b}) \cdot \boldsymbol{c} | = | \boldsymbol{a} \times \boldsymbol{b} | | \boldsymbol{c} | | \cos \theta | = Sh.$ 于是得到混合积的几何意义为：$| (\boldsymbol{a} \times \boldsymbol{b}) \cdot \boldsymbol{c} |$ 等于 $\boldsymbol{a}$、$\boldsymbol{b}$、$\boldsymbol{c}$ 所张成的平行六面体的体积，且当 $\boldsymbol{a}$、$\boldsymbol{b}$、$\boldsymbol{c}$ 成右手系时，θ 是锐角，$(\boldsymbol{a} \times \boldsymbol{b}) \cdot \boldsymbol{c} > 0$；当 $\boldsymbol{a}$、$\boldsymbol{b}$、$\boldsymbol{c}$ 成左手系时，θ 是钝角，$(\boldsymbol{a} \times \boldsymbol{b}) \cdot \boldsymbol{c} < 0$.

由此可以推得混合积的以下性质：

(1) $(\boldsymbol{a} \times \boldsymbol{b}) \cdot \boldsymbol{c} = (\boldsymbol{b} \times \boldsymbol{c}) \cdot \boldsymbol{a} = (\boldsymbol{c} \times \boldsymbol{a}) \cdot \boldsymbol{b}$
$$= -(\boldsymbol{b} \times \boldsymbol{a}) \cdot \boldsymbol{c} = -(\boldsymbol{c} \times \boldsymbol{b}) \cdot \boldsymbol{a} = -(\boldsymbol{a} \times \boldsymbol{c}) \cdot \boldsymbol{b}.$$

(2) 三向量 $\boldsymbol{a}$、$\boldsymbol{b}$、$\boldsymbol{c}$ 共面 $\Leftrightarrow (\boldsymbol{a} \times \boldsymbol{b}) \cdot \boldsymbol{c} = 0$，特别地，当 $\boldsymbol{a}$、$\boldsymbol{b}$、$\boldsymbol{c}$ 中有两个向量相等时，混合积为 0，即 $(\boldsymbol{a} \times \boldsymbol{a}) \cdot \boldsymbol{b} = (\boldsymbol{a} \times \boldsymbol{b}) \cdot \boldsymbol{a} = (\boldsymbol{a} \times \boldsymbol{b}) \cdot \boldsymbol{b} = 0$.

在空间直角坐标系中，设 $\boldsymbol{a} = (a_1, a_2, a_3)$，$\boldsymbol{b} = (b_1, b_2, b_3)$，$\boldsymbol{c} = (c_1, c_2, c_3)$，由向量积、数量积和三阶行列式的计算公式可得

$$(\boldsymbol{a} \times \boldsymbol{b}) \cdot \boldsymbol{c} = (\boldsymbol{b} \times \boldsymbol{c}) \cdot \boldsymbol{a} = \left(\begin{vmatrix} b_2 & b_3 \\ c_2 & c_3 \end{vmatrix}, -\begin{vmatrix} b_1 & b_3 \\ c_1 & c_3 \end{vmatrix}, \begin{vmatrix} b_1 & b_2 \\ c_1 & c_2 \end{vmatrix} \right) \cdot (a_1, a_2, a_3)$$

$$= a_1 \begin{vmatrix} b_2 & b_3 \\ c_2 & c_3 \end{vmatrix} - a_2 \begin{vmatrix} b_1 & b_3 \\ c_1 & c_3 \end{vmatrix} + a_3 \begin{vmatrix} b_1 & b_2 \\ c_1 & c_2 \end{vmatrix} = \begin{vmatrix} a_1 & b_2 & a_3 \\ b_1 & b_2 & b_3 \\ c_1 & c_2 & c_3 \end{vmatrix}.$$

例 6 已知四面体的四个顶点为 $A(2, -1, 2)$、$B(2, 3, 0)$、$C(0, -3, 2)$、$D(0, 1, 0)$，求四面体体积 V 以及点 A 到平面 BCD 的距离 d.

解 $\overrightarrow{DA} = (2, 0, 2)$，$\overrightarrow{DB} = (2, 4, 0)$，$\overrightarrow{DC} = (0, 4, 2)$，因为四面体体积是由 $\overrightarrow{DA}$、$\overrightarrow{DB}$ 和 $\overrightarrow{DC}$ 所张成的平行六面体的体积的 1/6，所以

$$V = \frac{1}{6} \begin{vmatrix} 2 & 0 & 2 \\ 2 & 4 & 0 \\ 0 & 4 & 2 \end{vmatrix} = \frac{16}{3}.$$

以 $\overrightarrow{DB}$、$\overrightarrow{DC}$ 为邻边的三角形面积为

$$S = \frac{1}{2} |\overrightarrow{DB} \times \overrightarrow{DC}| = \frac{1}{2} |8\boldsymbol{i} - 4\boldsymbol{j} + 8\boldsymbol{k}| = \frac{1}{2} \cdot 12 = 6,$$

由于 $V = \frac{1}{3} S d$，故 $d = \frac{3V}{S} = \frac{16}{6} = \frac{8}{3}$.

习题 7.3

1. 已知 $\boldsymbol{a} = 3\boldsymbol{i} + 2\boldsymbol{j} - \boldsymbol{k}$，$\boldsymbol{b} = -4\boldsymbol{i} + 2\boldsymbol{j} - \boldsymbol{k}$，求：

(1) $\boldsymbol{a} \cdot \boldsymbol{b}$；　　　　　　　　(2) $(2\boldsymbol{a}) \cdot (3\boldsymbol{b})$；　　　　　　(3) $(\boldsymbol{a} + \boldsymbol{b})^2$；

(4) $\boldsymbol{a}$ 与 $\boldsymbol{b}$ 的夹角 θ；　　　　(5) $(\boldsymbol{a} + \boldsymbol{b}) \cdot (\boldsymbol{a} - \boldsymbol{b})$.

2. 证明：向量 $\boldsymbol{x} = (\boldsymbol{a} \cdot \boldsymbol{c})\boldsymbol{b} - (\boldsymbol{b} \cdot \boldsymbol{c})\boldsymbol{a}$ 与向量 $\boldsymbol{c}$ 垂直.

3. 设 $\boldsymbol{a} = 12\boldsymbol{i} + 9\boldsymbol{j} - 5\boldsymbol{k}$，$\boldsymbol{b} = 4\boldsymbol{i} + 3\boldsymbol{j} - 5\boldsymbol{k}$，求常数 λ，使 $\boldsymbol{a} - \lambda\boldsymbol{b}$ 垂直于 $\boldsymbol{a}$.

4. 求下列行列式的值：

(1) $\begin{vmatrix} 1 & -2 \\ 3 & -4 \end{vmatrix}$；　　　　　　　(2) $\begin{vmatrix} 1 & 3 \\ -2 & -4 \end{vmatrix}$；

(3) $\begin{vmatrix} a & b & c \\ 1 & -2 & -1 \\ 2 & -1 & 3 \end{vmatrix}$；　　　　(4) $\begin{vmatrix} 2 & -3 & 1 \\ 1 & -1 & 3 \\ 1 & -2 & 0 \end{vmatrix}$.

5. 已知向量 $\boldsymbol{a} = (-3, 2, -6)$，求向量 $\boldsymbol{a}$ 的模、方向余弦、方向角以及与向量 $\boldsymbol{a}$ 同向的单位向量 $\boldsymbol{a}^0$.

6. 设平行四边形 $ABCD$ 的顶点为 $A(3, 0, -1)$、$B(4, -3, 0)$ 和 $C(5, -1, 2)$，求：

(1) 点 D 的坐标；　　　　　　(2) 平行四边形 $ABCD$ 的面积.

7. 求同时垂直于向量 $\boldsymbol{a} = (3, 6, 8)$ 和 x 轴的单位向量.

8. 已知向量 $\boldsymbol{a} = (2, -3, 1)$、$\boldsymbol{b} = (1, -1, 3)$、$\boldsymbol{c} = (1, -2, 0)$，求：

(1) $a \times b$；

(2) $(2a) \times (3b)$；

(3) $(a + b) \times (a - b)$；

(4) $(a \times b) \cdot c$.

9. 已知三角形的三顶点为 $A(1, -2, 0)$、$B(0, -1, -2)$ 和 $C(2, 0, -4)$，求 BC 边上的高的长.

10. 判断下列各组向量是否共面：

(1) $a = 3i - 2j - k$、$b = 5i + 4j - 3k$、$c = 11i - k$；

(2) $a = (0, -1, 3)$、$b = (2, -2, 0)$、$c = (-1, 2, -3)$.

11. 求下列由向量 a、b、c 张成的平行六面体的体积：

(1) $a = i$、$b = i + j$、$c = i + j + k$；

(2) $a = -1i + 1j + 2k$、$b = 1i - 1j + 3k$、$c = 2i + j + k$).

12. 已知四面体的顶点为 $A(2, -1, 2)$、$B(2, 3, 0)$、$C(0, -3, 2)$、D 在轴上，四面体体积为 5，求点 D 的坐标.

13. 设 $(a \times b) \cdot c = 2$，求 $[(a + b) \times (b + c)] \cdot (c + a)$.

7.4 平面的方程

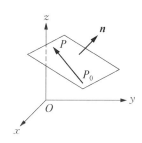

图 7 - 12

若平面过点 $P_0(x_0, y_0, z_0)$，且垂直于非零向量 $n = (A, B, C)$，那么这平面的位置就完全确定了. 称这样的非零向量 n 为该平面的**法向量**.

设点 $P(x, y, z)$ 是平面上的任一点（见图 7 - 12），则 $\overrightarrow{P_0P} \perp n$，于是

$$n \cdot \overrightarrow{P_0P} = 0.$$

由 $\overrightarrow{P_0P} = (x - x_0, y - y_0, z - z_0)$，故平面上任一点 P 的坐标满足方程

$$A(x - x_0) + B(y - y_0) + C(z - z_0) = 0. \qquad ①$$

方程①称为平面的**点法式方程**.

整理方程①，记 $D = -(Ax_0 + By_0 + Cz_0)$，则方程 ① 可写成

$$Ax + By + Cz + D = 0 \quad (A、B、C \text{ 不全为零}). \qquad ②$$

对方程②，不妨假设 $A \neq 0$，则 ② 又可写成

$$A\left[x - \left(-\frac{D}{A}\right)\right] + B(y - 0) + C(z - 0) = 0,$$

这说明②是过点 $\left(-\dfrac{D}{A}, 0, 0\right)$，法向量为 (A, B, C) 的平面的方程. 由此可见，任一平面可用三元

一次方程②来表示,而三元一次方程②总表示一平面. 因此,称方程②为平面的**一般式方程**.

例 1 已知平面过三点 $P_1(1, 0, 1)$、$P_2(0, -4, 2)$、$P_3(2, -2, 3)$,求平面的方程.

解 由于向量 $\overrightarrow{P_1P_2}$, $\overrightarrow{P_1P_3}$ 都垂直于平面的法向量,故可以取法向量 n 为

$$n = \overrightarrow{P_1P_2} \times \overrightarrow{P_1P_3} = (-1, -4, 1) \times (1, -2, 2) = (-6, 3, 6),$$

又平面过点 $P_1(1, 0, 1)$,用点法式方程得所求的平面的方程为

$$-6(x - 1) + 3(y - 0) + 6(z - 1) = 0,$$

即 $2x - y - 2z = 0$.

例 2 已知两点 $M(2, -1, -3)$ 和 $N(0, 3, -1)$,求线段 MN 的垂直平分面的方程.

解 该垂直平分面过线段 MN 的中点 $(1, 1, -2)$,且可取法向量 $n = \overrightarrow{MN} = (-2, 4, 2)$,所以所求的平面的方程为

$$-2(x - 1) + 4(y - 1) + 2(z + 2) = 0,$$

即 $x - 2y - z - 1 = 0$.

例 3 求过点 $(1, -1, 3)$ 且平行于平面 $x - 2y + 3z - 4 = 0$ 的平面的方程.

解法一 所求平面平行于已知平面,其法向量可取为已知平面的法向量 $n = (1, -2, 3)$,所以所求的平面的方程为

$$(x - 1) - 2(y + 1) + 3(z - 3) = 0,$$

即 $x - 2y + 3z - 12 = 0$.

解法二 所求平面的法向量与已知平面的法向量 $(1, -2, 3)$ 是相同的,故可设所求的平面的方程为

$$x - 2y + 3z + D = 0.$$

将点 $(1, -1, 3)$ 的坐标代入上述方程,得

$$1 - 2 \cdot (-1) + 3 \cdot 3 + D = 0,$$

即 $D = -12$,所以所求平面的方程为

$$x - 2y + 3z - 12 = 0.$$

对于一些特殊形式的三元一次方程②所表示的平面,其位置也是特殊的:

(1) 当 $D = 0$ 时,方程 ② 成为 $Ax + By + Cz = 0$,表示的平面过原点;

(2) 当 $C = 0$ 时,方程 ② 成为 $Ax + By + D = 0$,表示的平面平行于 z 轴;

(3) 当 $B = C = 0$ 时,方程 ② 成为 $Ax + D = 0$,表示的平面平行于平面 Oyz.

思考 当 $A = 0$(或 $B = 0$);或 $A = B = 0$(或 $C = D = 0$);或 $A = B = D = 0$(或 $B = C = D = 0$) 时,平面有怎样的特殊位置.

例 4 求过 y 轴和点 $(-3, 1, 2)$ 的平面的方程.

解 可设平面的方程为 $Ax + Cz = 0$. 把点 $(-3, 1, 2)$ 代入,得

$$- 3A + 2C = 0,$$

取非零解 $A = 2$,$C = 3$,所以所求平面的方程为

$$2x + 3z = 0.$$

现在考虑两个平面的夹角(指两平面所成的四个二面角中不大于直角的二面角). 设两平面的方程为

$$\Pi_i : A_i x + B_i y + C_i z + D_i = 0,其中 i = 1、2.$$

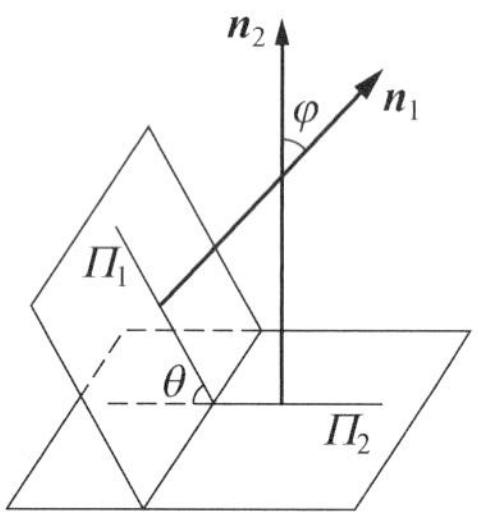

如图 7 - 13 所示,记两平面的夹角为 θ,两平面的法向量 $\boldsymbol{n}_1 = (A_1, B_1, C_1)$ 和 $\boldsymbol{n}_2 = (A_2, B_2, C_2)$ 的夹角为 φ,则

$$\theta = \begin{cases} \varphi, & 0 \leqslant \varphi \leqslant \dfrac{\pi}{2}, \\ \pi - \varphi, & \dfrac{\pi}{2} < \varphi \leqslant \pi, \end{cases}$$

图 7 - 13   因此

$$\cos \theta = |\cos \varphi| = \frac{|\boldsymbol{n}_1 \cdot \boldsymbol{n}_2|}{|\boldsymbol{n}_1| |\boldsymbol{n}_2|} = \frac{|A_1 A_2 + B_1 B_2 + C_1 C_2|}{\sqrt{A_1^2 + B_1^2 + C_1^2} \sqrt{A_2^2 + B_2^2 + C_2^2}}.$$

特别地,两平面互相垂直的充要条件是 $A_1 A_2 + B_1 B_2 + C_1 C_2 = 0$.

例 5 求两平面 $x - y + 2z - 1 = 0$ 和 $x + y - z - 6 = 0$ 的夹角.

解 设两平面的夹角为 θ,因两平面的法向量分别是 $\boldsymbol{n}_1 = (1, -1, 2)$,$\boldsymbol{n}_2 = (1, 1, -1)$. 于是

$$\cos \theta = \frac{|\boldsymbol{n}_1 \cdot \boldsymbol{n}_2|}{|\boldsymbol{n}_1| |\boldsymbol{n}_2|} = \frac{2}{\sqrt{6}\sqrt{3}} = \frac{\sqrt{2}}{3},$$

故两平面的夹角 $\theta = \arccos\dfrac{\sqrt{2}}{3}$.

例 6　设平面 Π 过两点 $M(2, -1, -3)$ 和 $N(0, 3, -1)$,且垂直于平面 $\Pi_1 : 2x - 2y + z - 3 = 0$,求平面 Π 的方程.

解法一　设所求平面的法向量为 $\boldsymbol{n} = (A, B, C)$,则 $\boldsymbol{n}$ 垂直于 $\overrightarrow{MN} = (-2, 4, 2)$,又 $\boldsymbol{n}$ 垂直于平面 Π_1 的法向量 $\boldsymbol{n}_1 = (2, -2, 1)$,所以

$$\begin{cases} -2A + 4B + 2C = 0, \\ 2A - 2B + C = 0, \end{cases}$$

解得 $A = -2C$, $B = -\dfrac{3C}{2}$. 令 $C = 2$,则 $\boldsymbol{n} = (-4, -3, 2)$,由点法式方程得平面 Π 的方程为

$$-4(x - 0) - 3(y - 3) + 2(z + 1) = 0,$$

即 $4x + 3y - 2z - 11 = 0$.

解法二　由于所求平面法向量 $\boldsymbol{n}$ 既垂直于 $\overrightarrow{MN} = (-2, 4, 2)$,又垂直于平面 Π_1 的法向量 $\boldsymbol{n}_1$,由 $\boldsymbol{n}_1 = (2, -2, 1)$,所以

$$\boldsymbol{n} = \overrightarrow{MN} \times \boldsymbol{n}_1 = (-2, 4, 2) \times (2, -2, 1) = (8, 6, -4),$$

由点法式方程得平面 Π 的方程为

$$8(x - 0) + 6(y - 3) - 4(z + 1) = 0,$$

即 $4x + 3y - 2z - 11 = 0$.

习题 7.4

1. 求下列平面的方程:

(1) 过点 $(2, -1, 3)$,且法向量为 $(-2, 1, 1)$ 的平面;

(2) 过点 $(2, -1, 3)$,且垂直于 y 轴的平面;

(3) 过点 $(2, -1, 3)$,且平行于平面 $3x - 7y + 5z - 12 = 0$ 的平面;

(4) 过点 $(2, -1, 3)$,且与平面 $x - y + z - 1 = 0$ 和平面 $2x + y + z - 1 = 0$ 都垂直的平面;

(5) 过两点 $(4, 0, -2)$ 和 $(5, 1, 7)$ 且平行于 x 轴的平面;

(6) 已知点 $M(3, -1, 2)$ 和 $N(4, -2, -1)$,过点 M 且垂直于 MN 的平面;

(7) 过三点 $(0, 0, 0)$, $(1, 2, 3)$ 和 $(2, -1, 3)$ 的平面;

(8) 过点$(2, -1, 3)$和$(1, 2, 3)$，且与平面$x - y + z + 2 = 0$垂直的平面.

2. 指出下列平面对于原点、坐标轴或坐标平面的位置关系：

(1) $x = 0$;

(2) $z + 1 = 0$;

(3) $2x + 3z - 1 = 0$;

(4) $y - z = 0$;

(5) $2x - y + 3z = 0$.

3. 设平面过坐标轴上三点$A(a, 0, 0)$，$B(0, b, 0)$和$C(0, 0, c)$，其中a、b、c均不为 0（称这样的a、b、c为平面在三坐标轴上的截距），证明：平面的方程为$\dfrac{x}{a} + \dfrac{y}{b} + \dfrac{z}{c} = 1$.

4. 求三平面$x + 3y + z - 1 = 0$、$2x - y - z = 0$与$-x + 2y + 2z - 3 = 0$的交点.

5. 求平面$2x - y + z - 6 = 0$和平面$x + y + 2z - 5 = 0$的夹角.

6. 在z轴上求一点P，使点P与点$A(4, 2, 1)$的连线平行于平面$2x - 3y + z - 7 = 0$.

7. 求过点$(1, 2, -4)$和x轴的平面的方程.

8. 求过原点和点$(6, -3, 2)$，且与已知平面$4x - y + 2z = 8$垂直的平面的方程.

9. 已知点$A(2, -4, 1)$和平面$\pi: x + 3y - z = 0$，求点A关于平面π的对称点的坐标.

7.5　空间直线的方程

若直线过点$P_0(x_0, y_0, z_0)$，且平行于非零向量$\boldsymbol{v} = (l, m, n)$，那么这直线的位置就完全确定了，称向量$\boldsymbol{v}$为该直线的**方向向量**.

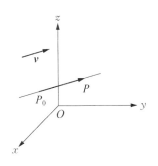

图 7-14

设点$P(x, y, z)$是直线上的任一点（见图 7-14），则$\overrightarrow{P_0P} \parallel \boldsymbol{v}$，所以存在$t$，使

$$\overrightarrow{P_0P} = t\boldsymbol{v},$$

而$\overrightarrow{P_0P} = (x - x_0, y - y_0, z - z_0)$，所以

$$(x - x_0, y - y_0, z - z_0) = t(l, m, n),$$

写成坐标形式，即

$$\begin{cases} x = x_0 + tl, \\ y = y_0 + tm, \\ z = z_0 + tn. \end{cases} \quad ①$$

方程组①称为直线的**参数方程**，t称为**参数**. 在$(-\infty, +\infty)$中t的值与直线上的点是一一对应的.

在方程组①中消去t，得

$$\frac{x - x_0}{l} = \frac{y - y_0}{m} = \frac{z - z_0}{n},$$ ②

称方程②为直线的**点向式方程**或**标准方程**.

注　方程②可理解为比例式,当出现分母为零时,应理解为分子也为零,比如 $l = 0$ 时,

直线方程就是 $\begin{cases} x - x_0 = 0, \\ \dfrac{y - y_0}{m} = \dfrac{z - z_0}{n}. \end{cases}$

例1　求过点 $P(-3, 2, 4)$ 和点 $Q(6, 2, 2)$ 的直线的方程.

解　直线过点 P,且方向向量 $v = \overrightarrow{PQ} = (9, 0, -2)$,故所求直线的方程为

$$\frac{x + 3}{9} = \frac{y - 2}{0} = \frac{z - 4}{-2}.$$

例2　求过点 $A(4, -1, 3)$ 且平行于直线 $\dfrac{x - 6}{2} = \dfrac{y}{1} = \dfrac{z + 1}{-5}$ 的直线的方程.

解　直线过点 A,由于直线的方向向量即为已知直线的方向向量 $v = (2, 1, -5)$,故所求直线的方程为

$$\frac{x - 4}{2} = \frac{y + 1}{1} = \frac{z - 3}{-5}.$$

任何直线可以看成过这直线的两平面的交线,所以直线的方程总可写成

$$\begin{cases} A_1 x + B_1 y + C_1 z + D_1 = 0, \\ A_2 x + B_2 y + C_2 z + D_2 = 0. \end{cases} \quad (\text{其中 } A_1 : B_1 : C_1 \neq A_2 : B_2 : C_2)$$ ③

方程组③中的两个方程可以看成是两平面的方程,由于这两平面的法向量不平行,所以这两平面必相交. 方程组③称为直线的**一般式方程**.

例3　把直线的一般式方程

$$\begin{cases} x + 6y - 4z + 2 = 0, \\ x + y + z - 3 = 0 \end{cases}$$

化成点向式方程.

分析　为求直线的点向式方程,需确定直线上一点及方向向量 v,显然 v 与两平面的法向

量都垂直,所以可取 v 为两平面法向量的向量积.

解 令 $z = 0$,上述方程组化成

$$\begin{cases} x + 6y = -2, \\ x + y = 3, \end{cases}$$

解得 $x = 4$,$y = -1$,故该直线过点 $P_0(4, -1, 0)$,取方向向量为

$$v = (1, 6, -4) \times (1, 1, 1) = (10, -5, -5),$$

所以直线的点向式方程为 $\dfrac{x-4}{2} = \dfrac{y+1}{-1} = \dfrac{z}{-1}$.

例 4 求直线 $l: \dfrac{x}{3} = \dfrac{y-2}{-2} = \dfrac{z+4}{2}$ 与平面 $\Pi: 2x - 3y + 2z - 2 = 0$ 的交点的坐标.

解 把直线 l 的方程写成参数式方程

$$\begin{cases} x = 3t, \\ y = 2 - 2t, \\ z = -4 + 2t, \end{cases}$$

代入平面方程,得

$$2 \cdot 3t - 3(2 - 2t) + 2(-4 + 2t) - 2 = 0,$$

解得 $t = 1$,再代入直线的参数式方程,得 $x = 3$,$y = 0$,$z = -2$,故交点的坐标为 $(3, 0, -2)$.

习题 7.5

1. 求下列直线的方程:

(1) 过点 $P(3, -2, 1)$ 和点 $Q(-1, 0, 2)$ 的直线;

(2) 过点 $(3, -2, 1)$,且垂直于平面 $3x - y - 4 = 0$ 的直线;

(3) 过点 $(3, -2, 1)$,且平行于直线 $\begin{cases} x + y - 2z - 2 = 0, \\ x + 2y - z + 1 = 0 \end{cases}$ 的直线;

(4) 过点 $(3, -2, 1)$,且平行于平面 $x + 2z - 1 = 0$ 和平面 $y - 3z = 0$ 的直线.

2. 求下列平面的方程:

(1) 过点 $(3, 1, -2)$,且垂直于直线 $\dfrac{x-2}{2} = \dfrac{y}{-3} = \dfrac{z+2}{-1}$ 的平面;

(2) 过点 $(3, 1, -2)$ 和直线 $\dfrac{x-2}{2} = \dfrac{y}{-3} = \dfrac{z+2}{-1}$ 的平面;

（3）过点$(3,1,-2)$，且平行于两直线$\dfrac{x}{1}=\dfrac{y-2}{-2}=\dfrac{z+3}{-3}$和$\dfrac{x-2}{0}=\dfrac{y+1}{1}=\dfrac{z-2}{1}$的平面；

（4）过两条平行直线$\dfrac{x+3}{3}=\dfrac{y+2}{-2}=z$和$\dfrac{x+3}{3}=\dfrac{y+4}{-2}=z+1$的平面.

3. 求点$A(-1,2,0)$在平面$\varPi：x+2y-z+1=0$上的投影点的坐标、点A到平面$\varPi$的距离.

4. 已知两直线$l_1：\begin{cases}x+3y+2z+1=0,\\2x-y-10z+1=0\end{cases}$和$l_2：\begin{cases}x-y=6,\\2y+z=3,\end{cases}$求直线$l_1$与直线$l_2$的夹角.

5. 已知直线l过点$(1,1,0)$，且与两直线$l_1：\dfrac{x-1}{1}=\dfrac{y-2}{0}=\dfrac{z-3}{-1}$和$l_2：\dfrac{x+2}{2}=\dfrac{y-1}{1}=\dfrac{z}{1}$都垂直，求直线$l$的方程.

6. 求与两直线$l_1：\begin{cases}x=1\\y=-1+t\\z=2+t\end{cases}$和$l_2：\dfrac{x+1}{1}=\dfrac{y+2}{2}=\dfrac{z-1}{1}$都平行，且过原点的平面的方程.

7. 求过直线$l_1：\dfrac{x-1}{1}=\dfrac{y-2}{0}=\dfrac{z-3}{-1}$且平行于直线$l_2：\dfrac{x+2}{2}=\dfrac{y-1}{1}=\dfrac{z}{1}$的平面的方程.

8. 设有直线$l：\begin{cases}x+3y+2z+1=0,\\2x-y-10z+1=0\end{cases}$和平面$\pi：4x-2y+z-2=0$，则（　　　）.

（A）l平行于π　　　（B）l在π上　　　（C）l垂直于π　　　（D）l与π斜交

7.6　曲面与空间曲线

设在空间直角坐标系中有一个曲面S，有一个三元方程$F(x,y,z)=0$，如果把曲面看作点的集合，且满足

$$S=\{(x,y,z)\,|\,F(x,y,z)=0\},$$

那么就称方程$F(x,y,z)=0$是**曲面S的方程**，曲面S是**方程$F(x,y,z)=0$的曲面**.

因此，点$P(x,y,z)$在曲面S上的充要条件是坐标x、y、z满足$F(x,y,z)=0$.

考虑以点$P_0(x_0,y_0,z_0)$为球心，r为半径的球面的方程.

设$P(x,y,z)$是球面上任一点，则$|P_0P|=r$，可得方程

$$\sqrt{(x-x_0)^2+(y-y_0)^2+(z-z_0)^2}=r,$$

即

$$(x-x_0)^2+(y-y_0)^2+(z-z_0)^2=r^2. \qquad ①$$

反过来,若点 $P(x,y,z)$ 的坐标满足方程①,则 $|P_0P|=r$,即点 P 在球面上. 因此点 $P(x,y,z)$ 在球面上的充要条件是 x、y、z 满足方程 ①,所以方程 ① 是球面的方程.

特别地,以原点为球心, r 为半径的球面方程是

$$x^2+y^2+z^2=r^2. \qquad ②$$

在空间解析几何中,关于曲面的研究包含两类基本问题:

(1) 已知某方程 $F(x,y,z)=0$,研究该方程所表示的曲面形状;

(2) 已知某曲面的几何特征,求该曲面的方程.

前面讨论的平面和空间直线属于问题(2),后面将要讨论的旋转曲面和柱面也属于问题(2),而二次曲面的讨论则属于问题(1).

例1 方程 $x^2+y^2+z^2-4x+4y-2z-3=0$ 表示什么曲面?

解 将方程左边配方得

$$(x-2)^2+(y+2)^2+(z-1)^2=12,$$

可见方程的曲面是球心为 $(2,-2,1)$,半径 $2\sqrt{3}$ 的球面.

空间曲线可以看成是两个曲面的交线. 设两个曲面 S_1 和 S_2 的方程分别是

$$F(x,y,z)=0 \text{ 和 } G(x,y,z)=0,$$

它们的交线是曲线 C,则曲线 C 的方程是

$$\begin{cases} F(x,y,z)=0, \\ G(x,y,z)=0, \end{cases} \qquad ③$$

方程组③称为曲线的**一般方程**.

例2 考察方程组 $\begin{cases} x^2+y^2+z^2=8, \\ z=2 \end{cases}$ 所表示的曲线.

解 第一个方程表示球心为原点 O,半径为 $2\sqrt{2}$ 的球面,第二个方程表示平行于坐标平面 Oxy 的平面,由于球心到平面 $z=2$ 的距离为 $2(<2\sqrt{2})$,故平面与球面相交,交线是一个圆,所以方程组表示的曲线是在平面 $z=2$ 上,圆心是 $(0,0,2)$,半径为 $\sqrt{(2\sqrt{2})^2-2^2}=2$

的圆.

思考 在空间直角坐标系中,方程 $x^2 + y^2 = 1$ 表示怎样的曲面?在空间直角坐标系中,如何表示坐标平面 Oxy 上的单位圆?

若将曲线看成是一个质点 P 在空间中运动的轨迹,在时间 $t \in [a, b]$ 时,设质点 P 的坐标是 (x, y, z),显然 x、y 和 z 都是 t 的函数,则有

$$\begin{cases} x = x(t), \\ y = y(t), \text{其中} a \leqslant t \leqslant b, \\ z = z(t), \end{cases} \quad ④$$

方程④称为曲线的**参数方程**,t 称为**参数**.

例3 写出圆 $\begin{cases} x^2 + y^2 + z^2 = 8, \\ z = 2 \end{cases}$ 的参数方程.

解 设圆上任一点 P 的坐标为 (x, y, z)(见图 7-15),作点 P 在坐标平面 Oxy 上的射影 Q,再作点 Q 到 Ox 轴上的射影 R,由例2可知 $\overrightarrow{QP} = 2\boldsymbol{k}$,记从 Ox 轴正向依逆时针转到 $\overrightarrow{OQ}$ 的角为 θ,易知

$$\overrightarrow{OR} = 2\cos\theta\boldsymbol{i}, \quad \overrightarrow{RQ} = 2\sin\theta\boldsymbol{j},$$

所以

$$\overrightarrow{OP} = \overrightarrow{OR} + \overrightarrow{RQ} + \overrightarrow{QP} = 2\cos\theta\boldsymbol{i} + 2\sin\theta\boldsymbol{j} + 2\boldsymbol{k}.$$

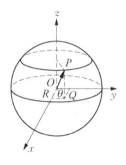

图 7-15

于是参数方程为

$$\begin{cases} x = 2\cos\theta, \\ y = 2\sin\theta, \text{其中} 0 \leqslant \theta < 2\pi. \\ z = 2, \end{cases}$$

习题 7.6

1. 求到点 $A(4, 0, 0)$ 和坐标平面 Oyz 的距离相等的点的轨迹方程.

2. 设空间两点 A、B 的距离为 6,动点 P 到点 A 的距离等于到点 B 的距离的一半,求动点 P 的轨迹方程.

3. 求下列球面方程:

(1) 球心在点 $A(1, 0, -1)$,且过点 $(-2, 2, 5)$ 的球面;

（2）一条直径的两个端点是 $A(7, -1, -2)$ 和 $B(1, 3, 0)$ 的球面.

4. 求下列方程表示的球面的球心坐标和半径：

（1）$x^2 + y^2 + z^2 - 6x + 8y + 2z + 10 = 0$;

（2）$x^2 + y^2 + z^2 + 2x - 4y = 0$.

5. 指出下列方程组在平面直角坐标系和空间直角坐标系中分别表示的图形：

（1）$\begin{cases} y = 5x + 1, \\ y = 3x - 3; \end{cases}$

（2）$\begin{cases} \dfrac{x^2}{6} + \dfrac{y^2}{3} = 1, \\ x + 2y = 0. \end{cases}$

7.7 旋转面、柱面

一、旋转面

设曲线 C 和直线 l 在同一平面内，曲线 C 绕直线 l 旋转一周所成的曲面称为**旋转面**（见图 7-16），曲线 C 称为**母线**，直线 l 称为**旋转轴**.

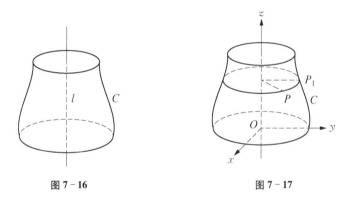

图 7-16   图 7-17

适当选取坐标系可使母线和旋转轴在坐标面上，且旋转轴是坐标轴. 设旋转轴为 z 轴，母线在坐标平面 Oyz 上且方程为

$$\begin{cases} F(y, z) = 0, \\ x = 0, \end{cases} \qquad ①$$

这里，方程组①中的第二个方程表示坐标平面 Oyz，若 y、z 满足第一个方程，则满足方程组①的点的坐标为 $(0, y, z)$，因而方程组①表示平面 Oyz 中某曲线的方程.

现在考虑旋转面方程.

设旋转面上任一点 $P(x, y, z)$（见图 7-17），又设点 P 是由曲线 C 上点 $P_1(0, y_1, z_1)$ 绕 z 轴

旋转而得,故有

$$F(y_1, z_1) = 0,$$

由于点 P 和点 P_1 到 z 轴距离相等,所以

$$\sqrt{x^2 + y^2} = |y_1| \text{ 即 } y_1 = \pm\sqrt{x^2 + y^2},$$

又显然 $z_1 = z$,故点 P 的坐标满足

$$F\left(\pm\sqrt{x^2 + y^2}, z\right) = 0, \hspace{4cm} ②$$

这就是曲线①绕 z 轴旋转一周所得的旋转面方程.

注 严格地说,还应证明坐标满足②的点必须在旋转面上,请读者自行验证. 后面关于柱面的方程也是这样.

思考 请读者写出曲线①绕 y 轴旋转一周所得的旋转面方程.

例 1 坐标平面 Oyz 上的椭圆 $\begin{cases} \dfrac{y^2}{a^2} + \dfrac{z^2}{b^2} = 1, \\ x = 0 \end{cases}$ $(a > b > 0)$ 分别绕 z 轴、y 轴旋转一周所得的

曲面称为**旋转椭球面**(见图 7 - 18),方程为

$$\frac{x^2}{a^2} + \frac{y^2}{a^2} + \frac{z^2}{b^2} = 1, \quad \frac{x^2}{b^2} + \frac{y^2}{a^2} + \frac{z^2}{b^2} = 1.$$

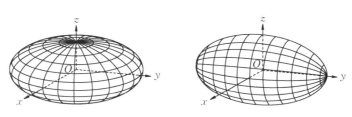

图 7 - 18

例 2 坐标平面 Oyz 上的双曲线 $\begin{cases} \dfrac{y^2}{a^2} - \dfrac{z^2}{b^2} = 1, \\ x = 0 \end{cases}$ $(a > 0, b > 0)$ 分别绕 z 轴、y 轴旋转一周所

得的曲面称为**旋转单叶双曲面**、**旋转双叶双曲面**(见图 7 - 19),方程为

$$\frac{x^2}{a^2} + \frac{y^2}{a^2} - \frac{z^2}{b^2} = 1, \quad -\frac{x^2}{b^2} + \frac{y^2}{a^2} - \frac{z^2}{b^2} = 1.$$

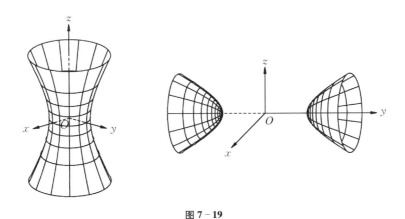

图 7 - 19

例 3 坐标平面 Oyz 上的抛物线 $\begin{cases} y^2 = 2pz, \\ x = 0 \end{cases}$ $(p > 0)$ 绕 z 轴旋转一周所得的旋转面称为**旋转抛物面**(见图 7 - 20),方程为

$$x^2 + y^2 = 2pz.$$

例 4 坐标平面 Oyz 上过原点的直线 $\begin{cases} z = ay, \\ x = 0 \end{cases}$ 绕 z 轴旋转一周所得的旋转面称为**圆锥面**(见图 7 - 21),方程为 $z = \pm a \sqrt{x^2 + y^2}$,即

$$z^2 = a^2(x^2 + y^2).$$

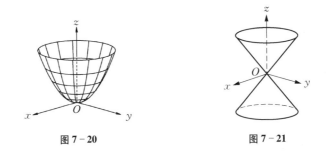

图 7 - 20   图 7 - 21

二、柱面

直线 l 沿着一条空间曲线 C 平行移动所成的曲面称为**柱面**(见图 7 - 22),曲线 C 称为柱面的

准线, 直线的任一位置称为**直母线**.

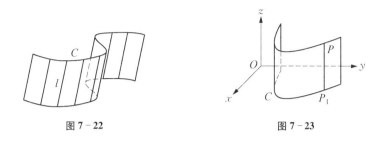

图 7 – 22   图 7 – 23

适当选取坐标系, 可使直母线平行于坐标轴, 而把柱面与坐标面的交线作为准线. 设柱面直母线平行于 z 轴, 准线 C 在坐标平面 Oxy 上, 方程为

$$\begin{cases} F(x, y) = 0, \\ z = 0, \end{cases} \qquad ③$$

考虑柱面的方程. 设柱面上任一点 $P(x, y, z)$ (见图 7–23), 于是点 P 所在的直母线上且过准线 C 上的点为 $P_1(x_1, y_1, 0)$, 故有

$$F(x_1, y_1) = 0,$$

而 PP_1 平行于 z 轴, 故 $x_1 = x$, $y_1 = y$, 所以点 P 的坐标 (x, y, z) 满足

$$F(x, y) = 0.$$

这就是以曲线 C 为准线, 母线平行于 z 轴的柱面方程.

可见, 不含变量 z 的方程表示母线平行于 z 轴的柱面.

类似地, 不含变量 x (或 y) 的方程 $F(y, z) = 0$ (或 $F(x, z) = 0$), 分别表示母线平行于 x 轴 (或 y 轴) 的柱面.

例 5 方程 $\dfrac{x^2}{a^2} + \dfrac{y^2}{b^2} = 1$, $\dfrac{x^2}{a^2} - \dfrac{y^2}{b^2} = 1$ 和 $x^2 = 2py$ 都表示母线平行于 z 轴的柱面 (见图 7–24),

分别称为**椭圆柱面**, **双曲柱面**和**抛物柱面**.

在重积分、曲面积分和实际应用中常常要考虑空间曲线在坐标平面上的投影曲线. 设空间曲线 C 的方程为

$$\begin{cases} F(x, y, z) = 0, \\ G(x, y, z) = 0, \end{cases} \qquad ④$$

即 C 是两曲面 $S_1: F(x, y, z) = 0$ 和 $S_2: G(x, y, z) = 0$ 的交线. 如果从方程组 ④ 中消去 z 得到方程 $f(x, y) = 0$, 那么曲线 C 的方程又可写成

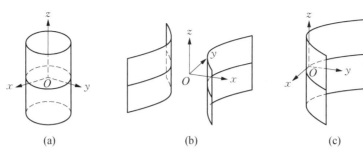

图 7-24

$$\begin{cases} F(x, y, z) = 0, \\ f(x, y) = 0, \end{cases} \qquad ⑤$$

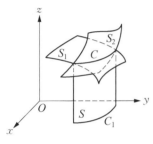

图 7-25

这是因为方程组④和⑤一般是同解的,但方程组⑤意味着曲线 C 是曲面 $S_1 : F(x, y, z) = 0$ 和 $S : f(x, y) = 0$ 的交线(见图 7-25). 曲面 S 是母线平行于 z 轴的柱面,且柱面 S 是过曲线 C、母线平行于 z 轴的柱面,称该柱面 S 为**曲线 C 对坐标平面 Oxy 的投影柱面**. 投影柱面与坐标平面 Oxy 的交线 C_1 称为**曲线 C 在坐标平面 Oxy 上的投影曲线**,曲线 C_1 的方程为

$$\begin{cases} f(x, y) = 0, \\ z = 0. \end{cases}$$

类似地,在④中消去 x 或 y,就得到曲线对坐标平面 Oyz 或 Ozx 的投影柱面方程

$$g(y, z) = 0 \text{ 或 } h(x, z) = 0.$$

相应的投影曲线方程为

$$\begin{cases} g(y, z) = 0, \\ x = 0 \end{cases} \qquad 或 \qquad \begin{cases} h(x, z) = 0, \\ y = 0. \end{cases}$$

例 6 求 Viviani 曲线 $\begin{cases} x^2 + y^2 + z^2 = a^2 \\ x^2 + y^2 - ax = 0 \end{cases}$ 分别在三个坐标平面上的投影曲线方程.

解 第一个方程表示球面,第二个方程写成

$$\left(x - \frac{a}{2}\right)^2 + y^2 = \left(\frac{a}{2}\right)^2,$$

它是母线平行于 z 轴的圆柱面的方程,方程不含 z,所以它也是曲线对坐标平面 Oxy 的投影柱面(见图 7-26).

将两个方程相减,就消去了 y,得到对坐标平面 Ozx 的投影柱面方程

$$z^2 = -a(x-a).$$

从这方程解出 x,代入第一个方程,就消去了 x,得到对坐标平面 Oyz 的投影柱面方程

$$z^4 - a^2y^2 - az^2 = 0.$$

所以 Viviani 曲线在坐标平面 Oxy、Ozx 和 Oyz 上的投影曲线分别为

$$\begin{cases} \left(x-\dfrac{a}{2}\right)^2 + y^2 = \left(\dfrac{a}{2}\right)^2, \\ z=0, \end{cases} \quad \begin{cases} z^2 = -a(x-a), \\ y=0 \end{cases} \quad 和 \begin{cases} z^4 - a^2y^2 - az^2 = 0, \\ x=0. \end{cases}$$

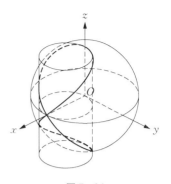

图 7-26

习题 7.7

1. 把坐标平面 Oxy 上的抛物线 $\begin{cases} x^2 = 2y, \\ z=0 \end{cases}$ 绕 y 轴旋转一周,求所得的旋转面方程,并画简图.

2. 把坐标平面 Ozx 上的圆 $\begin{cases} x^2 + z^2 = 4, \\ y=0 \end{cases}$ 绕 z 轴旋转一周,求所得的旋转面方程.

3. 把坐标平面 Oyz 上的双曲线 $\begin{cases} z^2 - 4y^2 = 16, \\ x=0 \end{cases}$ 分别绕 z 轴和 y 轴旋转一周,求所得的旋转面的方程,并画简图.

4. 指出下列方程表示的曲面的名称,并指出旋转面的母线和旋转轴:

(1) $x^2 + 2y^2 + z^2 = 1$;　　　　　　　(2) $x - y^2 - z^2 = 0$;

(3) $x^2 + y^2 = 4z^2$;　　　　　　　　　(4) $4x^2 - y^2 - z^2 = 4$.

5. 指出下列方程在平面直角坐标系和空间直角坐标系中分别表示的图形,并画简图.

(1) $x + y = 1$;　　　　　　　　　　　(2) $y = x^2$.

6. 考察曲面 $\dfrac{x^2}{2} - \dfrac{y^2}{25} + \dfrac{z^2}{4} = 1$ 与下列平面的交线,并判断交线的形状:

(1) $y = 5$;　　　　　　　　　　　　　(2) $z = 2$;

(3) $x = 1$;　　　　　　　　　　　　　(4) $x = 2$.

7. 求曲线 $\begin{cases} \dfrac{x^2}{4} + \dfrac{y^2}{9} - \dfrac{z^2}{2} = 1, \\ x - z = 0 \end{cases}$ 对坐标平面 Oxy 的投影柱面的方程.

8. 求下列曲线在坐标平面 Oxy 上的投影曲线方程:

(1) $\begin{cases} x^2 + y^2 + 9z^2 = 1, \\ z^2 = x^2 + y^2; \end{cases}$

(2) $\begin{cases} y = 2xz, \\ x + y + z = 1. \end{cases}$

9. 求母线平行于 x 轴,准线方程为 $\begin{cases} 2x^2 + y^2 + z^2 = 16, \\ x^2 - y^2 + z^2 = 0 \end{cases}$ 的柱面方程.

7.8 二次曲面

在平面解析几何中,由二元二次方程

$$a_1 x^2 + a_2 y^2 + bxy + c_1 x + c_2 y + d = 0 \ (\text{其中 } a_1 \text{、} a_2 \text{、} b \text{ 不全为 } 0)$$

表示的曲线称为**二次曲线**. 在一些特殊情形下,二次曲线可能是两条相交、平行或重合直线. 一般地,二次曲线是椭圆,双曲线或抛物线. 这时选择适当的坐标系,可以使方程化成最简形式,即大家熟知的标准方程.

同样,在空间解析几何中,由三元二次方程

$$a_1 x^2 + a_2 y^2 + a_3 z^2 + b_1 xy + b_2 yz + b_3 zx + c_1 x + c_2 y + c_3 z + d = 0$$
$$(\text{其中 } a_1 \text{、} a_2 \text{、} a_3 \text{、} b_1 \text{、} b_2 \text{、} b_3 \text{ 不全为 } 0)$$

表示的曲面称为**二次曲面**,在一些特殊情形下,二次曲线可能是一对相交、平行或重合平面,也可能是二次柱面,或二次锥面. 一般地,二次曲面是**椭球面**, **单叶双曲面**, **双叶双曲面**, **椭圆抛物面**或**双曲抛物面**. 这时选择适当的坐标系,可使方程化成标准方程.

表 7-1 显示了这五种曲面的标准方程、对称性和大致形状.

表 7-1

曲面名称	标准方程	对称面	对称轴	对称中心	图形
椭球面	$\dfrac{x^2}{a^2} + \dfrac{y^2}{b^2} + \dfrac{z^2}{c^2} = 1$ $(a, b, c > 0)$	三坐标面	三坐标轴	原点	

续　表

曲面名称	标准方程	对称面	对称轴	对称中心	图形
单叶双曲面	$\dfrac{x^2}{a^2}+\dfrac{y^2}{b^2}-\dfrac{z^2}{c^2}=1$ $(a,b,c>0)$	三坐标面	三坐标轴	原点	
双叶双曲面	$\dfrac{x^2}{a^2}+\dfrac{y^2}{b^2}-\dfrac{z^2}{c^2}=-1$ $(a,b,c>0)$	三坐标面	三坐标轴	原点	
椭圆抛物面	$\dfrac{x^2}{a^2}+\dfrac{y^2}{b^2}=2z$ $(a,b>0)$	Ozx 面 Oyz 面	z 轴	无	
双曲抛物面	$\dfrac{x^2}{a^2}-\dfrac{y^2}{b^2}=2z$ $(a,b>0)$	Ozx 面 Oyz 面	z 轴	无	

下面用两个例子来说明这五种曲面的对称性和形状是如何认定的.

例 1　讨论椭球面 $\dfrac{x^2}{a^2}+\dfrac{y^2}{b^2}+\dfrac{z^2}{c^2}=1\,(a,b,c>0)$ 的对称性和范围.

解　设点 $P(x,y,z)$ 在椭球面上,则 (x,y,z) 满足方程,于是 $(-x,y,z)$、$(x,-y,z)$ 和 $(x,y,-z)$ 也满足方程,这说明点 P 关于三个坐标平面的对称点都在椭球面上,所以椭球面关于三个坐标平面对称. 又 $(x,-y,-z)$、$(-x,y,-z)$ 和 $(-x,-y,z)$ 也满足方程,这说明点 P 关于三条坐标轴的对称点都在椭球面上,所以椭球面关于三条坐标轴对称. 最后,由于 $(-x,-y,-z)$ 也满足方程,所以椭球面关于原点对称.

由椭球面方程可知,$|x|\leqslant a$,$|y|\leqslant b$,$|z|\leqslant c$,所以椭球面是有界曲面.

其他曲面的对称性和范围都可以相仿推得.

例2 讨论双曲抛物面 $\dfrac{x^2}{a^2} - \dfrac{y^2}{b^2} = 2z (a, b > 0)$ 的形状.

解 首先双曲抛物面关于坐标平面 Oyz、Ozx 对称,关于 z 轴对称.

考虑一族平行于坐标平面的平面与双曲抛物面的交线的形状,以此来判断双曲抛物面的形状,这种方法称为**平行截线法**.

双曲抛物面分别与三个坐标平面 Oxy、Oyz 和 Ozx 的交线(称为主截线)及方程依次为

$$C_1 : \begin{cases} \dfrac{x^2}{a^2} - \dfrac{y^2}{b^2} = 0, \\ z = 0, \end{cases} \qquad C_2 : \begin{cases} y^2 = -2b^2 z, \\ x = 0 \end{cases} \qquad 和\ C_3 : \begin{cases} x^2 = 2a^2 z, \\ y = 0, \end{cases}$$

分别表示两条相交直线、开口向下的抛物线和开口向上的抛物线. 由此可知,双曲抛物面是无界曲面.

双曲抛物面与平行于坐标平面 Oxy 的平面 $z = h$ 的交线方程为

$$\begin{cases} \dfrac{x^2}{a^2} - \dfrac{y^2}{b^2} = 2h, \\ z = h. \end{cases}$$

当 $h > 0$ 时,方程即

$$\begin{cases} \dfrac{x^2}{\left(a\sqrt{2h}\right)^2} - \dfrac{y^2}{\left(b\sqrt{2h}\right)^2} = 1, \\ z = h. \end{cases}$$

这是实轴平行于 x 轴的双曲线,其顶点 $\left(\pm a\sqrt{2h}, 0, h\right)$ 在双曲抛物面与坐标平面 Ozx 的交线 C_3 上,当 $|h| \to 0$ 时,顶点无限趋近于 z 轴,当 $|h|$ 变大时,顶点渐渐远离 z 轴.

当 $h < 0$ 时,方程即

$$\begin{cases} -\dfrac{x^2}{\left(a\sqrt{-2h}\right)^2} + \dfrac{y^2}{\left(b\sqrt{-2h}\right)^2} = 1, \\ z = h, \end{cases}$$

这是实轴平行于 y 轴的双曲线,其顶点位置也类似于上述讨论.

综上所述,双曲抛物面形状如表 7-1 中所示,由于形如马鞍,又称为**马鞍面**.

其他曲面的形状可相仿讨论. 在平面解析几何中比较椭圆和圆的方程以及椭圆和圆的图形的关系(圆在一个方向上压缩或拉伸就得到椭圆),再类比到椭球面及球面的方程以及图形的关系,其他曲面和相应旋转面的方程以及图形的关系就可得知. (以上结论作为思考题,请读者自行

讨论完成）

例3 当 k 取各种实数值时,指出方程

$$(k + 3)x^2 - y^2 = (k - 3)z$$

各表示的曲面.

7.8 直纹面

解 曲面的类型取决于各项系数的符号,列表 7 - 2 讨论各种情形如下.

表 7 - 2

k 的值	$k < -3$	$k = -3$	$-3 < k < 3$	$k = 3$	$k > 3$
$k + 3$	$-$	0	$+$	$+$	$+$
$k - 3$	$-$	$-$	$-$	0	$+$
曲面的类型	椭圆抛物面	抛物柱面	双曲抛物面	两个相交平面	双曲抛物面

例4 画出由下列不等式组所确定的立体的简图:

$$0 \leqslant x \leqslant 1, \ 0 \leqslant y \leqslant 1 - x, \ 0 \leqslant z \leqslant x^2 + y^2.$$

解 这立体是三个平面 $x = 0$、$y = 0$ 和 $x + y = 1$ 所围成的三棱柱在坐标平面 Oxy 之上,在旋转抛物面 $x^2 + y^2 = z$ 之下的部分,主要交线有以下三条:

(1) $\begin{cases} x = 0, \\ x^2 + y^2 = z \end{cases}$ 即 $\begin{cases} x = 0, \\ z = y^2 \end{cases}$ 是坐标平面 Oyz 上的抛物线;

(2) $\begin{cases} y = 0, \\ x^2 + y^2 = z \end{cases}$ 即 $\begin{cases} y = 0, \\ z = x^2 \end{cases}$ 是坐标平面 Ozx 上的抛物线;

(3) $\begin{cases} x + y = 1, \\ x^2 + y^2 = z \end{cases}$ 是抛物线,在坐标平面 Ozx 上的投影是 $\begin{cases} y = 0, \\ z = 2x^2 - 2x + 1. \end{cases}$

简图如图 7 - 27 所示.

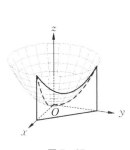

图 7 - 27

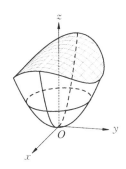

图 7 - 28

例5 画出由曲面 $z = 1 - y^2$ 和 $z = x^2 + 2y^2$ 所围成的立体的简图,并求这两个曲面的交线关于坐标平面 Oxy 的投影柱面的方程.

第7章学习
要点

解 这两个曲面中,第一个曲面是开口向下且母线平行于 x 轴的抛物柱面,第二个曲面是开口向上的椭圆抛物面,简图如图 $7-28$ 所示.消去 z 得到交线关于坐标平面 Oxy 的投影柱面方程为

$$x^2 + 3y^2 = 1.$$

习题 7.8

1. 在空间直角坐标系中,画出下列各组曲面所围成的立体的简图:

(1) $x = 0$,$y = 0$,$z = 0$,$3x + 2y + z = 6$;

(2) $x^2 + y^2 = 2 - z$,$z = 0$,且在 $x^2 + y^2 = 1$ 内的部分.

2. 在第一卦限内,画出下列各组曲面所围成的立体的简图.

(1) $x = 3$,$y = 1$,$2x + 3y + 6z = 12$;

(2) $x - \sqrt{3}y = 0$,$\sqrt{3}x - y = 0$,$z = 0$,$z = 1 - x^2 - y^2$.

3. 画出由不等式组 $0 \leqslant x \leqslant 1$,$0 \leqslant y \leqslant 1$,$0 \leqslant z \leqslant x^2 + y^2$ 所确定的立体的简图.

4. 画出两曲面 $x^2 + y^2 + z^2 = 8$ 和 $x^2 + y^2 = 2z$ 所围成的立体的简图,并求这两个曲面的交线在坐标平面 Oxy 上的投影曲线的方程.

总练习题

1. 求与平面 $x - y + 2z - 6 = 0$ 垂直的单位向量.

2. 设向量 $\boldsymbol{a}$、$\boldsymbol{b}$,满足 $|\boldsymbol{a} + \boldsymbol{b}| = |\boldsymbol{a} - \boldsymbol{b}|$:

(1) 求上式成立的充要条件;

(2) 若 $\boldsymbol{a} = (3, -5, 8)$,$\boldsymbol{b} = (-1, 1, z)$,求 z.

3. 求 y 轴上的点 P 的坐标,使点 P 到点 $A(1, -3, 7)$ 和点 $B(5, 7, -5)$ 的距离相等.

4. 已知 $\triangle ABC$ 顶点 $A(3, 2, -1)$、$B(5, -4, 7)$ 和 $C(-1, 1, 2)$,求 AB 边上中线的长.

5. 已知动点 M 到坐标平面 Oxy 的距离等于它到点 $A(1, -1, 2)$ 的距离,求点 M 的轨迹方程.

6. 已知平面过点 $A(2, 0, 0)$ 和点 $B(0, 0, 2)$,且与坐标平面 Oxy 成 $60°$ 角,求该平面的方程.

7. 求过点 $(-1, 0, 4)$ 且平行于平面 $3x - 4y + z - 10 = 0$ 又与直线 $\dfrac{x - 1}{0} = \dfrac{y}{-3} = \dfrac{z + 2}{4}$ 垂直的

直线方程.

8. 设平面过直线 $\begin{cases} x + y + z = 0, \\ 2x - y + 3z = 0, \end{cases}$ 且平行于直线 $\dfrac{x-2}{6} = \dfrac{y+1}{3} = \dfrac{z}{2}$，求该平面的方程.

9. 已知直线 $l: \begin{cases} 2y + 3z - 5 = 0, \\ x - 2y + 7 = 0, \end{cases}$ 求：

（1）直线 l 在坐标平面 Oyz 上投影直线 l_1 的方程；

（2）直线 l 与直线 l_1 的夹角.

10. 求曲线 $\begin{cases} z = 2 - x^2 - y^2, \\ z = (x-1)^2 + (y-1)^2 \end{cases}$ 在三个坐标平面上的投影曲线的方程.

11. 指出下列方程所表示的曲面的类型：

（1）$x^2 + 4y^2 + z^2 = 1$；　　　　　　　（2）$x^2 + y^2 = 2z$；

（3）$z = \sqrt{x^2 + y^2}$；　　　　　　　　（4）$x^2 - y^2 = 1$.

12. 画出下列各组曲面所围成的立体的简图：

（1）$2y^2 = x$，$z = 0$，$\dfrac{x}{4} + \dfrac{y}{2} + \dfrac{z}{4} = 1$；　　　（2）$z = \sqrt{x^2 + y^2}$，$z = 2 - x^2 - y^2$.

附录 I　几种常用的曲线

（下图中出现的常数 a 均大于 0）

（1）三次抛物线

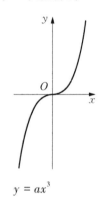

$$y = ax^3$$

（2）半立方抛物线

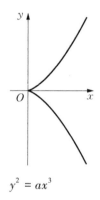

$$y^2 = ax^3$$

（3）概率曲线

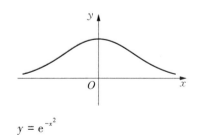

$$y = e^{-x^2}$$

（4）箕舌线

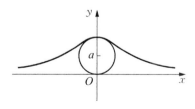

$$y = \frac{8a^3}{x^2 + 4a^2}$$

（5）蔓叶线

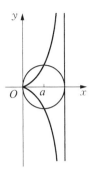

$$y^2(2a - x) = x^3$$

（6）笛卡儿叶形线

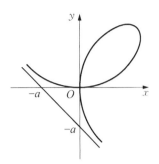

$$x^3 + y^3 - 3axy = 0$$

$$x = \frac{3at}{1 + t^3}, \ y = \frac{3at^2}{1 + t^3}$$

（7）星形线（内摆线的一种）

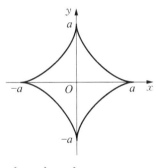

$$x^{\frac{2}{3}} + y^{\frac{2}{3}} = a^{\frac{2}{3}}$$

（8）摆线

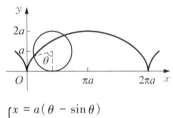

$$\begin{cases} x = a(\theta - \sin\theta) \\ y = a(1 - \cos\theta) \end{cases}$$

（9）心形线（外摆线的一种）

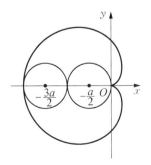

$$x^2 + y^2 + ax = a\sqrt{x^2 + y^2}$$

$$r = a(1 - \cos\theta)$$

（10）阿基米德螺线

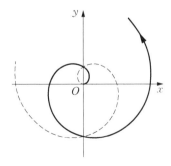

$$r = a\theta$$

（11）对数螺线

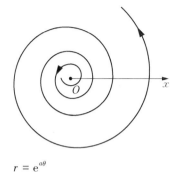

$$r = \mathrm{e}^{a\theta}$$

（12）双曲螺线

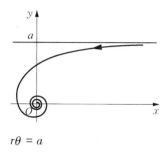

$$r\theta = a$$

（13）伯努利双纽线

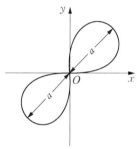

$$(x^2 + y^2)^2 = 2a^2xy$$

$$r^2 = a^2\sin 2\theta$$

（14）伯努利双纽线

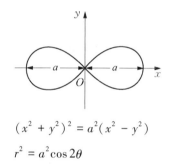

$$(x^2 + y^2)^2 = a^2(x^2 - y^2)$$

$$r^2 = a^2\cos 2\theta$$

（15）三叶玫瑰线

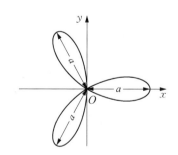

$$r = a\cos 3\theta$$

（16）三叶玫瑰线

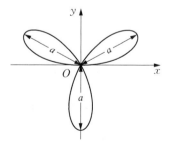

$$r = a\sin 3\theta$$

附录 II　积分表

◎ 扫描二维码,可以查看积分表中 147 个积分的计算方法和结果.

◎ 这 147 个积分的计算方法和结果还可以作为参考资料.

习题答案与提示

第1章

习题1.1

1. (1) $\{3, -2\}$； (2) $\{(x, y) \mid x^2 + y^2 < 2\}$.

2. (1) $(-\infty, -\sqrt{3}) \cup (\sqrt{3}, +\infty)$； (2) $[1, 3) \cup (3, 5]$； (3) $(-3, 0) \cup (4, 7)$.

3. (1) $U(2.5; 1.5)$； (2) $U\left(\dfrac{a+b}{2}; \dfrac{b-a}{2}\right)$； (3) $U\left(\dfrac{3}{2}; \dfrac{1}{2}\right)$； (4) $\mathring{U}(9; 2)$.

*4. (1) 下确界-1,上确界1； (2) 下确界-1,上确界1； (3) 下确界1,无上确界； (4) 下确界$\dfrac{1}{2}$,无上确界.

习题1.2

1. (1) $[-2, -1) \cup (-1, 1) \cup (1, +\infty)$； (2) $(-\infty, 0) \cup (0, 3]$； (3) $(-\infty, 0) \cup (0, 1)$；

(4) $[-4, -\pi] \cup [0, \pi]$.

2. (1) $[-\sqrt{2}, \sqrt{2}]$； (2) $[0, 4]$； (3) $\begin{cases} [a, 2-a], & 0 \leqslant a \leqslant 1, \\ [-a, 2+a], & -1 \leqslant a \leqslant 0, \\ \varnothing, & \text{其他}. \end{cases}$

3. $f(2+h) = h^2 + h + 5$, $\dfrac{f(2+h) - f(2)}{h} = h + 1$.

4. $f(x) = x^2 - 2$, $x \neq 1$.

5. (1) 有界； (2) 无界； (3) 有界； (4) 有界.

6. (1) 无单调性； (2) 单调增； (3) 单调增.

7. (1) 偶函数； (2) 奇函数； (3) 偶函数； (4) 奇函数.

8. (1) 8； (2) 2π； (3) π； (4) 无周期.

9. $f(x) \pm g(x) \begin{cases} \text{与} f、g \text{ 同奇偶}, & \text{当} f、g \text{ 同为奇函数或偶函数}, \\ \text{非奇非偶}, & \text{当} f、g \text{ 一个为奇函数,另一个为偶函数}; \end{cases}$

$f(x)g(x) \begin{cases} \text{偶函数}, & \text{当} f、g \text{ 同为奇函数或偶函数}, \\ \text{奇函数}, & \text{当} f、g \text{ 一个为奇函数,另一个为偶函数}. \end{cases}$

10. 提示:令 $g(x) = \dfrac{f(x) + f(-x)}{2}$, $h(x) = \dfrac{f(x) - f(-x)}{2}$,则$f(x) = g(x) + h(x)$,其中$g(x)$为偶函数,

$h(x)$为奇函数.

11. (1) 错. (2) 对. (3) 错. (4) 错.

12. (1) $y = -\sqrt{1-x^2}$, $x \in [-1, 0]$； (2) $y = \dfrac{1-x}{1+x}$, $x \neq -1$； (3) $y = e^{x-1} - 3$, $x \in (-\infty, +\infty)$；

（4）$y = \dfrac{1}{2}\ln\dfrac{1+x}{1-x}, -1 < x < 1$.

13. $f[g(x)] = \begin{cases} \mathrm{e}^{-1}, & |x| > 1, \\ 1, & |x| = 1, \\ \mathrm{e}, & |x| < 1; \end{cases}$ $g[f(x)] = \begin{cases} 1, & x < 0, \\ 0, & x = 0, \\ -1, & x > 0. \end{cases}$

14. （1）$y = \sqrt[3]{u}, u = \arcsin v, v = \mathrm{e}^x$;

   （2）$y = \mathrm{e}^u, u = \cos v, v = x^2 + 1$;

   （3）$y = \arcsin u, u = \sqrt{v}, v = \ln w, w = x^2 - 1$.

15. 略.

16. 略.

17. $A = 2\pi r^2 + \dfrac{2V}{r}$.

18. 已死亡约 2 055 年. 应该是西汉古墓.

第 2 章

习题 2.1

1. （1）有界,无单调性,极限为 0; （2）有界,单调增,极限为 1; （3）有界,单调增,极限为 1; （4）无界,无单调性,极限不存在; （5）无界,单调减,极限不存在.

2. 略.

3. （1）$\{x_n \pm y_n\}$、$\{x_n y_n\}$ 可能都收敛,也可能都发散; （2）$\{x_n \pm y_n\}$ 一定发散,而 $\{x_n y_n\}$ 可能收敛,也可能发散; （3）当数列 $\{y_n\}$ 有界时,$\lim\limits_{n\to\infty} x_n y_n = 0$;当数列 $\{y_n\}$ 无界时,$\lim\limits_{n\to\infty} x_n y_n$ 可能存在,也可能不存在.

4. （1）$\dfrac{1}{2}$; （2）0; （3）$\dfrac{2}{3}$; （4）2; （5）1; （6）$\dfrac{4}{3}$; （7）1; （8）0; （9）$\dfrac{1}{2}$; （10）$\max\{a, b\}$; （11）1.

5. （1）e^6; （2）e^{-1}.

6. 提示:可证明 $\{x_n\}$ 为单调减有界数列,则 $\{x_n\}$ 收敛. 设 $\lim\limits_{n\to\infty} x_n = A$,则 $A = \dfrac{1}{2}\left(A + \dfrac{1}{A}\right) \Rightarrow A = 1$.

7. 略.

8. 略.

习题 2.2

1. 略.

2. （1）$\lim\limits_{x\to 0^-} f(x) = 1, \lim\limits_{x\to 0^+} f(x) = 0, \lim\limits_{x\to 0} f(x)$ 不存在;

   $\lim\limits_{x\to 1^-} f(x) = 1, \lim\limits_{x\to 1^+} f(x) = 1, \lim\limits_{x\to 1} f(x) = 1$;

   （2）$\lim\limits_{x\to 1^-} f(x) = \dfrac{3}{2}, \lim\limits_{x\to 1^+} f(x) = 1, \lim\limits_{x\to 1} f(x)$ 不存在;

   $\lim\limits_{x\to 2^-} f(x) = 4, \lim\limits_{x\to 2^+} f(x) = 4, \lim\limits_{x\to 2} f(x) = 4$.

3. (1) 不存在; (2) 不存在; (3) 0.

4. (1) $\dfrac{7}{11}$; (2) $\dfrac{n}{m}$; (3) $\dfrac{5}{4}$; (4) -1; (5) -1; (6) $\dfrac{1}{2a}$; (7) $\dfrac{1}{2}$; (8) $\dfrac{\pi}{6}$; (9) $-\dfrac{1}{2}$;

(10) c.

5. (1) $\dfrac{3}{5}$; (2) 0; (3) -1; (4) $\dfrac{1}{2}$; (5) $\sin 2a$; (6) 1; (7) $\dfrac{2}{\pi}$; (8) e^4; (9) e^2; (10) e^2;

(11) e; (12) 1; (13) e^2; (14) $e^{\frac{2}{\pi}}$.

6. 略.

7. $a = 2, f\left(-\dfrac{\pi}{4}\right) = \dfrac{4}{\pi}$.

8. $-\ln 3$.

9. $a = 1, b = -1$.

10. π.

11. 略.

习题 2.3

1. (1) 错误,反例:$\lim\limits_{x \to \infty}[(1-x) + (1+x)] = 2$ 不是无穷大; (2) 错误,反例:$\lim\limits_{x \to \infty}\dfrac{\frac{1}{x}}{\frac{1}{x^2}} = \lim\limits_{x \to \infty} x = \infty$ 不是

无穷小; (3) 错误,反例:$\lim\limits_{x \to 0} x \cdot \dfrac{1}{x} = 1$ 不是无穷大; (4) 错误,反例:$\lim\limits_{x \to \infty} x \cdot \sin \dfrac{1}{x} = 1$ 不是无

穷大.

2. 略.

3. 略.

4. (1) $\beta = o(\alpha)$; (2) $\alpha \sim \beta$; (3) $\alpha = o(\beta)$; (4) $\alpha \sim \beta$.

5. (1) $x^3 + x^5 \sim x^3$; (2) $\sqrt{1+x} - \sqrt{1-x} \sim x$; (3) $\tan x - \sin x \sim \dfrac{1}{2} x^3$; (4) $x^2 \ln^{\frac{2}{3}}(1 + x) \sim$

$x^{\frac{8}{3}}$.

6. (1) 0; (2) $\dfrac{5}{7}$; (3) 1; (4) 0; (5) $\dfrac{1}{8}$; (6) $-\dfrac{2}{3}$; (7) 1; (8) 6.

7. 略.

8. 略.

习题 2.4

1. (1) 错误; (2) 错误; (3) 正确; (4) 错误; (5) 错误; (6) 错误.

2. 不能.

3. (1) 无间断点; (2) $x = 0$,可去间断点,补充定义 $f(0) = 2$; (3) $x = 0$,可去间断点,补充定义 $f(0)$
$= 0$; (4) $x = 0$,可去间断点,补充定义 $f(0) = \dfrac{1}{2}$; (5) $x = 0$,第二类间断点; (6) $x = 0$,第二类

间断点; （7）$x = 1$, 可去间断点, 补充定义 $f(1) = -2$; $x = 2$, 第二类间断点; （8）$x = 0$, 第二类间断点; $x = 1$, 可去间断点, 补充定义 $f(1) = -\dfrac{\pi}{2}$; （9）$x = 1$, 跳跃间断点; （10）$x = 0$, 可去间断点, 补充定义 $f(0) = 3$; （11）$x = 0$, 跳跃间断点; （12）$x = -1$, 跳跃间断点.

4. （1）9; （2）e; （3）$\dfrac{1}{2}$; （4）4.

5. 略.

6. （1）$\ln a$; （2）e^{-1}; （3）$\dfrac{2\pi}{3}$; （4）0; （5）$\dfrac{1}{3}$; （6）1; （7）e^{-1}; （8）$\sqrt{2}$.

7. $f[g(x)] = \begin{cases} x^2, & x \leq 1 \\ -x-2, & x > 1 \end{cases}$ 在 $(-\infty, 1) \cup (1, +\infty)$ 上连续, $x = 1$ 是第一类间断点.

8. $f(x) = e^x (x \neq 0)$ 是连续函数.

9. $f(x)$ 在 $x = 0$ 处右连续.

10. 提示:（1）令 $f(x) = x^2\cos x - \sin x$, $f(\pi) < 0$, $f\left(\dfrac{3\pi}{2}\right) > 0$; （2）令 $f(x) = x - \cos x$, $f(0) < 0$, $f\left(\dfrac{\pi}{2}\right) > 0$; （3）令 $f(x) = x^5 - 2x^2 + x + 1$, $f(-1) < 0$, $f(1) > 0$.

11. 提示: 令 $h(x) = f(x) - g(x)$, $h(a) < 0$, $h(b) > 0$, 则存在 $\xi \in (a, b)$, 使得 $h(\xi) = 0$.

12. 提示: 令 $f(x) = x - a\sin x - b$, 则 $f(0) = -b < 0$. $f(a+b) = a + b - a\sin(a+b) - b \geqslant 0$, 则存在 $\xi \in (0, a+b]$, 使得 $f(\xi) = 0$.

13. 略.

总练习题

1. 略. 反例: $\{x_n\} = \{(-1)^n\}$, 则 $\lim\limits_{n\to\infty} |x_n| = 1$, 但 $\lim\limits_{n\to\infty} x_n$ 不存在.

2. 略.

3. 提示: 证明 $\{x_n\}$ 是单调有界数列, 则 $\lim\limits_{n\to\infty} x_n$ 存在. 设 $\lim\limits_{n\to\infty} x_n = A$, 则 $A = 1 + \dfrac{A}{1+A}$. 所以 $\lim\limits_{n\to\infty} x_n = A = \dfrac{1+\sqrt{5}}{2}$.

4. 0

5. （1）$\dfrac{1}{n}$（令 $\sqrt[n]{1+x} = t$）; （2）$\dfrac{3}{2}$; （3）$\dfrac{6}{5}$; （4）4; （5）$e^{\frac{1}{2}}$; （6）$2e$; （7）$\dfrac{1}{2}$; （8）$\dfrac{1}{1-x}$; （9）$e^{\frac{1}{4}\ln abcd}$.

6. $\dfrac{3\ln 3}{2}$.

7. $\dfrac{\ln a}{2}$

8. $f(x) = \begin{cases} ax^2 + b, & |x| < 1, \\ \dfrac{1+a+b}{2}, & x = 1, \\ \dfrac{-1+a-b}{2}, & x = -1, \\ \dfrac{1}{x}, & |x| > 1, \end{cases} \quad a = 0, b = 1.$

9. 提示:设 $f(x)$ 在 $[a, b]$ 上的最大值为 M,最小值为 m. 则有 $c, d \in [a, b]$,使得 $f(c) = M, f(d) = m$. 所以

$$m \leqslant \frac{f(x_1) + f(x_2) + \cdots + f(x_n)}{n} \leqslant M. \text{令} h(x) = f(x) - \frac{f(x_1) + f(x_2) + \cdots + f(x_n)}{n}, \text{则} h(c) \geqslant 0, h(d)$$

$\leqslant 0.$ 所以存在 $\xi \in (c, d) \subseteq [a, b]$,使得 $h(\xi) = 0$,即 $f(\xi) = \dfrac{f(x_1) + f(x_2) + \cdots + f(x_n)}{n}.$

10. 略.

11. 略.

12. 略.

第3章

习题 3.1

1. (1) 27 cm/s;　(2) 24.3 cm/s;　(3) 24 cm/s.

2. $f'(x) = a.$

3. (1) 2;　(2) $\dfrac{1}{4}$;　(3) $-2.$

4. (1) $6x^2$;　(2) $-\dfrac{1}{(x+4)^2}.$

5. (1) $f'(x_0)$;　(2) $4f'(x_0).$

6. $f'(0).$

7. $\varphi(a).$

8. 可导.

9. $a = 2, b = -1.$

10. $f(x_0) - x_0 f'(x_0).$

11. $\dfrac{\mathrm{d}\theta}{\mathrm{d}t}.$

12. $\dfrac{1}{f(t_0)} f'(t_0).$

13. $\dfrac{\mathrm{d}Q}{\mathrm{d}T}.$

14. $N'(t_0).$

15. (1) 切线方程为 $4x - y - 4 = 0$,法线方程为 $x + 4y - 18 = 0$;　(2) 切线方程为 $y - 1 = 0$,法线方程

11. $10\,\text{cm}^3/\text{h}$.

为 $x = 0$；（3）切线方程为 $y - \dfrac{\sqrt{3}}{2} = \dfrac{1}{2}\left(x - \dfrac{\pi}{3}\right)$，法线方程为 $y - \dfrac{\sqrt{3}}{2} = -2\left(x - \dfrac{\pi}{3}\right)$．

16. （1）点 $(0,0)$；（2）点 $\left(-\dfrac{1}{2},\dfrac{1}{4}\right)$；（3）点 $(2,4)$．

习题 3.2

1. （1）$2x + 3\sin x + 2^x\ln 2$；（2）$3\sec^2 x - \csc x\cot x$；（3）$\dfrac{1}{x} + \dfrac{2}{\ln 3 \cdot x} + \dfrac{4}{\ln 10 \cdot x}$；（4）$\dfrac{7}{8}x^{-\frac{1}{8}}$；

（5）$-\dfrac{2}{x^2} + 4$；（6）$24x + 13$；（7）$3e^x(\cos x + \sin x)$；（8）$1 + \ln x + \dfrac{1}{x^2} - \dfrac{\ln x}{x^2}$；（9）$\dfrac{\sin x - 1}{(x + \cos x)^2}$；

（10）$-\dfrac{2}{x(1 + \ln x)^2}$；（11）$\dfrac{1 - 2x}{(1 - x + x^2)^2}$；（12）$\dfrac{2 - 4x}{(1 - x + x^2)^2}$；（13）$2x\ln x\cos x + x\cos x -$

$x^2\ln x\sin x$；（14）$2x\arctan x\,\text{arccot}\,x + \text{arccot}\,x - \arctan x$．

2. （1）$-150(2 - 5x)^{29}$；（2）$-10\cos(1 - 2x)$；（3）$-\sin 2x\,e^{-\sin^2 x}$；（4）$\dfrac{1}{|x|\sqrt{x^2 - 1}}$；

（5）$\dfrac{1}{\sqrt{x^2 + a^2}}$；（6）$-\dfrac{1}{1 + x^2}$；（7）$\sec x$；（8）$\dfrac{1}{x\ln x\ln(\ln x)}$；（9）$\dfrac{1 - \sqrt{1 - x^2}}{x^2\sqrt{1 - x^2}}$；

（10）$\dfrac{-1}{(1 + x)\sqrt{2x(1 - x)}}$；（11）$n\sin^{n-1}x\cos(n + 1)x$；（12）$-\tan x\arctan\dfrac{1}{x} - \dfrac{\ln\cos x}{1 + x^2}$．

3. （1）$\sin 2x[f'(\sin^2 x) - f'(\cos^2 x)]$；（2）$\dfrac{g(x)f'(x) - g'(x)f(x)}{g^2(x) + f^2(x)}$；（3）$2xe^{x^2}f'(e^{x^2})g[\ln(x +$

$\sqrt{1 + x^2})] + \dfrac{1}{\sqrt{1 + x^2}}f(e^{x^2})g'[\ln(x + \sqrt{1 + x^2})]$．

4. $(2x\sin x + x^2\cos x)u(x^2\sin x)$．

5. xe^{x-1}．

6. 略．

7. $-99!$

8. $f'(x) = a^a x^{a-1} + a^{x+1}x^{a-1}\ln a + a^{a^x+x}\ln^2 a$．

9. $f'(x) = \begin{cases} \sec^2 x, & x < 0 \\ e^x, & x \geqslant 0. \end{cases}$

10. $a = -1, b = \dfrac{\pi}{2}$．

11. 切线方程 $y = \dfrac{x}{3}$，法线方程 $y = -3x + 10$．

12. 略．

习题 3.3

1. $3^{100}100!$

2. （1）$\dfrac{1}{x}$；（2）$2\arctan x + \dfrac{2x}{1 + x^2}$；（3）$e^{-2x}(3\sin x - 4\cos x)$；（4）$-\dfrac{1}{(1 - x^2)^{\frac{3}{2}}}$；（5）$-\dfrac{2(x^2 + 1)}{(x^2 - 1)^2}$；

(6) $\dfrac{2\left[\tan x + x(x\tan x - 1)\sec^2 x\right]}{x^3}$;　(7) $\dfrac{-x}{(1+x^2)^{\frac{3}{2}}}$;　(8) $-\dfrac{2}{x}\sin(\ln x)$.

3. (1) $(-1)^{n-1}(n-1)!\,x^{-n}$;　(2) $(-1)^n\dfrac{(n-2)!}{x^{n-1}}(n>1)$;　(3) $(-1)^{n-1}ne^{-x}+(-1)^n xe^{-x}$;

(4) $(-1)^n\dfrac{2n!}{(1+x)^{n+1}}$;　(5) $2^{n-1}\sin\left[2x+(n-1)\dfrac{\pi}{2}\right]$;　(6) $\dfrac{(-1)^n n!}{2a}\left[\dfrac{1}{(x-a)^{n+1}}-\dfrac{1}{(x+a)^{n+1}}\right]$;

(7) $3^{n-2}\left[9x^2-n(n-1)\right]\sin\left(3x+\dfrac{n\pi}{2}\right)-2n3^{n-1}x\cos\left(3x+\dfrac{n\pi}{2}\right)\ (n>1)$;　(8) $e^x\left[x^2+2x+2+2n(x+1)+n(n-1)\right]$.

4. $2g(a)$.

5. (1) $9x^4 f''(x^3)+6xf'(x^3)$;　(2) $e^{f(x)}f''(x)+e^{f(x)}f'(x)^2$.

6. $\begin{cases}0, & n\text{ 为偶数,} \\ (-1)^{\frac{n-1}{2}}(n-1)!, & n\text{ 为奇数.}\end{cases}$

7. 略.

习题 3.4

1. (1) $-\sqrt{\dfrac{y}{x}}$;　(2) $\dfrac{\cos(x+y)}{e^y-\cos(x+y)}$;　(3) $-\dfrac{e^y+ye^x}{xe^y+e^x}$;　(4) $\dfrac{y-x^2}{y^2-x}$;　(5) $\dfrac{1}{x(1+\ln y)}$;　(6) $\dfrac{x+y}{x-y}$.

2. 切线方程为 $x+y-\dfrac{1}{2}\sqrt{2a}=0$,法线方程为 $y-x=0$.

3. (1) $\dfrac{2(e^{x+y}-x)(y-e^{x+y})-e^{x+y}(x-y)^2}{(e^{x+y}-x)^3}$;　(2) $\dfrac{e^{2y}(3-y)}{(2-y)^3}$.

4. (1) $x\sqrt{\dfrac{1-x}{1+x}}\left(\dfrac{1}{x}-\dfrac{1}{1-x^2}\right)$;　(2) $\dfrac{x^2}{1-x}\sqrt[3]{\dfrac{3-x}{(3+x)^2}}\left(\dfrac{2}{x}+\dfrac{1}{1-x}-\dfrac{1}{3(3-x)}-\dfrac{2}{3(3+x)}\right)$;

(3) $\sqrt[x]{x}\,\dfrac{1-\ln x}{x^2}$;　(4) $x^{x^a}x^{a-1}(a\ln x+1)+x^{a^x}a^x\left(\ln a\ln x+\dfrac{1}{x}\right)+a^{x^x}x^x\ln a(\ln x+1)$.

5. (1) $y'=-\dfrac{b\cos t}{a\sin t}$, $y''=-\dfrac{b}{a^2}\csc^3 t$;　(2) $y'=\dfrac{\sin t}{1-\cos t}$, $y''=-\dfrac{1}{(1-\cos t)^2}$;　(3) $y'=\dfrac{1}{2(1+t)^2}$, $y''=-\dfrac{1}{2(1+t)^4}$;　(4) $y'=\dfrac{t^2+2}{2t}$, $y''=\dfrac{(t^2-2)(1+t^2)}{4t^3}$.

6. $\dfrac{1}{f''(x)}$.

7. 切线方程 $y=2x-\dfrac{\pi}{2}+\ln 2$;法线方程 $y=-\dfrac{x}{2}+\dfrac{\pi}{8}+\ln 2$.

8. 0.14 rad/min.

9. 0.64 cm/min.

10. 0.875 m/s.

11. 10 cm³/h.

习题 3.5

1. 略.

2. （1）$\ln x \mathrm{d}x$；　（2）$\mathrm{e}^x(\sin^2 x + \sin 2x)\mathrm{d}x$；　（3）$\left[-\dfrac{\sin x}{1-x^2} + \dfrac{2x\cos x}{(1-x^2)^2}\right]\mathrm{d}x$；　（4）$8x\tan(1+2x^2)\sec^2(1+$

$2x^2)\mathrm{d}x$；　（5）$\dfrac{\mathrm{d}x}{x(1+\ln^2 x)}$；　（6）$-\dfrac{2x}{1+x^4}\mathrm{d}x$；　（7）$\mathrm{e}^{f(x)}\left[f'(x)f(\ln x) + \dfrac{f'(\ln x)}{x}\right]\mathrm{d}x$.

3. （1）$2x$；　（2）$x^2 + x$；　（3）$-\dfrac{1}{3}\cos 3x$；　（4）$\ln|1+x|$；　（5）$2\sqrt{x}$；　（6）$\arcsin x$；　（7）$\dfrac{1}{3}\mathrm{e}^{3x}$；

（8）$\dfrac{1}{3}\tan 3x$.

4. （1）$\dfrac{\mathrm{e}^x - y\cos(xy)}{\mathrm{e}^y + x\cos(xy)}\mathrm{d}x$；　（2）$\dfrac{y}{x}\mathrm{d}x$.

5. $-\mathrm{d}x$.

6. $\dfrac{\mathrm{d}x}{\sqrt{4x-3}}$.

7. $\mathrm{d}y\,\big|_{t=1} = -2\mathrm{d}x$.

8. （1）2.991；　（2）0.095；　（3）0.810；　（4）-0.875.

9. 略.

10. 15%.

11. 0.66 克.

总练习题

1. $\mathrm{e}^{2t}(1+2t)$.

2. $\dfrac{f'(0)}{2}$.

3. $4\sqrt{5}$.

4. $\begin{cases} -2, & -1 < x < 0, \\ 2(x+1), & 0 < x < 1. \end{cases}$

5. 略.

6. $q = 2\left(\dfrac{p}{3}\right)^{\frac{3}{2}}$.

7. 略.

8. 提示：本题不能直接套用乘法求导法则. $f'(x_0) = g'(x_0)\varphi(x_0)$.

9. $f'(1) = 1$，$f(x)$ 在 $x = -1$ 处不可导.

10. （1）$\dfrac{-\mathrm{e}^x x - 2\mathrm{e}^x + 2}{4\sqrt{1-\mathrm{e}^x}\sqrt{\sqrt{1-\mathrm{e}^x}x}}$；　（2）$\dfrac{\mathrm{e}^x}{\sqrt{1+\mathrm{e}^{2x}}}$；　（3）$\dfrac{\cos x}{|\cos x|}$；　（4）$\dfrac{3x^{\frac{1}{6}} - 2}{12x^{\frac{2}{3}}\sqrt{\sqrt{x} - \sqrt[3]{x}}}$；

（5）$\dfrac{\sin\theta}{1 - 2x\cos\theta + x^2}$；　（6）$\dfrac{g'(x)}{g(x)\ln f(x)} - \dfrac{f'(x)\ln g(x)}{f(x)\ln^2 f(x)}$.

11. (1) $y' = \dfrac{\ln\cos y - y\cot x}{\ln\sin x + x\tan y}$;　(2) $y' = \dfrac{xy\ln y - y}{x - x^2}$;　(3) $y'' = \dfrac{-2(1 + y^2)}{y^5}$.

12. (1) $y' = \tan t$, $y'' = \dfrac{\sec^3 t}{at}$;　(2) $y' = (3t + 2)(1 + t)$, $y'' = \dfrac{(6t + 5)(t + 1)}{t}$.

13. 切线方程为 $x + 2y - 4 = 0$,法线方程为 $2x - y - 3 = 0$.

14. $\dfrac{1}{2}$.

15. (1) $(\sqrt{2})^n e^x \sin\left(x + \dfrac{n\pi}{4}\right)$;　(2) $-2^{n-1}\sin\left(2x + \dfrac{k - 1}{2}\pi\right)$;　(3) $\dfrac{(-1)^n n!}{3}\left[\dfrac{1}{(x - 2)^{n+1}} - \dfrac{1}{(x + 1)^{n+1}}\right]$.

16. $\dfrac{100!}{3}\left[\dfrac{1}{(x - 1)^{101}} - \dfrac{1}{(x + 2)^{101}}\right]$.

17. e^{-2}.

18. 略.

19. $\dfrac{1}{x^2} + 2$.

20. 提示:先令 $x_1 = 0$,得 $f(0) = 0$;再由 $f'(0) = 1$,可得 $\lim\limits_{x \to 0}\dfrac{f(x)}{x} = 1$.

21. 提示:将原式化为 $y(1 - ax) = x - a$.

22. $f'(a) = \cos x$, $f'(2x) = \cos 2x$, $f'[f(x)] = \cos(\sin x)$, $[f(2x)]' = 2\cos 2x$, $\{f[f(x)]\}' = \cos(\sin x) \cdot \cos x$.

23. $n! f^{n+1}(x)$.

第4章

习题 4.1

1. ξ 为 $\dfrac{1}{2}$ 或 $-\dfrac{1}{2}$.

2. $f'(x) = 0$ 恰有三个实根,分别在 $(1, 2)$, $(2, 3)$, $(3, 4)$ 内.

3. 提示:考察 $F(x) = \dfrac{a_n}{n + 1}x^{n+1} + \dfrac{a_{n-1}}{n}x^n + \cdots + a_0 x$.

4. 略.

5. 略.

6. 提示:对 $F(x) = xf(x)$ 用拉格朗日定理.

7—11. 略.

12. 提示:对 $f(x) = \dfrac{e^x}{x}$, $g(x) = \dfrac{1}{x}$ 应用柯西中值定理.

习题 4.2

1. (1) $\ln \dfrac{a}{b}$; (2) 2; (3) $\dfrac{1}{2}$; (4) ∞; (5) $-\dfrac{1}{2}$; (6) 2; (7) 1; (8) 1; (9) 3; (10) 2;

(11) 2; (12) 1; (13) $\dfrac{1}{2}$; (14) $\dfrac{1}{2}$; (15) 0; (16) 0; (17) 1; (18) 1; (19) $\mathrm{e}^{-\frac{2}{\pi}}$;

(20) e; (21) 1; (22) 1.

2. 略.

3. 1.

4. $\mathrm{e}^{-\frac{1}{2}}$.

5. $k = 3$, $c = \dfrac{1}{3}$.

6. $g(0) = 1$, $a = g'(0)$, $f'(0) = \dfrac{g''(0)}{2}$.

习题 4.3

1. $f(x) = x + x^2 + \dfrac{x^3}{2!} + \cdots + \dfrac{x^n}{(n-1)!} + \dfrac{(\theta x + 1)\mathrm{e}^{\theta x}}{(n+1)!} x^{n+1} \ (0 < \theta < 1)$.

2. $\cos 2x = 1 - 2x^2 + \dfrac{2}{3} x^4 + \cdots + (-1)^n \dfrac{4^n}{(2n)!} x^{2n} + o(x^{2n})$.

3. $\dfrac{1}{x} = -\left[1 + (x+1) + (x+1)^2 + \cdots + (x+1)^n\right] + (-1)^{n+1} \dfrac{(x+1)^{n+1}}{\left[-1 + \theta(x+1)\right]} (0 < \theta < 1)$.

4. (1) $-\dfrac{1}{12}$; (2) $\dfrac{1}{2}$.

5. $f(0) = -1$, $f'(0) = 0$, $f''(0) = \dfrac{4}{3}$.

6. $a = -\dfrac{1}{2}$, $b = -1$.

7. $a = -\dfrac{7}{60}$, $b = \dfrac{1}{20}$, 7 阶.

8. 提示:利用 $f(2)$ 和 $f(0)$ 在 x 点处的泰勒展开式.

9. 0.095 3.

习题 4.4

1. (1) 在 $(-\infty, -1]$ 及 $[1, +\infty)$ 内单调减,在 $[-1, 1]$ 内单调增. (2) 在 $[100, +\infty)$ 内单调减,在 $[0, 100]$ 内单调增. (3) 在 $(-\infty, -1]$ 及 $(0, 1]$ 内单调减,在 $[-1, 0)$ 及 $[1, +\infty)$ 内单调增. (4) 在 $[0, +\infty)$ 内单调减,在 $(-\infty, 0]$ 内单调增. (5) 在 $[1, 2]$ 内单调减,在 $[0, 1]$ 内单调增. (6) 在 $\left[\dfrac{2}{3}, 1\right]$ 内单调减,在 $\left(-\infty, \dfrac{2}{3}\right]$ 及 $[1, +\infty)$ 内单调增.

2. (1) 极大值 $f\left(\dfrac{3}{2}\right) = \dfrac{27}{16}$. (2) 极大值 $f\left(\dfrac{1}{2}\right) = \dfrac{81}{8} \sqrt[3]{18}$,极小值 $f(-1) = 0$ 和 $f(5) = 0$. (3) 极小

值 $f(\mathrm{e}^{-\frac{1}{2}}) = -\dfrac{1}{2\mathrm{e}}$.   (4) 极大值 $f(\pm 1) = \dfrac{1}{\mathrm{e}}$,极小值 $f(0) = 0$.   (5) 极大值 $f(1) = 2$.   (6) 极小

值 $f(1) = 2 - 4\ln 2$.   (7) 极大值 $f(\mathrm{e}^2) = \dfrac{4}{\mathrm{e}^2}$,极小值 $f(1) = 0$.   (8) 极大值 $f(1) = \dfrac{\pi}{4} - \dfrac{1}{2}\ln 2$.

3. 证明略.

4. (1) 最大值 $y(4) = 80$,最小值 $y(-1) = -5$.   (2) 最大值 $y\left(\dfrac{3}{4}\right) = \dfrac{5}{4}$,最小值 $y(-5) = -5 + \sqrt{6}$.

(3) 最大值 $y(4) = \dfrac{3}{5}$,最小值 $y(0) = -1$.   (4) 无最大值,最小值 $y(\mathrm{e}^{-2}) = -\dfrac{2}{\mathrm{e}}$.

5. 极小值 -2.

6. 极小值 $f(-1) = 1 - \mathrm{e}^{-1}$, $f(\mathrm{e}^{-1}) = \mathrm{e}^{-\frac{2}{\mathrm{e}}}$;极大值 $f(0) = 1$、$f'(x) = \begin{cases} 2x^{2x}(\ln x + 1), & x > 0, \\ \mathrm{e}^x(x + 1), & x < 0. \end{cases}$

7. (1) $a = -\dfrac{1}{2}$,$b = -2$. 单调增区间 $\left(-\infty, -\dfrac{2}{3}\right]$,$[1, +\infty)$;单调减区间 $\left[-\dfrac{2}{3}, 1\right]$.   (2) $c > 2$ 或

$c < -1$.

8. 略.

9. 纵坐标最大的点 $(1, 2)$,最小的点 $(-1, -2)$.

10. 略.

11. 高 $h = 2\sqrt[3]{\dfrac{v}{2\pi}}$,底半径 $r = \sqrt[3]{\dfrac{v}{2\pi}}$.

12. $\varphi = \dfrac{2\sqrt{6}\pi}{3}$.

13. P 的坐标为 $\left(\dfrac{2\sqrt{3}}{3}, \dfrac{8}{3}\right)$.

14. $\sqrt[3]{3}$.

15. $\dfrac{32}{81}\pi R^3$.

习题 4.5

1. (1) 曲线在 $\left(-\infty, \dfrac{1}{2}\right)$ 上凸,在 $\left(\dfrac{1}{2}, +\infty\right)$ 下凸,拐点为 $\left(\dfrac{1}{2}, \dfrac{13}{2}\right)$.   (2) 曲线在 $(-\infty, -1)$ 及 $(1, +\infty)$

上凸,在 $(-1, 1)$ 下凸,拐点为 $(-1, \ln 2)$,$(1, \ln 2)$.   (3) 曲线在 $(1, +\infty)$ 上凸,在 $(-\infty, 1)$ 下凸,拐点

为 $(1, \mathrm{e}^{\frac{\pi}{2}})$.   (4) 曲线在 $(-\infty, -2)$ 上凸,在 $(-2, +\infty)$ 下凸,拐点为 $\left(-2, -\dfrac{2}{\mathrm{e}^2}\right)$.   (5) 曲线在 $(-\infty,$

$b)$ 上凸,在 $(1, +\infty)$ 下凸,拐点为 (b, a).   (6) 曲线在 $(0, 1)$ 上凸,在 $(1, +\infty)$ 下凸,拐点为 $(1, -7)$.

2. 略.

3. 略.

4. 3 个.

5. 不是极值点,是拐点.

6. 一个极小值,两个拐点.

7. (1) $y = -5$, $x = 2$; (2) $x = -1$; (3) $x = -\dfrac{1}{e}$, $y = x + \dfrac{1}{e}$; (4) $y = x$, $x = 0$.

8. (1) 在 $\left(-\dfrac{1}{3}, 1\right)$ 内单调减,在 $\left(-\infty, -\dfrac{1}{3}\right)$ 和 $(1, +\infty)$ 内单调增,极大值为 $y\left(-\dfrac{1}{3}\right) = \dfrac{32}{27}$,极小值为 $y(1) = 0$,曲线在 $\left(-\infty, \dfrac{1}{3}\right)$ 上凸,在 $\left(\dfrac{1}{3}, +\infty\right)$ 下凸,拐点为 $\left(\dfrac{1}{3}, \dfrac{16}{27}\right)$,图形略;

(2) 在 $(-\infty, 0)$,$\left(0, \dfrac{\sqrt[3]{4}}{2}\right)$ 内单调减,在 $\left[\dfrac{\sqrt[3]{4}}{2}, +\infty\right)$ 内单调增,极小值为 $y\left(\dfrac{\sqrt[3]{4}}{2}\right) = \dfrac{3}{2}\sqrt[3]{2}$,曲线在 $(-1, 0)$ 上凸,在 $(-\infty, -1)$,$(0, +\infty)$ 下凸,拐点为 $(-1, 0)$,渐近线为 $x = 0$,图形略;

(3) 在 $(-\infty, -2)$,$(0, +\infty)$ 内单调减,在 $[-2, 0)$ 内单调增,极小值为 $y(-2) = -3$,曲线在 $(-\infty, -3)$ 上凸,在 $(-3, 0)$,$(0, +\infty)$ 下凸,拐点为 $\left(-3, -2\dfrac{8}{9}\right)$,渐近线为 $y = -2$,$x = 0$,图形略;

(4) 在 $[-5, -1)$ 内单调减,在 $(-\infty, -5]$,$(-1, +\infty)$ 内单调增,极大值为 $f(-5) = -13.5$,曲线在 $(-\infty, -1)$,$(-1, 1)$ 上凸,在 $(1, +\infty)$ 下凸,拐点为 $(1, 0)$,渐近线为 $x = -1$,$y = x - 5$,图形略;

(5) 在 $[1, +\infty)$ 内单调减,在 $(-\infty, 1]$ 内单调增,极大值为 $y(1) = 1$,曲线在 $\left(1 - \dfrac{\sqrt{2}}{2}, 1 + \dfrac{\sqrt{2}}{2}\right)$ 上凸,在 $\left(-\infty, 1 - \dfrac{\sqrt{2}}{2}\right)$,$\left(1 + \dfrac{\sqrt{2}}{2}, +\infty\right)$ 下凸,拐点为 $\left(1 - \dfrac{\sqrt{2}}{2}, \dfrac{1}{\sqrt{e}}\right)$,$\left(1 + \dfrac{\sqrt{2}}{2}, \dfrac{1}{\sqrt{e}}\right)$,渐近线为 $y = 0$,图形略;

(6) 在 $[0, +\infty)$ 内单调减,在 $(-\infty, 0]$ 内单调增,极大值为 $y(0) = \dfrac{1}{\sqrt{2\pi}}$,曲线在 $(-1, 1)$ 上凸,在 $(-\infty, -1)$,$(1, +\infty)$ 下凸,拐点为 $\left(-1, \dfrac{1}{\sqrt{2\pi e}}\right)$,$\left(1, \dfrac{1}{\sqrt{2\pi e}}\right)$,渐近线为 $y = 0$,图形略.

习题 4.6

1. $\dfrac{\sqrt{2}}{2}$.

2. $K = |\cos x|$,$R = |\sec x|$.

3. $K = \dfrac{1}{a \cdot \text{ch}^2 \dfrac{x}{a}}$,$R = a \cdot \text{ch}^2 \dfrac{x}{a}$.

总练习题

1. 提示:考察函数 $F(x) = \begin{vmatrix} f(a) & g(a) & h(a) \\ f(b) & g(b) & h(b) \\ f(x) & g(x) & h(x) \end{vmatrix}$,并分别取 $g(x) = x$,$h(x) = 1$ 和 $h(x) = 1$ 两种情况进行讨论.

2. 略.

3. 提示:设 $F(x) = \dfrac{1}{2}f^2(x)$.

4. 提示:设 $G(x) = f(x)\mathrm{e}^x$.

5. 略.

6. $a = -1, b = -\dfrac{1}{2}, k = -\dfrac{1}{3}$.

7. 提示:利用 e^x、$\dfrac{1}{1+bx}$ 的泰勒展开式;$a = \dfrac{1}{2}, b = -\dfrac{1}{2}$.

8. 提示:分别考虑 $f(x)$ 在 $x = a + h$ 与 $f'(x)$ 在 $x = a + \theta h$ 的一阶与二阶的泰勒展开.

9. 提示:对 $f(x)$、$g(x)$ 用柯西中值定理.

10. 提示:对 $F(x) = \dfrac{f(x)}{x}$、$G(x) = \dfrac{1}{x}$ 用柯西中值定理.

11. (1) 1; (2) e^2; (3) $\dfrac{3}{2}$; (4) $\mathrm{e}^{-\frac{\pi}{2}}$; (5) $\dfrac{1}{2}$; (6) $-\dfrac{1}{2}$; (7) 2.

12. 提示:证 $\left(\dfrac{f(x)}{x}\right)' > 0$.

13. 极大值 $f(0) = 2$,极小值 $f\left(\dfrac{1}{\mathrm{e}}\right) = \mathrm{e}^{-\frac{2}{\mathrm{e}}}$.

14. 最大值 $f(-5) = 49$,最小值 $f(1) = 1$.

15. 提示:用反证法,考虑最大(小)值点.

16. 极大值 1,极小值 0.

17. 是极小值. 提示:由 $f''(x) = \dfrac{1}{x}\{1 - \mathrm{e}^{-x} - 3x[f'(x)]^2\}$, 利用洛必达法则.

18. 略.

19. 提示:将 $f(x)$ 在 $x = c$ 处泰勒展开,分别用 $x = 1$ 和 $x = 0$ 代入,然后讨论.

20. 略.

21. 略.

22. 略.

23. 略.

24. $y = -\dfrac{1}{2}x^2 + \dfrac{\pi}{2}x + 1 - \dfrac{\pi^2}{8}$.

第 5 章

习题 5.1

1. $\displaystyle\int_a^b V(t)\,\mathrm{d}t$.

2. $\displaystyle\int_0^l \mu(x)\,\mathrm{d}x$.

3. $\int_{t_1}^{t_2} V(t)\,\mathrm{d}t.$

4. （1）$\int_0^1 x^p \mathrm{d}x$；　（2）$\int_0^1 \dfrac{\mathrm{d}x}{1+x}.$

5. （1）0；　（2）正.

6. 略.

7. 略.

8. 略.

9. 提示：设 $F(x) = xf(x)$，$\exists \xi \in \left(0, \dfrac{1}{3}\right)$，使 $F(\xi) = \xi f(\xi) = f(1)$，又 $F(1) = f(1)$，在 $[\xi, 1]$ 用罗尔定理即可.

习题 5.2

1. （1）$\dfrac{1}{3}$；　（2）1；　（3）$-\dfrac{1}{8}$；　（4）$\dfrac{1}{2}$.

2. （1）$-\mathrm{e}^{x^2}$；　（2）$\dfrac{3x^2}{\sqrt{1+x^{12}}} - \dfrac{2x}{\sqrt{1+x^8}}.$

3. $\cot t.$

4. $-\dfrac{\cos x^2}{\mathrm{e}^{y^2}}.$

5. $x = 0.$

6. $f(x) - f(a).$

7. 略.

8. 略.

习题 5.3

1. （1）$\dfrac{3}{4}x^{\frac{4}{3}} - 2x^{\frac{1}{2}} + C$；　（2）$\dfrac{2^x}{\ln 2} + \dfrac{1}{3}x^3 + C$；　（3）$\dfrac{4}{7}x^{\frac{7}{4}} - \dfrac{4}{3}x^{\frac{3}{4}} + C$；　（4）$\pm\left(\ln|x| - \dfrac{1}{2x^2}\right) + C$（当 $x > 0$ 时取 +，当 $x < 0$ 时取 −）；　（5）$x^3 + \arctan x + C$；　（6）$x - \arctan x + C$；　（7）$\mathrm{e}^x - \ln|x| + C$；

（8）$\dfrac{a^x}{\ln a} + \dfrac{a^x \mathrm{e}^{-x}}{\ln a - 1} + C$；　（9）$\tan x - \sec x + C$；　（10）$-\cot x - x + C$；　（11）$\dfrac{1}{2}x + \dfrac{1}{2}\sin x + C$；

（12）$\sin x + \cos x + C$；　（13）$-\dfrac{1}{2}\cot x + C$；　（14）$-(\cot x + \tan x) + C.$

2. （1）$\dfrac{1}{3}\mathrm{e}^{3x} + C$；　（2）$\dfrac{1}{18}(3x+2)^6 + C$；　（3）$-\dfrac{1}{2}\ln|1-2x| + C$；　（4）$-\dfrac{1}{2}(2-3x)^{\frac{2}{3}} + C$；

（5）$-\dfrac{1}{3}(2-3x^2)^{\frac{1}{2}} + C$；　（6）$-2\cos\sqrt{x} + C$；　（7）$\cos\dfrac{1}{x} + C$；　（8）$-2\ln|\cos\sqrt{x}| + C$；

（9）$\ln|\ln x| + C$；　（10）$\dfrac{2}{3}(9-x)^{\frac{3}{2}} - 18\sqrt{9-x} + C$；　（11）$\arcsin \mathrm{e}^x + C$；　（12）$\dfrac{1}{8}\arctan\dfrac{x^2}{4} + C$；

（13）$\dfrac{1}{2}\arctan(2\mathrm{e}^x) + C$；　（14）$\dfrac{1}{2\sqrt{2}}\ln\left|\dfrac{\sqrt{2}x-1}{\sqrt{2}x+1}\right| + C$；　（15）$\ln(1+\mathrm{e}^x) + C$；　（16）$x - \ln|1+\mathrm{e}^x| + C$；

(17) $\arctan e^x + C$;　　(18) $\dfrac{1}{6}\sin^6 x + C$;　　(19) $-\dfrac{1}{3}\cos^3 x + \dfrac{1}{5}\cos^5 x + C$;　　(20) $\dfrac{1}{11}\tan^{11} x + C$;

(21) $\dfrac{3}{2}\sqrt[3]{(\sin x - \cos x)^2} + C$;　　(22) $\dfrac{1}{3}\sec^3 x - \sec x + C$;　　(23) $\dfrac{1}{2}\left(x - \dfrac{1}{2}\sin 2x\right) + C$;　　(24) $\sin x -$

$\dfrac{\sin^3 x}{3} + C$;　　(25) $\dfrac{1}{2}\cos x - \dfrac{1}{10}\cos 5x + C$;　　(26) $\dfrac{1}{4}\sin 2x - \dfrac{1}{24}\sin 12x + C$;　　(27) $\arctan(x+2) + C$;

(28) $\dfrac{1}{2}\ln|x^2 + 6x + 1| + C$;　　(29) $\dfrac{1}{2}\ln|x^2 + x + 1| + \dfrac{1}{\sqrt{3}}\arctan\dfrac{2x+1}{\sqrt{3}} + C$;　　(30) $-\dfrac{10^{2\arccos x}}{2\ln 10} +$

C;　　(31) $-\dfrac{1}{\arcsin x} + C$;　　(32) $\arctan^2(\sqrt{x}) + C$.

3. (1) $2(\sqrt{x} - \ln(1+\sqrt{x})) + C$;　　(2) $\dfrac{3}{7}(1+x)^{\frac{7}{3}} - \dfrac{3}{4}(1+x)^{\frac{4}{3}} + C$;　　(3) $\dfrac{1}{6}\sqrt{2+4x}(x-1) + C$;

(4) $\sqrt{2x-3} - \ln|\sqrt{2x-3} + 1| + C$;　　(5) $2\sqrt{e^x - 1} - 2\arctan\sqrt{e^x - 1} + C$;

(6) $\ln\left|\dfrac{\sqrt{1+e^x} - 1}{\sqrt{1+e^x} + 1}\right| + C$;　　(7) $\dfrac{x}{\sqrt{1-x^2}} + C$;　　(8) $\dfrac{3}{8}(1+x^2)^{\frac{4}{3}} + C$;　　(9) $\dfrac{1}{2}\arcsin x - \dfrac{1}{2}x\sqrt{1-x^2} +$

C;　　(10) $-\dfrac{\sqrt{1-x^2}}{x} + C$;　　(11) $\dfrac{x}{\sqrt{1+x^2}} + C$;　　(12) $\dfrac{x}{a^2\sqrt{a^2+x^2}} + C$;

(13) $-\dfrac{\sqrt{(1+x^2)^3}}{3x^3} + \dfrac{\sqrt{1+x^2}}{x} + C$;　　(14) $\dfrac{x}{2(1+x^2)} + \dfrac{1}{2}\arctan x + C$;　　(15) $\sqrt{x^2 - a^2} -$

$a\arccos\left|\dfrac{a}{x}\right| + C$;　　(16) $\arccos\left|\dfrac{1}{x}\right| + C$;　　(17) $-\dfrac{x}{9\sqrt{x^2-9}} + C$;　　(18) $\dfrac{\sqrt{4x^2-1}}{x} + C$;

(19) $-\dfrac{(a^2-x^2)^{\frac{3}{2}}}{3a^2x^3} + C$;　　(20) $\dfrac{\sqrt{x^2-1}}{x} + \arccos\left|\dfrac{1}{x}\right| + C$;　　(21) $\dfrac{2}{\sqrt{3}\ln 2}\arctan\dfrac{2^{x+1}+1}{\sqrt{3}} + C$.

4. (1) $x\ln x - x + C$;　　(2) $x\ln^2 x - 2x\ln x + 2x + C$;　　(3) $-\dfrac{1}{x}(\ln^3 x + 3\ln^2 x + 6\ln x + 6) + C$;　　(4) $\dfrac{x^3}{6} +$

$\dfrac{1}{2}x^2\sin x + x\cos x - \sin x + C$;　　(5) $\dfrac{x^{n+1}}{n+1}\left(\ln x - \dfrac{1}{n+1}\right) + C$;　　(6) $-x\cos x + \sin x + C$;　　(7) $x^2\sin x +$

$2x\cos x - 2\sin x + C$;　　(8) $-\dfrac{1}{2}x^2 + x\tan x + \ln|\cos x| + C$;　　(9) $x\tan x + \ln|\cos x| + C$;　　(10) $x\arcsin x +$

$\sqrt{1-x^2} + C$;　　(11) $\dfrac{x^2+1}{2}\arctan x - \dfrac{x}{2} + C$;　　(12) $\dfrac{1}{3}x^3\arctan x - \dfrac{1}{6}x^2 + \dfrac{1}{6}\ln(1+x^2) + C$;

(13) $2\sqrt{x}\arcsin\sqrt{x} + 2\sqrt{1-x} + C$;　　(14) $-2\sqrt{1-x}\arcsin\sqrt{x} + 2\sqrt{x} + C$;　　(15) $x\arcsin^2 x +$

$2\sqrt{1-x^2}\arcsin x - 2x + C$;　　(16) $-e^{-x}(x+1) + C$;　　(17) $x^2 e^x - 2xe^x + 2e^x + C$;

(18) $e^{2x}\left(\dfrac{2}{13}\cos 3x + \dfrac{3}{13}\sin 3x\right) + C$;　　(19) $-\dfrac{2}{17}e^{-2x}\left(\cos\dfrac{x}{2} + 4\sin\dfrac{x}{2}\right) + C$;　　(20) $\dfrac{x}{2}\big[\cos(\ln x) +$

$\sin(\ln x)\big] + C$;　　(21) $\dfrac{1}{2}e^x - \dfrac{1}{5}e^x\sin 2x - \dfrac{1}{10}e^x\cos 2x + C$;　　(22) $xf'(x) - f(x) + C$.

5. （1）$\dfrac{1}{5}\ln\left|\dfrac{x-3}{x+2}\right|+C$；　（2）$\dfrac{1}{2}\ln(x^2+2x+3)-\dfrac{3}{\sqrt{2}}\arctan\dfrac{x+1}{\sqrt{2}}+C$；　（3）$\dfrac{2}{5}\ln|1+2x|-\dfrac{1}{5}\ln(1+$

$x^2)+\dfrac{1}{5}\arctan x+C$；　（4）$\ln|x|-\dfrac{1}{2}\ln(1+x^2)+C$；　（5）$\dfrac{x^3}{3}-\dfrac{x^2}{2}-x+\dfrac{1}{2}\ln(x^2+1)+\arctan x+$

C；　（6）$\dfrac{1}{x+1}+\dfrac{1}{2}\ln|x^2-1|+C$；　（7）$-\dfrac{1}{2}\ln\dfrac{x^2+1}{x^2+x+1}+\dfrac{\sqrt{3}}{3}\arctan\dfrac{2x+1}{\sqrt{3}}+C$；　（8）$\dfrac{x+1}{x^2+x+1}+$

$\dfrac{4}{\sqrt{3}}\arctan\dfrac{2x+1}{\sqrt{3}}+C.$

6. （1）$\dfrac{1}{\sqrt{2}}\arctan\dfrac{\tan\frac{x}{2}}{\sqrt{2}}+C$；　（2）$\dfrac{2}{\sqrt{3}}\arctan\dfrac{2\tan\frac{x}{2}-1}{\sqrt{3}}+C$；　（3）$\dfrac{1}{5}\ln\left|\dfrac{2\tan\frac{x}{2}+1}{\tan\frac{x}{2}-2}\right|+C$；

（4）$\dfrac{1}{2}\ln\left|\tan\dfrac{x}{2}\right|-\dfrac{1}{4}\tan^2\dfrac{x}{2}+C$；　（5）$\ln\left|1+\tan\dfrac{x}{2}\right|+C$；　（6）$x-\dfrac{1}{\sqrt{2}}\arctan(\sqrt{2}\tan x)+C$；

（7）$\ln|2+\cos x|+\dfrac{4}{\sqrt{3}}\arctan\left(\dfrac{1}{\sqrt{3}}\tan\dfrac{x}{2}\right)+C$；　（8）$\dfrac{1}{\sqrt{2}}\arctan\dfrac{\tan x}{\sqrt{2}}+C.$

7. （1）$\sqrt{1-x^2}-2\arctan\sqrt{\dfrac{1-x}{1+x}}+C$；　（2）$\ln|x-1+\sqrt{x^2-2x-3}|+C$；　（3）$\dfrac{x^2}{2}-\dfrac{x}{2}\sqrt{x^2-1}+$

$\dfrac{1}{2}\ln|x+\sqrt{x^2-1}|+C$；　（4）$-\dfrac{3}{2}\sqrt[3]{\dfrac{x+1}{x-1}}+C.$

习题 5.4

1. （1）$\dfrac{21}{8}$；　（2）$\dfrac{\pi}{3}$；　（3）$\dfrac{1}{2e}(e-1)^2$；　（4）1；　（5）4；　（6）$2\dfrac{5}{6}.$

2. （1）$\dfrac{5}{8}\ln 3-\dfrac{1}{2}$；　（2）$\dfrac{2}{3}$；　（3）$\dfrac{1}{4}$；　（4）$1+\ln\dfrac{2}{e+1}$；　（5）$\pi-\dfrac{4}{3}$；　（6）$\dfrac{\pi}{4}$；　（7）$\dfrac{4}{5}$；

（8）$\dfrac{\pi}{2}$；　（9）$1-\dfrac{\pi}{4}$；　（10）$\sqrt{2}-\dfrac{2\sqrt{3}}{3}$；　（11）$-\ln|2-\sqrt{3}|$；　（12）$2(\sqrt{3}-1)$；　（13）$1-2\ln 2$；

（14）$\dfrac{\pi}{2}$；　（15）$\dfrac{5}{144}\pi^2$；　（16）$\dfrac{\sqrt{3}}{8a^2}$；　（17）$\ln(2+\sqrt{3})-\dfrac{\sqrt{3}}{2}$；　（18）$\dfrac{\pi}{4}.$

3. （1）0；　（2）0；　（3）$\dfrac{3}{2}\pi$；　（4）$\dfrac{\pi^3}{324}.$

4. 略.

5. 略.

6. （1）$1-\dfrac{2}{e}$；　（2）$\dfrac{e^2}{4}-\dfrac{3}{4}$；　（3）$\dfrac{1}{5}(e^{\pi}-2)$；　（4）$\left(\dfrac{1}{4}-\dfrac{\sqrt{3}}{9}\right)\pi+\dfrac{1}{2}\ln\dfrac{3}{2}$；　（5）$\dfrac{\pi}{4}-\dfrac{1}{2}$；

（6）$\dfrac{\pi^3}{6}-\dfrac{\pi}{4}$；　（7）$\dfrac{e}{2}(\sin 1-\cos 1)+\dfrac{1}{2}$；　（8）$\dfrac{1}{3}\ln 2.$

7. 略.

8. 略.

9. 略.

10. 略.

11. 提示:令 $x = a + b - t$.

习题 5.5

1. 0. 6938, 0. 6920.

2. 3. 1399, 3. 1421.

3. 145. 6.

习题 5.6

1. (1) 发散; (2) 1; (3) $\dfrac{\pi}{2}$; (4) $\dfrac{1}{2}$; (5) π; (6) 2; (7) π; (8) 1; (9) $2\dfrac{2}{3}$; (10) $\dfrac{\pi}{2}$;

(11) 发散; (12) 发散.

2. $n!$

3. 当 $k > 1$ 时收敛于 $\dfrac{1}{(k-1)(\ln 2)^{k-1}}$,当 $k \leqslant 1$ 时发散.

4. $a = b = 0$.

5. (1) 收敛; (2) 发散; (3) 收敛; (4) 收敛; (5) 发散.

*6. (1) $n!$　(2) $3!$　(3) $\dfrac{\sqrt{n}}{2}$.

总练习题

1. (1) $-e^{\frac{1}{x}} + C$;　(2) $\dfrac{1}{2(1-x)^2} - \dfrac{1}{1-x} + C$;　(3) $-(1+x^2)^{-\frac{1}{2}} + C$;　(4) $\dfrac{1}{3}(\ln x + 1)^3 + C$;

(5) $\ln |\arctan x| + C$;　(6) $\ln |x + \sin x| + C$;　(7) $\dfrac{1}{3}\tan^3 x - \tan x + x + C$;　(8) $\dfrac{1}{3}\tan^3 x + \tan x +$

C;　(9) $\dfrac{1}{2}\arctan(\sin^2 x) + C$;　(10) $\ln |1 + \sin x \cos x| + C$;　(11) $\dfrac{1}{2}\sec x + \dfrac{1}{2}\ln |\csc x - \cot x| + C$;

(12) $-x - 2\tan\left(\dfrac{\pi}{4} - \dfrac{x}{2}\right) + C$;　(13) $\ln |\sec x + \tan x| - \dfrac{1}{\sin x} + C$;　(14) $-\dfrac{1}{\tan x - x} + C$;

(15) $\dfrac{1}{2}\ln |\tan x| + \dfrac{1}{2}\tan x + C$;　(16) $-\dfrac{1}{2}\left[\ln \dfrac{x+1}{x}\right]^2 + C$;　(17) $(\arctan \sqrt{x})^2 + C$;　(18) $-\dfrac{1}{x\ln x} +$

C;　(19) $\dfrac{1}{3a^4}\left[\dfrac{3x}{\sqrt{a^2-x^2}} + \dfrac{x^3}{\sqrt{(a^2-x^2)^3}}\right] + C$;　(20) $\dfrac{1}{2}\arcsin x + \dfrac{1}{2}\ln |x + \sqrt{1-x^2}| + C$;

(21) $\ln |x + \sqrt{x^2+a^2}| - \dfrac{\sqrt{x^2+a^2}}{x} + C$;　(22) $\dfrac{1}{a^2}\dfrac{\sqrt{x^2-a^2}}{x} + C$;　(23) $-\dfrac{1}{24}\ln \left|\dfrac{4}{x^6} + 1\right| + C$;

(24) $-\dfrac{1}{2}\ln \left|\dfrac{1}{x^2} + \dfrac{\sqrt{1-x^4}}{x^2}\right| + C$;　(25) $\dfrac{x^3}{6} - \dfrac{1}{4}x^2\sin 2x - \dfrac{1}{4}x\cos 2x + \dfrac{1}{8}\sin 2x + C$;　(26) $e^{2x}\tan x +$

C;　(27) $\dfrac{1}{4}\arcsin^2 x + \dfrac{x}{2}\sqrt{1-x^2}\arcsin x - \dfrac{x^2}{4} + C$;　(28) $-\dfrac{1}{2}(e^{-2x}\arctan e^x + e^{-x} + \arctan e^x) + C$;

(29) $\dfrac{xe^{x}}{e^{x}+1}-\ln(1+e^{x})+C$; $\quad(30)$ $x\ln^{2}(x+\sqrt{1+x^{2}})-2\sqrt{1+x^{2}}\ln(x+\sqrt{1+x^{2}})+2x+C$;

(31) $\dfrac{x\ln x}{\sqrt{1+x^{2}}}-\ln(x+\sqrt{1+x^{2}})+C$; $\quad(32)$ $\dfrac{1}{4}x^{4}+\dfrac{1}{4}\ln\mid1+x^{4}\mid-\ln\mid x^{4}+2\mid+C$; $\quad(33)$ $\ln\mid x\mid-$

$\dfrac{1}{10}\ln\mid x^{10}+1\mid+\dfrac{1}{10(x^{10}+1)}+C$; $\quad(34)$ $\ln\mid x+\sqrt{x^{2}-1}\mid-\arcsin\dfrac{1}{x}+C(x>1)$; $-\ln\mid x+\sqrt{x^{2}-1}\mid-$

$\arcsin\dfrac{1}{x}+C(x<-1)$; $\quad(35)$ $\sqrt{x}+\dfrac{x}{2}-\dfrac{1}{2}\sqrt{x^{2}+x}-\dfrac{1}{4}\ln\left|x+\dfrac{1}{2}+\sqrt{x^{2}+x}\right|+C$; $\quad(36)$ $\ln\mid e^{x}+$

$\sqrt{e^{2x}-1}\mid-\arccos e^{-x}+C$.

2. $\dfrac{\cos 2x}{4}-\dfrac{\sin 2x}{4x}+C$.

3. $\dfrac{1}{x}+C$.

4. $x+2\ln\mid x-1\mid+C$.

5. $xe^{x}-e^{x}+\dfrac{x^{2}}{2}+C$.

6. $\dfrac{e^{x}}{2}(x+1)+x+C$.

7. (1) $\dfrac{2}{3}(2\sqrt{2}-1)$; $\quad(2)$ $\arctan e-\dfrac{\pi}{4}$; $\quad(3)$ $\dfrac{2\sqrt{2}}{\pi}$; $\quad(4)$ $\dfrac{2}{\pi}$.

8. $\sin x^{2}$.

9. $xf(x^{2})$.

10. $\displaystyle\int_{x^{2}}^{0}\cos t^{2}\mathrm{d}t-2x^{2}\cos x^{4}$.

11. $\varphi'(x)=\begin{cases}\dfrac{A}{2}, & x=0,\\[4mm]\dfrac{xf(x)-\displaystyle\int_{0}^{x}f(u)\mathrm{d}u}{x^{2}}, & x\neq 0,\end{cases}$ $\quad\varphi'(x)$ 在 $x=0$ 处连续.

12. (1) $\dfrac{\pi}{4}$; $\quad(2)$ $\dfrac{\pi}{8}-\dfrac{1}{4}\ln 2$; $\quad(3)$ $\dfrac{3\pi}{32}$; $\quad(4)$ 2; $\quad(5)$ $\dfrac{20}{3}$; $\quad(6)$ 2; $\quad(7)$ $\dfrac{7}{3}-\dfrac{1}{e}$.

13. 略.

14. 略.

15. (1) 略. (2) 1.

16. (1) 略. (2) $\dfrac{2}{\pi}$.

17. 略.

18. (1) $\dfrac{\pi}{8}$; $\quad(2)$ $\dfrac{\pi}{3}$; $\quad(3)$ $\dfrac{\pi}{4}+\dfrac{1}{2}\ln 2$; $\quad(4)$ 2; $\quad(5)$ $\dfrac{\pi}{2}+\ln(2+\sqrt{3})$.

第6章

习题 6.2

1. (1) $\dfrac{1}{6}$； (2) $e + \dfrac{1}{e} - 2$； (3) $2 - \sqrt{3} + \dfrac{\pi}{3}$； (4) $\dfrac{7}{6}$； (5) $\dfrac{15}{2} - 2\ln 2$.

2. $\dfrac{76}{15}$.

3. $(4, \ln 4)$.

4. $\dfrac{3\pi a^2}{8}$.

5. (1) a^2； (2) $\dfrac{\pi}{4}a^2$； (3) $a^2\pi$.

6. $\dfrac{a^2}{4}(e^{2\pi} - e^{-2\pi})$.

7. $\dfrac{\pi}{6} + \dfrac{1 - \sqrt{3}}{2}$.

8. 3.

习题 6.3

1. $\pi h^2 \left(a - \dfrac{h}{3} \right)$.

2. $\dfrac{\pi}{2}a^2 h$.

3. $\dfrac{16}{3}a^3$.

4. $\dfrac{1}{2}\pi^2$, $2\pi^2$.

5. $\dfrac{32}{15}\pi$.

6. $2\pi \left(\dfrac{\pi}{4} - \dfrac{1}{3} \right)$.

7. $\dfrac{32}{105}\pi a^3$.

8. $7\pi^2 a^3$.

习题 6.4

1. (1) $2\sqrt{2} + 2\ln(1 + \sqrt{2})$； (2) $\dfrac{335}{27}$； (3) $1 + \dfrac{1}{2}\ln\dfrac{3}{2}$； (4) $\dfrac{e^2 + 1}{4}$； (5) 8； (6) $8a$.

2. $\dfrac{8}{9}\left[\left(\dfrac{5}{2} \right)^{\frac{3}{2}} - 1 \right]$.

3. $\dfrac{a}{2}\left[2\pi \sqrt{1 + 4\pi^2} + \ln(2\pi + \sqrt{1 + 4\pi^2}) \right]$.

4. $\left(a\left(\dfrac{2\pi}{3}-\dfrac{\sqrt{3}}{2}\right),\ \dfrac{3}{2}a\right).$

5. （1）$\pi a\sqrt{1+a^2}H^2$；　（2）50π；　（3）$\dfrac{248\sqrt{2}}{9}\pi$.

6. $\dfrac{\pi}{6}(11\sqrt{5}-1).$

习题 6.5

1. $\dfrac{128}{3}\ \text{kg}.$

2. $\dfrac{1}{12}(5\sqrt{5}-1).$

3. $\dfrac{KM_1M_2}{m(l+m)}.$

4. 1.65 N.

5. 162 067.5π N.

6. 30 J.

7. $(\sqrt{2}-1)\,\text{cm}.$

8. $\dfrac{\pi}{4}r^4g\ \text{J}.$

9. $aSP\ln\dfrac{b}{a}.$

总练习题

1. $a=\dfrac{1}{3},\ b=\ln 3-1.$

2. 略.

3. $\dfrac{5}{4}\pi.$

4. $a=-\dfrac{5}{3},\ b=2,\ c=0.$

5. $4\pi^2.$

6. $\ln|\sec a+\tan a|.$

7. $\sqrt{2}+\ln(1+\sqrt{2}).$

8. $\boldsymbol{F}=\left\{\dfrac{3}{5}Ga^2,\ \dfrac{3}{5}Ga^2\right\}.$

9. $\dfrac{2}{3}\sigma a^2b.$

10. 91 500 J.

第7章

习题 7.1

1. (1) $(-2, -3, 4)$； (2) $(2, 3, -4)$； (3) $(-2, 3, -4)$； (4) 2； (5) 5； (6) $\sqrt{29}$.

2. $P(-1, 0, 0)$或$(3, 0, 0)$.

3. $P(3\sqrt{5}, 4, 2)$或$(-3\sqrt{5}, 4, 2)$.

4. 略.

习题 7.2

1. (1) $a = (1, 2, 2)$, $b = (2, -2, -1)$； (2) $a + b = (3, 0, 1)$； (3) $|a + b| = \sqrt{10}$； (4) $|a| + |b| = 6$.

2. $e = \left(-\dfrac{\sqrt{2}}{6}, -\dfrac{2\sqrt{2}}{3}, \dfrac{\sqrt{2}}{6}\right)$或$\left(\dfrac{\sqrt{2}}{6}, \dfrac{2\sqrt{2}}{3}, -\dfrac{\sqrt{2}}{6}\right)$.

3. $B(5, -1, -3)$.

4. $N(4, 3, -6)$或$(-4, -1, 2)$.

习题 7.3

1. (1) -7； (2) -42； (3) 21； (4) $\theta = \pi - \arccos\dfrac{\sqrt{6}}{6}$； (5) -7.

2. 略.

3. $\lambda = 2.5$.

4. (1) 2； (2) 2； (3) $-7a - 5b + 3c$； (4) 2.

5. $|a| = 7$； $\cos\alpha = -\dfrac{3}{7}$; $\cos\beta = \dfrac{2}{7}$, $\cos\gamma = -\dfrac{6}{7}$； $\alpha = \pi - \arccos\left(\dfrac{3}{7}\right)$, $\beta = \arccos\left(\dfrac{2}{7}\right)$, $\gamma = \pi - \arccos\left(\dfrac{6}{7}\right)$； $a^0 = \left(-\dfrac{3}{7}, \dfrac{2}{7}, -\dfrac{6}{7}\right)$.

6. (1) $D(4, 2, 1)$； (2) $3\sqrt{10}$.

7. $\left(0, \dfrac{4}{5}, -\dfrac{3}{5}\right)$或$\left(0, -\dfrac{4}{5}, \dfrac{3}{5}\right)$.

8. (1) $(-8, -5, 1)$； (2) $(-48, -30, 6)$； (3) $(16, 10, -2)$； (4) 2.

9. $\sqrt{5}$.

10. (1) 不共面； (2) 共面.

11. (1) 1； (2) 15.

12. $\left(0, -\dfrac{13}{2}, 0\right)$或$\left(0, \dfrac{17}{2}, 0\right)$.

13. 4.

习题 7.4

1. (1) $2x - y - z - 2 = 0$； (2) $y + 1 = 0$； (3) $3x - 7y + 5z - 28 = 0$； (4) $2x - y - 3z + 4 = 0$；

(5) $9y - z - 2 = 0$； (6) $x - y - 3z + 2 = 0$； (7) $9x + 3y - 5z = 0$； (8) $3x + y - 2z + 1 = 0$.

2. (1) 平面即坐标平面 yOz； (2) 平面平行于坐标平面 xOy； (3) 平面平行于 y 轴； (4) 平面过 x 轴；

(5) 平面过原点.

3. 略.

4. $(1, -1, 3)$.

5. $60°$.

6. $(0, 0, 3)$.

7. $2y + z = 0$.

8. $2x + 2y - 3z = 0$.

9. $(4, 2, -1)$.

习题 7.5

1. (1) $\dfrac{x - 3}{4} = \dfrac{y + 2}{-2} = \dfrac{z - 1}{-1}$； (2) $\dfrac{x - 3}{3} = \dfrac{y + 2}{-1} = \dfrac{z - 1}{0}$； (3) $\dfrac{x - 3}{3} = \dfrac{y + 2}{-1} = \dfrac{z - 1}{1}$； (4) $\dfrac{x - 3}{2} =$

$\dfrac{y + 2}{-3} = \dfrac{z - 1}{-1}$.

2. (1) $2x - 3y - z - 5 = 0$； (2) $x - y + 5z + 8 = 0$； (3) $x - y + z = 0$； (4) $4x + 3y - 6z +$

$18 = 0$.

3. $\left(-\dfrac{5}{3}, \dfrac{2}{3}, \dfrac{2}{3}\right)$, $\dfrac{2}{3}\sqrt{6}$.

4. $90°$.

5. $\dfrac{x - 1}{1} = \dfrac{y - 1}{-3} = \dfrac{z}{1}$.

6. $x - y + z = 0$.

7. $x - 3y + z + 2 = 0$.

8. (C).

习题 7.6

1. $y^2 + z^2 - 8x + 16 = 0$.

2. 以 AB 的中点为原点 O, OB 为 x 轴正向,建立空间直角坐标系,则方程为 $(x + 5)^2 + y^2 + z^2 = 16$.

3. (1) $(x - 1)^2 + y^2 + (z + 1)^2 = 49$； (2) $(x - 4)^2 + (y - 1)^2 + (z + 1)^2 = 14$.

4. (1) 球心为 $(3, -4, -1)$,半径为 4； (2) 球心为 $(-1, 2, 0)$,半径为 $\sqrt{5}$.

5. (1) 在平面直角坐标系中表示一点,在空间直角坐标系中表示一条直线； (2) 在平面直角坐标系中表示两点,在空间直角坐标系中表示两条平行直线.

习题 7.7

1. $x^2 + z^2 = 2y$. 图略.

2. $x^2 + y^2 + z^2 = 4$.

3. 绕 z 轴旋转,得 $-4x^2 - 4y^2 + z^2 = 16$；绕 y 轴旋转,得 $x^2 - 4y^2 + z^2 = 16$. 图略.

4. (1) 母线为 $\begin{cases} 2y^2 + z^2 = 1, \\ x = 0, \end{cases}$ 或 $\begin{cases} x^2 + 2y^2 = 1, \\ z = 0, \end{cases}$ 旋转轴为 y 轴,旋转椭球面; (2) 母线为

$\begin{cases} x - y^2 = 0, \\ z = 0, \end{cases}$ 或 $\begin{cases} x - z^2 = 0, \\ y = 0, \end{cases}$ 旋转轴为 x 轴,旋转抛物面; (3) 母线为 $\begin{cases} x = 2z, \\ y = 0, \end{cases}$ 或 $\begin{cases} y = 2z, \\ x = 0, \end{cases}$ 旋转轴为

z 轴,圆锥面; (4) 母线为 $\begin{cases} 4x^2 - y^2 = 4, \\ z = 0, \end{cases}$ 或 $\begin{cases} 4x^2 - z^2 = 4, \\ y = 0, \end{cases}$ 旋转轴为 x 轴,旋转双叶双曲面.

5. (1) 在平面直角坐标系中表示一条直线,在空间直角坐标系中表示一个平面; (2) 在平面直角坐标系中表示一条抛物线,在空间直角坐标系中表示抛物柱面.

6. (1) 椭圆; (2) 两条相交直线; (3) 双曲线; (4) 双曲线.

7. $-\dfrac{x^2}{4} + \dfrac{y^2}{9} = 1.$

8. (1) $\begin{cases} x^2 + y^2 = \dfrac{1}{10}, \\ z = 0, \end{cases}$ (2) $\begin{cases} 2x^2 + 2xy - 2x + y = 0, \\ z = 0. \end{cases}$

9. $3y^2 - z^2 = 16.$

习题 7.8

1. 图略.

2. 图略.

3. 图略.

4. $\begin{cases} x^2 + y^2 = 4, \\ z = 0, \end{cases}$ 图略.

总练习题

1. $\pm\left(\dfrac{\sqrt{6}}{6}, -\dfrac{\sqrt{6}}{6}, \dfrac{\sqrt{6}}{3}\right).$

2. (1) $\boldsymbol{a} \perp \boldsymbol{b}$; (2) $z = 1.$

3. $P(0, 2, 0)$

4. $\sqrt{30}.$

5. $x^2 + y^2 - 2x + 2y - 4z + 6 = 0.$

6. $x + \sqrt{2}y + z - 2 = 0$ 或 $x - \sqrt{2}y + z - 2 = 0.$

7. $\dfrac{x+1}{13} = \dfrac{y}{12} = \dfrac{z-4}{9}.$

8. $7x - 26y + 18z = 0.$

9. (1) $L_1: \begin{cases} 2y + 3z - 5 = 0, \\ x = 0, \end{cases}$ 或 $\dfrac{x}{0} = \dfrac{y-1}{3} = \dfrac{z-1}{-2}$; (2) $\arccos\dfrac{\sqrt{13}}{7}.$

10. 在 xOy 面上投影曲线方程为 $\begin{cases} x^2 + y^2 - x - y = 0, \\ z = 0; \end{cases}$ 在 yOz 面上投影曲线方程为

$$\begin{cases} 2y^2 + z^2 + 2yz - 4y - 3z + 2 = 0, \\ x = 0; \end{cases} \quad \text{在 } zOx \text{ 面上投影曲线方程为} \begin{cases} 2x^2 + z^2 + 2xz - 4x - 3z + 2 = 0, \\ y = 0. \end{cases}$$

11. （1）旋转椭球面； （2）旋转抛物面； （3）半个圆锥面； （4）双曲柱面.

12. 图略.